"十二五"普通高等教育本科国家级规划教材

普通高等教育"十一五"国家级规划教材

高等学校水利学科专业规范核心课程教材·水利水电工程

工程水文学（第5版）

主　编　河海大学　徐向阳　陈元芳

主　审　四川大学　丁　晶　西安理工大学　沈　冰

高等学校水利类专业教学指导委员会组织编审

中国水利水电出版社

www.waterpub.com.cn

·北京·

内 容 提 要

  本书是普通高等教育"十一五""十二五"国家级规划教材，也是教育部高等学校水利学科教学指导委员会推荐使用的教材，江苏省高等学校精品教材。

  本书阐述了工程水文学的基本原理和方法，包括：流域径流形成过程，水文信息采集与处理，流域产流与汇流计算，水文预报，水文统计，设计年径流分析及径流随机模拟，设计洪水（含古洪水、可能最大洪水）和排涝水文计算等内容。本书是按数字化和基于专业认证理念要求编写而成。

  本书可作为涉水工程专业，包括水利水电工程、农业水利工程、港口航道与海岸工程、水务工程、水利科学与工程、给排水工程、地理信息系统、自然地理与资源环境等专业工程水文学课程教材，也可供从事涉水工程的技术人员参考。

图书在版编目（CIP）数据

  工程水文学 / 徐向阳，陈元芳主编. -- 5版. -- 北京：中国水利水电出版社，2020.12（2024.7重印）
  "十二五"普通高等教育本科国家级规划教材　普通高等教育"十一五"国家级规划教材　高等学校水利学科专业规范核心课程教材. 水利水电工程
  ISBN 978-7-5170-9192-9

  Ⅰ. ①工… Ⅱ. ①徐… ②陈… Ⅲ. ①工程水文学－高等学校－教材 Ⅳ. ①TV12

  中国版本图书馆CIP数据核字（2020）第218595号

书　名	"十二五"普通高等教育本科国家级规划教材 普通高等教育"十一五"国家级规划教材 高等学校水利学科专业规范核心课程教材·水利水电工程 **工程水文学（第5版）** GONGCHENG SHUIWENXUE
作　者	主编　河海大学　徐向阳　陈元芳 主审　四川大学　丁　晶　　西安理工大学　沈　冰
出版发行	中国水利水电出版社 （北京市海淀区玉渊潭南路1号D座　100038） 网址：www.waterpub.com.cn E-mail: sales@mwr.gov.cn 电话：（010）68545888（营销中心）
经　售	北京科水图书销售有限公司 电话：（010）68545874、63202643 全国各地新华书店和相关出版物销售网点
排　版	中国水利水电出版社微机排版中心
印　刷	天津嘉恒印务有限公司
规　格	184mm×260mm　16开本　19.25印张　468千字
版　次	1987年6月第1版第1次印刷 2020年12月第5版　2024年7月第4次印刷
印　数	20001—23000册
定　价	**55.00元**

总 前 言

随着我国水利事业与高等教育事业的快速发展以及教育教学改革的不断深入，水利高等教育也得到了很大的发展与提高。《国家中长期教育改革和发展规划纲要（2010—2020 年）》《加快推进教育现代化实施方案（2018—2022 年）》等文件的出台以及 2018 年全国教育大会和新时代全国高等学校本科教育工作会议的召开，更是对高等教育教学改革和人才培养提出了新的要求，要求把立德树人作为教育的根本任务，强调要坚持"以本为本"，推进"四个回归"，建设一流本科，培养一流人才。

为响应国家关于加快建设高水平本科教育、全面提高人才培养能力的号召，积极推进现代信息技术与教育教学深度融合，适应开展工程教育专业认证对毕业生提出的新要求，经水利类专业认证委员会倡议，2018 年 1月，教育部高等学校水利类专业教学指导委员会和中国水利水电出版社联合发文《关于公布基于认证要求的高等学校水利学科专业规范核心课程教材及数字教材立项名单的通知》（水教指委〔2018〕1 号），立项了一批融合工程教育专业认证理念、配套多媒体数字资源的新形态教材。这批教材以原高等学校水利学科专业规范核心教材为基础，充分考虑教育改革发展新要求，在适应认证标准毕业要求方面融合了相关环境问题、复杂工程问题、国际视野及跨文化交流问题以及涉水法律等方面的内容；在立体化建设方面，配套增加了视频、音频、动画、知识点微课、拓展资料等富媒体资源。

这批教材的出版是顺应教育新形势、新要求的一次大胆尝试，仍坚持"质量第一"的原则，以原教材主编单位和人员为主进行修订和完善，邀请相关领域专家对教材内容进行把关，力争使教材内容更加适应专业培养方案和学生培养目标的要求，满足新时代水利行业对人才的需求。

尽管我们在教材编纂出版过程中尽了最大的努力，但受编著这类教材的经验和水平所限，不足和欠缺之处在所难免，恳请广大师生批评指正。

教育部高等学校水利类专业教学指导委员会

中国工程教育专业认证协会水利类专业认证委员会

中国水利水电出版社

2019 年 6 月

总前言（2008 版）

　　随着我国水利事业与高等教育事业的快速发展以及教育教学改革的不断深入，水利高等教育也得到很大的发展与提高。与 1999 年相比，水利学科专业的办学点增加了将近一倍，每年的招生人数增加了将近两倍。通过专业目录调整与面向新世纪的教育教学改革，在水利学科专业的适应面有很大拓宽的同时，水利学科专业的建设也面临着新形势与新任务。

　　在教育部高教司的领导与组织下，从 2003 年到 2005 年，各学科教学指导委员会开展了本学科专业发展战略研究与制定专业规范的工作。在水利部人教司的支持下，水利学科教学指导委员会也组织课题组于 2005 年底完成了相关的研究工作，制定了水文与水资源工程、水利水电工程、港口航道与海岸工程以及农业水利工程四个专业规范。这些专业规范较好地总结与体现了近些年来水利学科专业教育教学改革的成果，并能较好地适用不同地区、不同类型高校举办水利学科专业的共性需求与个性特色。为了便于各水利学科专业点参照专业规范组织教学，经水利学科教学指导委员会与中国水利水电出版社共同策划，决定组织编写出版"高等学校水利学科专业规范核心课程教材"。

　　核心课程是指该课程所包括的专业教育知识单元和知识点，是本专业的每个学生都必须学习、掌握的，或在一组课程中必须选择几门课程学习、掌握的，因而，核心课程教材质量对于保证水利学科各专业的教学质量具有重要的意义。为此，我们不仅提出了坚持"质量第一"的原则，还通过专业教学组讨论、提出，专家咨询组审议、遴选，相关院、系认定等步骤，对核心课程教材选题及其主编、主审和教材编写大纲进行了严格把关。为了把本套教材组织好、编著好、出版好、使用好，我们还成立了高等学校水利学科专业规范核心课程教材编审委员会以及各专业教材编审分委员会，对教材编纂与使用的全过程进行组织、把关和监督。充分依靠各学科专家发挥咨询、评审、决策等作用。

本套教材第一批共规划 52 种，其中水文与水资源工程专业 17 种，水利水电工程专业 17 种，农业水利工程专业 18 种，计划在 2009 年年底之前全部出齐。尽管已有许多人为本套教材作出了许多努力，付出了许多心血，但是，由于专业规范还在修订完善之中，参照专业规范组织教学还需要通过实践不断总结提高，加之，在新形势下如何组织好教材建设还缺乏经验，因此，这套教材一定会有各种不足与缺点，恳请使用这套教材的师生提出宝贵意见。本套教材还将出版配套的立体化教材，以利于教、便于学，更希望师生们对此提出建议。

高等学校水利学科教学指导委员会

中国水利水电出版社

2008 年 4 月

第5版

前 言

　　《工程水文学》(第5版)是教育部批准的"十二五"普通高等教育本科国家级规划教材,在教育部高等学校水利类专业教学指导委员会指导下,由河海大学组织编写,并被确定为高等学校水利类专业首批基于专业认证要求与数字化的专业规范核心课程教材。

　　本书从满足水利水电工程专业及非水文类涉水工程专业对"工程水文学"课程的教学要求出发,在《工程水文学》(第4版)的基础上,较好体现了工程教育专业认证的要求,满足了当代大学生适宜互联网学习和对数字化教材迫切要求,还吸纳了水文学新进展。

　　本书全面扼要介绍了水文科学的基础知识;阐明了水文现象的物理过程和统计规律,深入剖析了当前采用的计算方法。本书基本继承了前4版框架,采用由水文现象逐步深入到分析计算的阐述方式,即:径流形成过程→水文信息采集与处理→流域产汇流计算→水文预报→水文统计→设计年径流→设计洪水,再增补了排涝水文计算,符合学生的普遍认知规律。

　　本书共制作了92个二维码,每个章节均安排有若干个二维码,包括不同长短视频、PDF和WORD文件,作为读者拓展学习内容。本书通过动画视频方式让读者进一步加深对各章相关知识难点和要点理解,还通过视频和文本相结合方式,拓展介绍国内外最新进展,所采用国内外不同规范标准,重大工程建设,以及专业优秀代表人物成功之路,为培养学生掌握非技术因素综合素质和能力创造了条件。此外,为了提高学生解决专业复杂工程问题能力,加大了例题和作业难度和综合性。

　　本书继承了前4版紧密联系我国水文实际的优点,适量吸收了国内外水文学研究新成果,加强了对水文新理念、新技术、新方法的阐述。例如,补充完善了对于水文统计参数估计新方法阐述;针对近年来我国城市化的进程不断加速,城市水利、给水排水、圩区灌排等涉水工程得到广泛发展的新情况，补充完善了城市排水和圩区排涝的章节；针对当前采用PMP/PMF 工程有增加趋势，充实完善了可能最大暴雨与洪水最新进展，同时，依据新标准规范修订了相应水文设计计算的内容及要求。

本书由多年从事《工程水文学》课程教学工作的老师承担编写任务，依据近年来各校教学实践调整了部分内容，使特色更加明显，更为适合水利水电工程和非水文类涉水工程专业《工程水文学》的教学要求，更加适合当代大学生在线学习习惯。本书由河海大学水文水资源学院徐向阳、陈元芳主编，四川大学丁晶、西安理工大学沈冰主审。各章编写人员如下：徐向阳（第1、第4、第10章），李国芳、朱颖元（第2章），谢悦波（第3章），瞿思敏、包为民（第5章），王栋、陈元芳（第6章），华家鹏、陈元芳（第7章），刘俊、高成（第8章），陈元芳、李国芳、王栋、华家鹏（第9章）。

本书编写过程中，得到了河海大学和水文水资源学院领导的关心和支持，青年教师张小琴，研究生周雨婷、高红、彭慧敏、包瑾、王路、孙雪纯、王安琪、杨子东、马钰其、陈雪怡、贺玉琪、鞠小裴等参与二维码视频的制作，中国电建集团成都勘测设计研究院有限公司康有工程师、西北勘测设计有限公司程龙高级工程师为本书编写提供规范标准等素材。在编写过程还参阅有关教材和专著，编者谨向他们一并表示衷心感谢。特别值得致谢的是，本书第4版主编詹道江先生，他一生高度重视人才培养，为《工程水文学》教材付出了毕生心血，为本书能够成为江苏省精品教材，不同时期国家级规划教材做出奠基性贡献，截至2019年12月，《工程水文学》前4版已印刷共31次。他因病于2011年逝世，不再作为本书第5版主编，但他的贡献编者永记在心。

书中错误之处请函告：江苏省南京市西康路1号河海大学水文水资源学院陈元芳，邮编210098，或发邮件 Email：chenyuanfang @ hhu. edu. cn。

编　者

2020 年 9 月

数 字 资 源 清 单

章别	二维码 编号	二维码的名称	二维码 表现形式	备注
1	1-1	各类水体	mp4 录像	
	1-2	水文循环	mp4 录像	
	1-3	水资源	mp4 录像	
	1-4	洪水	mp4 录像	
	1-5	干旱	mp4 录像	
	1-6	水污染	mp4 录像	
2	2-1	河流分段特征	mp4 录像	
	2-2	河源	mp4 录像	
	2-3	上游	mp4 录像	
	2-4	中游	mp4 录像	
	2-5	下游	mp4 录像	
	2-6	河口	mp4 录像	
	2-7	长江重庆至宜昌河段地形地貌	mp4 录像	沙盘
	2-8	水系	mp4 录像	
	2-9	流域	mp4 录像	
	2-10	土壤水分常数	mp4 录像	
	2-11	下渗	mp4 录像	
	2-12	土壤蒸发的物理过程	mp4 录像	
	2-13	径流形成过程	mp4 录像	
	2-14	水量平衡方程	mp4 录像	
3	3-1	水位与水深的辨析	mp4 录像	
	3-2	日平均水位的计算	mp4 录像	
	3-3	转子式流速仪	mp4 录像	
	3-4	现代技术 ADCP 测流	mp4 录像	
	3-5	浮标法测流简介	mp4 录像	
	3-6	地下水及为何要进行地下水监测	mp4 录像	

章别	二维码编号	二维码的名称	二维码表现形式	备注
	3-7	地下水采样	mp4 录像	
	3-8	水质采样器及采样方法	mp4 录像	
	3-9	河湖水库水样采集	mp4 录像	
	3-10	工业、生活污水水样采集	mp4 录像	
	3-11	流量数据处理概述	mp4 录像	
4	4-1	泰森多边形法	mp4 录像	
	4-2	蓄满产流计算示意图	mp4 录像	
	4-3	蓄满产流模型公式推导	mp4 录像	
	4-4	修正后单位线	mp4 录像	
	4-5	马斯京根法	mp4 录像	
	4-6	流域产流与汇流计算框图	PDF	
5	5-1	不同版本水文预报教材	PDF	
	5-2	水文预报研究现状	PDF	
	5-3	蓄满产流概念	mp4 录像	微课
	5-4	从相似性谈启发式教学	PDF	教改论文
	5-5	实时洪水预报概念	mp4 录像	
	5-6	常用流域水文模型列表	PDF	
	5-7	赵人俊与新安江模型	mp4 录像	
	5-8	降雨误差对预报结果影响分析	mp4 录像	
	5-9	《水文情报预报规范》简介	PDF	
	5-10	水库入库流量反推与考核	mp4 录像	
6	6-1	不同时期水文统计教材	mp4 录像	
	6-2	IAHS下设专业委员会	mp4 录像	
	6-3	密度和分布函数关系视频显示	mp4 录像	
	6-4	几种水文统计分布曲线	mp4 录像	
	6-5	P-Ⅲ分布密度函数曲线演示	mp4 录像	
	6-6	适线法估计参数演示	mp4 录像	
	6-7	Hosking教授来河海大学讲学交流	mp4 录像	
7	7-1	水库等蓄水工程的调节作用	mp4 录像	

章别	二维码编号	二维码的名称	二维码表现形式	备注
	7-2	《水利水电工程水文计算规范》（SL 278—2020）简介	PDF	
	7-3	《水利水电工程水文计算规范》（SL 278—2002）简介	PDF	
	7-4	其他可参考水文计算规范简介	mp4 录像	
	7-5	年径流系列代表性审查	mp4 录像	微课
	7-6	设计年径流适线法估计研究	PDF	论文
	7-7	随机数生成参考书	mp4 录像	
8	8-1	各类防洪工程	PDF	
	8-2	不同版本设计洪水标准简况	PDF	
	8-3	《防洪标准》（GB 50201—2014）简介	PDF	
	8-4	新形势下城市防洪的特点与防治思路	PDF	论文
	8-5	五分钟带你了解三峡工程	mp4 录像	
	8-6	第一次全国水利普查公报	PDF	对外公开信息
	8-7	设计洪水推求途径及各自适用条件	PDF	论文
	8-8	历史洪水洪痕	PDF	
	8-9	重现期概念解读	mp4 录像	微课
	8-10	历史洪水重现期误差对设计洪水的影响	PDF	论文
	8-11	国内外常用洪水频率分布线型	PDF	
	8-12	设计洪水过程线放大方法存在的问题	PDF	
9	9-1	水利工程等人类活动改变下垫面条件	mp4 录像	
	9-2	《可能最大暴雨和洪水计算原理与方法》简介	PDF	
	9-3	直接法推求设计面雨量的流程	mp4 录像	
	9-4	年最大一天和最大 24 小时雨量的差异	mp4 录像	

章别	二维码编号	二维码的名称	二维码表现形式	备注
	9-5	间接法推求设计面雨量的流程	mp4 录像	
	9-6	可能最大洪水计算流程	mp4 录像	
	9-7	《水电工程可能最大洪水计算规范》简介	PDF	
	9-8	《Manual on Estimation of Probable Maximum Precipitation》 （PMP）简介	PDF	
	9-9	《可能最大降水估算手册》简介	PDF	
	9-10	可降水量的定义和计算		
10	10-1	国内外内涝治理工程	PDF	
	10-2	北京"7·21"特大暴雨内涝	mp4 录像	
	10-3	城市排水体制及选择	PDF	
	10-4	国内外城市排水标准比较	PDF	
	10-5	治涝标准 SL 723—2016 简介	PDF	
	10-6	我国城市内涝防治现状及问题分析	PDF	
	10-7	城市暴雨强度公式研究进展与述评	PDF	论文
	10-8	芝加哥雨型	PDF	
	10-9	河海大学城市水文研究成果	PDF	
汇总		92 个二维码		

目　　录

总前言

总前言（2008 版）

第 5 版前言

数字资源清单

第1章　绪论 ……………………………………………………………………… 1

  1.1　地球上的水 ……………………………………………………………… 1

  1.2　工程水文学的任务及内容 ……………………………………………… 4

  1.3　工程水文学的研究方法 ………………………………………………… 6

第2章　流域径流形成过程 ……………………………………………………… 8

  2.1　概述 ………………………………………………………………………… 8

  2.2　河流与流域 ……………………………………………………………… 8

  2.3　降水 ……………………………………………………………………… 12

  2.4　下渗 ……………………………………………………………………… 21

  2.5　蒸散发 …………………………………………………………………… 27

  2.6　径流 ……………………………………………………………………… 30

  2.7　水量平衡方程 …………………………………………………………… 35

  习题 …………………………………………………………………………… 36

第3章　水文信息采集与处理 ………………………………………………… 37

  3.1　测站与站网 ……………………………………………………………… 37

  3.2　降水观测 ………………………………………………………………… 39

  3.3　水位观测 ………………………………………………………………… 41

  3.4　流量测验 ………………………………………………………………… 43

  3.5　泥沙测验及计算 ………………………………………………………… 48

3.6 地下水监测 ··· 52

3.7 水质监测 ·· 54

3.8 水文调查与水文遥感 ·· 59

3.9 水文信息处理 ··· 61

习题 ·· 69

第 4 章 流域产流与汇流计算 ·· 71

4.1 概述 ·· 71

4.2 流域降雨径流要素计算 ·· 72

4.3 蓄满产流计算 ··· 77

4.4 超渗产流计算 ··· 81

4.5 流域汇流计算 ··· 85

4.6 河道汇流计算 ··· 97

习题 ··· 100

第 5 章 水文预报 ·· 103

5.1 概述 ··· 103

5.2 短期洪水预报 ·· 104

5.3 施工洪水预报 ·· 117

5.4 枯水预报 ··· 120

5.5 水文预报精度评定 ·· 124

习题 ··· 128

第 6 章 水文统计 ·· 130

6.1 概述 ··· 130

6.2 概率的基本概念 ·· 130

6.3 随机变量及其概率分布 ·· 133

6.4 水文频率计算 ·· 140

6.5 相关分析 ··· 154

习题 ··· 163

第 7 章 设计年径流分析及径流随机模拟 ···························· 166

7.1 概述 ··· 166

7.2 具有长期实测径流资料时设计年径流计算 ························· 169

7.3 具有短期实测径流资料时设计年径流计算 ························· 176

7.4 缺乏实测径流资料时设计年径流计算 ····························· 180

7.5 设计枯水径流量分析计算 ·· 183

7.6 流量历时曲线 ·· 185

7.7 径流随机模拟 ·· 186

习题 ··· 195

第 8 章　由流量资料推求设计洪水 ·································· 197

　　8.1　概述 ··· 197

　　8.2　洪水资料的分析处理 ·· 199

　　8.3　设计洪峰流量及洪量的推求 ···································· 203

　　8.4　设计洪水过程线的拟定 ·· 211

　　8.5　设计洪水的地区组成 ·· 215

　　8.6　汛期分期设计洪水与施工设计洪水 ····························· 217

　　8.7　古洪水及其应用 ··· 219

　　习题 ·· 224

第 9 章　由暴雨资料推求设计洪水 ·································· 226

　　9.1　概述 ··· 226

　　9.2　设计面暴雨量 ·· 227

　　9.3　设计暴雨时空分配的计算 ·· 233

　　9.4　可能最大降水计算 ··· 235

　　9.5　由设计暴雨推求设计洪水 ·· 248

　　9.6　小流域设计洪水的计算 ·· 252

　　习题 ·· 261

第 10 章　排涝水文计算 ··· 263

　　10.1　概述 ·· 263

　　10.2　农业区排涝计算 ·· 265

　　10.3　城市排涝计算 ··· 269

　　习题 ·· 275

附录 ··· 276

参考文献 ··· 288

第1章

绪论

1.1 地球上的水

1.1.1 水循环

地球表面约有 70% 以上面积为海洋所覆盖，其余约占地球表面 30% 的陆地也存在各类水体。在某一时刻，地球表层的总水量约为 13.86 亿 km^3，其中，海洋水量占总水量的 96.54%，陆地水量占总水量的 3.46%；全球的淡水占总水量的 2.53%。地球上各类水体的数量见表 1-1。

表 1-1　　　　　　　　　　地球上各类水体的数量

序号	水体类型	总　量 /($\times10^3 km^3$)	淡水量 /($\times10^3 km^3$)	占总量 /%	占淡水量 /%
1	海洋	1338000	—	96.54	—
2	地下水	23400	10530	1.69	30.06
3	冰川冰盖	24064.1	24064.1	1.74	68.70
4	永冻土底冰	300.0	300.0	0.0216	0.856
5	湖泊	176.4	91.0	0.0127	0.260
6	沼泽	11.47	11.47	0.0008	0.033
7	河流	2.12	2.12	0.0002	0.006
8	土壤水	16.50	16.50	0.0012	0.047
9	生物水	1.12	1.12	0.0001	0.003
10	大气水	12.9	12.9	0.0009	0.037
	合计	1385984.61	35029.21	100	100

资源 1-1
各类水体

地球上各种水体并非是静止的，在太阳的辐射下，不断地蒸发变成水汽进入大气，并随气流输送到各地，在一定的条件下形成降水回到地球表面，其中的一部分被植物截留和土壤储蓄，通过蒸散发返回大气，另一部分以地表径流和地下径流的形式汇入江河湖库，最终回归海洋。地球上各种水体通过这种不断的蒸发、水汽输送、冷凝降落、下渗、形成径流的往复循环的过程称为水循环，如图 1-1 所示。在水循环过程中，太阳辐射强度、大气环流机制和海陆分布决定了水汽的运行规律，不同区域的地理、地质特性的差异使得水循环的路径及过程复杂多变，造成这些区域或大雨滂沱、江河横溢，或和风细雨、溪水潺潺，或万里晴空、河湖干涸等千变万化、波澜壮阔的水文现象。

水循环是自然界最重要的物质循环之一，使得人类的生产和生活不可缺少的水资源具有再生性。在水循环中，大气中的水分仅占全球总水量的 0.001%，约为 12.9km³，但平均每年进出大气的总水量高达 $6\times10^6\,km^3$，并以雨、雪、雹、露等形式进入地球表面，为地球上的各类水体，尤其是陆地水体提供了宝贵的淡水资源。

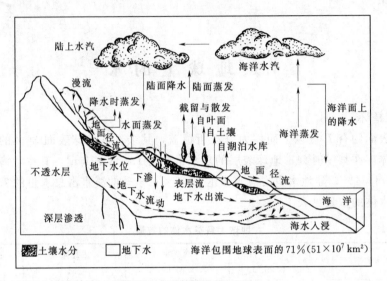

图 1-1　水循环示意图

资源 1-2
水文循环

1.1.2　水资源

地球表层可供人类利用的水称为水资源。水资源具备多种功能，如饮用、灌溉、养殖、航运、发电、生态、景观等。

淡水资源与人们的关系最为密切，但全球淡水储量中绝大部分为冰川、永久雪盖、内陆湖沼和历史年代储存的深层地下水等水体，它们的更新速率很慢，一旦被大量利用，很难恢复。陆地上大气降水、河流、土壤水、浅层地下水等水体的循环交替周期较短，易于恢复，是人类可用的主要淡水资源。因此，在一般情况下，水资源是指陆地上每年能够得到恢复和补充并可供人们利用的淡水，是陆地上由大气降水补给的各种地表和地下淡水水体的动态水。

全球多年平均年降水量约 800mm，产生的河川径流量 $46.8\times10^{12}\,m^3$。与之相比，我国多年平均年降水量 648mm，产生的河川径流量 $2.8\times10^{12}\,m^3$。与世界其他国家相比，我国水资源总量仅次于巴西、俄罗斯、加拿大等，居世界第 6 位，但由于人口众多，人均水资源占有量约为 2000m³，仅为世界人均占有量的 1/4，排在世界第 109位。我国水资源分布的趋势是由东南向西北递减，空间分布十分悬殊。长江流域及其以南地区国土面积占全国的 36.5%，水资源量却占全国的 81%，人均水资源量约为全国平均值的 1.6 倍，平均每公顷耕地的水资源占有量则为全国平均值的 2.2 倍。淮河流域及其以北地区的国土面积占全国的 63.5%，其水资源量仅占全国水资源总量的 19%，人均水资源占有量约为全国平均值的 19%，平均每公顷耕地占有的水资源量则为全国平均值的 15%。我国水资源在年内年际分配也存在分布不匀状况，大部

2

分地区年内连续 4 个月降水量占全年的 70% 以上，连续丰水或连续枯水年也较为常见。

水能是重要的能源资源，中国江河水能资源理论蕴藏量 6.94 亿 kW，理论发电量 6.08 万亿 kWh，技术可开发量为 5.42 亿 kW，年发电量 2.47 万亿 kWh，经济可开发量 4.02 亿 kW、年发电量 1.75 万亿 kWh，均位居世界第一。截至 2017 年年底，全国水电总装机容量 3.41 亿 kW，发电量 1.19 万亿 kW。5 万 kW 以下的小水电站 4.7 万余座，总装机容量约 7927 万 kW；5 万～30 万 kW 的中型水电站 479 座，总装机容量约 4487 万 kW；30 万 kW 以上的大型水电站 152 座，总装机容量约 2.22 亿 kW。2017 年，全世界水电新增装机 2190 万 kW，中国新增装机容量 9120MW，占到了全球新增水电装机容量的 41.6%。作为利用效率高、开发经济、调度灵活的清洁型能源，水力发电未来还有较大发展空间。据国际行业预测，到 2050 年，全球水电装机容量将由现在的 10 亿 kW 增加至 20 亿 kW，大部分待开发的水电资源集中在非洲、南美洲、南亚、东南亚等地。中国先后与 80 多个国家建立了水电规划、建设和投资的长期合作关系，成为推动世界水电发展的重要力量。因此，在一个相当长的时期内，水能资源开发利用潜力巨大。

我国内陆水域面积约 27 万 km^2，海域面积 300 多万 km^2。根据交通行业发展统计公报，我国内河水运资源十分丰富，截至 2017 年年末，全国内河航道通航里程 12.70 万 km，等级航道 6.62 万 km，占总里程的 52.1%，其中一级航道 1546km、二级航道 3999km、三级航道 6913km、四级航道 10781km、五级航道 7566km、六级航道 18007km，七级航道 17348km，等外航道 6.09 万 km。2017 年全年完成水路客运量 2.83 亿人，旅客周转量 77.66 亿人·km；完成水路货运量 66.78 亿 t，货物周转量 98611 亿 t·km。全国港口拥有生产用码头泊位 27578 个，水上运输船舶 14.49 万艘，净载重量 25652 万 t，载客量 96.75 万客位，全年完成旅客吞吐量 1.85 亿人次，货物吞吐量 140.07 亿 t。水路交通在我国国民经济、对外贸易和区域经济社会发展中具有重要作用。

1.1.3 水灾害

由于天然来水时空分布不均，不能满足人们正常生活和发展的要求，会造成一些地区的洪水、干旱等自然灾害。另外，人类社会发展对水资源的过度开发和利用，尤其是人类某些活动对水生态环境的不利影响，会进一步加剧水灾害的程度，甚至造成新的水灾害。

洪水是由于暴雨、融雪、风暴潮、水库溃坝等引起江河流量迅速增加、水位急剧上涨的现象。洪水会淹没堤岸滩涂，甚至漫堤泛滥成灾，造成人员伤亡和重大经济损失。洪水灾害历来是我国最严重的自然灾害之一，据不完全统计，公元前 206 年至 1949 年的 2155 年间，我国共发生可查考的洪灾 1092 次，平均每两年发生一次。自春秋战国到中华人民共和国成立前的 2000 多年中，黄河决口泛滥 1590 次，重大改道 26 次，涉及范围北抵天津、南达江淮，纵横 28 万 km^2；长江发生特大洪水 200 余次，平均每 10 年一次。1949 年以后，经过 70 余年的江河治理，主要江河常遇洪水基本得到控制，洪灾发生频次显著下降。但是由于人口剧增、水土资源的不合理开发、经济

资源 1-3
水资源

资源 1-4
洪水

发展和江河自然演变，又产生了许多新的问题，遇到特大洪水，灾害依然十分严重。据统计，1950—2000 年全国因洪涝灾害累计受灾农田面积 47800 万 hm²，倒塌房屋 1.1 亿间，死亡 26.3 万人。随着我国城市化的加速，城市内涝问题日益严重。根据建设部对全国 351 个大中城市进行的调研，213 个城市发生过积水内涝灾害，占调查城市的 62%。其中多数城市已从几年一涝变成一年数涝。内涝最大积水深度超过 50cm 的城市占 74.6%，积水深度超过 15cm 的超过 90%；积水时间超过半小时的城市占 78.9%，其中有 57 个城市的最大积水时间超过 12h。城市内涝已经成为我国经济社会健康发展的制约因素。

资源 1-5
干旱

干旱是指水分的收与支或供与求不平衡形成的水分短缺现象，干旱引起水资源短缺会造成工农业减产，影响人们正常生活。我国是一个水资源严重不足的国家，水资源时空分布不均造成干旱灾害的频发，它是对我国工农业生产影响最严重的气象灾害。据不完全统计，从公元前 206 年到 1949 年的 2155 年间，我国发生过较大的旱灾 1056 次，平均每两年就发生一次大旱。新中国成立后，政府十分重视抗旱工作，修建了大量的蓄水、灌溉工程，使旱灾的发生得到了某种程度上的控制。但经济发展、人口增加及全球气候变暖等原因，致使干旱灾害仍不时发生，并有加重的趋势，平均每年受旱面积 2200 万 hm² 左右，损失粮食高达 300 亿 kg。中国城市缺水现象也很严重，在现有的 660 多座城市中，400 多座城市缺水，其中 110 多座严重缺水。遇到干旱和连续干旱年份，城市供水问题更为严峻。由于人口的增长，到 2030 年我国人均水资源占有量将从现在的 2000m³ 降至 1800~1900m³，需水量接近水资源可开发利用量，缺水问题将更加突出。

资源 1-6
水污染

水环境恶化是人类社会对水资源的过度开发利用、缺乏有效保护造成的后果。随着工业化程度的提高、城市化进程的加快和人口的不断增加，人类产生的大量废水排入河流、湖泊和海洋，造成水体的污染，使得水资源的质量不能满足人类生活和生产的要求，影响了水体为人类服务的各种功能。我国水土流失也很严重，全国水土流失面积达 295 万 km²，占国土总面积的 31%，每年流失的泥沙约 50 亿 t。黄河中上游的黄土高原区 60 万 km² 面积中，水土流失面积达 70% 以上，水土年流失量 3700t/km²，每年从黄土高原输入黄河干流的泥沙 16 亿 t，其中 4 亿 t 淤积在下游，导致黄河河床以每年 10cm 的速度抬高。水环境污染加剧了我国水资源短缺的矛盾，对我国正在实施的可持续发展战略带来严重的负面影响。

1.2　工程水文学的任务及内容

1.2.1　工程水文学的任务

为了充分利用水资源和防治水灾害，人们建造了大量的涉水工程，包括流域水利水电工程、农业水利工程、给水排水工程、交通运输工程、水资源保护工程、水土保持工程、水环境治理工程等。工程水文学是针对涉水工程的性质和需求，将水文学的基本理论和方法应用于工程建设与管理的一门技术学科。在涉水工程的兴建到运用过程中，一般都要经历规划设计、施工建设及管理运营 3 个阶段，每阶段都需要定量预估未来的水文情势。由于各阶段的任务不同，对水文情势的预估各有侧重点。

规划设计阶段的主要任务是确定工程的规模。对于防洪排涝工程，需要预估未来的汛期洪水状况，如果对洪水估计过大，会使工程设计规模过大，造成工程投资上的浪费；如果对洪水估计偏小，会使得工程的防洪标准降低，可能导致工程失事，造成工程本身和下游人民生命财产的巨大损失。对于水资源利用与保护工程，则需要预估未来丰、平、枯的年、月径流过程，尤其是枯季来水过程，如果对来水量估计发生偏差，同样会造成工程规模的不合理，不能经济有效地利用和保护有限的水资源。工程水文学依据基本水文气象及流域特性资料，分析当地的水文规律，根据工程的特性和规划设计要求，预测和预估未来工程使用期限的水文情势，提供用于确定工程规模的设计洪水或设计径流。

施工建设阶段的任务是将规划设计的工程付诸实施。施工场地滨水临河，处于施工建设期间的工程相对比较脆弱，容易遭受洪水的侵袭。此外，施工建设阶段常需要兴建围堰、导流隧洞和明渠等一些临时性水工建筑物，要求确定临时性水工建筑物规模尺寸。工程水文学可以用于预估临时性水工建筑物设计洪水，并为施工期的防洪安全提供短期洪水预报。

管理运营阶段的主要任务在于使建成的工程充分发挥效能。在这一阶段，工程水文学主要是通过水文预报，预报来水量大小和过程，以便进行合理的调度，充分发挥工程效益。例如，对于水库工程，在正确的洪水预报指导下通过合理调度，可以在大洪水来临之前预腾出一部分兴利库容拦蓄洪水，更好地保障水库及其下游的安全；在洪水结束之前及时拦蓄尾部洪水，以增加发电、灌溉效益。再如，对于水资源利用和保护工程，需要根据预测和预报的枯季水情，通过合理的水利调度，保证水资源数量和质量。此外，随着工程运用期间水文资料的不断积累，还要经常地复核和修正原来预估的水文情势数据，改进调度方案或对工程实行扩建、改建，使得工程更好地为经济社会发展服务。

1.2.2　工程水文学的内容

近年来，随着经济社会的发展和观念的进步，我国水利事业正在由传统水利向现代水利、可持续发展水利转变。在加强水利水电工程、农业水利工程规划建设的基础上，水资源保护、水环境整治、水土保持、生态治理、城市水务等新兴涉水工程得到更多的重视，也使得工程水文学得到更为广泛的运用。针对我国经济社会发展对工程水文学的要求，本版《工程水文学》主要包含以下内容。

（1）水文信息采集与处理（常称水文测验）。描述关于降水、蒸发、下渗、水位、流量、泥沙、水质、河道等项目的观测、调查及资料整编、检索的方法。水文信息采集与处理可为水文分析、计算、预报及研究提供水文、气象、水质、水系等基础资料。

（2）降雨径流关系分析。揭示流域径流的形成规律，定量分析流域降雨量、土壤含水量、径流量之间及降雨过程与流量过程之间的关系，描述流域产流与汇流计算的常用方法及数学模型。流域降雨径流关系分析是水文预报和水文计算的重要基础，也可以直接应用于涉水工程的有关分析计算。

（3）水文分析与计算。揭示水文现象的成因规律与统计规律，研究水文要素与地理因素之间的联系及时空分布特征，论述各种资料条件下预估未来水文情势的方法和途径。水文分析与计算为涉水工程的规划、设计和施工提供水文依据。

（4）水文预报。重点介绍洪峰流量、洪水位及洪水过程的短期预报方法。短期洪水预报为涉水工程的施工和管理提供即将发生的洪水水情，以便提前制定防御措施，减少可能的灾害损失。在枯水预报部分，介绍枯水径流过程预测方法，为水资源利用、水生态环境保护提供水情依据。

目前我国各高校开设工程水文学课程的专业有水利水电工程、水利科学与工程、农业水利工程、给水排水工程、港口与航道工程、水务工程、环境工程、交通工程等，部分学校的地理类专业也开设工程水文学或应用水文学课程。综合考虑各高校教学计划对工程水文学课程学分、学时的安排，本版《工程水文学》内容定为 4 学分 64 学时，核心内容为 3 学分 48 学时。可以根据有关专业的工程水文学教学大纲要求，选择相应的教学内容。

1.3　工程水文学的研究方法

1.3.1　水文现象

水文现象是一种自然现象，它的发生和发展往往既具有必然性也具有偶然性。

水文现象的必然性是由于造成水文现象过程的某些因素具有确定性规律，即人们可以认知的成因规律。例如，河流具有以年为周期的丰枯水周期，融雪补给型河流流量变化则以日为周期，其基本原因是地球公转和自转的周期性变化；流域内的暴雨会造成下游河流的洪水过程，洪水量的大小与暴雨总量和强度存在着因果关系；一些水文特征值会随地理位置变化，这主要是由海陆位置、地形地貌、气象条件所确定。

水文现象的偶然性是众多成因规律未被人们认识造成的，而水文随机现象是具备统计规律的。例如，河流某断面各年最大洪峰流量或最高洪水位的大小和出现时间是不定的，但通过长期观测资料可以发现，其多年平均值则是一个趋于稳定的数值，大洪水和小洪水出现几率是相对稳定的。

1.3.2　工程水文学的研究方法

由于水文现象具备确定性规律、地理分布规律和统计规律，研究方法相应地分为成因分析法、地理综合法和数理统计法。

成因分析法根据水文过程形成的机理，定量分析水文现象与其影响因素之间的成因关系，并建立相应的数学物理方程。例如，根据实测降雨、蒸发、河道流量资料，建立降雨量和径流量之间的定量关系；在水文资料整编中，建立的水位-流量关系；在河流洪水短期预报中，根据降雨过程预报某一地点河流断面出现的洪水过程等。应该说明的是，由于水文现象的复杂性，成因分析法需要在对天然的水文过程进行概化的基础上，建立概念性或经验性的水文分析方法和计算模式，与实际结果相比，计算成果是存在一定误差的，只要误差在允许范围内，计算成果就是合理和可行的。

　　地理综合法依据水文现象所具有的地区性和地带性分布特征，综合气候、地质、地貌、土壤、植被等自然地理要素，分析水文要素的地理分布规律，利用已有的水文资料建立地区性经验公式，绘制水文特征等值线图。地理综合法应用较为简易，主要用于无资料中小流域的水文特征值的分析计算。地理综合法具有明显的经验性，计算误差相对较大，对成果的可靠性和合理性需作更深入分析。

　　数理统计法以概率论和统计学为基础，通过分析大量历史资料，揭示水文现象的统计规律，从概率的角度定量预估设计地点未来可能的水文情势。例如，运用频率分析方法，求得水文要素的概率分布，从而得出工程规划设计所需要的水文设计值；针对两个或多个变量之间的统计关系，采用相关分析途径，建立设计变量与参证变量之间的相关关系，以插补展延水文系列。数理统计法得出的结果总是存在抽样误差的，其大小主要取决于所采用水文系列样本的长度。然而，大部分地区人类进行水文观测的时间很短，造成水文统计结果抽样误差相对较大，对规划设计的涉水工程安全性构成影响。因此，工程水文学很重视各种降低水文统计参数抽样误差的研究，并对工程安全影响进行分析和补偿。

　　在工程水文学中，由于影响水文过程的因素是非常复杂的，成因分析法和数理统计法往往不能截然分开，需结合使用才能较好地描述水文过程，有效地减少计算成果的误差。在实际情况下，即使是认识到水文现象的成因规律，往往也是定性的认识，不能从确定性途径建立相应的数学物理方程，需要根据实测资料，借助于统计学途径建立相关关系。同样，要采用数理统计法建立设计变量与参证变量之间的相关关系，必须采用成因分析方法选择合适的参证变量，才能使得建立的相关关系具备可靠性和有效性。因此，认真地学习、了解和掌握水文过程的成因规律、地理分布规律和统计规律，掌握工程水文学的研究方法的特性，才能较好地解决工程实际问题。

第2章

流域径流形成过程

2.1 概　述

　　径流指降雨及冰雪融水在重力作用下沿地表或地下流动的水流。其中，沿着地面流动的水流称为地面径流，或称地表径流；沿着土壤、岩石孔隙流动的水流称为地下径流。地表径流又分为坡面径流和河川径流。在坡地表面以漫流、片流等形式流动的水流称为坡面径流。水流汇集到河流后，在重力作用下沿着河道流动的水流称为河川径流。河川径流的来源是大气降水，降水有降雨和降雪两种主要形式，所以河川径流分为降雨径流和融雪径流。我国大部分河流为降雨径流，冰雪融水径流只在局部地区的河段或部分时段发生，所以本章主要讨论降雨径流。

　　径流过程是地球上水文循环中最为重要的一环。在水文循环过程中，陆地上降水的 39.5％转化为地面径流和地下径流汇入海洋。径流过程又是一个复杂多变的过程，它与人类的水旱灾害防御、水资源开发利用、水环境保护等生产生活活动密切相关。因此，研究和揭示径流的变化规律，分析它与其他水文要素以及各影响因素之间的相互关系，掌握径流形成的基本理论和分析计算方法是十分重要的。

　　降水、下渗、蒸发是地球上水文循环中最活跃的因子，也是径流形成的主要影响因素。流域是降水的承受面，也是蒸发的逸出面，又是径流形成的下垫面。流域的最主要功能是将降水转化为径流，流域的基本特征是形成径流量大小及其变化过程的重要影响因素。河流是径流的通道，在水文循环过程中，河流是陆地和海洋之间进行水量横向交换的路径之一。本章首先介绍河流与流域的基本概念，然后介绍降水、下渗、蒸发，最后阐述径流的形成过程及其表示方法。

2.2 河流与流域

2.2.1 河流
2.2.1.1 河流的形成和分段

　　降落到地面的雨水，除下渗、蒸发等损失外，在重力作用下沿着一定的方向和路径流动，这种水流称为地面径流。地面径流长期侵蚀地面，冲成沟壑，形成溪流，最后汇集成河流。河流流经的谷地称为河谷，河谷底部有水流的部分称为河床或河槽。面向下游，左边的河岸称为左岸，右边的河岸称为右岸。河流是水文循环的一条主要路径，它是和人类关系最为密切的水体之一。

一条河流沿水流方向，自高向低分为河源、上游、中游、下游和河口 5 段。河源是河流的发源地，多为泉水、溪涧、冰川、湖泊或沼泽。上游紧接河源，多处于深山峡谷中，坡陡流急，河谷下切强烈，常有急滩或瀑布。中游河段坡度渐缓，河槽变宽，两岸常有滩地，冲淤变化不明显，河床较稳定。下游是河流的最下段，一般处于平原区，河槽宽阔，河床坡度和流速都较小，淤积明显，浅滩和河湾较多。河口是河流的终点，即河流注入海洋或内陆湖泊的地方。这一段因流速骤减，泥沙大量淤积，往往形成三角洲。注入海洋的河流，称为外流河，如长江、黄河等；注入内陆湖泊或消失于沙漠中的河流，称为内流河或内陆河，如新疆的塔里木河和青海的格尔木河等。

资源 2-1
河流分段特征

资源 2-2
河源

2.2.1.2 河流基本特征

1. 河流的长度

自河源沿主河道至河口的距离称为河流的长度，简称河长，记为 L，以 km 计。可在适当比例尺的地形图上量得。

资源 2-3
上游

2. 河流断面

（1）横断面。垂直水流方向的剖面称为横断面，简称断面，其一般形状如图 2-1 所示。断面内自由水面高出某一水准基面的高程称为水位。枯水期水流所占部分为基本河床，或称为主槽。洪水泛滥所及部分为洪水河床，或称为滩地。只有主槽而无滩地的断面称为单式断面，有主槽又有滩地的断面称为复式断面。河流横断面能表明河床的横向变化。断面内通过水流的部分称为过水断面，其面积称为过水断面面积，记为 A，以 m^2 计，它的大小随断面形状和水位而变。

资源 2-4
中游

（2）纵断面。河槽中沿水流方向各断面最大水深点的连线，称为中泓线或溪线。沿中泓线的剖面称为河流的纵断面，图 2-2 为某河段纵断面图。河流纵断面能反映河床的沿程变化。

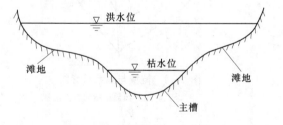

图 2-1 河流横断面示意图

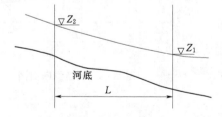

图 2-2 河段纵断面示意图

资源 2-5
下游

3. 河道纵比降

任一河段两端的高差 ΔZ 称为落差，单位河长的落差称为河道纵比降，简称比降。当河段纵断面近于直线时，可按式（2-1）计算。

$$J = \frac{Z_2 - Z_1}{L} = \frac{\Delta Z}{L} \qquad (2-1)$$

式中：J 为河段的比降，以小数或千分数计；Z_2、Z_1 为河段上、下断面水位或河底高程，m；L 为河段长度，m。

工程中常用的比降有水面比降和河底比降。水面比降随水位的变化而变化，河底

资源 2-6
河口

资源 2-7
长江重庆至宜昌河段地形地貌

比降则较稳定。河流沿程各河段的比降都不相同，一般自上游向下游逐渐变小。

当河底高程沿程变化时，可在地形图上自下断面至上断面读取沿程各河底高程变化点的高程及相邻两高程点的间距，作河段纵断面图。从下断面河底处作一斜线至上断面，使斜线以下的面积与原河底线以下面积相等，如图 2-3 所示，该斜线的坡度即为河道河底的平均比降，其计算式为

$$J = \frac{(Z_0+Z_1)L_1+(Z_1+Z_2)L_2+\cdots+(Z_{n-1}+Z_n)L_n-2Z_0L}{L^2} \qquad (2-2)$$

式中：Z_0、$\cdots$、Z_n 为从下游到上游沿程各点河底高程，m；L_1、$\cdots$、L_n 为相邻两高程点间的距离，m；L 为河段全长，m。

2.2.2 水系

河流的溪涧、小沟、支流、干流和湖泊等构成的脉络相连的系统称为水系或河系，如图 2-4 所示。水系中直接流入海洋或湖泊的河流称为干流，流入干流的称为支流。为了区别干、支流，常用斯特拉勒（Strahler）河流分级法进行分级。该法可表述为：

（1）直接发源于河源的小河流为一级河流。

（2）两条同级别的河流汇合而成的河流的级别比原来高一级。

（3）两条不同级别的河流汇合而成的河流的级别为两条河流中级别较高者。依此类推至干流，干流是水系中最高级别的河流。

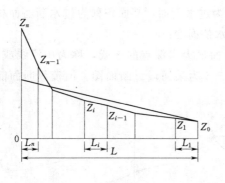

图 2-3 河道纵断面图

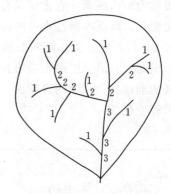

图 2-4 流域与水系示意图
1、2、3—河流的级别

2.2.3 流域

2.2.3.1 流域

汇集地表水和地下水的区域称为流域，也就是分水线包围的区域，如图 2-4 所示。分水线有地面分水线和地下分水线之分（图 2-5）。当地面分水线和地下分水线相重合，称为闭合流域，否则为不闭合流域，如图 2-6 所示。在实际工作中，除了喀斯特地貌等特殊地质构造的地区外，对于一般的流域，当对所讨论的问题无太大影响时，多按闭合流域考虑。

流域是相对应于某一出口断面的，当不指明断面时，流域即指河口断面以上区域。

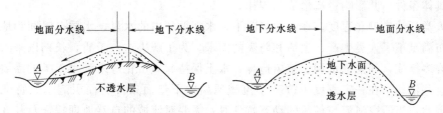

图 2-5 地面分水线和地下分水线示意图

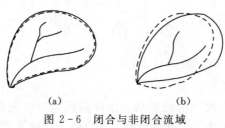

(a)   (b)

图 2-6 闭合与非闭合流域
——地面分水线 ----地下分水线

2.2.3.2 流域基本特征

资源 2-9
流域

1. 流域面积

流域分水线包围区域的平面投影面积，称为流域面积，记为 F，以 km² 计。可在适当比例尺的地形图上勾绘出流域分水线，量算出流域面积。

2. 河网密度

流域内河流干支流的总长度与流域面积的比值称为河网密度，以 km/km² 计。

3. 流域的长度和平均宽度

流域的长度也称为流域的轴长。以流域出口断面为圆心，向河源方向作一组不同半径的圆弧，在每条弧与流域分水线相交的两点处作弦线，各条弦线中点的连线的长度即为流域的长度，以 km 计。流域面积与流域长度的比值称为流域的平均宽度，以 km 计。

4. 流域形状系数

流域平均宽度与流域长度的比值称为流域形状系数。流域形状系数是以定量的方式表示流域的形状，一般，扇形流域的形状系数较大，狭长形流域则较小。

5. 流域的平均高度和平均坡度

将流域的地形图划分为 100 个以上的正方格，依次定出每个方格交叉点上的高程以及与等高线正交方向的坡度，取其平均值即为流域的平均高度和平均坡度。

6. 流域的自然地理特征

流域的地理位置。流域的地理位置以流域所处的经纬度表示，它可以反映流域所处的气候带，说明流域距离海洋的远近，反映水文循环的强弱。

流域的气候特征。流域的气候特征包括降水、蒸发、湿度、气温、气压、风等要素，它们是河流形成和发展的主要影响因素，也是决定流域水文特征的重要因素。

流域的下垫面条件。流域的下垫面是指流域的地形地貌、地质构造、土壤和岩石性质、植被、湖泊、沼泽等情况。这些要素以及上述河流特征、流域特征都反映了水系的具体条件，并影响径流形成的规律。

人类活动类型和程度。在天然情况下，水文循环中的水量、水质在时间和地区上的分布满足不了人类生产、生活和防灾的需求。为了解决这一矛盾，长期以来人类采取了许多措施，如兴修水利、植树造林、水土保持、城市化等来满足人类的需要。人类的这些活动，在一定程度上改变了流域原始的下垫面条件从而引起水文特征的变化。因此，当研究河流与径流的动态特性时，需要对流域的自然地理特征及其变化状况进行专门研究。

2.3　降　　水

2.3.1　降水基本要素

降水是指液态或固态水汽凝结物从云中降落到地面的现象，如雨、雪、霰、雹、露、霜等，其中以雨、雪为主。我国大部分地区一年内降水以雨水为主，雪仅占少部分，故以降雨为例引入下列描述降水现象的基本物理量。

（1）降雨量。降雨量是一定时段内降落到地面上某一点或某一面积上的总雨量，前者称为点降雨量，后者称为面降雨量。降雨量常用深度表示，以 mm 计，故又称为降雨深。

（2）降雨历时。一次降雨过程中从某一时刻到另一时刻经历的降雨时间称为降雨历时，特别地，从降雨开始至结束所经历的时间称为次降雨历时，一般以 min、h 或 d 计。

（3）降雨强度。单位时间的降雨量称为降雨强度，一般以 mm/min 或 mm/h 计。

（4）降雨面积。降雨笼罩范围的水平投影面积称为降雨面积，一般以 km^2 计。

（5）降雨中心。降雨中心是指降雨量最大的局部区域。

根据 24h 雨量值，降雨量一般分为 7 个等级，见表 2-1。

表 2-1　　　　　　　　　　　降 水 量 等 级 表

24h 雨量 /mm	<0.1	0.1~10	10~25	25~50	50~100	100~200	>200
等级	微量	小雨	中雨	大雨	暴雨	大暴雨	特大暴雨

2.3.2　与降水有关的气象因素

降水是发生在对流层内的一种自然现象。对流层是地球大气中最低的一层，高度为 8~18km。云、雾、雨、雪等主要天气现象都出现在这一层。对流层有 3 个主要的特征。

（1）气温随高度增加而降低。

（2）对流层主要从地面获得热能，使它具有强烈的上升和下降的气流，即气流的对流运动。对流运动的强弱，因纬度和季节的不同而不同，一般低纬较强，高纬较弱；夏季较强，冬季较弱。因此，对流层的厚度也随纬度和季节而变。对流层虽不及整个大气层厚度的 1%，但由于地球引力的作用，这一层集中了整个大气 3/4 的质量和几乎全部的水汽。

（3）由于地表性质差异很大，所以深受地表影响的对流层中的温度、湿度的水平分布不均匀，彼此相邻的各团空气之间，冷、暖、干、湿差异很大。

按气流和天气现象分布的特点，对流层又可分为 3 部分：自地面起至 1.5km 高度，称为下层，又称摩擦层或扰动层，该层大气受地面的热辐射和扰动的影响显著。1.5~6km 的高空范围为中层，大气中的云和降水都发生在这一层。从 6km 到对流层顶叫上层，上层水汽含量很少，气温常在 0℃ 以下。

对流层内与降水有关的主要气象因素有气温、气压、风、湿度、云、蒸发等。

2.3.2.1 气温

表示空气冷热程度的物理量称为气温，以 ℃ 计。气温的高低取决于空气吸收太阳辐射热能的多少。但大气直接吸收太阳辐射的能力很差，空气的受热过程，主要是地表吸收太阳的短波辐射热，再向大气发出长波辐射，通过水汽、二氧化碳等气体的吸收使大气增温，再产生指向地面的逆辐射使地面增温。在对流层内，接近地表的大气温度较高，距地面越高，气温越低，平均每升高 100m，气温约下降 0.65℃。

2.3.2.2 气压

单位面积上所承受大气的重力称为气压，以 hPa 计。某高度上的气压就是单位面积上所承受该高度以上空气柱的重量，所以，对同一地点气压随高度增加而减小。但由于空气的密度不是常数，所以气压与高度不是线性关系。

气压的空间分布叫作气压场。空间上气压相等的点组成的曲面称为等压面，如图 2-7 所示。等压面上各点的高度是不相同的，气象上用位势高度（单位质量抬升 1m 所做的功）来表示位势大小，单位为位势米。这样，某等压面上的等位势高度线（称为等高线）的分布，可以反映等压面空间起伏变化的情况，如图 2-7 中高位势区与高压区相对应，低位势区与低压区相对应，且等高线的分布与等压线的分布一致。这种图称为高空图，如 850hPa、700hPa、500hPa、200hPa 高空图等。

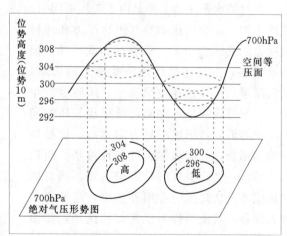

图 2-7 等压面上位势高度分布图

地面气压场则用地面天气图表示。地面天气图是将各地气象站在同一时刻测得的气压，换算为海平面上的数值，再勾绘等压线来表示各地气压高低情况。气压分布的基本形式，概括起来有 5 类，如图 2-8 所示。

5 类气压分布的基本形式统称为气压系统，包括：①高气压：等压线闭合，越往中心气压越高；②低气压：等压线闭合，越往中心气压越低；③高压脊：等压线不闭合，气压中间高两侧低，各条等压线曲率最大点的连线，称为脊线；④低压槽：等压

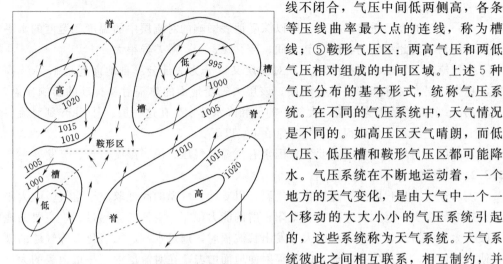

图 2-8　气压分布形式示意图

线不闭合，气压中间低两侧高，各条等压线曲率最大点的连线，称为槽线；⑤鞍形气压区：两高气压和两低气压相对组成的中间区域。上述 5 种气压分布的基本形式，统称气压系统。在不同的气压系统中，天气情况是不同的。如高压区天气晴朗，而低气压、低压槽和鞍形气压区都可能降水。气压系统在不断地运动着，一个地方的天气变化，是由大气中一个一个移动的大大小小的气压系统引起的，这些系统称为天气系统。天气系统彼此之间相互联系，相互制约，并在大气的运动中不断地演变，从而形成复杂多变的天气现象。

2.3.2.3　风

大气的运动是天气形成和变化的重要原因。大气的运动一般有两类：一为垂直运动，称为对流；另一为近乎水平的运动，称为风。

大气的水平运动主要是由于气压不同引起的。在自由大气中同一水平面上，由于气压不均一，空气在水平气压梯度力和地转偏向力的共同作用下，沿着等高线运动。但在近地层，空气还受到地面摩擦力的影响，使实际风的风速较高空风速小，风向也发生转向，与等压线呈一夹角，风穿越等压线向低压中心汇聚，作逆时针方向运动，这种现象称为辐合，其流场称为气旋性流场。而在高气压区，气流呈顺时针方向流动，同时风向稍偏外，从高压中心向外流出，这种现象称为辐散，其流场称为反气旋性流场，如图 2-8 所示。

风是矢量，用风向风速表示。风向指气流的来向，按十六方位定名，如北风、西南风等，如图 2-9 所示。风速以 m/s 计，风速越大，风力也越大。风速与风力的关系见表 2-2。

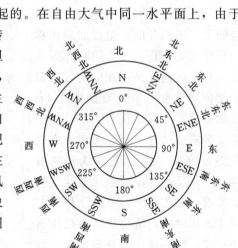

图 2-9　风向方位图

表 2-2		蒲福（Beaufort）风级表				单位：m/s
级　别	0	1	2	3	4	5
风　速	0～0.2	0.3～1.5	1.6～3.3	3.4～5.4	5.5～7.9	8.0～10.7

级　别	6	7	8	9	10	11	12
风　速	10.8～13.8	13.9～17.1	17.2～20.7	20.8～24.4	24.5～28.4	28.5～32.6	>32.6

从气候观点看，影响我国降水的风，最重要的是季风。夏季，风自海洋吹入大陆；冬季，风则由大陆吹向海洋，这种季节性变化的风叫做季风。季风使我国的降水具有明显的季节性。夏季，洋面上的气压高于大陆，西南风或东南风将洋面上暖湿空气源源不断地输往大陆，引起夏季的暴雨洪水；冬季则相反，风由大陆吹向海洋，我国绝大部分地区受到来自西伯利亚和蒙古干冷空气的影响，盛行西北风或东北风，形成寒冷少雨的天气。

2.3.2.4　湿度

大气中水汽的含量称为大气的湿度。表示大气湿度的指标很多，主要有水汽压、湿度、露点和比湿等。

1. 水汽压

水汽压是指空气中水汽的压力，记为 e，以 hPa 计。在一定温度下，空气中所含水汽量的最大值称为饱和水汽压，以 E 表示。饱和水汽压随气温而变，温度越高，饱和水汽压越大，空气中所含的水汽量越大，反之则越小。饱和水汽压与温度的关系如下。

$$E = E_0 \times 10^{\frac{at}{b+t}} \tag{2-3}$$

式中：E_0 为 0℃时水面的饱和水汽压，$E_0 = 6.11\text{hPa}$；a、b 为常数，由试验得出，在冰面上，$a = 9.5$，$b = 265.0$，在水面上，$a = 7.45$，$b = 237.0$；t 为温度，℃；E 为 t℃时的饱和水汽压，hPa。

在一定温度下，饱和水汽压和空气中实际水汽压之差 $E - e$ 称为饱和差。若实际水汽压超过了饱和水汽压，空气中多余的水汽就会发生凝结。

2. 湿度

单位体积空气中所含水汽的质量称为绝对湿度，也就是空气中水汽的密度，记为 a，以 g/m³ 计。空气中水汽越多，绝对湿度就越大。空气中的水汽压与同温度下的饱和水汽压的比值称为相对湿度，记为 f，即 $f = e/E \times 100\%$。相对湿度的大小可以反映空气中的水汽距离饱和的相对程度。

3. 露点

保持气压和水汽含量不变，使温度降低，当水汽恰到饱和时的温度称为露点温度，记为 T_d，以 ℃ 计。气压一定时露点的高低只与空气中的水汽含量有关，水汽含量越多，露点越高。当空气达到饱和时，露点和气温相等。由于空气经常处在未饱和状态，露点常比气温低，根据气温和露点之差 $t - T_d$，即可判断空气的饱和程度。

4. 比湿

指在一团湿空气中，水汽质量与该团空气总质量的比值，记为 q，以 g/g 或 g/kg 计。比湿与气压、水汽压之间的关系为

$$q = 0.622 \frac{e}{P} (\text{g/g}) = 622 \frac{e}{P} (\text{g/kg}) \tag{2-4}$$

式中：P 为气压，hPa。

水汽是降水的必要条件，尤其是大暴雨，必须具备充沛的水汽条件。据分析，我国发生大暴雨时，在 700hPa 高度上，比湿大多大于 8g/kg；比湿小于 5g/kg 时，则未发生过暴雨。

2.3.2.5　云

云是由大气中的水汽凝结或凝华形成的。云的生成和演变与降水有着密切的关系，并对温度、湿度、空气的能见度以及日照的变化都有着重要的影响。云的形状千变万化，若按云底的高度和性状分类，可分为高云族、中云族、低云族和直展云族。高云族包括卷云、卷层云、卷积云，云底高度通常在 6000m 以上，全部由小冰晶组成，一般不会产生降水。中云族包括高层云、高积云，云底高度通常在 2500～6000m 之间，多由水滴、过冷却水滴和冰晶混合组成，其中高层云常有雨雪产生。低云族包括层积云、雨层云、层云，云底高度通常在 2500m 以下，大部分低云由水滴组成，所有低云都可能会下雨，其中雨层云常常有连续性雨雪。直展云族包括积云、积雨云，云底高度通常为 1000～1500m，云顶高度可达高云的高度，其中积雨云是垂直发展非常旺盛的积云，常发生雷阵雨，有时伴有狂风、冰雹。

2.3.2.6　蒸发

水汽是产生降水的必要条件，而水汽是从海洋、河流、湖泊、土壤及植物表面等蒸发出来的，所以蒸发过程是水汽进入大气的过程。水汽进入大气以后，在一定条件下形成降水。因此，蒸发对降水有着重要的意义。有关蒸发的详细内容将在 2.5 节中介绍。

2.3.3　降水的形成与分类

2.3.3.1　降水的形成

自海洋、河湖、水库、潮湿土壤及植物叶面等蒸发出来的水汽进入大气后，由于分子本身的扩散和气流的传输作用分散于大气中。空气中的水汽含量有一定的限度，如果空气中的水汽量达到饱和或过饱和，多余的水汽就要发生凝结。假设近地面有团湿热未饱和空气，在某种外力作用下上升，上升高度越高，周围的气压越低。因此，在上升的过程中，这团空气的体积就要膨胀，在与外界没有发生热量交换的情况下，即在绝热的条件下，体积膨胀的结果必然导致气团温度下降，这种现象称为动力冷却。当气团继续上升到一定高度，温度降到其露点温度时，这团空气就达到饱和状态，再上升就会过饱和而发生凝结形成云滴。云滴在上升的过程中不断凝聚，相互碰撞，合并增大。一旦云滴不能被上升的气流所顶托时，在重力作用下降落到地面形成降水。因此，水汽、上升运动和冷却凝结是形成降水的 3 个因素。

2.3.3.2　降水的分类

在水汽条件具备的情况下，只有空气冷却，水汽才能凝结形成降水，而促使水汽冷却凝结的主要条件是空气作垂直上升运动。在一定的大气环流背景下，当湿热空气在某种外力作用下被抬升作强烈的上升运动时就会促使空气冷却，导致降水。因此，空气抬升形成动力冷却的原因可以作为降水的分类指标。按照这一指标，通常分为对流雨、地形雨、锋面雨和气旋雨。

1. 对流雨

图 2-10　对流雨形成示意图

因地表局部受热，气温向上递减率过大，大气稳定性降低，下层空气因受热密度变小而上升，上层空气因温度低密度较大而下沉，形成热力对流运动，如图 2-10 所示。暖湿空气在上升过程中，因上空气压降低，体积膨胀导致气团温度降低形成动力冷却，水汽凝结形成垂直发展的积状云而致雨。积状云内部气流上升强烈，云中水汽量大，因此产生的降雨强度大、历时短。由于气流上升处形成云，下沉处不会形成云，造成云块之间有空隙，呈孤立分散状态，因而雨区较小。

2. 地形雨

空气在运移过程中，遇山脉的阻挡，气流被迫沿迎风坡上升，由于动力冷却而成云致雨称为地形雨。此外，山脉的形状对降雨也有影响，如喇叭口、马蹄形地形，若它们的开口朝向气流来向，则易使气流辐合上升，产生较大降雨，如图 2-11 所示。地形雨的降雨特性，因空气本身温湿特性、移动速度以及地形特点而异，差别较大。

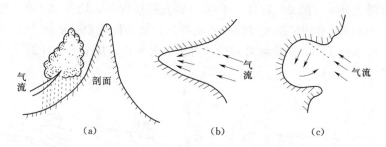

图 2-11　地形对气流的影响示意图

(a) 地形抬升；(b) 喇叭口地形内气流辐合；(c) 马蹄形地形内气流辐合

3. 锋面雨

对流层中，在水平方向上温度、湿度比较均匀的大块空气，称为气团。气团的水平范围从几百公里到几千公里，垂直高度几公里，有时可达对流层顶。气团按其热力性质可分为冷气团和暖气团。在对流层中，气团在不断地移动着，并随着下垫面条件的改变，性质也随之改变。当两个温湿特性不同的气团相遇时，在其接触面由于性质不同来不及混合而形成一个不连续面，称为锋面。所谓不连续面实际上是一个过渡带，所以又称为锋区。锋面与地面的交线称为锋线，习惯上把锋线简称为锋。锋的长度从几百公里到几千公里不等，伸展高度，低的离地 1～2km，高的可达 10km 以上。由于冷暖空气密度不同，暖空气总是位于冷空气上方。在地转偏向力的作用下，锋面总向冷空气一侧倾斜，冷气团总是揳入暖气团下部，暖空气沿锋面上升。由于锋面两侧温度、湿度、气压等气象要素有明显的差别，所以锋面附近常伴有云、雨、大风等天气现象。由锋面活动产生的降雨统称锋面雨。锋面随冷暖气团的移动而移动，若按

17

运动学的观点分类，锋面可分为冷锋、暖锋、静止锋和锢囚锋。

（1）冷锋。冷气团起主导作用，推动锋面向暖气团一侧移动，这种锋称为冷锋，如图2-12（a）所示。根据移动的快慢，冷锋又分为两类：移动慢的称为第一型冷锋或缓行冷锋；移动快的称为第二型冷锋或急行冷锋。这两种冷锋的天气有明显的差异。缓行冷锋锋面坡度小，约为1/100，移动缓慢，锋后冷空气迫使暖空气沿锋面稳定滑升，雨区出现在锋后，多为稳定性降雨，雨区约在300km以内，如果锋前暖空气不稳定，在地面锋线附近也常出现积雨云和雷阵雨天气。急行冷锋坡度大，约为1/80~1/40，锋后冷空气移动快，迫使暖空气产生强烈的上升运动，因此，急行冷锋过境时，往往乌云翻滚，狂风大作，电闪雷鸣，大雨倾盆，降雨强度大，历时较短，雨区窄，一般仅数十公里。

（2）暖锋。暖气团起主导作用，推动锋面向冷气团一侧移动，这种锋称为暖锋。暖锋锋面坡度约为1/50，暖空气沿锋面缓慢爬升，在上升过程中形成动力冷却，水汽凝结致雨，如图2-12（b）所示。暖锋的雨区出现在锋线前，宽度常在300~400km，沿锋线分布较广。降雨强度不大，但历时较长。在夏季，当暖气团不稳定时，也可出现积雨云和雷阵雨天气。

（3）静止锋。冷暖气团势均力敌，在某一地区停滞少动或来回摆动的锋称为准静止锋，简称静止锋，如图2-12（c）所示。静止锋坡度小，约为1/200，有时甚至小到1/300，沿锋面上滑的暖空气可以一直延伸到距地面锋线很远的地方，所以云雨区范围很广。降雨强度小，但持续时间长，可达十天半月，甚至一个月。

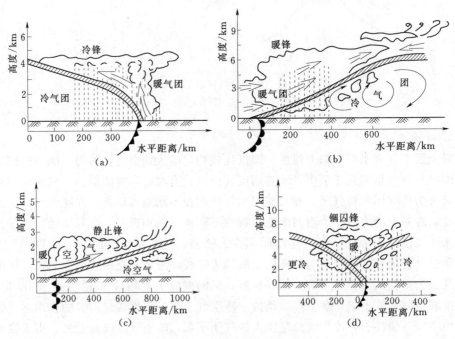

图2-12　锋面类型示意图

（a）冷锋雨；（b）暖锋雨；（c）静止锋降雨；（d）锢囚锋降雨

（4）锢囚锋。当三种热力性质不同的气团相遇时，如冷锋追上暖锋，或两条冷锋相遇，暖空气被抬离地面，锢囚在高空，称为锢囚锋，如图 2-12（d）所示。由于锢囚锋是两条移动的锋相遇合并而成，所以它不仅保留了原来锋面的降水特性，而且锢囚后暖空气被抬升到锢囚点以上，上升运动进一步发展，使云层变厚，降水量增加，雨区扩大。

4. 气旋雨

气旋是中心气压低于四周的大气涡漩。在北半球，气旋内的气流作逆时针旋转，向低压中心辐合，引起大规模上升运动，水汽因动力冷却而致雨，称为气旋雨。若按热力性质，气旋可分为温带气旋和热带气旋两类，相应产生的降水称为温带气旋雨和热带气旋雨。

温带气旋。温带地区的气旋多是由锋面波动产生的，也称为锋面气旋，如图 2-13 所示。自气旋中心向前伸展出一条暖锋，向后伸展出一条冷锋，冷暖锋之间是暖气团，以北是冷气团。气旋是气流辐合上升系统，锋面上气流上升更为强烈，往往产生云雨现象，甚至造成暴雨、雷雨、大风天气。

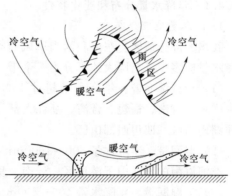

图 2-13　锋面气旋模式

热带气旋。热带气旋指发生在低纬度海洋上的强大而深厚的气旋性涡漩。气象部门根据热带气旋地面中心附近风力的大小，将其分为 4 类：近中心最大风力 6~8 级为热带低压；8~9 级为热带风暴；10~11 级为强热带风暴；大于 12 级为台风。一个发展成熟的台风，其低空风场的水平结构可分为 3 个区域，如图 2-14 所示。自台风边缘向内到最大风速区外缘为外圈，风速向中心剧增，风力在 6 级以上，半径为 200~300km；从最大风速区外缘向内到台

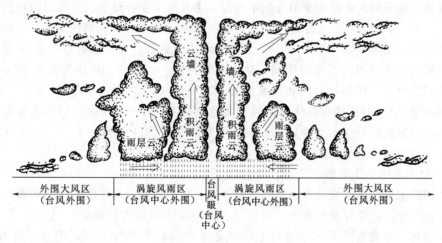

图 2-14　台风天气模式

风眼壁为中圈,是台风中对流和风雨最强烈的区域,半径为 100km;内圈为台风眼区,风速迅速减小或静风,半径为 5～30km。台风大多产生在对流云团中,由于上升气流不断加强,云区常可发展为宽几十公里、高 10km 的垂直云墙,云墙外有几条螺旋状积雨云带向中心辐合,螺旋状云带外面往往是由塔状对流云组成的外辐合云带。台风眼区由于有气流下沉,多晴空无云。台风区内水汽充沛,气流上升强烈,往往造成大量降雨,强度很大,但分布不均匀。暴雨主要发生在垂直云墙区,螺旋状云带中,也可形成暴雨。台风登陆后若受地形或冷空气的影响,往往使暴雨加剧。

2.3.4　我国降水量及其时空分布

2.3.4.1　年降水量分布和变化特性

1. 降水量地理分布

我国大部分地区受东南和西南季风的影响,形成东南多雨、西北干旱的特点。按年降水量的多少,全国大致可分为 5 个带。

(1) 十分湿润带。年降水量超过 1600mm,年降水日数平均在 160 天以上。包括:广东、海南、福建、台湾、浙江大部、广西东部、云南西南部、西藏东南部、江西和湖南山区、四川西部山区。

(2) 湿润带。年降水量 800～1600mm,年降水日数平均 120～160 天。包括:秦岭—淮河以南的长江中下游地区、云南、贵州、四川和广西大部分地区。

(3) 半湿润带。年降水量 400～800mm,年降水日数平均 80～120 天。包括:华北平原、东北、山西、陕西大部、甘肃、青海东南部、新疆北部、四川西北部和西藏东部。

(4) 半干旱带。年降水量 200～400mm,年降水日数平均 60～80 天。包括:东北西部、内蒙古、宁夏、甘肃大部、新疆西部。

(5) 干旱带。年降水量少于 200mm,年降水日数低于 60 天。包括:内蒙古、宁夏、甘肃沙漠区、青海柴达木盆地、新疆塔里木盆地和准格尔盆地、藏北羌塘地区。

2. 降水量年内分配

我国大部分地区降水的季节分配不均匀,主要集中在春夏季。长江以南地区,雨季较长,为 3—6 月或 4—7 月,雨量占全年的 50%～60%。华北和东北地区,雨季为 6—9 月,雨量占全年的 70%～80%,其中华北雨季最短,大部分集中在 7—8 月。西南地区降水主要受西南季风的影响,旱季雨季分明,一般 5—10 月为雨季,11 月至次年 4 月为旱季。四川、云南和青藏高原东部,6—9 月雨量占全年的 70%～80%,冬季则不到 5%。新疆西部终年在西风气流的控制下,降水量不大,但四季分配较均匀。台湾的东北部,受东北季风的影响,冬季降水量约占全年的 30%,也是我国降水量年内分配较均匀的地区。

3. 降水量的年际变化

我国降水量的年际变化很大,且常有连续几年雨量偏多或连续偏少的现象。年降水量越小的地区,年际变化越大。以历年实测年降水量最大值和最小值之比 K 来表示年际变化。西北地区 K 可达 8 以上;华北为 3～6;东北为 3～4;南方一般为 2～3,个别地方达 4;西南最小,一般在 2 以下。

2.3.4.2 我国大暴雨时空分布

我国是发生暴雨较多的国家，暴雨分布受季风环流、地理纬度、距海远近、地势与地形的影响十分显著。不同的地理条件和气候区，暴雨类型、极值、强度、持续时间以及发生季节都不同。

4—6月，东亚季风初登东亚大陆，大暴雨主要出现在长江以南地区，是华南前汛期和江南梅雨期暴雨出现的季节。在此期间出现的大暴雨，其量级有明显从南向北递减的趋势。华南地区出现的特大暴雨，大多是锋面的产物。华南沿海和南岭山脉对大暴雨的分布有十分明显的影响。江淮梅雨期暴雨，多为静止锋、涡切变型暴雨，降雨持续时间长，但强度相对较小。两湖盆地四周山地的迎风坡，是梅雨期暴雨相对高值区，而南岭以北和武夷山以东的背风坡则为相对的低值区。江南丘陵地区的大暴雨量级，明显较华南地区为小。

7—8月，西南和东南季风最为强盛，随西北太平洋副高北台西伸，江南梅雨结束，大暴雨移到川西、华北一带。同时，受台风影响，东南沿海发生多台风暴雨。在此期间，大暴雨分布范围很广，华南、苏北、黄河流域的太行山前、伏牛山东麓，都出现过特大暴雨。个别年份台风深入内陆，或在转向北上过程中，受高压阻挡停滞少动或打转，若再遇中纬度冷锋、低槽等天气系统的影响，以及地形强迫抬升的作用，常造成特大暴雨。例如1975年8月5—7日，7503号台风在福建晋江登陆后深入河南，受高压坝阻挡，停滞、徘徊达20多小时之久，林庄雨量站24h最大降雨量达1060.3mm，其中6h最大降雨量830.1mm。2007年8月9—11日，受帕布台风和热带辐合带的共同影响，雷州半岛普降暴雨，暴雨中心幸福农场站测得最大24h降雨量1188.2mm，是中国大陆目前实测的24h最大的降雨量记录。川西、川东北、华中、华北一带在此期间常受西南涡的影响，也发生过多次特大暴雨。例如1963年8月2—8日，华北海河流域连受3次低涡的影响，在太行山东麓、燕山南麓连降7天7夜大暴雨，獐犹雨量站降水总量高达2051mm，其中24h最大降雨量865mm。在此期间，北方黄土高原及其他干旱地区，夏季受东移低涡、低槽等天气系统的影响，也曾多次出现历时短，强度特别大，但范围较小的强雷暴。例如1977年8月1日，内蒙古、陕西交界的乌审召出现强雷暴，据调查，有4处在8～10h内降雨量超过1000mm，最大一处超过1400mm，强度之大为世界罕见。

9—11月，北方冷空气增强，雨区南移，但东南华南沿海、海南、台湾一带受台风和南下冷空气的影响而出现大暴雨。例如台湾新寮1967年10月17—19日曾出现24h最大降雨量1672mm，3日总降雨量达2749mm的特大暴雨，是我国最大的暴雨记录。

2.4 下　　渗

地表水、土壤水、地下水是陆地上普遍存在的3种水体。在水文循环过程中，地表土层对降雨起着再分配的作用。降雨落到地表之后，一部分渗入土壤中，另一部分形成地表水。渗入土层的雨水，一部分被土壤吸收成为土壤水，而后通过蒸发或植物散发直接返回大气；另一部分渗入地下补给地下水，再以地下水的形式汇入河流。下渗和土壤水的运动是径流形成的重要环节，它们的变化直接影响径流的形成过程。本节着重阐述它们的形成、储存、运动等概念。

2.4.1　包气带和饱和带

地表土层为多孔介质，能吸收、储存和向任何方向输送水分。考察流域上沿垂向的

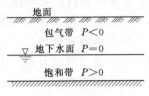

图 2-15　包气带和饱和带示意图

土柱结构，如图 2-15 所示，以地下水面为界，土层可为两个不同的土壤含水带。在地下水面以下，土壤处于饱和含水状态，是土壤颗粒和水分组成的二相系统，称为饱和带或饱水带；地面以下地下水面以上部分，土壤含水量未达到饱和，是土壤颗粒、水分和空气组成的三相系统，称为包气带或通气层。在包气带中，水压力 P 小于大气压，饱和带则大于大气压，在地下水面处，水压力等于大气压。

2.4.2　土壤水

水文学中常把储存于包气带中的水称为土壤水，而将饱和带中的水称为地下水。包气带的上界直接与大气接触，它既是大气降水的承受面，又是土壤蒸散发的逸出面。因此，包气带是土壤水分变化剧烈的土壤带。土壤含水量的大小直接影响到蒸发、下渗的大小，并决定了降水量中产生径流的比例，包括产生地面径流、表层流径流和地下径流的比例，把降雨、下渗、蒸发、径流等水文要素在径流形成过程中联系起来。因此，研究土壤水的运动和变化，对认识水文现象有重要意义。

2.4.2.1　土壤水作用力

土壤中的水分主要受到分子力、毛管力和重力的作用。

土壤颗粒表面的分子对水分子的吸引力称为分子力。根据万有引力定律，分子力与土壤固体颗粒分子和水分子之间距离的平方成反比。因此，紧挨着土壤颗粒表面的水分子受到的分子力非常大，但至几个水分子厚度处，就会迅速减小，而至几十个水分子厚度处，分子力就几乎不起作用了。由土壤中毛管现象引起的力称为毛管力。土壤中水分受到的地心引力称为重力，其作用方向总是指向地心，近似地可认为垂直向下。

2.4.2.2　土壤水分存在形式

土壤水是指吸附于土壤颗粒和存在于土壤孔隙中的水分。当水分进入土壤后，在分子力、毛管力和重力的作用下，形成不同类型的土壤水。

1. 吸湿水

土粒表面的分子对水分子的吸引力称为分子力。由分子力所吸附的水分子称为吸湿水。吸湿水被紧紧地束缚在土粒表面，不能流动也不能被植物吸收。

2. 薄膜水

由土粒剩余分子力所吸附在吸湿水层外的水膜称为薄膜水。薄膜水受分子吸力作用，不受重力影响，但能从水膜厚的土粒（分子引力小）向水膜薄的土粒（分子引力大）缓慢移动。

3. 毛管水

土壤孔隙中由毛管力所持有的水分称为毛管水。毛管水又分为支持毛管水和毛管

悬着水。

支持毛管水是指地下水面以上由毛管力所支持的沿毛管上升而存在于土壤孔隙中的水分，又称为毛管上升水，如图 2-16 所示。由于土壤孔隙大小分布不均匀，毛管水上升高度也不相同。孔隙越细，毛管水上升高度越大。

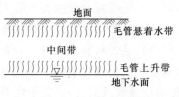

图 2-16　包气带的水分带示意图

在土壤孔隙中，由于毛管孔径不同，毛管力的大小就不同。如果向上的毛管力大于向下的毛管力，其合力就能支持一部分水分悬吊于孔隙之中而不与地下水面接触，该部分水分称为毛管悬着水，如图 2-16 所示。

4. 重力水

当土壤含水量超过土壤颗粒分子力和毛管力作用范围而不能被土壤所保持时，在重力作用下沿着土壤孔隙流动，这部分水称为重力水。重力水能传递压力，在任何方向只要有静水压力差存在，就会产生水流运动。渗入土中的重力水，当到达不透水层时，就会聚集使一定厚度的土层饱和形成饱和带。如果重力水到达地下水面，补充了地下水会使地下水面升高。

2.4.2.3　土壤含水量和水分常数

土壤中的水分与周围介质中的水分不断地发生交换，土壤内部的水分也时刻处于运动之中。这种水分的交换和变化不仅受到土壤物理性质的制约，还受到降水、下渗、蒸散发和其他水分运动的影响。为了描述土壤水分随时间和空间的这种动态变化，通常用土壤含水量来定量表示它们的大小，另用某些特征条件下的土壤含水量来反映它们的变化特性。这些特征土壤含水量称为土壤水分常数，它们是土壤水分的形态和性质发生明显变化时土壤含水量的特征值。

1. 土壤含水量（率）

土壤中含水程度的大小可用土壤质量含水率、土壤容积含水率来表示。其中，土块中水的质量与固体颗粒质量的比值称为质量含水率，旧称重量含水率；土块中水的容积与总容积的比值称为容积含水率。严格地讲，土壤含水率只是一个相对比值的概念，而不是指土壤含水的绝对数量（体积或深度），所以土壤含水率与土壤含水量是两个不同的概念，但在许多技术文献中，常把含水率称为含水量。在工程水文学中，为了便于同降雨量、径流量及蒸发量进行比较和计算，常将某个土层中所含的水量折合为相应面积上的水层深度来表示土壤含水量，以 mm 计。

2. 土壤水分常数

水文学中常用的土壤水分常数有以下几种。

（1）最大吸湿量。在饱和空气中，土壤能够吸附的最大水汽量称为最大吸湿量。它表示土壤吸附气态水的能力。

（2）最大分子持水量。由土壤颗粒分子力所吸附的水分的最大量称为最大分子持水量。此时，薄膜水厚度达到最大。

（3）凋萎含水量。植物根系无法从土壤中吸收水分，开始凋萎，即开始枯死时的

资源 2-10
土壤水分
常数

土壤含水量称为凋萎含水量，或称为凋萎系数。植物根系的吸力约为 15 个大气压，所以，当土壤对水分的吸力等于 15 个大气压时的土壤含水量就是凋萎含水量。显然，只有大于凋萎含水量的水分才是能参加植物水分交换的有效含水量。

（4）毛管断裂含水量。毛管悬着水的连续状态完全断裂时的含水量称为毛管断裂含水量。当土壤含水量大于此值时，悬着水就能向土壤水分的消失点或消失面运动（被植物吸收或蒸发）。低于此值时，毛管供水机制完全遭到破坏，这时，土壤中只有吸湿水和薄膜水，水分交换将以薄膜水和水汽的形式进行。

（5）田间持水量。指土壤所能保持的最大毛管悬着水量，即土壤颗粒所能保持水分的最大值。当土壤含水量超过这一限度时，多余的水分不能被土壤所保持，将以自由重力水的形式向下渗透。田间持水量是划分土壤持水量和向下渗透量的重要依据。

（6）饱和含水量。指土壤中所有孔隙都被水充满时的土壤含水量。它取决于土壤孔隙的大小。介于田间持水量和饱和含水量之间的水量，就是在重力作用下向下运动的自由重力水。

2.4.3　下渗

下渗是指降落到地面的雨水从地表渗入土壤中的运动过程。下渗不仅直接决定了地面径流的大小，同时也影响土壤水分的增长，以及表层流径流和地下径流的形成。因此，分析下渗的物理过程和规律，对认识径流形成的物理机制有重要意义。

资源 2-11
下渗

2.4.3.1　下渗的物理过程

当雨水持续不断地落在干燥的土层表面时，雨水将从包气带上界不断地渗入土壤中。渗入土中的水分，在分子力、毛管力和重力的作用下产生运动。按水分所受的力和运动特征，下渗可分为渗润、渗漏、渗透 3 个阶段（图 2-17）。

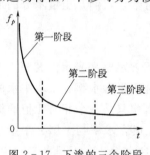

图 2-17　下渗的三个阶段

（1）渗润阶段。下渗的水分主要受分子力的作用，被土壤颗粒吸收而成薄膜水。若土壤十分干燥，这一阶段十分明显。当土壤含水量达到最大分子持水量时，分子力不再起作用，这一阶段结束。

（2）渗漏阶段。下渗水分主要在毛管力和重力的作用下，沿土壤孔隙向下作不稳定流动，并逐步充填土壤孔隙直至饱和，此时毛管力消失。

（3）渗透阶段。当土壤孔隙充满水达到饱和时，水分在重力作用下呈稳定流动。

一般可将渗润和渗漏两个阶段合并统称渗漏阶段。渗漏阶段属于非饱和水流运动，而渗透阶段则属于饱和水流的稳定运动。在实际下渗过程中，各阶段并无明显的分界，它们是相互交错进行的。

2.4.3.2　下渗率和下渗能力

单位时间内渗入单位面积土壤中的水量称为下渗率或下渗强度，记为 f，以 mm/min 或 mm/h 计。在充分供水条件下的下渗率称为下渗能力，记为 f_p。通常用下渗能力随时间的变化过程来定量描述土壤的下渗规律。实验表明，干燥土壤在充分

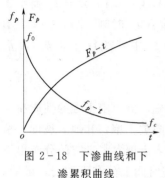

图 2-18 下渗曲线和下渗累积曲线

供水条件下，下渗率随时间呈递减变化，称为下渗能力曲线，简称下渗曲线，以 $f_p(t)-t$ 表示，如图 2-18 所示。图中 f_0 为起始下渗率，下渗的最初阶段，下渗的水分被土壤颗粒吸收、充填土壤孔隙，起始下渗率很大。随时间的增长和下渗水量的增加，土壤含水量逐渐增大，下渗率随之逐渐递减。当土壤含水量达到田间持水量时，下渗趋于稳定，此时的下渗率称为稳定下渗率，记为 f_c。下渗的水量用累积下渗量表示，记为 F_p，以 mm 计。累积下渗量随时间的变化过程，用 $F_p(t)-t$ 表示。累积曲线上任一点处切线的斜率即为该时刻的下渗率。

上述下渗率的变化规律，可用数学模式来表示，如霍顿（Horton）公式。霍顿根据均质单元土柱的下渗实验资料，认为当降雨持续进行时，下渗率逐渐减小，下渗过程是一个消退的过程，消退的速率与剩余量成正比，下渗率最终趋于稳定下渗率 f_c。设 t 时刻的下渗率为 $f_p(t)$，该时刻的剩余量为 $f_p(t)-f_c$，消退速率为 $\dfrac{\mathrm{d}f_p(t)}{\mathrm{d}t}$。

由于在下渗过程中，$f_p(t)$ 随时间减小，所以 $\dfrac{\mathrm{d}f_p(t)}{\mathrm{d}t}$ 为负值。根据霍顿的假定，有

$$
\left.
\begin{aligned}
\frac{\mathrm{d}f_p(t)}{\mathrm{d}t} &= -\beta[f_p(t)-f_c] \\
f(0) &= f_0
\end{aligned}
\right\} \tag{2-5}
$$

式中：β 为与土壤物理性质有关的系数，$\beta>0$。

解上述微分方程，得

$$
f_p(t) = f_c + (f_0-f_c)\mathrm{e}^{-\beta t} \tag{2-6}
$$

式中：f_0、f_c 和 β 与土壤性质有关，需根据实测资料或实验资料分析确定。

2.4.3.3 天然条件下的下渗

天然条件下的下渗过程要比前面讨论的供水充分、土壤均质、土壤层面水平等条件下的下渗过程复杂得多。

1. 下渗与降雨强度的关系

在天然条件下，供水即为降雨。降雨强度一般随时间不断变化，且常出现间歇。因此，在天然条件下，不可能保证在降雨期间都能按下渗能力下渗。根据下渗能力的概念，在降雨期间，若降雨强度 i 小于当时的下渗能力 f_p，则下渗率 f 将等于降雨强度 i；只有当降雨强度 i 大于或等于当时的下渗能力 f_p 时，下渗率 f 才会等于下渗能力 f_p。降雨强度变化情况下的下渗过程较为复杂，下面仅讨论降雨强度不变情况下均质土壤的下渗过程。

如图 2-19 所示，当降雨强度 i 小于或等于稳定下

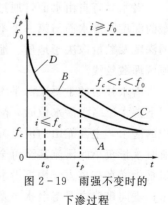

图 2-19 雨强不变时的下渗过程

渗率 f_c 时，下渗过程与降雨强度过程重叠（图 2-19 中 A 线）。当 i 大于 f_c 而小于初始下渗能力 f_0 时，下渗过程先与降雨强度过程重叠，直到 t_p 时刻（图 2-19 中 B 线）；t_p 时刻以后，下渗过程与下渗容量过程一致（图 2-19 中 C 线）；只有当 $i \geq f_0$ 时，下渗过程才与下渗能力过程一致（图 2-19 中 D 线）。

2. 下渗的空间分布

对一个流域而言，其下渗过程要比单点复杂得多。首先，流域中土壤的性质在空间上分布不均匀，沿垂向分布也常呈现非均匀结构，即使同类土壤，其地表坡度、植被、土地开发利用程度也有差异；其次，降雨开始时流域内土壤含水量空间分布也不同，即起始下渗率分布也不同；再次，一场降雨在空间和时间上分布不均匀；最后，流域内各处地下水位高低不一。上述这些因素，导致了流域的下渗在空间上分布是不均匀的。因此，一个流域的实际下渗过程是十分复杂的，在实际工作中多采用概化的方法来描述下渗的空间分布。

2.4.4　地下水

2.4.4.1　地下水的分类

广义的地下水指埋藏在地表以下各种状态下的水。若以地下水埋藏条件为依据，地下水可划分为 3 个基本类型：包气带水、潜水和承压水。

1. 包气带水

包气带水指埋藏于地表以下、地下水面以上包气带中的水分，即土壤水。包括吸湿水、薄膜水、毛管水、重力水等。

2. 潜水

潜水指埋藏于饱和带中，处于土层中第一个不透水层上，具有自由水面的地下水，水文学中称为浅层地下水。

3. 承压水

承压水指埋藏于饱和带中，处于两个不透水层之间，具有压力水头的地下水，水文学中称为深层地下水。

2.4.4.2　地下水的特征

1. 潜水的特征

潜水具有自由水面，通过包气带与大气连通。潜水面与地面之间的距离为潜水埋藏的深度，潜水面与第一个不透水层层顶之间的间距称为潜水含水层厚度。潜水埋藏的深度及贮量取决于地质、地貌、土壤、气候等条件，一般，山区潜水埋藏较深，平原区埋藏较浅。

潜水补给的主要来源是大气降水和地表水，干旱地区还可能有凝结水补给。当大河下游水位高于潜水位时，河水也可能成为潜水的补给源。干旱地区冲积、洪积平原中的潜水，主要靠山前河流补给，河水通过透水性强的河床垂直下渗大量补给潜水，有时水量较小的溪流甚至可全部潜入地下。潜水排泄有侧向和垂向两种方式，侧向排泄是指潜水在重力作用下沿水力坡度方向补给河流或其他水体，或者露出地表成为泉水；垂向排泄主要指潜水蒸发。

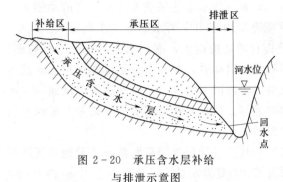

图 2-20 承压含水层补给
与排泄示意图

2. 承压水的特征

承压水的主要特点是处于两个不透水层之间，具有压力水头，一般不直接受气象、水文因素的影响，具有动态变化较稳定的特点。承压水的水质不易遭受污染，水量较稳定，是河川枯水期水量的主要来源。

承压水含水层按水文地质特征分为 3 个组成部分：补给区、承压区和排泄区，如图 2-20 所示。含水层出露于地表较高的部分为补给区，直接承受大气降水和地表水的补给。另一部分含水层位置较低，出露地表，为排泄区。在这两区之间的含水层为承压区，该区是指含水层被其上的岩石隔水层覆盖的区段，其主要特征是承受静水压力，具有压力水头。承压含水层的贮量主要与承压区分布的范围、含水层的厚度和透水性、补给区大小及补给量的多少有关。

2.5 蒸 散 发

蒸散发是水文循环中自降水到达地面后由液态或固态转化为水汽返回大气的过程。陆地上一年的降水约 66% 通过蒸散发返回大气，由此可见蒸散发是水文循环的重要环节。而对径流形成来说，蒸散发则是一种损失。

蒸散发是发生在具有水分子的物体表面上的一种分子运动现象。具有水分子的物体表面称为蒸发面。蒸发面为水面时，发生在这一蒸发面上的蒸发称为水面蒸发；蒸发面为土壤表面时称为土壤蒸发；蒸发面是植物茎叶时则称为植物散发等。实际上，植物是生长在土壤中的，植物散发和土壤蒸发总是同时并存的，通常将二者合并称为陆面蒸发。如果把流域作为一个整体，则发生在这一蒸发面上的蒸发称为流域总蒸发或流域蒸散发，它是流域内各类蒸发的总和。

蒸发量用蒸发面上蒸发的水层深度来表示，记为 E，以 mm 计。蒸发面通常分为充分供水和不充分供水两种情况。在充分供水条件下，某一蒸发面的蒸发量，就是在同一气候条件下可能达到的最大蒸发量，称为可能最大蒸发量或蒸发能力，记为 EM。一般情况下，蒸发面上的蒸发量只能小于或等于蒸发能力。

2.5.1 水面蒸发

水面蒸发是指在自然条件下，水面的水分从液态转化为气态逸出水面的物理过程，其过程可概括为水分气化和水分扩散两个阶段。

图 2-21 为水面蒸发与凝结示意图。由物理

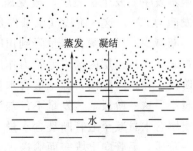

图 2-21 水面蒸发
与凝结现象

学可知，水体内部水分子总是在不断地运动着，当水中的某些水分子具有的动能大于水分子之间的内聚力时，这些水分子就能克服内聚力脱离水面变成水汽进入空气中，这种现象就是蒸发。温度越高，水分子具有的动能越大，逸出水面的水分子就越多。逸出水面的水分子在和空气分子一起作不规则运动时，部分水分子可能远离水面进入大气，也有部分水分子由于分子间的吸引力，或因本身降温，运动速度降低而落入水面，重新成为液态水分子，这种现象称为凝结。从水面跃出的水分子数量与返回蒸发面的水分子数量之差值，就是实际的蒸发量。

水面蒸发是在充分供水条件下的蒸发，其蒸发量可以用蒸发器或蒸发池直接进行观测，我国水文部门常用的水面蒸发器有 E601 型蒸发器，以及面积为 $20m^2$ 和 $100m^2$ 的大型蒸发池。每日 8 时观测一次，得一日水面蒸发量。一月中每日蒸发量之和为月蒸发量，一年中每日蒸发量之和为年蒸发量。

在水库设计中，需要考虑水库水面蒸发损失水量。由于水库的蒸发面比蒸发器大得多，两者的边界条件、受热条件也有显著差异，所以，蒸发器观测的数值不能直接作为水库这种大水体的水面蒸发值，而应乘以一个折算系数，才能作为其估计值，即

$$E = KE_{器} \tag{2-7}$$

式中：E 为大水体天然水面蒸发量，mm；$E_{器}$ 为蒸发器实测水面蒸发量，mm；K 为蒸发器折算系数。

据研究，当蒸发器直径大于 3.5m 时，其蒸发量与大水体天然水面蒸发量较为接近，因此，可用面积 $20m^2$ 或 $100m^2$ 大型蒸发池的蒸发量 $E_{池}$ 与蒸发器同步观测的蒸发量 $E_{器}$ 的比值作为折算系数，即

$$K = E_{池} / E_{器} \tag{2-8}$$

实际资料分析表明，折算系数 K 随蒸发器直径而变，也与蒸发器型式、地理位置、季节变化、天气变化等因素有关。实际工作中，应根据当地实测资料分析。

2.5.2　土壤蒸发

土壤蒸发是指在自然条件下，土壤保持的水分从液态转化为气态逸出土壤进入大气的物理过程。湿润的土壤，其蒸发过程一般可分为 3 个阶段，如图 2-22 所示。第一阶段，土壤十分湿润，土壤中存在自由重力水，并且土层中的毛管水也上下连通，水分从表面蒸发后，能得到下层的充分供应，相当于满足充分供水条件。这一阶段，土壤蒸发主要发生在表层，蒸发速度稳定，蒸发量 E 等于或接近相同气象条件下的蒸发能力 EM。这一阶段气象条件是影响蒸发的主要原因。由于蒸发耗水，土壤含水量不断减少，当土壤含水量降到田间持水量 $W_{田}$ 以下时，土壤中毛管水的连续状态逐渐被破坏，从土层内部由毛管作用上升到土壤表面的水分也逐步减少，这时进入第二阶段。在这一阶段，随土壤含水量的减少，供水条件也越来越差，土壤蒸发量也越来越小。这一阶段，蒸发量不仅与气象因素有关，而且随土壤含水量的减少而减少。当土壤含水量减至毛管断裂含水量，毛管水完全不能到达地面后，进入第三阶段。在这一阶段，毛管向土壤表面输送水分的机制完全遭到破坏，水分只能以薄膜水或气态水的形式缓慢地向地表移动，蒸发量微小，近乎常数。在这种情况下，无论是气象因素还是土壤含水量对蒸发都不起明显的作用。

2.5.3 植物散发

植物散发是指在植物生长期，水分通过植物的叶面和枝干进入大气的过程，又称为蒸腾。植物散发比水面蒸发和土壤蒸发更为复杂，它与土壤环境、植物生理结构以及大气状况有密切的关系。

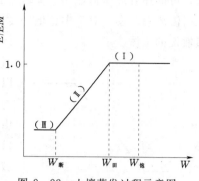

图 2-22 土壤蒸发过程示意图

2.5.3.1 植物散发过程

植物根细胞液的浓度和土壤水的浓度存在较大的差异，由此可产生高达 10 多个大气压的渗压差，促使土壤水分通过根膜液渗入根细胞内。进入根系的水分，受到根细胞生理作用产生的根压和蒸腾拉力的作用，通过茎干输送到叶面。叶面上有许多气孔，当叶面气孔张开，水分通过气孔逸出，这就是散发过程。叶面气孔能随外界条件的变化而张缩，控制散发的强弱，甚至关闭气孔。但气孔的这种调节能力只有在气温 40℃ 以下才有作用，当气温超过 40℃ 时便几乎失去了这种能力，此时气孔全开，植物由于散发消耗大量水分，加上天气炎热，空气干燥，植物就会枯萎死亡。由此可知，植物本身参与了散发过程，所以，散发过程不仅是一种物理过程，也是一种生理过程。植物吸收的水分约 90% 消耗于散发。

2.5.3.2 影响植物散发的因素

植物散发是发生在土壤-植物-大气系统中的现象，因此，它必然受到气象因素、土壤含水量和植物生理特性的综合影响。以下选择其中的主要因素进行讨论。

（1）温度。当气温在 1.5℃ 以下时，植物几乎停止生长，散发极小。当气温超过 1.5℃ 时，散发率随气温的升高而增加。土温对植物散发有明显的影响。土温较高时，根系从土壤中吸收的水分增多，散发加强；土温较低时，这种作用减弱，散发减小。

（2）日照。植物在阳光照射下，散发加强。根据有关研究，散射光能使散发增强 30%～40%；直射光则能使散发增强好几倍。散发主要在白天进行，中午达到最大；夜间的散发则很小，约为白天的 10%。

（3）土壤含水量。土壤水中能被植物吸收的是重力水、毛管水和一部分膜状水。当土壤含水量大于一定值时，植物根系就可以从周围土壤中吸取尽可能多的水分以满足散发需要，这时植物散发将达到散发能力。当土壤含水量减小时，植物散发率也随之减小，直至土壤含水量减小到凋萎系数，植物就会因不能从土壤中吸取水分来维持正常生长而逐渐枯死，植物散发也因此趋于零。

（4）植物生理特性。植物生理特性与植物的种类和生长阶段有关。不同种类的植物，因其生理特点不同，在同气象条件和同土壤含水量情况下，散发率是不同的。例如针叶树的散发率不仅比阔叶树小，而且也比草原小。同一种植物在不同的生长阶段，因具体的生理特性上的差异，散发率也不一样。

2.5.4 流域总蒸发

流域表面通常有裸土、岩石、植被、水面、不透水面等。在寒冷地带或寒冷季节，可能还有冰雪覆盖面。流域上这些不同蒸发面的蒸发和散发总称为流域蒸散发，也叫流域总蒸发。对于中、低纬度地区的绝大多数流域，土壤蒸发和植物散发是流域蒸散发的主体。

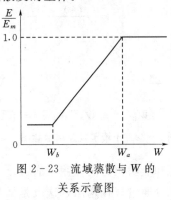

图 2-23　流域蒸散与 W 的
关系示意图

由前面讨论的土壤蒸发规律和植物散发规律可以推知，根据流域上蓄水情况，流域蒸散发也可分为三个不同的阶段（图 2-23）。当流域十分湿润时，由于供水充分，流域中无论土壤蒸发，还是植物散发，均将达到蒸（散）发能力，这一阶段的临界流域蓄水量记为 W_a。因为植被的存在，W_a 小于田间持水量。当流域蓄水量小于 W_a 之后，由于供水越来越不充分，流域蒸散发将随土壤含水量的减少而减小，这一阶段的临界流域蓄水量记为 W_b。因为植被的存在，W_b 接近于凋萎含水量。当流域蓄水量小于 W_b 时，由于植物的枯死而散发趋于零，这阶段的流域蒸散发就只包括小而稳定的土壤蒸发了。

由于流域的下垫面情况极其复杂，流域内各点处的气候、土壤、地质、植被种类和湖河分布等不尽相同，所以流域总蒸发量通常采用水量平衡法或建立流域蒸散发模型进行估算（分别见 2.7 节、4.2 节）。

2.6　径　　流

2.6.1　径流形成过程

流域内自降雨开始到水流汇集到流域出口断面整个物理过程称为径流的形成过程。径流的形成是一个相当复杂的过程，为了便于分析，一般把它概括为产流过程和汇流过程两个阶段，如图 2-24 所示。

2.6.1.1　产流过程

降落到流域内的雨水，除了少量直接降落到河面上成为径流外，一部分雨水会滞留在植物的枝叶上，称为植物截留，植物截留的雨量最终消耗于蒸发。落到地面的雨水，首先向土中下渗。当降雨强度小

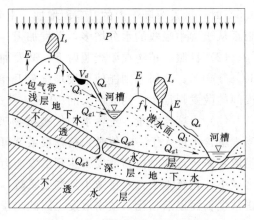

图 2-24　径流形成过程示意图

于下渗强度时，雨水全部渗入土中；当降雨强度大于下渗强度时，雨水按下渗能力下渗，超出下渗能力的雨水称为超渗雨。超渗雨会形成地面积水，积蓄于地面上大大小小的坑洼，称为填洼。填洼的雨水最终消耗于下渗和蒸发。随着降雨的继续，满足填洼的地方开始产生地面径流。下渗到土中的雨水，首先被土壤颗粒吸收，成为包气带

土壤水，并使土壤含水量不断增加，当土壤含水量达到田间持水量后，下渗趋于稳定，继续下渗的雨水，将沿着土壤的孔隙流动，一部分会从坡侧土壤孔隙渗出，注入河槽，这部分水流称为表层流径流或壤中流；另一部分雨水会继续向深处下渗，补给地下水，使地下水面升高，并沿水力坡度方向补给河流，或以泉水露出地表，形成地下径流。

流域产流过程实际上是降雨扣除损失的过程，降雨量扣除损失后的雨量就是净雨量。显然，净雨和它形成的径流在数量上是相等的，即净雨量等于径流量，但二者的过程却完全不同，净雨是径流的来源，而径流则是净雨汇流的结果；净雨在降雨结束时就停止了，而径流却要延续很长时间。相应地，把形成地面径流的那部分净雨称为地面净雨，形成表层流径流的称为表层流净雨，形成地下径流的称为地下净雨。

2.6.1.2 汇流过程

净雨沿坡地从地面和地下汇入河网，然后再沿河网汇集到流域出口断面，这一过程称为流域的汇流过程。前者称为坡地汇流，后者称为河网汇流。

1. 坡地汇流过程

坡地汇流分为三种情况。一是超渗雨满足填洼后产生的地面净雨沿坡面流到附近河网的过程，称为坡面漫流。坡面漫流是由无数股彼此时分时合的细小水流组成，通常没有明显的固定沟槽，雨强很大时可形成片流。坡面漫流的流程比较短，一般不超过数百米，历时亦短。地面净雨经坡面漫流注入河网，形成地面径流，大雨时地面径流是河流水量的主要来源。二是表层流净雨沿着坡地表层流动时，从侧向土壤孔隙流出，注入河网，形成表层流径流。表层流径流流动比地面径流慢，到达河槽也比较迟，但对历时较长的暴雨过程，数量可能很大，是河流水量的主要组成部分。表层流和地面径流在流动过程中会相互转化，例如，在坡顶土壤中流动的表层流，可能在坡脚流出，然后以地面径流的形式流入河槽；地面径流在坡面漫流过程中，也可能有一部分会渗入土壤中流动变成表层流。三是地下净雨向下渗透到地下潜水面，然后沿水力坡度最大方向流入河网形成浅层地下径流；部分地下净雨补给承压水，然后从岩石裂隙等处渗出流入河流，成为深层地下径流。这一过程称为坡地地下汇流。深层地下径流流动很慢，所以降雨结束后，地下水流可以持续很长时间，较大的河流可以终年不断，这是河川的基本流量，水文学中称之为基流。

在径流形成过程中，坡地汇流过程对净雨在时程上进行第一次再分配，降雨结束后，坡地汇流仍将持续一段时间。

2. 河网汇流过程

各种成分的径流经坡地汇流注入河网，从支流到干流，从上游到下游，最后流出流域出口断面，这个过程称为河网汇流过程或河槽集流过程。坡地水流进入河网，会使河槽水量增加，若流入河槽的水量大于流出的水量，部分水量暂时储蓄在河槽中，使水位上升，这就是河流洪水的涨水过程。随着降雨的结束和坡地漫流量的逐渐减少直至完全停止，进入河槽的水量也随之减少，若流入的水量小于流出的水量，则水位下降，这就是退水阶段。这种现象称为河槽的调蓄作用，河网汇流过程中河槽的这种

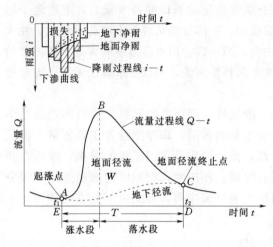

资源2-13
径流形成过程

图2-25　流域降雨—净雨—径流关系示意图

调蓄作用是对净雨在时程上进行的第二次再分配。

一次降雨过程，经植物截留、下渗、填洼、蒸发等损失后，流入河网的水量一定比降雨量少，且经过坡地汇流和河网汇流，使出口断面的径流过程远比降雨过程缓慢，历时也长，时间滞后，图2-25清楚地显示了这种关系。

必须指出，降雨、产流和汇流，是从降雨开始到水流流出流域出口断面经历的全部过程，它们在时间上没有截然分解，而是同时交错进行的。

2.6.2　径流的表示方法

河川径流一年内和多年期间的变化特性，称为径流情势，前者称为径流的年内变化或年内分配，后者称为年际变化。河川径流情势，常用流量、径流量、径流深、流量模数和径流系数来表示。

2.6.2.1　流量

单位时间内通过河流某一断面的水量称为流量，记为Q，以m^3/s计。流量随时间的变化过程，用流量过程线表示，记为$Q-t$，如图2-25所示，图中流量为瞬时数值。流量过程线上升部分为涨水段，下降部分为退水段，最高点的流量值称为洪峰流量，简称洪峰，记为Q_m。

工程水文中常用的流量有：年最大洪峰流量、日平均流量、旬平均流量、月平均流量、季平均流量、年平均流量、多年平均流量和指定时段的平均流量等。

2.6.2.2　径流量

时段T内通过河流某一断面的总水量称为径流量，记为W，以m^3、万m^3或亿m^3计。

图2-25中T时段内的径流量为$ABCDE$包围的面积，即

$$W = \int_{t_1}^{t_2} Q(t)\mathrm{d}t \tag{2-9}$$

式中：$Q(t)$为t时刻流量，m^3/s；t_1、t_2为时段始、末时刻。

实际工作中，常将流量过程线划分为n个计算时段，如图2-26所示，当$Q_0 = Q_n$时，按式（2-11）计算。

$$W = 3600 \sum_{t=1}^{n} Q_t \Delta t \tag{2-10}$$

式中：Δt为计算时段，h。

由此可求出时段T内的平均流量。

$$\overline{Q}=\frac{W}{t_2-t_1}=\frac{W}{T} \qquad (2-11)$$

若已知时段平均流量，则径流量又可用平均流量计算。

$$W=\overline{Q}T \qquad (2-12)$$

式中：T 为径流历时，$T=t_2-t_1$，s；$\overline{Q}$ 为时段 T 内平均流量，$\mathrm{m^3/s}$。

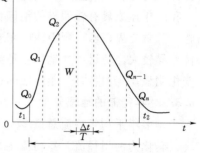

图 2-26　径流量计算示意图

2.6.2.3　径流深

将径流量 W 平铺在整个流域面积 F 上所得的水层深度称为径流深，记为 R，以 mm 计，即

$$R=\frac{W}{1000F}=\frac{\overline{Q}T}{1000F} \qquad (2-13)$$

式中：W 为时段 T 内径流量，$\mathrm{m^3}$；F 为流域面积，$\mathrm{km^2}$。

2.6.2.4　流量模数

流域出口断面流量 Q 与流域面积 F 的比值称为流量模数，记为 M，以 $\mathrm{L/(s \cdot km^2)}$ 计，即

$$M=\frac{1000Q}{F} \qquad (2-14)$$

2.6.2.5　径流系数

某时段径流深 R 与形成该径流深相应的流域平均降水量 P 的比值称为径流系数，记为 α。

$$\alpha=\frac{R}{P} \qquad (2-15)$$

因为 $R<P$，所以 $\alpha<1$。

【例 2-1】　某水库坝址断面以上流域面积 $F=54500\mathrm{km^2}$，多年平均降水量 $\overline{P}=1650\mathrm{mm}$，多年平均流量 $\overline{Q}=1680\mathrm{m^3/s}$，试计算该流域多年平均径流量、多年平均径流深、多年平均流量模数和多年平均径流系数。

解：（1）年平均径流量。

$$\overline{W}=\overline{Q}T=1680\times365\times86400=530（亿\ \mathrm{m^3}）$$

（2）多年平均径流深。

$$\overline{R}=\frac{\overline{W}}{1000F}=\frac{530\times10^8}{1000\times54500}=972（\mathrm{mm}）$$

（3）多年平均流量模数。

$$\overline{M}=\frac{1000\overline{Q}}{F}=\frac{1000\times1680}{54500}=30.8\ [\mathrm{L/(s \cdot km^2)}]$$

（4）多年平均径流系数。

$$\overline{\alpha}=\frac{\overline{R}}{\overline{P}}=\frac{972}{1650}=0.59$$

2.6.3　我国河川年径流分布和变化概况

我国年径流具有较明显的地区性分布规律，总的趋势由南向北和从东向西递减；新疆、甘肃交界以西，则由西向东递减。同时，由于我国地势复杂，不同地区下垫面条件差异较大，使得某些地区年径流分布呈现非地域性变化的特点。年径流不仅地区上变化明显，年内各月、年际之间也有明显的不同。

2.6.3.1　年径流的地理分布

我国多年平均年径流总量 27115 亿 m^3，平均年径流深 284mm，即年降水总量的 43.8% 转化为河川径流。年径流地理分布总的趋势由东南向西北递减。100mm 年径流深等值线大致与 400mm 年降水量等值线相当，走向基本一致，等值线以东为半湿润区和湿润区，等值线以西为半干旱区或干旱区。按径流深的大小，可分为丰水带、多水带、过渡带、少水带、干涸带等 5 个径流带。

丰水带。年径流深大于 800mm，包括华东和华南沿海地区、台湾、海南、云南西南部及藏东南地区。年径流深最大值在台湾中央山地和西藏东南雅鲁藏布江下游靠近中印边界一带，达 2000～4000mm，东南沿海主要山地也是高值区，在 1600～2000mm 之间。年径流系数一般在 0.5 以上，部分山地超过 0.8。

多水带。年径流深在 200～800mm 之间，包括长江流域大部、淮河流域南部、西江上游、云南大部，以及黄河中上游一小部分地区，部分山地年径流深可达 1000～2000mm。年径流系数一般为 0.4～0.6。

过渡带。年径流深在 50～200mm 之间，包括大兴安岭、松嫩平原一部分、三江平原、辽河下游平原、华北平原大部、燕山和太行山、青藏高原中部、祁连山山区，以及新疆西部山区。这一带内平原地区年径流深大部分为 50～100mm，年径流系数 0.1 左右，山区年径流深 100～200mm，年径流系数 0.2～0.4。

少水带。年径流深在 10～50mm 之间，包括松辽平原中部、辽河上游地区、内蒙古高原南部、黄土高原大部、青藏高原北部及西部部分丘陵低山区。本带内平原地区年径流深一般为 10～25mm，黄土高原 10～50mm，部分山区可达 50mm 以上。年径流系数一般为 0.1 左右，个别地区小于 0.05。

干涸带。年径流深小于 10mm，包括内蒙古高原、河西走廊、柴达木盆地、准格尔盆地、塔里木盆地、吐鲁番盆地。该带内不少地区基本不产流，年径流系数仅 0.01～0.03。

2.6.3.2　年径流的年内变化

年径流的年内变化主要取决于河流的补给条件。我国大部分河流靠雨水补给，只有新疆、青海等地的部分河流靠冰川或融雪补给。华北、西北及东北的河流虽然也受冰雪融水补给，但仍以降雨补给为主，可称为混合补给。但不论哪种补给，径流情势都具有以年为循环的周期性规律，季节性变化剧烈，一年内有明显的汛期和枯水期，有的河流有两个汛期和两个枯水期。一般夏、秋季为汛期，冬、春季为枯水期，北方河流冬、春季有封冻期。汛期河水暴涨，易造成洪水泛滥；枯水期水量很小，水源不足。一般汛期连续最大 4 个月径流量占全年径流总量的 60% 以上，其中长江以南、云贵高原以东和西南大部分地区为 $60\% \sim 70\%$，松辽平原、华北平原、淮河流域大部分地区为 $70\% \sim 80\%$，广大西部地区为 60% 左右。以冰雪融水补给的河流，由于流域内热量的变化比较小，所以年内分配比较均匀。地下水补给比例大的河流，其年内变化也比较小。大江大河因接纳不同地区河流的汇入和地下径流的补给，径流年内分配也比较均匀。

2.6.3.3　年径流的年际变化

年径流的年际变化较降水更为剧烈，北方大于南方，水量越贫乏的地区，丰枯年间的水量相差越大。若以历年实测最大和最小年径流量的比值为指标，长江以南各河一般小于 3 倍；淮河、海滦河各支流可达 $10 \sim 20$ 倍，部分平原河流甚至更大。也就是年径流具有不重复的特点，即同一个流域，各年的径流情势不可能完全相同，有的年份汛、枯期出现早一些；有的则迟一些。有的年份汛、枯期水量大一些，有的年份则小一些，各年径流情势的变化不论是时间上还是数量上不会完全重复出现。除此之外，年径流的年际变化还存在连续枯水和连续丰水的现象。如黄河在近 60 年中曾出现过 1922—1932 年共 11 年的少水期，该期间内年径流的平均值比正常年份偏少 24%；也曾出现过 1943—1951 年连续 9 年的丰水期，该段时间内年径流的平均值比正常年份偏多 19%。

2.7　水　量　平　衡　方　程

2.7.1　通用水量平衡方程

不仅地球是一个系统，一个流域或一个区域都可以看作一个系统。在这些系统中发生的水文循环无一例外服从物质不灭定律，即对于任一系统，在任一时段内，输入的水量与输出的水量之差等于该系统蓄水量的改变量，这就是水量平衡原理。根据此原理可列出水量平衡方程：

$$W_I - W_O = \Delta W \qquad (2-16)$$

资源 2-14
水量平衡
方程

式中：W_I 为给定时段内进入系统的水量；W_O 为给定时段内从系统中输出的水量；ΔW 为给定时段内系统中蓄水量的变化量，可正可负，当 ΔW 为正值时，表明时段内系统蓄水量增加，反之，蓄水量则减少。

上述时段内进入系统的水量是系统"收入"的水量；时段内从系统输出的水量是系统"支出"的水量；时段内系统蓄水量的变化量是系统"库存"水量的变化。因此，水量平衡方程（2-16）实际上就是系统的水量收支平衡关系式。

2.7.2　流域水量平衡方程

对流域而言，式（2-16）可具体写为

$$P + R_{gI} - (E + R_{sO} + R_{gO} + q) = \Delta W \qquad (2-17)$$

式中：P 为时段内流域上的降水量，mm；R_{gI} 为时段内从地下流入流域的水量，mm；E 为时段内流域的蒸发量，mm；R_{sO} 为时段内从地面流出流域的水量，mm；R_{gO} 为时段内从地下流出流域的水量，mm；q 为时段内用水量，mm；ΔW 为时段内流域蓄水量的变化，mm。

式（2-17）是流域水量平衡方程式的一般形式。若流域为闭合流域，即 $R_{gI}=0$，再假设用水量很小，即 $q \approx 0$，则式（2-17）将变成更简单的形式：

$$P-(E+R)=\Delta W \qquad (2-18)$$

式中：R 为时段内从地面和地下流出的水量之和，$R=R_{sO}+R_{gO}$，即为河川径流量；其余符号的意义同前。

若研究时段长为 n 年，则由于在多年期间，有些年份 ΔW 为正，有些年份 ΔW 为负，因此，ΔW 的多年平均值接近于 0，故闭合流域多年水量平衡方程式为

$$\overline{P}=\overline{R}+\overline{E} \qquad (2-19)$$

式中：$\overline{P}$ 为流域多年平均降水量；$\overline{R}$ 为流域多年平均河川径流量；$\overline{E}$ 为流域多年平均蒸散发量。

利用上述闭合流域多年水量平衡方程，在流域多年平均降水量 $\overline{P}$、多年平均河川径流量 $\overline{R}$ 已知的情况下，可间接估算出流域多年平均蒸发量 $\overline{E}$。

对全球而言，多年平均降水量与多年平均蒸散发量是相等的。全球平均每年的蒸散发量为 57.7 万 km^3，其中海洋的蒸散发量为 50.5 万 km^3，陆地的蒸散发量为 7.2 万 km^3。全球平均每年降水量也为 57.7 万 km^3，其中海洋的降水量为 45.8 万 km^3，陆地的降水量为 11.9 万 km^3。这就表明，就多年平均而言，地球上每年参与水文循环的总水量大体上是不变的，为 57.7 万 km^3。

习 题

2-1 某水文站控制流域面积 $F=8200km^2$，测得多年平均流量 $\overline{Q}=140m^3/s$，多年平均年降水量 $\overline{P}=1050mm$，问该站多年平均年径流量、多年平均年径流深、多年平均年径流系数、多年平均年径流模数各为多少？

2-2 某流域 6 月上旬、中旬降雨量稀少，6 月 21 日发生一场暴雨洪水，实测得流域面平均雨量 $P_1=190.1mm$，相应的径流深 $R_1=86.3mm$；6 月 25 日又有一次暴雨过程，流域面平均降雨量 $P_2=160.2mm$，径流深 $R_2=135.8mm$。试计算这两次暴雨洪水的径流系数，并分析两者不同的主要原因。

2-3 某流域集水面积 $1600km^2$，多年平均降水量 1150mm，多年平均流量 $26.5m^3/s$。问该流域多年平均陆面蒸发量是多少？若在流域出口断面修建一座水库，水库平均水面面积 $35km^2$，当地蒸发器实测多年平均年水面蒸发量 1210mm，蒸发器折算系数 0.87。问建库后该流域多年平均径流量是增大还是减小？变化量多少？

第3章
水文信息采集与处理

水文信息采集与处理是研究水文信息的测量、计算与数据处理原理和方法的一门科学，它是工程水文学的重要基础。水文信息包括降水、蒸发、水位、流量、水温、冰凌、泥沙、水质和地下水等要素。水文信息有两种情况：一种是对水文事件当时发生情况下实际观测的信息；另一种是对水文事件发生后进行调查所得的信息。本章着重介绍水位、流量、降水、泥沙、地下水和水质等资料的采集与处理。

3.1 测站与站网

3.1.1 测站

在流域内一定地点（或断面）按统一标准对所需要的水文要素作系统观测以获取信息并进行整理为即时观测信息，这些指定的地点称为测站。

水文测站所观测的项目有水位、流量、泥沙、降水、蒸发、水温、冰凌、水质、地下水位等。只观测上述项目中的一项或少数几项的测站，则按其主要观测项目而分别称为水位站、流量站（也称水文站）、雨量站、蒸发站等。

根据测站的性质，河流水文测站又可分为基本站、专用站两大类。基本站是水文主管部门为全国各地的水文情况而设立的，是为国民经济各方面的需要服务的；专用站是为某种专门目的或用途由各部门自行设立的，是基本站在面上的补充。

3.1.2 水文站网

因为单个测站观测到的水文要素信息只代表了站址处的水文情况，而流域上的水文情况则须在流域内的一些适当地点布站观测，这些测站在地理上的分布称为站网。广义的站网是指测站及其管理机构所组成的信息采集与处理体系。布站的原则是通过所设站网采集到的水文信息经过整理分析后，达到可以内插流域内任何地点水文要素的特征值，这也就是水文站网的作用。所以，研究测站在地区上分布的科学性、合理性、最优化等问题，就是水文站网规划的任务。

按站网规划的原则布设测站，例如河道流量站的布设，当流域面积超过 $3000\sim 5000\text{km}^2$，应考虑能够利用设站地点的资料，把干流上没有测站地点的径流特性插补出来。预计将修建水利工程的地段，一般应布站观测。对于较小流域，虽然不可能全部设站观测，但应在水文特征分区的基础上，选择有代表性的河流进行观测。在中、小河流上布站时还应当考虑暴雨洪水分析的需要，如对小河应按地质、土壤、植被、河网密集程度等下垫面因素分类布站。布站时还应注意雨量站与流量站的配合。对于平原水网区和建有水利工程的地区，应注意按水量平衡的原则布站。也可以根据实际需要，安排部分测站每年只在部分时期（如汛期或枯水期）进行观测。又如水质监测站的布设，应以监测目标、人类活动对水环境的影响程度和经济条件这 3 个因素作为考虑的基础。

我国水文站网于 1956 年开始统一规划布站，经过多次调整，布局已比较合理，对国民经济发展起积极作用。但随着我国水利水电发展，大规模人类活动的影响，不断改变着天然河流产汇流、蓄水及来水量等条件，因此对水文站网要进行适当调整、补充。

3.1.3　水文测站的设立

建站主要考虑选择测验河段和布设观测断面。在站网规划规定的范围内，具体选择测验河段时，主要考虑在满足设站目的要求的前提下，保证工作安全和测验精度，并有利于简化水文要素的观测和信息的整理分析工作。具体地说，就是测站的水位与流量之间呈良好的稳定关系（单一关系）。该关系往往受一断面或一个河段的水力因素控制，前者称为断面控制，后者称为河槽控制。断面控制的原理是在天然河道中，由于地质或人工的原因，造成河段中局部地形突起，如石梁、卡口等，使得水面曲线发生明显转折，形成临界流，出现临界水深 h_K，从而构成断面控制。当水位流量关系要靠一段河槽所发生的阻力作用来控制，如该河段的底坡、断面形状、糙率等因素比较稳定，则水位流量关系也比较稳定，这就属于河槽控制。在河流上设立水文测站，平原地区应尽量选择河道顺直、稳定、水流集中、便于布设测验的河段，且尽量避开变动回水、急剧冲淤变化、分流、斜流、严重漫滩等以及妨碍测验工作的地貌、地物。结冰河流，还应避开容易发生冰塞、冰坝的地方。山区河流应在有石梁、急滩、卡口、弯道的上游附近规整的河段上选站。

水文测站一般应布设基线、水准点和各种断面，即基本水尺断面、流速仪测流断面、浮标测流断面及比降断面。基本水尺断面上设立基本水尺，用来进行经常的水位观测。测流断面应与基本水尺断面重合，且与断面平均流向垂直。若不能重合时，亦不能相距过远。浮标测流断面有上、中、下 3 个断面，一般中断面应与流速仪测流断面重合。上、下断面之间的间距不宜太短，其距离应为断面最大流速的 50～80 倍。比降断面设立比降水尺，用来观测河流的水面比降和分析河床的糙率。上、下比降断面间的河底和水面比降，不应有明显的转折，其间距应使得所测比降的相对误差能在 ±15% 以内。水准点分为基本水准点和校核水准点，均应设在基岩或稳定的永久性建筑物上，也可埋设于土中的石柱或混凝土桩上。前者是测定测站上各种高程的基本依据，后者是经常用来校核水尺零点的高程。基线通常与测流断面垂直，起点在测流断面线上。其用途是用经纬仪或六分仪测角交会法推求垂线在断面上的位置。基线的长度视河宽 B 而定，一般应为 $0.6B$。在受地形限制的情况下，基线长度最短也应为 $0.3B$。基线长度的丈量误差不得大于 $1/1000$。如图 3-1 所示。

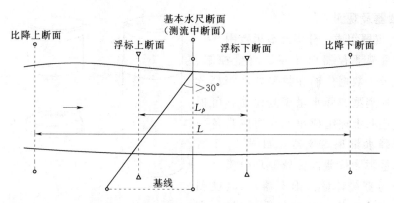

图 3-1 水文测站基线、断面布设示意图

3.1.4 收集水文信息的基本途径

上述在河流或流域内的固定点上对水文要素所进行的观测称驻测。这是我国收集水文信息的最基本方式，但存在着用人多、站点不足、效益低等缺点。为了更好提高水文信息采集的社会效益和经济效益，经过 20 多年的实践，采取驻测、巡测、间测及水文调查相结合的方式收集水文信息，可更好地满足生产的要求。

巡测是观测人员以巡回流动的方式定期或不定期地对一地区或流域内各观测点进行流量等水文要素的观测。间测是中小河流水文站有 10 年以上资料分析证明其历年水位流量关系稳定，或其变化在允许误差范围内，对其中一要素（如流量）停测一时期再施测的测停相间的测验方式。停测期间，其值由另一要素（水位）的实测值来推算。水文调查是为弥补水文基本站网定位观测的不足或其他特定目的，采用勘测、调查、考证等手段进行收集水文信息的工作。

3.2 降 水 观 测

3.2.1 概述

降水量观测是水文要素观测的重要组成部分，一般包括测记降雨、降雪、降雹的水量。单纯的雾、露、霜可不测记（有水面蒸发任务的测站除外）。必要时，部分站还应测记雪深、冰雹直径、初霜和终霜日期等特殊观测项目。

降水量单位以 mm 表示，其观测记载的最小量（以下简称记录精度），应符合下列规定：

（1）需要控制雨日地区分布变化的雨量站必须记至 0.1mm。

（2）当有蒸发站记录时，降雨的记录精度必须与蒸发观测的记录精度相匹配。

降水量的观测时间是以北京时间为准。记起止时间者，观测时间记至分；不记起止时间者，记至小时。每日降水以北京时间 8 时为日分界，即从本日 8 时至次日 8 时的降水为本日降水量。观测员观测所用的钟表或手机的走时误差每 24h 不应超过 2min，并应每日与北京时间对时校正。

3.2.2 仪器及观测

3.2.2.1 仪器组成、分类及适用范围

降水量观测仪器由传感、测量控制、显示与记录、数据传输和数据处理等部分组成。各种类型的降水量观测仪器，可根据需要，选取上述组成单元，组成具备一定功能的降水量观测仪器，如图3-2所示。降水量观测仪器按传感原理分类，常用的可分为直接计量（雨量器）、液柱测量（主要为虹吸式，少数是浮子式）、翻斗测量（单翻斗与多翻斗）等传统仪器，还有采用新技术的光学雨量计和雷达雨量计等。按记录周期分类，可分为日记和长期自记。

常用降水量观测仪器适用范围见表3-1。

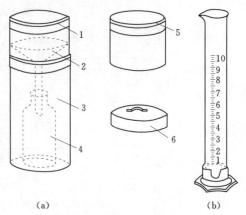

图3-2 雨量器及量雨杯
(a) 雨量器；(b) 量雨杯
1—承雨器；2—漏斗；3—储水筒；4—储水器；
5—承雪器；6—器盖

表3-1 常用降水量观测仪器及适用范围

名 称		适 用 范 围
雨量器		适用于驻守观测的雨量站
虹吸式自记雨量计		适用于驻守观测液态降水量
翻斗式自记雨量计	日记型	适用于驻守观测液态降水量
	长期自记型	用于驻守和无人驻守的雨量站观测液态降水量，特别适用于边远偏僻地区无人驻守的雨量站观测液态降水量

3.2.2.2 雨量器观测降水量

1. 观测时段

用雨量器观测降水量，可采用定时分段观测，段次及相应时间见表3-2。

各雨量站的降水量观测段次，一般少雨季节采用1段或2段次，遇暴雨时应随时增加观测段次；多雨季节应选用自记雨量计。

表3-2 降水量分段次观测时间

段 次	观 测 时 间 /时
1 段	8
2 段	20，8
4 段	14，20，2，8
8 段	11，14，17，20，23，2，5，8
12 段	10，12，14，16，18，20，22，24，2，4，6，8
24 段	从本日9时至次日8时，每小时观测一次

2. 观测注意事项

每日观测时，注意检查雨量器是否受碰撞变形，检查漏斗有无裂纹，储水筒是否漏水。暴雨时，采取加测的办法，防止降水溢出储水器。如已溢流，应同时更换储水筒，并量测筒内降水量。如遇特大暴雨灾害，无法进行正常观测工作时，应尽可能及时进行暴雨调查，调查估算值应记入降水量观测记载

簿的备注栏，并加文字说明。每次观测后，储水筒和量雨杯内不可有积水。

3.2.3 降水量数据整理

3.2.3.1 一般规定

审核原始记录，在自记记录的时间误差和降水量误差超过规定时，分别进行时间订正和降水量订正，有故障时进行故障期的降水量处理。统计日、月降水量，在规定期内，按月编制降水量摘录表。用自记记录整理者，在自记记录线上统计和注记按规定摘录期间的时段降水量。

指导站应按月或按长期自记周期进行合理性检查，检查内容如下：

（1）对照检查指导区域内各雨量站日、月、年降水量、暴雨期的时段降水量以及不正常的记录线。

（2）同时有蒸发观测的站应与蒸发量进行对照检查。

（3）同时用雨量器与自记雨量计进行对比观测的雨量站，相互校对检查。

按月装订人工观测记载簿和日记型记录纸，降水稀少季节，也可数月合并装订。长期记录纸，按每一自记周期逐日折叠，用厚纸板夹夹住，时段始末之日分别贴在厚纸板夹上。指导站负责编写降水量数据整理说明。

兼用地面雨量器（计）观测的降水量数据，应同时进行整理。资料整理必须坚持随测、随算、随整理、随分析，以便及时发现观测中的差错和不合理记录，及时进行处理、改正，并备注说明。对逐日记测仪器的记录资料，于每日8时观测后，随即进行昨日8时至今日8时的资料整理，月初完成上月的资料整理。对长期自记雨量计或累积雨量器的观测记录，在每次观测更换记录纸或固态存储器后，随即进行资料整理，或将固态存储器的数据进行存盘处理。

各项整理计算分析工作，必须坚持一算两校，即委托雨量站完成原始记录资料的校正，故障处理和说明，统计日、月降水量，并于每月上旬将降水量观测记载簿或记录纸复印或抄录备份，以免丢失，同时将原件用挂号信邮寄至指导站，由指导站进行一校、二校及合理性检查。独立完成资料整理有困难的委托雨量站，由指导站协助进行。降水量观测记载簿、记录纸及整理成果表中的各项目应填写齐全，不得遗漏，不做记载的项目，一般任其空白。资料如有缺测、插补、可疑、改正、不全或合并时，应加注统一规定的整编符号。各项资料必须保持表面整洁、字迹工整清晰、数据正确，如有影响降水量数据精度或其他特殊情况，应在备注栏说明。

3.2.3.2 雨量器观测记载资料的整理

有降水之日于8时观测完毕后，立即检查观测记载是否正确、齐全。如检查发现问题，应加注统一规定的整编符号。

计算日降水量，当某日内任一时段观测的降水量注有降水物或降水整编符号时，则该日降水量也注相应符号。每月初统计填制上月观测记载表的月统计栏各项目。

3.3 水 位 观 测

水位，是指河流、湖泊、水库及海洋等水体的自由水面离开固定基面的高程，以

m计。水位与高程数值一样，要指明其所用基面才有意义。目前全国统一采用黄海基面，但各流域由于历史原因，仍有多沿用以往使用的大沽基面、吴淞基面、珠江基面，也有使用假定基面、测站基面或冻结基面的。使用水位资料时一定要查清其基面。

水位观测的作用一是直接为水利、水运、防洪、防涝提供具有单独使用价值的资料，如堤防、坝高、桥梁及涵洞、公路路面标高的确定；二是为推求其他水文数据而提供间接资料，如由水位推求流量、计算比降等。

水位观测的常用设备有水尺和自记水位计两类。

按水尺的构造形式不同，可分为直立式、倾斜式、矮桩式与悬锤式等。观测时，水面在水尺上的读数加上水尺零点的高程即为当时的水位值。可见水尺零点高程是一个重要的数据，要定期根据测站的校核水准点对各水尺的零点高程进行校核。

自记水位计能将水位变化的连续过程自动记录下来，有的还能将所观测的数据以数字或图像的形式远传室内，使水位观测工作趋于自动化和远传化。在荷兰水文信息服务中心，从计算机屏幕上可直接调看或用电话直接询问全国范围内各测站当时的水位，而这些又几乎都是无人驻守测站。

水位的观测包括基本水尺和比降水尺的水位。基本水尺的观测，当水位变化缓慢时（日变幅在0.12m以内），每日8时和20时各观测一次（称二段制观测，8时是基本时）；枯水期日变幅在0.06m以内，用一段制观测；日变幅在0.12～0.24m时，用四段制观测；依次用八段制、十二段制等观测。有峰谷出现时，还要加测。比降水尺观测的目的是计算水面比降，分析河床糙率等。其观测次数，视需要而定。

水位观测数据整理工作的内容包括日平均水位、月平均水位、年平均水位的计算。日平均水位的计算方法有二：若一日内水位变化缓慢，或水位变化较大但系等时距人工观测或从自记水位计上摘录，采用算术平均法计算；若一日内水位变化较大，且系不等时距观测或摘录，则采用面积包围法，即将当日0～24h内水位过程线所包围的面积，除以一日时间求得，如图3-3所示。

资源3-1
水位与
水深的辨析

资源3-2
日平均水位
的计算

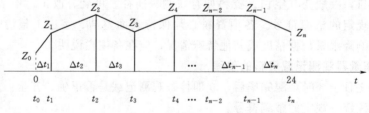

图3-3　面积包围法示意图

计算公式为

$$\overline{Z}=\frac{1}{48}[Z_0\Delta t_1+Z_1(\Delta t_1+\Delta t_2)+\cdots+Z_{n-1}(\Delta t_{n-1}+\Delta t_n)+Z_n\Delta t_n]\qquad(3-1)$$

如0时或24时无实测数据，则根据前后相邻水位直线内插求得。

根据逐日平均水位可算出月平均水位和年平均水位及保证率水位。这些经过整理分析处理后的水位信息即可提供给各生产单位应用。如刊布的水文年鉴中，均载有各站的日平均水位表，表中附有月、年平均水位，年及各月的最高、最低水位。汛期水位详细变化过程载于水文年鉴中的汛期水文要素摘录表内。

3.4 流 量 测 验

3.4.1 概述

流量是单位时间内流过江河某一横断面的水量，以 m^3/s 计。它是反映水资源和江河、湖泊、水库等水体水量变化的基本数据，也是河流最重要的水文特征值。

流量是根据河流水情变化的特点，在水文站上用各种测流方法进行流量测验取得实测数据，经过分析、计算和整理而得的资料，用于研究江河流量变化的规律，为国民经济各部门服务。

测流方法很多，按其工作原理，可分为下列几种类型。

(1) 流速面积法，包括流速仪法、航空法、比降面积法、积宽法（动车法、动船法和缆道积宽法）、浮标法（按浮标的形式可分为水面浮标法、小浮标法、深水浮标法等）。

(2) 水力学法，包括量水建筑物和水工建筑物测流。

(3) 化学法，又称溶液法、稀释法、混合法。

(4) 物理法，有超声波法、电磁法和光学法。

(5) 直接法，有容积法和重量法，适用于流量极小的沟涧。

本节主要介绍流速仪法测流。

3.4.2 流速仪法测流
3.4.2.1 测流原理

由于河流过水断面的形态、河床表面特性、河底纵坡、河道弯曲情况以及冰情等，都对断面内各点流速产生影响，因此在过水断面上，流速随水平及垂直方向的位置不同而变化，即 $v=f(b,h)$。其中 v 为断面上某一点的流速，b 为该点至水边的水平距离，h 为该点至水面的垂直距离。因此，通过全断面的流量 Q 为

$$Q=\int_0^A v(h,b)\,\mathrm{d}A=\iint_0^B\int_0^{h_b} v(h,b)\,\mathrm{d}h\,\mathrm{d}b \tag{3-2}$$

式中：A 为水道断面面积，m^2；$\mathrm{d}A$ 为 A 内的单元面积（其宽为 $\mathrm{d}b$，高为 $\mathrm{d}h$），m^2；$v(h,b)$ 为垂直于 $\mathrm{d}A$ 的流速，m/s；B 为水面宽度，m；h 为水深，m；h_b 为水边到水面宽为 b 处的水深，m。

因为 $v(b,h)$ 的关系复杂，目前尚不能用数学公式表达，实际工作中把上述积分式变成有限差分的形式来推求流量。流速仪法测流，就是将水道断面划分为若干部分，用普通测量方法测算出各部分断面的面积，用流速仪施测流速并计算出各

部分面积上的平均流速，两者的乘积，称为部分流量，各部分流量的和为全断面的流量。即

$$Q = \sum_{i=1}^{n} q_i \qquad (3-3)$$

式中：q_i 为第 i 个部分的部分流量，m^3/s；n 为部分的个数。

需要注意的是：实际测流时不可能将部分面积分成无限多，而是分成有限个部分，所以实测值只是逼近真值；河道测流需时间较长，不能在瞬时完成，因此实测流量是时段的平均值。

由此可见，测流实质上是测量横断面及流速两部分工作。

3.4.2.2　断面测量

水道断面的测量，是在断面上布设一定数量的测深垂线，施测各条测深垂线的起点距和水深并观测水位，用施测时的水位减去水深，即得各测深垂线处的河底高程。

测深垂线的位置，应根据断面情况布设于河床变化的转折处，并且主槽较密，滩地较稀。测深垂线的起点距是指该测深垂线至基线上的起点桩之间的水平距离。测定起点距的方法有多种。中小河流可在断面上架设过河索道，并直接读出起点距，称此法为断面索法；大河上常用仪器测角交会法。常用仪器为经纬仪、平板仪、六分仪等。如用经纬仪测量，在基线的另一端（起点距是一端）架设经纬仪，观测测深垂线与基线之间的夹角。因基线长度已知，即可算出起点距；目前最先进的是用全球定位系统（GPS）定位的方法，它是利用全球定位仪接收天空中的三颗人造定点卫星的特定信号来确定其在地球上所处位置的坐标，优点是不受任何天气气候的干扰，24h 均可连续施测，且快速、方便、准确。水深一般用测深杆、测深锤或测深铅鱼等直接测量。超声波回声测声仪也可施测水深，它是利用超声波具有定向反射的特性，根据声波在水中的传播速度和超声波从发射到回收往返所经过的时间计算出水深，具有精度好、工效高、适应性强、劳动强度小，且不易受天气、潮汐和流速大小限制等优点。

将水道断面扩展至历年最高洪水位以上 0.5～1.0m 的断面称为大断面。它是用于研究测站断面变化的情况以其在测流时不施测断面可供借用断面。大断面的面积分为水上、水下两部分。水上部分面积采用水准仪测量的方法进行；水下部分面积测量称水道断面测量。由于测水深工作困难，水上地形测量较易，大断面测量多在枯水季节施测，汛前或汛后复测一次。但对断面变化显著的测站，大断面测量一般每年除汛前或汛后施测一次外，在每次大洪水之后应及时施测过水断面的面积。

3.4.2.3　流速测量

天然河道中一般采用流速仪法测定水流的流速。它是国内外广泛使用的测流速方法，是评定各种测流新方法精度的衡量标准。图 3-4 是旋杯式和旋桨式流速仪，图 3-5 是 ADCP 流速剖面仪。

根据测速方法的不同，流速仪法测流可分为积点法、积深法和积宽法。最常用的积点法测速是指在断面的各条垂线上将流速仪放至不同的水深点测速。测速垂线的数目及每条测速垂线上测点的多少是根据流速精度的要求、水深、悬吊流速仪的方式、

资源 3-3
转子式
流速仪

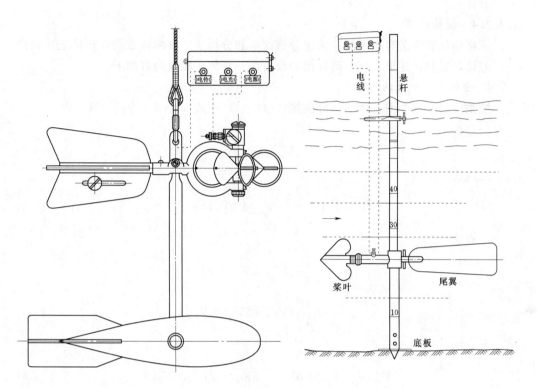

图 3-4 旋杯式、旋桨式流速仪

（a）旋杯式流速仪；（b）旋桨式流速仪

节省人力和时间等情况而定。国外多采用多线少点测速。国际标准建议测速垂线不少于 20 条，任一部分流量不得超过 10％总流量。表 3-3 是美国在 127 条不同河流上的测站，每站断面上布设 100 条以上的测速垂线，对不同测速垂线数目所推求的流量，进行流量误差的统计分析。表3-3 说明：测速垂线数愈多，流量的误差愈小。

图 3-5 "骏马"系列瑞江牌 ADCP 流速剖面仪

畅流期用精测法测流时，如采用悬杆悬吊，当水深大于 1.0m 可用五点法测流，即在相对水深（测点水深与所在垂线水深之比值）分别为 0.0、0.2、0.6、0.8 和 1.0 处施测。

为了消除流速的脉动影响，各测点的测速历时，可在 60～100s 之间选用。但当受测流所需总时间的限制时，则可选用少线少点、30s 的测流方案。

表 3-3   流量误差随垂线数的变化

测速垂线数	8～11	12～15	16～20	21～23	24～30	31～35	104
均方误差	4.2	4.1	2.1	2.0	1.6	1.6	0

资源 3-4
现代技术
ADCP 测流

3.4.2.4　流量计算

流量的计算方法有图解法、流速等值线法和分析法。前两种方法在理论上比较严格，但比较繁琐，这里主要介绍常用的分析法。具体步骤及内容如下。

1. 垂线平均流速的计算

视垂线上布置的测点情况，分别按式（3-4）～式（3-9）进行计算。

一点法

$$V_m = V_{0.6} \tag{3-4}$$

二点法

$$V_m = \frac{1}{2}(V_{0.2} + V_{0.8}) \tag{3-5}$$

三点法

$$V_m = \frac{1}{3}(V_{0.2} + V_{0.6} + V_{0.8})$$

$$= \frac{1}{4}(V_{0.2} + 2V_{0.6} + V_{0.8}) \tag{3-6}$$

五点法

$$V_m = \frac{1}{10}(V_{0.0} + 3V_{0.2} + 3V_{0.6} + 2V_{0.8} + V_{1.0}) \tag{3-7}$$

六点法

$$V_m = \frac{1}{10}(V_{0.0} + 2V_{0.2} + 2V_{0.4} + 2V_{0.6} + 2V_{0.8} + V_{1.0}) \tag{3-8}$$

十一点法

$$V_m = \frac{1}{10}\left(\frac{1}{2}V_{0.0} + \sum_{i=1}^{9}V_{0.i} + \frac{1}{2}V_{1.0}\right) \tag{3-9}$$

式中：V_m 为垂线平均流速；$V_{0.0}$、$V_{0.2}$、$V_{0.4}$、$V_{0.6}$、$V_{0.8}$、$V_{1.0}$ 为与脚标数值相应的相对水深处的测点流速。

2. 部分面积的计算

因为断面上布设的测深垂线数目比测速垂线的数目多，故首先计算测深垂线间的断面面积（又称块面积）。计算方法是距岸边第一条测深垂线与岸边构成三角形，按三角形面积公式计算（左右岸各一个，如图 3-6 中的 a_1、a_8，称为岸边块）；其余相邻两条测深垂线间的断面面积按梯形面积公式计算（如图 3-6 中的 $a_2 \sim a_7$，称为中间块）。其次以测速垂线划分部分，将各个部分内的测深垂线间的断面面积相加得出各个部分的部分面积（如图 3-6 中的 $A_1 = a_1 + a_2$；$A_2 = a_3 + a_4$；$A_3 = a_5 + a_6$）。若两条测速垂线（同时也是测深垂线）间无另外的测深

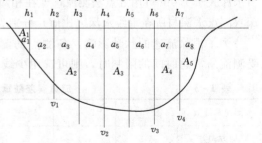

图 3-6　部分面积计算示意图

垂线,则该部分面积就是这两条测深(同时是测速垂线)间的面积(如图 3-6 中的 $A_4=a_7$;$A_5=a_8$)。其中的 A_1 和 A_5 称为岸边部分面积,A_2、A_3、A_4 称为中间部分面积。

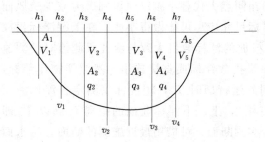

图 3-7 部分流量计算示意图

3. 部分平均流速的计算

岸边部分:由距岸第一条测速垂线所构成的岸边部分(两个,左岸和右岸,多为三角形),如图 3-7 中的 V_1、V_5。

$$V_1=\alpha V_{m1} \tag{3-10}$$
$$V_{n+1}=\alpha V_{mn} \tag{3-11}$$

式中:α 为岸边流速系数,其值视岸边情况而定,斜坡岸边 $\alpha=0.67\sim0.75$,一般取 0.70,陡岸 $\alpha=0.80\sim0.90$,死水边 $\alpha=0.60$。

中间部分:由相邻两条测速垂线与河底及水面所组成的部分,如图 3-7 中的 V_2、V_3、V_4。部分平均流速为相邻两垂线平均流速的平均值,即

$$V_i=\frac{1}{2}(V_{mi-1}+V_{mi}) \tag{3-12}$$

4. 部分流量的计算

由各部分的部分平均流速与部分面积之积得到部分流量,如图 3-7 中的 $q_1\sim q_5$ 所示,即

$$q_i=V_iA_i \tag{3-13}$$

式中:q_i、V_i、A_i 分别为第 i 个部分的流量、平均流速和断面积。

5. 断面流量及其他水力要素的计算

由式(3-13)的 q_i 通过式(3-3)可得到断面流量 Q。

断面平均流速为

$$\overline{V}=\frac{Q}{A} \tag{3-14}$$

断面平均水深为

$$\overline{h}=\frac{A}{B} \tag{3-15}$$

式中:A 为断面的总面积;B 为断面的最大水面宽度。

在一次测流过程中,与该次实测流量值相等的瞬时流量所对应的水位称相应水位。一般根据测流时水位涨落不同情况,分别采用多条垂线测速时各自所对应的水位加以平均或以部分流量为权重加权平均计算而得。

3.4.3 浮标法测流

当使用流速仪测流有困难时,使用浮标测流是切实可行的办法。浮标随水流漂移,其速度与水流速度之间有较密切的关系,故可利用浮标漂移速度(称浮标虚流速)与水道断面积来推算断面流量。用水面浮标法测流时,应先测绘出测流断面上水

面浮标速度分布图。将其与水道断面相配合，便可计算出断面虚流量。断面虚流量乘以浮标系数，即得断面流量。

水面浮标常用木板、稻草等材料做成十字形、井字形，下坠石块，上插小旗以便观测。在夜间或雾天测流时，可用油浸棉花团点火代替小旗以便识别。为减少受风面积，保证精度，在满足观测的条件下，浮标尺寸应尽可能做得小些。在上游浮标投放断面，沿断面均匀投放浮标（图 3-1），投放的浮标数目大致与流速仪测流时的测速垂线数目相当。如遇特大洪水，可只在中泓投放浮标或直接选用天然漂浮物作浮标。用秒表观测各浮标流径浮标上、下断面间的运行历时 T_i，用经纬仪测定各浮标流径浮标中断面（测流断面）的位置（定起点距），上、下浮标断面的距离 L 除以 T_i 即得水面浮标流速沿河宽的分布图。当不能实测断面，可借用最近施测的断面。从水面虚流速分布图上内插出相应各测深垂线处的水面虚流速；再按式（3-10）～式（3-13）和式（3-3），求得断面虚流量 Q_f。最后以 Q_f 乘以浮标系数 K_f，得断面流量 Q。

K_f 值的确定有实验比测法、经验公式法和水位流量关系曲线法。

在未取得浮标系数试验数据之前，可根据下列范围选用浮标系数：一般湿润地区可取 0.85～0.90，小河取 0.75～0.85；干旱地区大、中河流可取 0.80～0.85，小河取 0.70～0.80。

3.5　泥沙测验及计算

河流泥沙影响河流的水情及河流的变迁。泥沙资料也是一项重要的水文资料。

河流中的泥沙，按其运动形式可分为悬移质、推移质和河床质 3 类。悬移质泥沙悬浮于水中并随之运动；推移质泥沙受水流冲击沿河底移动或滚动；河床质泥沙则相对静止而停留在河床上。三者随水流条件的变化而相互转化。三者特性不同，测验及计算方法也各异，但全国现有推移质取样测站仅 20 多个，河床质只根据需要才取，故仅介绍悬移质测验。

3.5.1　悬移质测验与计算

描述河流中悬移质的情况，常用的两个定量指标是含沙量和输沙率。单位体积内所含干沙的质量，称为含沙量，用 C_s 表示，单位为 kg/m^3。单位时间流过河流某断面的干沙质量，称为输沙率，以 Q_s 表示，单位为 kg/s。断面输沙率是通过断面上含沙量测验配合断面流量测量来推求的。

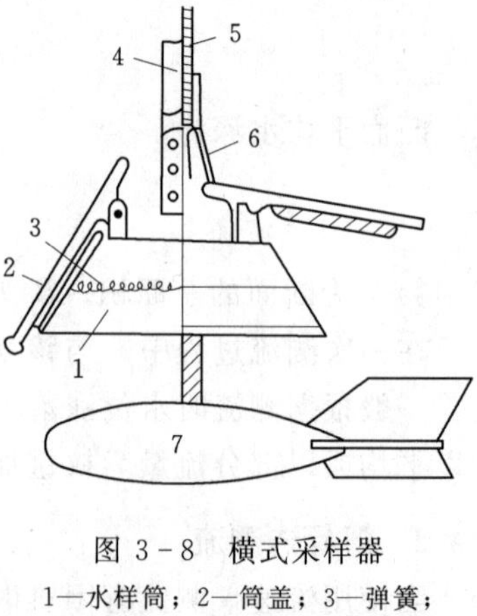

3.5.1.1　含沙量的测验

含沙量测验，一般需用采样器从水流中采取水样。常用的有横式采样器（图 3-8）与瓶式采样器（图 3-9）。如果水样是取自固定测点，称为积点式取样；如取样时，取样瓶在测线上由上到下（或上、

资源 3-5
浮标法测流
简介

图 3-8　横式采样器
1—水样筒；2—筒盖；3—弹簧；
4—铁锤；5—钢索；6—控制
开关的撑爪；7—铅鱼

下往返）匀速移动，称为积深式取样，该水样代表测线的平均情况。

不论用何种方式取得的水样，都要经过量积、沉淀、过滤、烘干、称重等手续，才能得出一定体积浑水中的干沙重量。水样的含沙量可按式（3-16）计算。

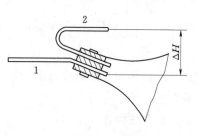

图 3-9　瓶式采样器
1—进水管；2—排气管

$$C_s = \frac{W_s}{V} \qquad (3-16)$$

式中：C_s 为水样含沙量，g/L 或 kg/m³；W_s 为水样中的干沙重量，g 或 kg；V 为水样体积，L 或 m³。

当含沙量较大时，也可以使用同位素测沙仪测量含沙量。该仪器主要由铅鱼、探头和晶体管计数器等部分组成。应用时，只要将仪器的探头放至测点，即可根据计数器显示的数字由工作曲线上查出测点的含沙量。它具有准确、及时、不取水样等突出的优点，但应经常对工作曲线进行校正。

3.5.1.2　输沙率测验

上述输沙率测验是由含沙量测定与流量测验两部分工作组成的，测流方法前已介绍。为了测出含沙量在断面上的变化情况，需在断面上布置适当数量的取样垂线。一般取样垂线数目不少于规范规定流速仪精测法测速垂线数的一半。当水位、含沙量变化急剧时，或积累相当资料经过精简分析后，垂线数目可适当减少。但是，不论何种情况，当水面宽大于 50m 时，取样垂线不少于 5 条；水面宽小于 50m 时，不应少于 3 条。垂线上测点的分布，视水深大小以及要求的精度而不同，可有一点法、二点法、三点法、五点法等。

根据测点的水样，得出各测点的含沙量之后，可用流速加权计算垂线平均含沙量。例如畅流期五点法的垂线平均含沙量的计算式为

五点法

$$C_{sm} = \frac{1}{10V_m}(C_{s0.0}V_{0.0} + 3C_{s0.2}V_{0.2} + 3C_{s0.6}V_{0.6} +$$

$$2C_{s0.8}V_{0.8} + C_{s1.0}V_{1.0}) \qquad (3-17)$$

三点法

$$C_{sm} = \frac{1}{3V_m}(C_{s0.2}V_{0.2} + C_{s0.6}V_{0.6} + C_{s0.8}V_{0.8}) \qquad (3-18)$$

式中：C_{sm} 为垂线平均含沙量，kg/m³；C_{sj} 为测点含沙量，脚标 j 为该点的相对水深，kg/m³；V_j 为测点流速，脚标 j 的含义同上，m/s；V_m 为垂线平均流速，m/s。

如果是用积深法取得的水样，其含沙量即为垂线平均含沙量。

根据各条垂线的平均含沙量 C_{smj}，配合测流计算的部分流量，即可算得断面输沙率 $Q_s(t/s)$ 为

$$Q_s = \frac{1}{1000}\{C_{sm1}q_1 + C_{smn}q_n + \frac{1}{2}[(C_{sm1}+C_{sm2})q_2 + \cdots + (C_{smn-1}+C_{smn})q_n]\}$$

$$(3-19)$$

式中：q_i 为第 i 根垂线与第 $i-1$ 根垂线间的部分流量，$\mathrm{m^3/s}$；C_{smi} 为第 i 根垂线的平均含沙量，$\mathrm{kg/m^3}$。

断面平均含沙量为

$$C_s = \frac{Q_s}{Q} \times 1000 \qquad\qquad (3-20)$$

式中：Q 为断面流量，$\mathrm{m^3/s}$。

3.5.1.3　单位水样含沙量与单沙断沙关系

上面求得的悬移质输沙率，是测验当时的输沙情况。而工程上往往需要一定时段内的输沙总量及输沙过程。如果要用上述测验方法来求出输沙的过程是很困难的。人们从不断的实践中发现，当断面比较稳定、主流摆动不大时断面平均含沙量与断面上某一垂线平均含沙量之间有稳定关系，这样就可以通过多次实测资料的分析，建立其相关关系。这种与断面平均含沙量有稳定关系的断面上有代表性的垂线或测点含沙量，称单位含沙量，简称单沙；相应地把断面平均含沙量简称断沙。经常性的泥沙取样工作可只在此选定的垂线（或其上的一个测点）上进行。这样便大大地简化了测验工作。

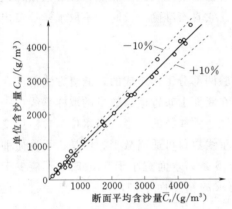

图 3-10　沱江李家湾站 1977 年
单沙与断沙关系

根据多次实测的断面平均含沙量和单样含沙量的成果，可以单沙为纵坐标，以相应断沙为横坐标，点绘单沙与断沙的关系点，并通过点群中心绘出单沙与断沙的关系线（图 3-10）。

单沙的测次，平水期一般每日定时取样 1 次；含沙量变化小时，可 5～10 日取样 1 次；含沙量有明显变化时，每日应取 2 次以上。洪水时期，每次较大洪峰过程，取样次数不应少于 7～10 次。

3.5.1.4　泥沙颗粒分析及级配曲线

颗粒分析的目的是为开发利用水沙资源、进行水利和其他有关的工程建设服务，取得泥沙颗粒级配的断面分析和变化过程的资料。

泥沙颗粒分析的具体内容，就是将有代表性的沙样，按颗粒大小分级，分别求出小于各级粒径的泥沙重量百分数。其成果可绘在半对数纸上并用曲线表示即为泥沙颗粒级配曲线。

泥沙颗粒分析方法，应根据泥沙粒径大小、取样多少，进行选择。目前常使用的有筛分析法、粒径计法、移液管法等。这些方法也可相互配合使用。

筛分析法适用于粒径大于 0.1mm 的泥沙颗粒分析。先取适量沙样烘干称重。根据沙样中最大粒径，准备好粗细筛数只，按大孔径在上、小孔径在下的顺序叠置。将沙样倒入粗筛最上层，加盖后放在振筛机上振动。然后从最下层筛开始，直至最上一层筛为止，依次称量各层筛的净沙重。根据称量结果，小于某粒径沙重百分数 P（%）可按式（3-21）计算。

$$P = \frac{A}{W_g} \times 100\%$$ （3-21）

式中：A 为小于某粒径沙重，g；W_g 为总沙重，g。

粒径计法、移液管法属于水分析法。它们都是以不同粒径的泥沙颗粒，在静水中具有不同的沉速这一特性为依据。颗粒沉降速度及水分析颗粒直径的计算，按颗粒大小，分别选用下列公式。

粒径等于或小于 0.1mm 时采用斯托克斯公式。

$$\omega = \frac{\gamma_s - \gamma_w}{1800\mu} D^2$$ （3-22）

粒径为 0.15~1.5mm 时采用冈查洛夫第三公式。

$$\omega = 0.33 \sqrt{\frac{\gamma_s - \gamma_w}{10\gamma_w} D}$$ （3-23）

式中：ω 为沉降速度，cm/s；D 为颗粒直径，mm；γ_s 为泥沙的比重；γ_w 为水的比重。

粒径在 0.1~0.15mm 之间时，可将式（3-22）与式（3-23）的粒径与沉速关系曲线顺势直接连接查用。

粒径计法适用于粒径为 0.01~0.5mm 时，分析水样的干沙重为 0.3~5.0g 的泥沙颗粒分析工作。

粒径计管是长约 103cm 的玻璃管。将它垂直安装在分析架上。在管顶用加沙器加入沙样，直接测定不同历时后通过粒径计管下沉的泥沙重量。由于下沉的距离已知，由下沉历时可推出相应沉速，沉速与粒径之间的关系可由前述公式确定。测出不同时段内下沉的泥沙重量，可推求出泥沙的颗粒级配情况。

移液管法是按规定的时刻，用一移液管插入量筒中，在规定的深度 L 处，抽取 20~25cm³ 的悬液作为试样。粒径 d 仍由沉降历时 t 与沉降距离 L 根据沉速公式推算。从试样的含沙量，可以推知在全部沙样中，粒径等于及小于 d 的泥沙的沙重百分比。进行一系列观测后，即可推算出该沙样的颗粒级配情况。

悬移质泥沙颗粒分析所用沙样若按积深法采得，则颗分成果即为垂线平均颗粒级配。如沙样是用积点法取得，则只能代表测点上的颗粒级配，此时应用输沙率加权法计算垂线平均颗粒级配。例如，畅流期三点法的计算式为

$$P_m = \frac{P_{0.2} C_{s0.2} V_{0.2} + P_{0.6} C_{s0.6} V_{0.6} + P_{0.8} C_{s0.8} V_{0.8}}{C_{s0.2} V_{0.2} + C_{s0.6} V_{0.6} + C_{s0.8} V_{0.8}}$$ （3-24）

式中：P_m 为垂线平均小于某粒径的重量百分数，%；$P_{0.2}$ 为 0.2 水深处的测点小于某粒径的沙重百分数，%，其余以此类推；$C_{s0.2}$ 为 0.2 水深处的测点含沙量，kg/m³ 或 g/m³，其余以此类推；$V_{0.2}$ 为 0.2 水深处的测点流速，m/s，其余以此类推。

凡用全断面混合法取样作颗粒分析，其成果即作为断面平均颗粒级配。否则，应用输沙率加权法计算断面平均颗粒级配。计算公式如下。

$$\overline{P} = \frac{(2q_{s0}+q_{s1})P_{m1}+(q_{s1}+q_{s2})P_{m2}+\cdots+(q_{s(n-1)}+2q_{sn})P_{mn}}{(2q_{s0}+q_{s1})+(q_{s1}+q_{s2})+\cdots+(q_{s(n-1)}+2q_{sm})} \qquad (3-25)$$

式中：$\overline{P}$ 为断面平均小于某颗粒粒径的沙重百分数，％；q_{s0}、q_{s1}、$\cdots$、q_{sn} 为以取样垂线分界的部分输沙率，kg/s 或 t/s；P_{m1}、P_{m2}、$\cdots$、P_{mn} 为各取样垂线的垂线平均小于某粒径沙重百分数，％。

断面平均颗粒级配，简称断颗。断颗测验与分析都比较费事。常利用单样颗粒级配（简称单颗）与断颗之间的关系，通过观测单颗变化过程来推求断颗的变化过程。

断面平均粒径可根据级配曲线分组，用沙重百分数加权求得。计算公式如下。

$$\overline{D} = \frac{\sum_{i=1}^{n}\Delta P_i D_i}{100} \qquad (3-26)$$

$$D_i = \frac{1}{3}\left[D_{上}+D_{下}+\sqrt{D_{上}\,D_{下}}\right] \qquad (3-27)$$

式中：$\overline{D}$ 为断面平均粒径，mm；ΔP_i 为某组沙重百分数，％；D_i 为某组平均粒径，mm；$D_{上}$、$D_{下}$ 为某组上限、下限粒径，mm。

3.6　地　下　水　监　测

3.6.1　地下水监测现状

地下水的基本类型区可以划分为 3 级。根据区域地形地貌特征，分为山丘区和平原区 2 类，称一级基本类型区；根据次级地形地貌特征及岩性特征，将山丘区分为一般基岩山丘区、岩溶山区和黄土丘陵区 3 类，将平原区分为冲洪积平原、内陆盆地平原、山间平原区、黄土台塬区和荒漠区 5 类，称二级基本类型区；根据水文地质条件，将各二级基本类型区分为若干水文地质单元，称三级基本类型。特殊类型区包括建制市城市建成区、大型及特大型地下水水源地、超采区、次生盐渍化区和地下水污染区等 5 类。基本类型区与特殊类型区可相互包含或交叉。

根据地下水开采强度，在各地下水类型区中划分超采区、强开采区、中等开采区和弱开采区 4 种开采强度分区。

根据监测目的，将监测站分为以下 3 类。

（1）基本监测站，包括水位基本监测站、开采量基本监测站、泉流量基本监测站、水质基本监测站和水温基本监测站。其中，水位基本监测站和水质基本监测站分别由国家级监测站、省级行政区重点监测站和普通基本监测站组成。

（2）统测站，由水位统测站和水质统测站组成。

（3）试验站，由不同试验项目的监测站组成。

根据监测方式，将基本监测站分为人工监测站和自动监测站两类。

3.6.2 地下水监测

3.6.2.1 地下水站网规划与布设

1. 地下水监测站网规划原则

地下水监测站站网规划应在地下水类型区划分、开采强度分区和监测站分类的基础上进行。基本类型区中的冲洪积平原区、内陆盆地平原区和山间平原区，以及特殊类型区，是站网规划的重点，应全面布设监测站；基本类型区中的山丘区及平原区中的黄土台塬区和荒漠区，可根据地下水开发利用情况，选择典型代表区布设监测站。应根据监测目的和精度要求，分别布设基本监测站、统测站和试验站。

2. 基本监测站布设

水位基本监测站应分别沿着平行和垂直于地下水流向的监测线布设，各基本类型区、开采强度分区的水位基本监测站布设密度可参照表 3-4。

表 3-4　　　　　　　　　水位基本监测站布设密度　　　　　　单位：眼/$10^3 km^2$

基本类型区名称		监测站布设形式	开采强度分区			
			超采区	强开采区	中等开采区	弱开采区
平原区	冲洪积平原区	全面布设	8~14	6~12	4~10	2~6
	内陆盆地平原区		10~16	8~14	6~12	4~8
	山间平原区		12~16	10~14	8~12	6~10
	黄土台塬区	选择典型代表区布设	宜参照冲洪积平原区内弱开采区水位基本监测站布设密度布设			
	荒漠区					
山丘区	一般基岩山丘区					
	岩溶山区					
	黄土丘陵区					

3.6.2.2 地下水测验

建立随监测、随记载、随整理、随分析的工作制度，各项原始监测数据均应经过记载、校核、复核三道工序。监测人员应掌握有关测具的使用、保护和检测技能，测具应准确、耐用并定期检定。不合格者，应及时校正或更换，否则不得继续使用。现场监测应做到准时监测，用铅笔记载；监测数据准确，记载的字体工整、清晰，不得涂抹、擦拭。应将本次监测的数据与前一次监测的数据进行对照，发现异常应分析原因，同时检查测具和进行复测，并在备注栏内做出说明。

监测数据应及时进行检查和整理，点绘单项和综合监测资料过程线。进行单项和综合监测资料的合理性检查，分析监测数据发生异常的原因，必要时采取补救措施，对原始记载资料进行校核、复核，原始记载资料不得毁坏和丢失，并按时上报。

国家级水位基本监测站实行自动监测，每日定时采集 6 次监测数据，省级行政区重点水位基本监测站每日监测 1 次，普通水位基本监测站汛期宜每日监测 1 次，非汛期宜每 5 日监测 1 次，水位统测站每年监测 3 次，试验站的水位监测频次，可根据试验目的自行确定。

　　自动监测站，每日 4 时、8 时、12 时、16 时、20 时、24 时应有监测记录，并记录日内最高水位、最低水位及其发生的时、分。每日监测 1 次的测站，监测时间为每日的 8 时。每 5 日监测 1 次的测站，监测时间为每月 1 日、6 日、11 日、16 日、21日、26 日的 8 时。统测站每年监测 3 次，监测时间为每年汛前、汛后和年末，监测日从每 5 日监测 1 次的监测日中选定，统测时间为相应选定监测日的 8 时。新疆维吾尔自治区、西藏自治区、甘肃省、青海省、四川省、云南省和内蒙古自治区的阿拉善盟，可根据具体条件将其中规定的 8 时改成 10 时。

　　地下水水位监测数值以 m 为单位，精确到小数点后第二位。人工监测水位，应测量 2 次，间隔时间不应少于 1min，取 2 次水位的平均值，两次测量允许偏差为 ±0.02m。当两次测量的偏差超过 ±0.02m 时，应重复测量，水位自动监测仪允许精度误差为 ±0.01m。每次测量结果应当场核查，发现反常及时补测，保证监测资料真实、准确、完整、可靠。

　　自动监测仪器每月检查、校测 1 次，当校测的水位监测误差的绝对值大于 0.01m时，应对自动监测仪器进行校正。布卷尺、钢卷尺、测绳、导线等测具的精度必须符合国家计量检定规程允许的误差规定，每半年率定 1 次。

　　水量监测包括开采量和泉流量两项监测。开采量监测可采用水表法、水泵出水量统计法和用水定额调查统计法等方法监测。泉流量监测可采用堰槽法或流速流量仪法。水表、水泵、堰槽、流速流量仪等测具需每年检定 1 次。

　　水质监测采集水样的频次、分析项目、分析时限、程序、方法、质量控制，水样的存放与运送，水样编号、送样单的填写，分析结果记载表和测具检定要求，均按SL 219—2013《水环境监测规范》执行。

资源 3-6
地下水及
为何要进行
地下水监测

　　水温基本监测站的监测频次为每年 4 次，分别为每年 3 月、6 月、9 月、12 月的26 日 8 时。水温监测的同时应监测气温及地下水水位，监测水温、气温的测具，最小分度值应不小于 0.2℃，允许误差为 ±0.2℃。水温监测应符合以下要求：监测水温的测具应放置在地下水水面以下 1.0m 处，或放置在泉水、正在开采的生产井出水水流中心处，静置 5 分钟后读数；连续进行两次水温监测，当这两次监测数值之差的绝对值不大于 0.4℃时，将这两次监测数值及其算术平均值计入相应原始水温监测记载表中；当两次监测数值之差的绝对值大于 0.4℃时，应重复监测。水温测具和气温测具应每年检定 1 次，检定测具的允许误差为 ±0.1℃。

资源 3-7
地下水采样

3.7　水　质　监　测

　　水是人类赖以生存的主要物质，根据其用途，对其不仅有量的要求，而且必须有质的要求。随着社会经济的发展、人口的增加，人类在对水资源需求量不断增加的同时，又将大量的生活污水、工业废水、农业回流水及其他未经处理的水直接排向各种水体，造成江、河、湖、库及地下水资源的污染，引起水质恶化，从而影响水资源的利用及人体健康。因此，必须充分合理地保护、使用和改善水资源，使其不受污染，这就是水质监测的目的。

3.7.1 水质监测的任务

水质监测以江、河、湖、库及地下水等水体和工业废水、生活污水等排放口为对象进行监测，检查水的质量是否符合国家规定的有关水的质量标准，为控制水污染、保护水源提供依据。其具体任务有以下几项：

（1）提供水体质和量的当前状况数据，判断水的质量是否符合国家制定的质量标准。

（2）确定水体污染物的时空分布及其发展、迁移和转化的情况。

（3）追踪污染物的来源、途径。

（4）收集水环境本底及其变化趋势数据，累积长期监测资料，为制定和修改水质标准及制定水环境保护的方法提供依据。

3.7.2 水质监测站网

水质监测站是定期采集实验室分析水样和对某些水质项目进行现场测定的基本单位。它可以由若干个水质监测断面组成。根据设站的目的和任务，水质监测站可分为长期掌握水系水质变化动态，搜集和积累水质基本信息而设的基本站；为配合基本站，进一步掌握污染状况而设的辅助站；为某种专门用途而设的专用站；以及为确定水系自然基本底值（即未受人为直接污染影响的水体质量状况）而设的背景站（又叫本底站）。

水质监测站网规划的过程是依据有关情报资料确定需要收集的水质信息，并根据收集信息的要求及建站条件确定监测站或水质信息收集体系的地理位置。其总目的是为了获取对河流水质有代表性的信息，以服务于水资源的利用和水环境质量的控制。

水污染流动监测站是将检测仪器、采样装置以及用于数据处理的微机等安装在适当的运载工具上的流动性监测设施，如水污染监测车（或船）。它具有灵活机动、监测项目比较齐全的优点。

3.7.3 地面水采样

3.7.3.1 采样断面和采样点的设置

布点前要做调查研究和收集资料工作，主要收集水文、气候、地质、地貌、水体沿岸城市工业分布、污染源和排污情况、水资源的用途及沿岸资源等资料。再根据监测目的、监测项目和样品类型，结合调查的有关资料综合分析确定采样断面和采样点。

采样断面和采样点布设总原则是以最小的断面、测点数，取得科学合理的水质状况的信息。关键是取得有代表性的水样。为此，布设采样断面、采样点的原则主要考虑以下几点：

（1）在大量废水排入河流的主要居民区，工业区的上、下游。

（2）湖泊、水库、河口的主要出入口。

（3）河流主流、河口、湖泊水库的代表性位置，如主要的用水地区等。

（4）主要支流汇入主流、河流或沿海水域的汇合口。

在一河段一般应设置对照断面、消减断面各一，并根据具体情况设若干监测断面。

3.7.3.2　采样垂线与采样点位置的确定

各种水质参数的浓度在水体中分布的不均匀性，与纳污口的位置、水流状况、水生物的分布、水质参数特性有关。因此，布置时应考虑这些因素。

1. 河流上采样垂线的布置

在污染物完全混合的河段中，断面上的任一位置，都是理想的采样点；若各水质参数在采样断面上，各点之间有较好的相关关系，可选取一适当的采样点，据此推算断面上其他各点的水质参数值，并由此获得水质参数在断面上的分布资料及断面的平均值；更一般的情况则按表 3-5 的规定布设。

表 3-5　　　　　　　　　　江河采样垂线布设

水面宽度/m	采样垂线布设	岸边有污染带	相 对 范 围
<50	1 条（中泓处）	如一边有污染带，增设 1 条垂线	
50~100	左、中、右 3 条	3 条	左、右设在距湿岸 5~10m 处
100~1000	左、中、右 3 条	5 条（增加岸边两条）	岸边垂线距湿岸边 5~10m 处
>1000	3~5 条	7 条	

2. 湖泊（水库）采样垂线的分布

我国 SL 219—2013《水环境监测规范》规定的湖泊中应设采样垂线的数量是以湖泊的面积为依据的，见表 3-6。

表 3-6　　　　　　　　　　湖泊（水库）采样垂线设置

水面宽度/m	垂 线 数 量	说 明
≤50	一条（中泓线）	（1）面上垂线的布设应避开岸边污染带。有必要对岸边污染带进行监测时，可在污染带内酌情增设垂线；（2）无排污河段并有充分数据证明断面上水质均匀时，可只设中泓一条垂线
50~100	二条（左、右近岸有明显水流处）	
>100	三条（左、中、右）	

3. 采样垂线上采样点的布置

垂线上水质参数浓度分布决定于水深、水流情况及水质参数的特性等因素。具体布置规定见表 3-7。为避免采集到漂浮的固体和河底沉积物，并规定在至少水面以下，河底以上 50cm 处采样。

表 3-7　　　　　　　　　　垂 线 上 采 样 点 布 置

水深/m	采样点数	位 置	说 明
<5	1	水面下 0.5m	（1）不足 1m 时，取 1/2 水深；（2）如沿垂线水质分布均匀，可减少中层采样点；（3）潮汐河流应设置分层采样点
5~10	2	水面下 0.5m，河底上 0.5m	
>10	3	水面下 0.5m，1/2 水深，河底以上 0.5m	

3.7.3.3 采样时间和采样频率

采集的水样要具有代表性，并能同时反映出空间和时间上的变化规律。因此，要掌握时间上的周期性变化或非周期性变化以确定合理的采样频率。

为便于进行资料分析，同一江河（湖、库）应力求同步采样，但不宜在大雨时采样。在工业区或城镇附近的河段应在汛前一次大雨和久旱后第一次大雨产流后，增加一次采样。具体测次，应根据不同水体、水情变化、污染情况等确定。

3.7.3.4 采样准备工作

1. 采样容器材质的选择

因容器材质对水样在储存期间的稳定性影响很大，要求容器材质具有化学稳定性好、可保证水样的各组成成分在贮存期间不发生变化；抗极端温度性能好，抗震，大小、形状和重量适宜，能严密封口，且容易打开；材料易得价格低；容易清洗且可反复使用。如高压低密泵乙烯塑料和硼硅玻璃可满足上述要求。

2. 采样器的准备

根据监测要求不同，选用不同采样器。若采集表层水样，可用桶、瓶等直接采取，通常情况下选用常用采水器；当采样地段流量大、水层深时应选用急流采水器；当采集具有溶解气体的水样时应选用双瓶溶解气体采水器。

按容器材质所需要的洗涤方法选定合适的采水器洗净待用。

3. 水上交通工具的准备

一般河流、湖泊、水库采样可用小船。小船经济、灵活，可达到任一采样位置。最好有专用的监测船或采样船。

资源 3-8
水质采样器
及采样方法

3.7.3.5 采样方法

1. 自来水的采集

先放水数分钟，使积累在水管中的杂质及陈旧水排除后再取样。采样器须用采集水样洗涤 3 次。

2. 河湖水库水的采集

考虑其水深和流量。表层水样可直接将采样器放入水面下 0.3～0.5m 处采样，采样后立即加盖塞紧，避免接触空气；深层水可用抽吸泵采样，并利用船等乘具行驶至特定采样点，将采水管沉降至所规定的深度，用泵抽取水样即可；采集底层水样时，切勿搅动沉积层。

资源 3-9
河湖水库
水样采集

3. 工业废水和生活污水的采集

常用采样方法有：瞬时个别水样法、平均水样法、比例组合水样法。采集的水样，有条件在现场测定的项目应尽量在现场测定，如水温、pH 值、电导率等；不能在现场处理的，在水样采集后的运输和实验室管理过程中，为保证水样的完整性和代表性，使之不受污染、损坏和丢失以及由于微生物新陈代谢活动和化学作用影响引起水样组分的变化，必须遵守各项保证措施。

资源 3-10
工业、生活
污水水样
采集

3.7.4 水体污染源调查

向水体排放污染物的场所、设备、装置和途径等称为水体污染源。水体污染物按污染源释放有害物种类分类及其来源归纳于表 3-8。

　　水体污染源的调查就是根据控制污染、改善环境质量的要求，对某一地区水体污染造成的原因进行调查，建立各类污染源档案；在综合分析的基础上选定评价标准，估量并比较各污染源对环境的危害程度及其潜在危险，确定该地区的重点控制对象（主要污染源和主要污染物）和控制方法的过程。

表 3-8　　　　　　　　　　　　水体中主要污染物分类和来源

类　　别	来　　源
无机无毒物	酸、碱、一般无机盐、氮、磷等植物营养物质
无机有毒物	重金属、砷、氰化物、氟化物等
有机无毒物	碳水化合物、脂肪、蛋白质等
有机有毒物	苯酚、多环芳烃、PCB、有机氯农药等

3.7.4.1　水体污染源调查的主要内容

　　1. 水体污染源所在单位周围的环境状况

　　包括地理位置、地形、河流、植被、有关的气象资料、附近地区地下水资源情况、地下水道布置；各种环境功能区如商业区、居民区、文化区、工业区、农业区、林业区、养殖区等的分布。应尽可能详细说明，并在地图上标明。

　　2. 污染源所在单位的生产生活

　　如对城市生活污水调查包括不同水平下的人均耗水量；随着生活水平的提高，水体污染物种类及浓度的变化；商业中心区的饭店、餐馆污水与居民污水的量与质两方面的差异；所调查地区的人口总数、人口密度、居住条件和生活设施等。

　　3. 污水量及其所含污染物质的量

　　包括其随时间变化的过程。

　　4. 污染治理情况

　　如污水处理设施对污水中所含成分及污水量处理的能力、效果；污水处理过程中产生的污泥、干渣等的处理方式；设施停止运行期间污水的去向及监测设施和监测结果等。

　　5. 污水排放方式和去向以及纳污水体的性状

　　包括污水排放通道及其排放路径、排污口的位置及排入纳污水体的方式（岸边自流、喷排及其他方式）；排污口所在河段的水文水力学特征、水质状况，附近水域的环境功能，污水对地下水水质的影响等。

　　6. 污染危害

　　包括污染物对污染源所在单位和社会的危害。单位内主要是工作人员的健康状况；社会上指接触或使用污水后的人群的身体健康；有关生物群落的组成和程度，生物体内有毒有害物质积累的情况；发生污染事故的情况，发生的原因、时间，造成的危害等。

　　7. 污染发展趋势

3.7.4.2　水体污染源调查的方法

　　1. 表格普查法

　　由调查的主管部门设计调查表格，发至被调查单位或地区，请他们如实填写后收取。优点：花费少，调查信息量大。

2. 现场调查法

对污染源有关资料的实地调查，包括现场勘测、设点采样和分析等。现场调查可以是大规模的，也可以是区域性的、行业性的或个别污染源的所在单位调查。优点是，就该次现场调查结果，比其他调查方法都准确，但缺陷是短时间的，存在着对总体代表性的问题，以及花费大。

3. 经验估算法

用由典型调查和研究中所得到的某种关系对污染源的排放量进行估算的办法。当要求不高或无法直接获取数据时，不失为一种有效的办法。

3.8　水文调查与水文遥感

目前收集水文资料的主要途径是定位观测，由于定位观测受到时间、空间的限制，收集的资料往往不能满足生产需要，因此必须通过水文调查来补充定位观测的不足，使水文资料更加系统、完整，更好地满足水资源开发利用、水利水电建设及其他国民经济建设的需要。

水文调查的内容可分为：流域调查、水量调查、洪水与暴雨调查、其他专项调查四大类。本节主要介绍洪水与暴雨调查。

3.8.1　洪水调查

洪水调查中，对历史上的大洪水，有计划地组织调查；当年特大洪水，应及时组织调查；对造成河道决口、水库溃坝等的灾害性洪水，力争在情况发生时候或情况发生后较短时间内，进行有关调查。

洪水调查工作，包括调查洪水痕迹、洪水发生的时间、灾情程度、洪痕高程等；了解调查河段的河槽情况；了解流域自然地理情况；测量调查河段的纵、横断面；必要时应在调查河段进行简易地形测量；对调查成果进行分析，推算洪水总量、洪峰流量、洪水过程及重现期，最后写出调查报告。

计算洪峰流量时，若调查的洪痕靠近某一水文站，可先求水文站基本水尺断面处的洪水位高程，通过延长该站的水位流量关系曲线，推求洪峰流量。

在调查的河段无水文站情况下，洪水调查的洪峰流量的估算，可采用以下方法。

3.8.1.1　比降法计算洪峰流量

1. 匀直河段洪峰流量计算

$$Q = KS^{1/2} \qquad (3-28)$$

其中

$$K = \frac{1}{n}(AR^{2/3})$$

式中：Q 为洪峰流量，m^3/s；S 为水面比降，‰；K 为河段平均输水率；n 为糙率；A 为河段平均断面积，m^2；R 为河段平均水力半径，m。

2. 非匀直河段洪峰流量计算

$$Q = KS_e^{1/2} \qquad (3-29)$$

$$S_e = \frac{h_f}{L} = \frac{h + \left(\dfrac{\overline{V_{\text{上}}^2}}{2g} - \dfrac{\overline{V_{\text{下}}^2}}{2g}\right)}{L} \tag{3-30}$$

式中：S_e 为能面比降；h_f 为两断面间的摩阻损失；h 为上、下两断面的水面落差，m；$\overline{V_{\text{上}}}$、$\overline{V_{\text{下}}}$ 分别为上、下两断面的平均流速，m/s；L 为两断面间距，m；g 为重力加速度。

3. 若考虑扩散及弯曲损失时洪峰流量推算

$$Q = K\sqrt{\frac{h + (1-\alpha)\left(\dfrac{\overline{V_{\text{上}}^2}}{2g} - \dfrac{\overline{V_{\text{下}}^2}}{2g}\right)}{L}} \tag{3-31}$$

式中：α 为扩散、弯道损失系数，一般取 0.5；其余符号意义同式（3-30）。

根据以上式子，视不同情况选用公式估算洪峰流量。

对糙率 n 确定，可根据实测成果绘制的水位糙率曲线，或糙率表，或附近水文站的糙率资料选取，经综合分析后确定。对复式断面，可分别计算主槽和滩地的流量再取其和。

3.8.1.2 用水面曲线推算洪峰流量

当所调查的河段较长且洪痕较少、各河段河底坡降及断面变化、洪水水面曲线比较曲折时，不宜用比降法计算，可用水面曲线法推求洪峰流量。

水面曲线法的原理是：假定一流量 Q，由所估定的各段河道糙率 n，自下游一已知的洪水水面点起，向上游逐段推算水面线，然后检查该水面线与各洪痕的符合程度。如大部分符合，表明所假定流量正确；否则，重新修订 Q 值，再推算水面线直至大部分洪痕符合为止。

3.8.2 暴雨调查

以降雨为洪水成因的地区，洪水的大小与暴雨大小密切相关，暴雨调查资料对洪水调查成果起旁证作用。洪水过程线的绘制、洪水的地区组成，也需要组合面上暴雨资料进行分析。

暴雨调查的主要内容有：暴雨成因、暴雨量、暴雨起讫时间、暴雨变化过程及前期雨量情况、暴雨走向及当时主要风向风力变化等。

对历史暴雨的调查，一般通过群众对当时雨势的回忆或与近期发生的某次大暴雨对比，得出定性概念；也可通过群众对当时地面坑塘积水、露天水缸或其他器皿承接雨量作定量估计，并对一些雨量记录进行复核，对降雨的时、空分布作出估计。

3.8.3 水文遥感

遥感技术，特别是航天遥感的发展，使人们能在宇宙空间的高度上，大范围、快速、周期性的探测地球上各种现象及其变化。遥感技术在水文科学领域的应用称为水文遥感。水文遥感具有以下特点：动态遥感、从定性描述发展到定量分析、遥感遥测遥控的综合应用、遥感与地理信息系统相结合。

近 20 多年来，遥感技术在水文水资源领域得到广泛应用并已成为收集水文信息的一种重要手段，尤其在水资源水文调查的应用，更为显著。概括起来，列举如下几方面。

（1）流域调查。根据卫星像片可以准确查清流域范围、流域面积、流域覆盖类型、河长、河网密度、河流弯曲度等。

（2）水资源调查。使用不同波段、不同类型的遥感资料，容易判读各类地表水，如河流、湖泊、水库、沼泽、冰川、冻土和积雪的分布；还可分析饱和土壤面积、含水层分布以估算地下水储量。

（3）水质监测。遥感资料进行水质监测可包括分析识别热水污染、油污染、工业废水及生活污水污染、农药化肥污染以及悬移质泥沙、藻类繁殖等情况。

（4）洪涝灾害的监测。包括洪水淹没范围的确定，决口、滞洪、积涝的情况，泥石流及滑坡的情况。

（5）河口、湖泊、水库的泥沙淤积及河床演变，古河道的变迁等。

（6）降水量的测定及水情预报。

通过气象卫星传播器获取的高温和湿度间接推求降水量或根据卫片的灰度定量估算降水量；根据卫星云图与天气图配合预报洪水及进行旱情监测。

此外，还可利用遥感资料分析处理测定某些水文要素，如水深、悬移质含沙量等。利用卫星传输地面自动遥测水文站资料，具有投资低，维护量少，使用方便的优点，且在恶劣天气下安全可靠，不易中断。对大面积人烟稀少地区更加适合。

3.9 水文信息处理

各种水文测站测得的原始信息，都要按科学的方法和统一的格式整理、分析、统计、提炼成为系统、完整、有一定精度的水文信息资料，供水文水资源计算、科学研究和有关国民经济部门应用。这个水文信息的加工、处理过程，称为水文信息处理（资料整编）。

水文信息处理的工作内容包括：收集校核原始信息；编制实测成果表；确定关系曲线，推求逐时、逐日值；编制逐日表及洪水水文要素摘录表；合理性检查；编制信息处理（整编）说明书。

水位信息处理较简单，在 3.2 节已述，本节主要介绍流量信息处理，简要介绍泥沙信息处理。对上述信息处理的内容，重点介绍水位关系曲线的确定及逐时、逐日值的推求。

资源 3-11
流量数据
处理概述

3.9.1 水位流量关系曲线的确定

3.9.1.1 稳定水位流量关系曲线

稳定的水位流量关系，是指在一定条件下水位和流量之间呈单值函数关系，简称为单一关系。在普通方格纸上，纵坐标是水位，横坐标是流量，点绘的水位流量关系点据密集，分布成一带状，75％以上的中高水流速仪测流点据与平均关系线的偏离不超过±5％，75％的低水点或浮标测流点距偏离不超过±8％（流量很小时可适当放宽），且关系点没有明显的系统偏离，这时即可通过点群中心定一条单一线（供推流）。点图时在同一张图纸上依次点绘水位流量、水位面积、水位流速关系曲线，并用同一水位下的面积与流速的乘积，校核水位流量关系曲线中的流量，使误差控制在±2％～±3％。以上三条曲线比例尺的选择，应使它们与横轴的夹角分别近似为45°、60°、60°，且互不相交。如图 3-11 所示。

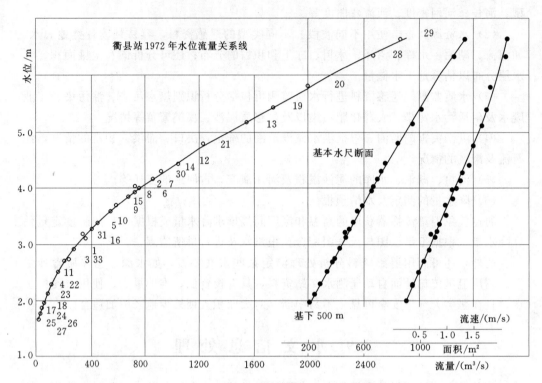

图 3-11　衢江衢县水文站 1972 年水位流量关系

所定的单一水位流量关系还要进行符号检验、适线检验、偏离数值检验，进行检验均通过才能用此单一曲线推流。此外，两条曲线（或两列数组）需要合并定线时，还要进行 t 检验。

3.9.1.2　不稳定水位流量关系

不稳定的水位流量关系，是指测验河段受断面冲淤、洪水涨落、变动回水或其他因素的个别或综合影响，使水位与流量间的关系不呈单值函数关系，如图 3-12、图 3-13、图 3-14 所示。

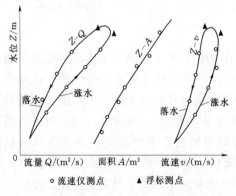

图 3-12　受洪水涨落影响的水位流量关系

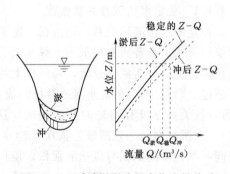

图 3-13　受冲淤影响的水位流量关系

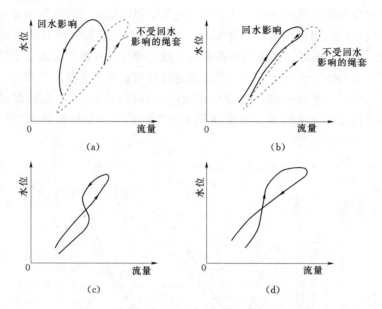

图 3-14　受变动回水影响的水位流量关系

（a）逆时针绳套；（b）顺时针绳套；（c）正"8"字形绳套；（d）反"8"字形绳套

　　表 3-9 给出了各种整编方法及其适用情况。这些方法归纳起来分为两种类型。一种是水力因素型，这一类型的方法均可表示为 $Q=f(z，x)$ 的形式，x 为某一水力因素。其方法的原理都来自于水力学的推导，故理论性强，所要求的测点少，且适于计算机作单值化处理。另一类型称时序型，表示为 $Q=f(z，t)$，t 为时间。时序型的方法其原理是以水流的连续性为基础，因而要求测点多且准确，能控制流量的变化转折。方法适用范围较广，但有时间局限性。

表 3-9　　　　　　　　　　　　　　流量数据整编适用情况

方　　法	使用范围　影响因素	稳定 $Z-Q$ 关系	不稳定 $Z-Q$ 关系					
			洪水涨落	变动回水	冲淤	水草	结冰	综合
			影　　　响					
水力因素型	单一曲线法	√					√	
	校正因数法		√					
	涨落比例法		√					
	特征河长法		√					
	（定、等、正常）落差法			√				
	落差指数法		√	√				√
时序型	连时序法		√	√	√	√	√	√
	临时曲线法				√	√	√	
	改正水位法				√	√	√	
	改正系数法					√	√	
	连 $Q-t$ 过程线法			√	√		√	√

当满足时序型的要求条件时，连时序法是按实测流量点子的时间顺序来连接水位流量关系曲线，故应用范围较广。连线时，应参照水位过程线的起伏变动的情况定线，有时还应参照其他的辅助曲线如落差过程线、冲淤过程线等定线。受洪水涨落影响的水位流量关系线用连时序法定线往往成逆时针绳套形。绳套的顶部必须与洪峰水位相切，绳套的底部应与水位过程线中相应的低谷点相切。受断面冲淤或结冰影响时，还应参考用连时序法绘出的水位面积关系变化趋势，帮助绘制水位流量关系曲线，如图 3－15 所示。

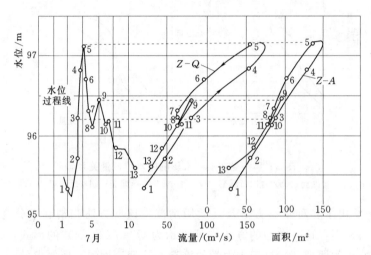

图 3－15　连时序法的水位流量关系

3.9.2　水位流量关系曲线的延长

测站测流时，由于施测条件限制或其他种种原因，致使最高水位或最低水位的流量缺测或漏测。为取得全年完整的流量过程，必须进行高低水时水位流量关系的延长。

高水延长的结果，对洪水期流量过程的主要部分，包括洪峰流量在内，有重大的影响。低水流量虽小，但如延长不当，相对误差可能较大且影响历时较长。因此延长均需慎重。高水部分的延长幅度一般不应超过当年实测流量所占水位变幅的 30%，低水部分延长的幅度一般不应超过 10%。

对稳定的水位流量关系进行高低水延长常用的方法有以下几种。

3.9.2.1　水位面积、水位流速关系高水延长

适用于河床稳定，水位面积、水位流速关系点集中，曲线趋势明显的测站。其中，高水时的水位面积关系曲线可以根据实测大断面资料确定，高水时水位流速关系曲线常趋近于常数，可按趋势延长。于是，某一高水位下的流量，便可由该水位的断面面积和流速的乘积来确定。这样，可延长水位流量关系曲线，如图 3－16 所示。

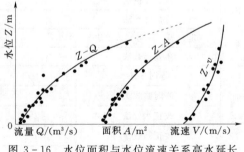

图 3－16　水位面积与水位流速关系高水延长

3.9.2.2　水力学公式高水延长

此法可避免水位面积水位流速关系高水延长中水位流速顺趋势延长的任意性，用水力学公式计算出外延部分的流速值来辅助定线。

1. 曼宁公式外延

曼宁公式

$$V = \frac{1}{n}(R^{2/3}S^{1/2}) \tag{3-32}$$

延长时，用上式计算流速，用实测大断面资料延长水位面积关系曲线，从而达到延长水位流量关系的目的。

计算流速时，因水力半径 R 可用大断面资料求得，故关键在于确定水面比降 S 和糙率 n 值。根据实际资料，如 S、n 均有资料时，直接由公式计算并延长；当二者缺一时，通过点绘 $Z-n$（或 $Z-S$）关系曲线并延长之，再算出 V 来；如两者都没有时，则将 $\dfrac{S^{1/2}}{n}$ 看成一个未知数，因 $\dfrac{S^{1/2}}{n} = \dfrac{Q}{AR^{2/3}}$，依据实测资料的流量、面积、水力半径计算出 $\dfrac{S^{1/2}}{n}$，

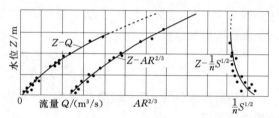

图 3-17　曼宁公式法延长高水 Z-Q 关系

点绘 $Z-\dfrac{S^{1/2}}{n}$ 曲线，因高水部分 $\dfrac{S^{1/2}}{n}$ 接近于常数，故可按趋势延长。如图 3-17 所示。

2. 斯蒂文斯（Stevens）法

由谢才流速公式导出流量为

$$Q = CA(RS)^{1/2} \tag{3-33}$$

式中：C 为谢才系数；其余符号意义同前。

对断面无明显冲淤、水深不大但水面较宽的河槽，以断面平均水深 $\bar{h}$ 代替 R，则上式可改写为

$$Q = CA(\bar{h}S)^{1/2} = KA\bar{h}^{1/2} \tag{3-34}$$

式（3-34）中，$K = CS^{1/2}$，高水时其值接近常数。故高水时 $Q-A\bar{h}^{1/2}$ 呈线性关系，据此外延。由大断面资料计算 $A\bar{h}^{1/2}$ 并点绘不同高水位 Z 在 $Z-A\bar{h}^{1/2}$ 曲线上查得 $A\bar{h}^{1/2}$ 值，并以 $Q-A\bar{h}^{1/2}$ 曲线上查得 Q 值，根据对应的 (Z,Q) 点据，便可实现水位与流量关系曲线的高水延长。如图 3-18 所示。

3.9.2.3　水位流量关系曲线的低水延长法

低水延长一般是以断流水位作控制进行水位流量关系曲线向断流水位方向所作的延长。断流水位是指流量为零时的相应水位。

假定关系曲线的低水部分用式（3-35）来表示。

$$Q = K(Z-Z_0)^n \tag{3-35}$$

式中：Z_0 为断流水位，m；n、K 为固定的指数和系数。

在水位流量曲线的中、低水弯曲部分，依次选取 a、b、c 3 点，它们的水位和流

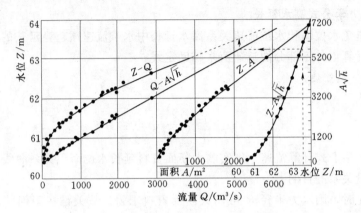

图 3-18　斯蒂文斯法延长高水 Z-Q 关系

量分别为 Z_a、Z_b、Z_c 及 Q_a、Q_b、Q_c。若能使得 $Q_a = Q_b Q_c$，则代入式（3-35），可求解得断流水位为

$$Z_0 = \frac{Z_a Z_c - Z_b^2}{Z_a + Z_c - 2Z_b} \qquad (3-36)$$

求得断流水位 Z_0 后，以坐标（Z_0，0）为控制点，将关系曲线向下延长至当年最低水位即可。

3.9.3　水位流量关系曲线的移用

规划设计工作中，常常遇到设计断面处缺乏实测水位流量关系。这时就需要将邻近水文站的水位流量关系移用到设计断面上。

在设计断面与水文站相距不远且两断面间的区间流域面积不大，河段内无明显的出流与入流的情况下，在设计断面设立临时水尺，与水文站同步观测水位。因两断面中、低水时同一时刻的流量大致相等，所以可用设计断面的水位与水文站断面同时刻水位所得的流量点绘关系曲线，再将高水部分进行延长，即得设计断面的水位流量关系曲线。

如设计断面距水文站较远，且区间入流、出流近乎为零，则必须采用水位变化中位相相同的水位来移用。

若设计断面的水位观测数据不足，或甚至等不及设立临时水尺进行观测后再推求其水位流量关系，则用计算水面曲线的方法来移用。方法是在设计断面和水文站之间选择若干个计算断面，假定若干个流量，分别从水文站基本水尺断面起计算水面曲线，从而求出各个计算流量相对应的设计断面水位。

而当设计断面与水文站的河道有出流或入流时，则主要依靠水力学的办法来推算设计断面的水位流量关系。

3.9.4　日平均流量计算及合理性检查

逐日平均流量的计算：当流量变化平稳时，可用日平均水位在水位流量关系线上推求日平均流量；当一日内流量变化较大时，则用逐时水位推求得逐时流量，再按算术平均法或面积包围法求得日平均流量。据此计算逐月平均流量和年平均流量。

合理性检查：单站检查可用历年水位流量关系对照检查；综合性检查以水量平衡

为基础，对上、下游或干、支流上的测站与本站整编成果进行对照分析，以提高整编成果的可靠性。本站成果经检查确认无误后，才能作为正式资料提供使用。

3.9.5　悬移质输沙率信息处理

在整编悬移质输沙率资料时，应对实测资料进行分析。通常是着重进行单断沙关系的分析。经过分析，如果查明突出点的原因属于测验或计算方面的错误，可以适当改正或酌情处理。

有了单断沙关系曲线，便可根据经常观测的单沙成果计算出逐日断面平均含沙量，再与相应的平均流量相乘，即得各日的平均输沙率。这种算法比较简便，当一日内流量变化不大时是完全可以的。如在洪水时期，一日内流量、含沙量的变化都较大时，应先由各测次的单沙推出断沙，乘以相应的断面流量，得出各次的断面输沙率。根据日内输沙率过程求得日输沙总量，再除以一日的秒数，即可得日平均输沙率。

将全年逐日平均输沙率之和除以全年的天数，即得年平均输沙率。

3.9.6　地下水信息处理（资料整编）

地下水信息处理（资料整编）应按以下步骤依次进行：考证基本资料；审核原始监测资料；编制成果图、表；编写数据处理说明；数据处理成果的审查验收、存储与归档。

统计数值时，平均值采用算术平均法计算，尾数按四舍五入、逢五单进双不进原则处理；挑选极值时，若多次出现同一极值，则记录首次出现者的发生时间。年度数据处理工作应于次年6月底以前完成。

基本资料的考证包括监测站的位置、编号；监测站附近影响监测精度的环境变化情况；监测站布设、停测、更换的时间；监测站类别、监测项目、频次的变动情况；监测井深、淤积、洗井、灵敏度试验情况；高程测量（包括引测、复测和校测）记录；测具的检定情况。

经考证，有下列情况的监测站，相应监测期间的监测数据不予处理：监测站附近环境变化，导致监测项目不符合布设目的者；测具检定不符合要求者。

校核水准点或井口固定点未按要求进行高程测量的水位监测站，监测数据只参加地下水埋深资料的处理。考证后，应对各监测站的技术档案进行整理。

原始监测数据的审核内容包括：监测方法、误差；原始记载表的填写格式；测具检定和高程校测的结果及由此导致的监测数值的修正；单站监测数据的合理性检查，同一含水层组各监测站之间监测数据的合理性检查。

经审核，有下列情况的监测站，相应监测期间的监测数据不予处理：监测方法错误；监测误差超过允许范围；监测数据有伪造成分；缺测和可疑的监测数据超过应监测资料的1/3。

水位数据的插补应符合以下要求：逐日监测数据，每月缺测不超过2次，且缺测前、后均有不少于连续3个监测数值者可插补；5日监测数据，每月缺测不超过1次且缺测前、后均有不少于连续3个监测数值者可插补，统测数据不得插补；"井干""井冻""可疑"数值在插补时均按"缺测"对待；插补方法可采用相关法、趋势法或内插法；插补的数值参加数值统计。

水位监测数据的数值统计内容包括：月平均水位值，月内最高、最低水位值及其发生日期；年平均水位值，年变幅，年末差，年内最高、最低水位值及其发生月、日。

数值统计应符合以下要求：月内无缺测数据，进行月完全统计；年内无缺测数据，进行年完全统计；逐日水位数据，月内缺测不超过 4 次者，进行月不完全统计，超过 4 次者，不进行月统计；5 日水位数据，月内缺测 1 次者，进行月不完全统计，超过 1 次者，不进行月统计；年内月不完全统计不超过 2 个或仅有 1 个不进行月统计者，进行年不完全统计；年内月不完全统计超过 2 个或不进行月统计者超过 1 个，不进行年统计。

水量数据处理时，缺测水量数据不得插补；经审核定为"可疑"的水量监测数据，按"缺测"对待。水量监测数据只进行年统计，数值统计内容包括：单站年开采量（流量），年内最大、最小月开采量（流量）及其发生的月份；井群年开采量，年内最大、最小月开采量（流量）及其发生的月份，最大、最小单站年开采量（流量）及该监测站的编号。

数值统计应符合以下要求：无缺测数据，进行年完全统计；单站缺测一个月开采量（流量）时，可进行年不完全统计；缺测超过一个月时，不进行年统计；单站年开采量（流量）不完全统计不超过井群监测站总数的 20％时，可进行井群的年不完全统计；年开采量（流量）不完全统计超过相关监测井群监测站总数的 20％或有不进行年单站开采量（流量）年统计时，均不进行井群的年统计。

缺测水温数据不得插补；经审核定为"可疑"的水温监测数据按"缺测"对待。水温监测数据只进行年统计，包括年平均水温值，年最高、年最低水温值及其发生的月份，年内水温变幅，当年末与上年末的水温差。年内缺测 1 次者，进行年不完全统计；超过 1 次者，不进行年统计。

编写数据处理说明应包括以下内容：数据处理的组织、时间、方法、内容及工作量概况；监测站的调整、变更情况；监测方法、精度、高程测量、校测和测具检定概况；监测数据的质量评价；存在问题及改进意见。数据处理成果的审查验收要求包括以下 3 个方面。

1. 送交审查的数据内容

（1）各监测站基本数据及考证意见。

（2）各项原始监测记载数据及审核意见。

（3）数据处理成果图、表。

（4）数据处理说明。

2. 审查方法

（1）经考证，发生了变动的基本数据全部进行审查；未发生变动的基本数据进行抽查，抽查率不得少于 20％。

（2）各项原始监测数据分别进行抽查，抽查率不得少于 30％。

（3）处理成果的数据应全部进行审查。

3. 经审查，不符合下列质量标准之一者，不予验收

（1）项目完整，图表齐全，规格统一。

（2）各监测站基本数据考证清楚。

（3）测验及数据处理方法正确。

（4）无系统错误和特征值统计错误，其他数据的错误率不大于 1/10000。

（5）数据处理说明的内容完整、准确、客观。

3.9.7 水文信息处理成果的刊布

水文资料的来源，主要是由国家水文站网按全国统一规定观测的信息进行处理（整编）后的资料，即由主管单位分流域、干支流及上下游，每年刊布一次的水文年鉴。1986 年起陆续实行计算机存储、检索。

年鉴中载有：测站分布图，水文站说明表及位置图，各站的水位、流量、泥沙、水温、冰凌、水化学、地下水、降水量、蒸发量等资料。

当需要使用近期尚未刊布的资料，或需查阅更详细的原始记录时，可向各有关机构收集。水文年鉴中不刊布专用站和实验站的观测数据及整编、分析成果，需要时可向有关部门收集。

水文年鉴仅刊布各水文测站的基本资料。各地区水文部门编制的水文手册和水文图集，以及历史洪水调查、暴雨调查、历史枯水调查等调查资料，是在分析研究该地区所有水文站的资料基础上编制出来的。它载有该地区的各种水文特征值等值线图及计算各种径流特征值的经验公式。利用水文手册和水文图集便可以估算无水文观测数据地区的水文特征值。由于编制各种水文特征的等值线图及各径流特征的经验公式时，依据的小河资料少，当利用手册及图集估算小流域的径流特征值时，应根据实际情况作必要的修正。

当上述年鉴、手册、图集所载资料不能满足要求时，可向其他单位收集。例如，有关水质方面的更详细的资料，可向环境监测部门收集，有关水文气象方面的资料，可向气象台站收集。

习　　题

3-1　某河某站横断面如图 3-19 所示，试根据图中所给测流资料计算该站流量和断面平均流速。图中测深垂线 $h_1 = 1.9\text{m}$（同时是测速垂线 V_1），$h_2 = 1.4\text{m}$（同时是测速垂线 V_2），$h_3 = 0.5\text{m}$。根据规范，测速垂线 V_1 采用二点法测速，$V_{0.2} = 1.2\text{m/s}$，$V_{0.8} = 0.8\text{m/s}$；测速垂线 V_2 采用一点法测速，$V_{0.6} = 1.0\text{m/s}$；岸边流速系数左岸 $\alpha_{左} = 0.73$，右岸 $\alpha_{右}$ 是一般情况。

3-2　某水文站实测流量成果见

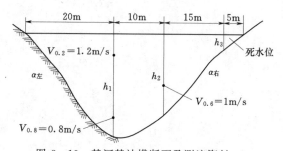

图 3-19　某河某站横断面及测流资料

表 3-10，试绘制水位-流量、水位-面积、水位-流速关系曲线，并延长水位-流量关系曲线，求水位为 330.6m 时的流量。

表 3-10　　　　　　　　　某水文站实测流量成果

基本水尺水位 /m	流量 /(m³/s)	断面面积 /m²	平均流速 /(m/s)	基本水尺水位 /m	流量 /(m³/s)	断面面积 /m²	平均流速 /(m/s)
322.09	51.5	53.7	0.96	326.48	1090	459	2.37
322.36	80	62.9	1.27	327.70	1510	591	2.56
323.37	238	143	1.66	325.23	681	328	2.08
322.69	114	90	1.27	325.98	892	417	2.14
324.07	397	224	1.77	330.60		910	
328.35	1820	674	2.70				

第4章

流域产流与汇流计算

4.1 概　述

根据第 2 章的论述，由降雨形成流域出口断面径流的过程是非常复杂的，为了进行定量阐述，将这一过程概化为产流和汇流两个阶段进行讨论。实际上，在流域降雨径流形成过程中，产流和汇流过程几乎是同时发生的，在这里提到的所谓产流阶段和汇流阶段，并不是时间顺序含义上的前后两个阶段，仅仅是对流域径流形成过程的概化，以便根据产流和汇流的特性，采用不同的原理和方法分别进行计算。

产流阶段是指降雨经植物截留、填洼、下渗的损失过程。降雨扣除这些损失后，剩余的部分称为净雨，净雨在数量上等于它所形成的径流量，净雨量的计算称为产流计算。由流域降雨量推求径流量，必须具备流域产流方案。产流方案是对流域降雨径流之间关系的定量描述，可以是数学方程也可以是图表形式。产流方案的制定需充分利用实测的流域降雨、蒸发和径流资料，根据流域的产流模式，分析建立流域降雨径流之间的定量关系。

汇流阶段是指净雨沿地面和地下汇入河网，并经河网汇集形成流域出口断面流量的过程。由净雨推求流域出口断面流量过程称为汇流计算。流域汇流过程又可以分为两个阶段，由净雨经地面或地下汇入河网的过程称为坡面汇流；进入河网的水流自上游向下游运动，经流域出口断面流出的过程称为河网汇流。由净雨推求流域出口流量过程，必须具备流域汇流方案。流域汇流方案是对流域净雨与所形成的出口断面流量过程之间关系的定量描述，应根据流域雨量、出口断面流量及下垫面特征等资料条件及计算要求制定。

就径流的来源而论，流域出口断面的流量过程是由地面径流、壤中流、浅层地下径流和深层地下径流组成的，这 4 类径流的汇流特性是有差别的。在常规的汇流计算中，为了计算简便，常将径流概化为直接径流和地下径流两种水源。地面径流和壤中流在坡面汇流过程中经常相互交换，且相对于河网汇流，坡面汇流速度较快，几乎是直接进入河网，故可以合并考虑，称为直接径流，但在很多情况仍称为地面径流。浅层地下径流和深层地下径流合称为地下径流，其特点是坡面汇流速度较慢，常持续数十天乃至数年之久。目前，在一些描述降雨径流的流域水文模型中，为了更确切地反映流域径流形成的过程，采用三水源或四水源进行模拟计算。

4.2　流域降雨径流要素计算

4.2.1　流域降雨量

4.2.1.1　流域平均雨量计算

实测雨量只代表雨量站所在地的点雨量，分析流域降雨径流关系需要考虑全流域平均雨量。一个流域一般会有若干个雨量站，由各站的点雨量可以推求流域平均降雨量，常用的方法有算术平均法、垂直平分法和等雨量线法。

（1）算术平均法。当流域内雨量站分布较均匀且地形起伏变化不大时，可根据各站同时段观测的降雨量用算术平均法推求流域平均降雨量。

$$\overline{P} = \frac{1}{n} \sum_{i=1}^{n} P_i \tag{4-1}$$

式中：$\overline{P}$ 为流域某时段平均降雨量，mm；P_i 为流域内第 i 个雨量站同时段降雨量，mm；n 为流域内雨量站点数。

资源 4-1
泰森多边形法

（2）垂直平分法。也称为泰森多边形法，适用于地形起伏变化不大的流域。这一方法假定流域内各处的雨量可由与之距离最近站点的雨量代表，如图 4-1 所示。具体做法是先用直线连接相邻雨量站，构成 $n-2$ 个三角形（最好是锐角三角形），再作每个三角形各边的垂直平分线，将流域划分成 n 个多边形，每一多边形内均含有一个雨量站，以多边形面积为权重推求流域平均降雨量。

$$\overline{P} = \frac{1}{F} \sum_{i=1}^{n} f_i P_i \tag{4-2}$$

式中：f_i 为第 i 个雨量站所在多边形的面积，km^2；F 为流域面积，km^2；n 为多边形数 i。

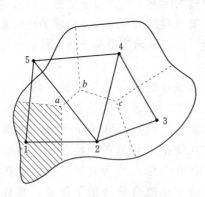

图 4-1　垂直平分法示意图

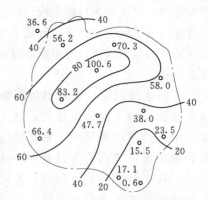

图 4-2　等雨量线法示意图

（3）等雨量线法。当流域内雨量站分布较密时，可根据各站同时段雨量绘制等雨量线（图 4-2），然后推算流域平均降雨量。

$$\overline{P} = \sum_{j=1}^{m} \frac{f_j}{F} P_j \qquad (4-3)$$

式中：f_j 为相邻两条等雨量线间的面积，km^2；P_j 为相应面积 f_j 上的平均雨深，一般采用相邻两条等雨量线的平均值，mm；m 为分块面积数。

4.2.1.2 雨量过程线

（1）降雨强度过程线。降雨强度随时间的变化过程线称为降雨强度过程线，通常以时段平均雨强为纵坐标，降雨时程为横坐标的柱状图表示，如图 4-3 所示。如果以时段雨量为纵坐标，则称为雨量过程线，也称为雨量直方图。

（2）累积雨量过程线。自降雨开始至各时刻降雨量的累积值随时间的变化过程线，称为累积雨量过程线，如图 4-4 所示。

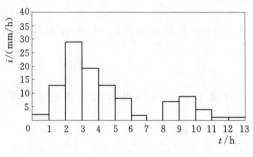

图 4-3 降雨强度过程线

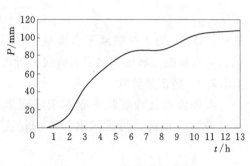

图 4-4 累积雨量过程线

由降雨强度过程线转换成累积雨量的公式为

$$P_j = \sum_{k=1}^{j} i_k \Delta t \qquad (4-4)$$

式中：P_j 为至第 j 时段末的累计雨量，mm；i_k 为第 k 时段的降雨强度，mm/h；Δt 为时段长度，h。

反之，根据累积雨量推求时段降雨强度的公式为

$$i_j = \frac{P_j - P_{j-1}}{\Delta t} \qquad (4-5)$$

4.2.2 径流量

流域出口流量过程线除本次降雨形成的径流以外，往往还包括前期降雨径流中尚未退完的水量，在计算本次径流时，应把这部分水量从流量过程线中分割出去。此外，由于不同水源成分的水流运动规律是不相同的，需对流量过程线中的不同水源进行划分，以便进行汇流计算。

4.2.2.1 流量过程线的分割

流域蓄水量的消退过程线称为退水曲线，不同次降雨形成的流量过程线的分割常采用退水曲线。取多次实测洪水过程的退水部分，绘在透明纸上，然后沿时间轴平

移，使它们的尾部重合，形成一簇退水
线，作光滑的下包线，如图 4-5 所示。
图中退水曲线的下包线可以看成是流域地
下水退水曲线。有了退水曲线，就可以将
各次降雨所形成流量过程线分割，如图
4-6 所示，得出对应于本次降雨所形成
的流量过程线。

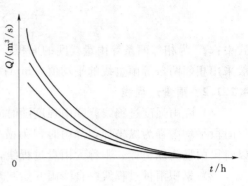

图 4-5　流域退水曲线

　　流域地下径流退水过程比较稳定且时
间较长，地下水退水曲线可以用式（4-
6）来描述。

$$Q(t) = Q(0)e^{-t/k_g} \qquad\qquad (4-6)$$

式中：$Q(t)$ 为 t 时刻地下水流量；$Q(0)$ 为初始地下水流量；k_g 为地下水退水参
数，可以根据流域地下水退水曲线分析得出。

4.2.2.2　径流量计算

　　实测流量过程线割去非本次降雨形成的径流后，可以得出本次降雨形成的流
量过程线。据此，可推求出相应的径流深。

$$R = \frac{3.6 \sum_{i=1}^{n} Q_i \Delta t}{F} \qquad\qquad (4-7)$$

式中：R 为径流深，mm；Δt 为时段长度，h；Q_i 为第 i 时段末的流量值，m^3/s；F
为流域面积，km^2。

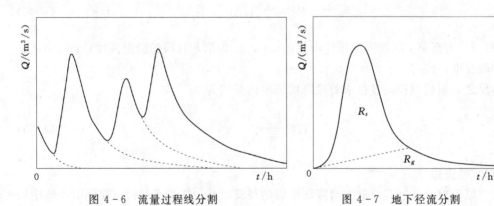

图 4-6　流量过程线分割　　　　　　　图 4-7　地下径流分割

4.2.2.3　水源划分

　　地面径流和地下径流汇流特性不同，求得次径流总量之后，还需划分地面径流和
地下径流。简便的划分方法是斜线分割法，从流量起涨点到地面径流终止点之间连一
直线，直线以上部分为地面径流，直线以下部分为地下径流，如图 4-7 所示。地面
径流终止点可以用流域地下水退水曲线来确定，使地下水退水曲线的尾部与流量过程

线退水段尾部重合，分离点即为地面径流终止点。为了避免人为分析误差，地面径流终止点也可用经验公式确定。例如，某区域的经验公式为

$$N = 0.84F^{0.2} \qquad (4-8)$$

式中：N 为洪峰出现时刻至地面径流终止点的日数；F 为流域面积，km^2。

4.2.3 土壤含水量

4.2.3.1 流域土壤含水量的计算

降雨开始时，流域内包气带土壤含水量的大小是影响降雨形成径流过程的一个重要因素，在同等降雨条件下，土壤含水量大产生的径流量大，反之则小。

流域土壤含水量一般是根据流域前期降雨、蒸发及径流过程，依据水量平衡原理采用递推公式推求。

$$W_{t+1} = W_t + P_t - E_t - R_t \qquad (4-9)$$

式中：W_t 为第 t 时段初始时刻土壤含水量，mm；P_t 为第 t 时段降雨量，mm；E_t 为第 t 时段蒸发量，mm；R_t 为第 t 时段产流量，mm。

流域土壤含水量的上限称为流域平均蓄水容量 W_m，由于雨量、蒸发量及流量的观测与计算误差，采用式（4-9）计算出的流域土壤含水量有可能出现大于 W_m 或小于 0 的情况，这是不合理的，因此还需附加一个限制条件：$0 \leqslant W \leqslant W_m$。

采用式（4-9）需确定合适的起始时刻及相应土壤含水量。可以选择前期流域出现大暴雨的次日作为起始日，相应的土壤含水量为 W_m；或选择流域长时间干旱期作为起始日，相应的土壤含水量取为 0 或较小值；也可以提前较长时间（如 15～30 天）作为起始日，假定一个土壤含水量（如取 W_m 值的一半）作为初值，经过较长时间计算后，误差会减小到允许的程度。

4.2.3.2 流域蒸发量

流域蒸发量的大小主要决定于气象要素及土壤湿度，可以用流域蒸发能力和土壤含水量来表征。流域蒸发能力是在当日气象条件下流域蒸发量的上限，一般无法通过观测途径直接获得，可以根据当日水面蒸发观测值通过折算间接获得。

$$E_m = \beta E_0 \qquad (4-10)$$

式中：E_m 为流域蒸发能力；E_0 为水面蒸发观测值；β 为折算系数。

我国水利部门常用的流域蒸发量计算模式有 3 种。

（1）一层蒸发模式。假定流域蒸发量与流域土壤含水量成正比。

$$\frac{E}{W} = \frac{E_m}{W_m} \qquad (4-11)$$

即

$$E = \frac{W}{W_m} E_m \qquad (4-12)$$

一层蒸发模式比较简单，但没有考虑土壤水分的垂直分布情况。当包气带土壤含水量较小，而表层土壤含水量较大时，按一层蒸发模式得出计算值偏小，例如，久旱后降了一场小雨，其雨量仅补充了表层土壤含水量，就是这种情况。

（2）二层蒸发模式。将流域平均蓄水容量 W_m 分为上层 WU_m 和下层 WL_m，相应的土壤含水量分别 WU 和 WL。假定降雨量先补充上层土壤含水量，当上层土壤含水量达 WU_m 后再补充下层土壤含水量；蒸发则先消耗上层土壤含水量，蒸发完了再消耗下层的土壤含水量，且上层蒸发 EU 按流域蒸发能力蒸发，下层蒸发 EL 与下层土壤含水量成正比，即

$$EU = \begin{cases} E_m & WU \geqslant E_m \\ WU & WU < E_m \end{cases} \tag{4-13}$$

$$EL = \frac{WL}{WL_m}(E_m - EU) \tag{4-14}$$

流域蒸发量为上下二层蒸发量之和。

$$E = EU + EL \tag{4-15}$$

二层蒸发模式仍存在一个问题，即久旱以后由于下层土壤含水量很小，计算出的蒸发量很小，流域土壤含水量难以达到凋萎含水量，不太符合实际情况。

（3）三层蒸发模式。在二层蒸发模式的基础上，确定了一个下层最小蒸发系数 C，上层蒸发仍按式（4-13）计算，下层蒸发按式（4-16）、式（4-17）计算。

当 $WL \geqslant C(E_m - EU)$ 时

$$EL = \begin{cases} \dfrac{WL}{WL_m}(E_m - EU) & \dfrac{WL}{WL_m} \geqslant C \\[3mm] C(E_m - EU) & \dfrac{WL}{WL_m} < C \end{cases} \tag{4-16}$$

当 $WL < C(E_m - EU)$ 时

$$EL = WL \tag{4-17}$$

4.2.3.3　前期影响雨量

在很多情况下，采用式（4-9）推求土壤含水量时，会遭遇径流资料缺乏的问题。在生产实际中常采用前期影响雨量 P_a 来替代土壤含水量，计算公式为

$$P_{a,t+1} = K(P_{a,t} + P_t) \tag{4-18}$$

式（4-18）的限制条件为 $P_a \leqslant W_m$，即计算出的 $P_a > W_m$ 时取 $P_a = W_m$。

在式（4-18）中，K 是与流域蒸发量有关的土壤含水量日消退系数。如果采用一层蒸发模式，对于无雨日

$$P_{a,t+1} = P_{a,t} - E_t = \left(1 - \frac{E_m}{W_m}\right)P_{a,t} \tag{4-19}$$

对照无雨日时的式（4-18），即 $P_{a,t+1} = KP_{a,t}$，可知

$$K = 1 - \frac{E_m}{W_m} \tag{4-20}$$

如果在某一时间段，E_m 取一平均值，则在该时间段的 K 为常数。

4.3 蓄 满 产 流 计 算

4.3.1 蓄满产流模式

在湿润地区，由于雨量充沛，地下水位较高，包气带较薄，包气带下部含水量经常保持在田间持水量，汛期的包气带缺水量很容易被一次降雨充满。因此，当流域发生大雨后，土壤含水量达到流域蓄水容量，降雨损失等于流域蓄水容量减去初始土壤含水量，降雨量扣除损失量即为径流量。这种产流方式称为蓄满产流，方程式表达如下：

$$R = P - (W_m - W_0) \tag{4-21}$$

但是，式（4-21）只适用于包气带各点蓄水容量相同的流域，或用于雨后全流域蓄满的情况。在实际情况下，流域内各处包气带厚度和性质不同，蓄水容量是有差别的，在一次降雨过程中，当全流域未蓄满之前，流域部分面积包气带的缺水量已经得到满足并开始产生径流，这称之为部分产流。随着降雨继续，蓄满产流面积逐渐增加，最后达到全流域蓄满产流，称之为全面产流。

资源 4-2
蓄满产流
计算示意图

在湿润地区，一次洪水的径流深主要是与本次降雨量、降雨开始时的土壤含水量密切相关。因此，可以根据流域历次降雨量、径流深、雨前土壤含水量，按蓄满产流模式进行分析，建立流域降雨与径流之间的定量关系，解决部分产流计算的问题。

4.3.2 降雨径流相关图
4.3.2.1 降雨径流相关图的编制

根据流域多次实测降雨量 P（雨期蒸发量可直接从雨量中扣除）、径流深 R、雨前土壤含水量 W_0，以 W_0 为中间变量建立 $P-W_0-R$ 关系图，即流域降雨径流相关图，如图 4-8 所示。

当流域降雨量较大时，雨后土壤含水量可以达到流域蓄水容量，故 $P-W_0-R$ 关系的右上部应是一组等距离的 45°直线，直线方程满足式（4-21）。当流域雨前土壤含水量和降雨量较小时，流域部分面积蓄满产流，不满足全流域蓄满产流方程，在 $P-W_0-R$ 关系线的下部表现为一组向下凹的曲线交汇于坐标轴的 0 点。

如果点绘在降雨径流相关图上 P、R、W 点据规律不明显，无法绘制出符合上述要求的 $P-$

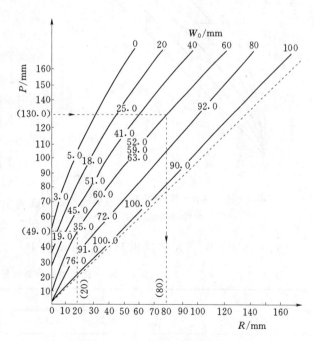

图 4-8 $P-W_0-R$ 相关图

W_0-R 关系线，在 P、R 资料可靠的前提下，则有可能是 W_0 的计算结果不合理，需要分析影响 W_0 计算值的参数。一般说来，W_m 是一个敏感性不强的参数，而流域蒸散发量对 W_0 影响比较显著。因此，关键是对式（4-10）中的蒸发折算系数 β 的合理分析和取用，或调整流域蒸发计算模式。

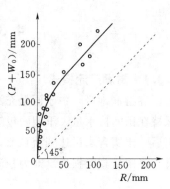

图 4-9　$(P+W_0)-R$
相关图

当实测 P、R、W_0 点据较少时，也可以点绘 $(P+W_0)-R$ 相关图，如图 4-9 所示。此时，$(P+W_0)-R$ 关系线的上部是满足式（4-21）的 45°直线，$(P+W_0)-R$ 关系线的下部为向下凹的曲线交汇于坐标轴的 0 点。在流域全面产流时，按 $P-W_0-R$ 关系图或 $(P+W_0)-R$ 相关图的查算结果相同；但在流域部分产流时，按 $P-W_0-R$ 关系图的查算结果的精度要高于 $(P+W_0)-R$ 相关图。

当流域径流资料不充分或分析困难时，可以采用前期影响雨量 P_a 代替 W_0 编制流域降雨径流相关图。

4.3.2.2　降雨径流相关图的应用

降雨径流相关图、土壤含水量计算模式及相应参数构成了流域产流方案，据此可以进行流域产流计算。依据产流方案，先由流域前期实测降雨、蒸发、径流资料推求本次雨前土壤含水量 W_0，然后由本次降雨的时段雨量过程，查降雨径流相关图上相应于 W_0 的关系曲线，便可推求得本次降雨所形成的径流总量及逐时段径流深。

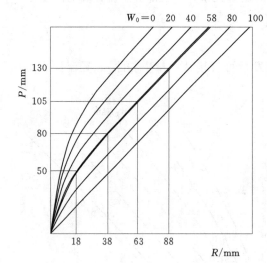

图 4-10　由 $P-W_0-R$ 相关图查算
时段径流深

【例 4-1】　已知某流域一次降雨的逐时段雨量，见表 4-1 的第（1）、（2）栏，且计算得雨前土壤含水量 $W_0=58\text{mm}$，根据 $P-W_0-R$ 相关图（图 4-10）查算降雨该次所形成的逐时段径流深。

解：（1）将表 4-1 第（2）栏时段降雨量转换为各时段末累积雨量 $\sum P$，列第（3）栏。

（2）在 $P-W_0-R$ 内插出 $W_0=58\text{mm}$ 的 $P-R$ 线，如图 4-10 所示。

表 4-1　　　　　　　　由 $P-W_0-R$ 相关图查算时段径流深　　　　　　单位：mm

j（$\Delta t=3\text{h}$）	P_j	$\sum P$	$\sum R$	R_j
（1）	（2）	（3）	（4）	（5）
1	50	50	18	18

续表

j（$\Delta t=3\mathrm{h}$）	P_j	$\sum P$	$\sum R$	R_j
2	30	80	38	20
3	25	105	63	25
4	25	130	88	25

（3）由各时段末$\sum P$值查图 4-10 中 $W_0=58\mathrm{mm}$ 的 $P-R$ 线，得各时段末累积径流深$\sum R$，列表 4-1 第（4）栏。

（4）将$\sum R$错开时段相减得出各时段降雨所产生的径流深，列表 4-1 第（5）栏。

4.3.3 蓄满产流模型

流域部分产流的现象主要是因为流域各处蓄水容量不同所致。如果将流域内各点

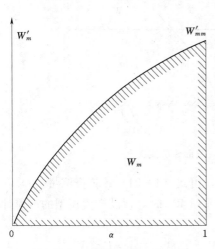

图 4-11 流域蓄水容量曲线

蓄水容量W'_m从小到大排列，最大值为W'_{mm}，计算不大于某一W'_m的面积占流域面积的比重α，则可绘出$W'_m-\alpha$关系曲线，称之为流域蓄水容量曲线，如图 4-11 所示。

由于流域蓄水容量在流域内的实际分布是很复杂的，要想用直接测定的办法来建立蓄水容量曲线是困难的。通常的做法是通过实测的降雨径流资料来选配线型，间接确定蓄水容量曲线。多数地区经验表明，流域蓄水容量曲线是一条单增曲线，可用 B 次抛物线表示为

$$\alpha=1-\left(1-\frac{W'_m}{W'_{mm}}\right)^B \qquad (4-22)$$

式中：B 为反映流域内蓄水容量空间分布不均匀性的参数，取值一般为 0.2～0.4；W'_{mm} 为流域内最大的点蓄水容量。

蓄水容量曲线以下包围的面积（图 4-11）就是流域平均蓄水容量。

$$W_m=\int_0^{W'_{mm}}(1-\alpha)\mathrm{d}W'_m=\int_0^{W'_{mm}}\left(1-\frac{W'_m}{W'_{mm}}\right)^B\mathrm{d}W'_m=\frac{W'_{mm}}{1+B} \qquad (4-23)$$

降雨初始的土壤含水量 W_0 采用递推式（4-9）推求，流域蒸发可以根据不同要求选采用一层、二层或三层蒸发公式计算。对应于 W_0，流域土壤含水量已经达到蓄水容量的面积为 α_A，相应于 α_A 的最大点蓄水容量为 A，如图 4-12（a）所示，W_0 与 A 的关系为

$$W_0=\int_0^A(1-\alpha)\mathrm{d}W'_m=\int_0^A\left(1-\frac{W'_m}{W'_{mm}}\right)^B\mathrm{d}W'_m=\frac{W'_{mm}}{1+B}\left[1-\left(1-\frac{A}{W'_{mm}}\right)^{1+B}\right]$$

$$(4-24)$$

将式(4-23)代入式(4-24)，整理后得

$$A = W'_{mm}\left[1 - \left(1 - \frac{W_0}{W_m}\right)^{\frac{1}{1+B}}\right] \qquad (4-25)$$

如果流域降雨量为 P，当 $A+P < W'_{mm}$ 时，流域为部分产流状态，如图 $4-12$ (b) 所示，由 P 减去降雨损失 ΔW 得出产流量。

$$R = P - \Delta W = P - \int_A^{A+P}(1-\alpha)\mathrm{d}W'_m = P + W_0 - W_m + W_m\left[1 - \frac{A+P}{W'_{mm}}\right]^{1+B}$$

$$(4-26)$$

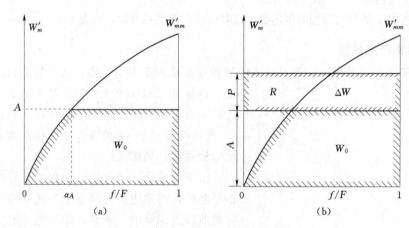

图 $4-12$ 流域蓄水容量曲线及部分产流

如果 $A+P \geqslant W'_{mm}$ 时，流域为全面产流状态，由式（$4-21$）计算产流量。

综上所述，已知流域降雨量 P 和初始土壤含水量 W_0 时，蓄满产流模型的产流计算公式归纳为

$$R = \begin{cases} P+W_0-W_m+W_m[1-(A+P)/W'_{mm}]^{1+B} & A+P < W'_{mm} \\ P+W_0-W_m & A+P \geqslant W'_{mm} \end{cases} \qquad (4-27)$$

$$A = W'_{mm}[1-(1-W_0/W_m)^{1/(1+B)}] \qquad (4-28)$$

$$W'_{mm} = (1+B)W_m \qquad (4-29)$$

产流计算公式、土壤含水量递推公式以及流域蒸发公式，构成蓄满产流模型的主体。蓄满产流模型不仅可以计算次降雨径流深，还能够进行连续演算，模拟多年径流过程。因此，可以依据流域多年雨量、蒸发量及流量资料，分析率定参数 β、W_m 和 B 等。

4.3.4   水源划分

按照蓄满产流概念，土壤含水量达到蓄水容量的面积称为产流面积，只有这部分面积上的降雨才能产生径流。如果按两水源分析，径流中的一部分按稳定下渗率下渗，形成地下径流，超过稳定下渗率的部分为地面径流。在这种情况下，划分地面和地下径流的关键在于推求稳定下渗率。

由图 $4-12$ (b) 可知，根据流域时段降雨量 P 及所产生的净雨量 h，可以得出产流面积比。

$$\alpha = h/P \tag{4-30}$$

根据稳定下渗率 f_c 和产流面积比 α，就可以将各时段净雨 h 划分为地面净雨 h_s 和地下净雨 h_g 两部分。

$$h_g = \begin{cases} \alpha f_c \Delta t & h \geqslant \alpha f_c \Delta t \\ h & h < \alpha f_c \Delta t \end{cases} \tag{4-31}$$

$$h_s = h - h_g \tag{4-32}$$

流域稳定下渗率可以取雨后流域蓄满的降雨径流资料分析推求。首先按 4.2 节介绍的方法得出 P、R 及 R_g，雨前土壤含水量 $W_0 = P - R$，然后进行产流计算得出径流过程，根据式（4-30）和式（4-31）采用试算法就可以求得稳定下渗率 f_c。

【例 4-2】 已知某流域一次降雨过程及地下径流总量 $R_g = 48.1$mm，并已经推求出时段净雨量，见表 4-2 第（1）～（3）栏，试推求稳定下渗率 f_c。

表 4-2 　　　　　　　　　　　稳定下渗率 f_c 的推求

t /h	P /mm	h /mm	α	$f_c = 2.0$mm/h		$f_c = 1.6$mm/h	
				$\alpha f_c \Delta t$ /mm	h_g /mm	$\alpha f_c \Delta t$ /mm	h_g /mm
(1)	(2)	(3)	(4)	(5)	(6)	(7)	(8)
2～8	19.6	8.6	0.44	5.3	5.3	4.2	4.2
8～14	11.4	9.3	0.82	9.8	9.3	7.9	7.9
14～20	45.5	45.5	1.00	12.0	12.0	9.6	9.6
20～2	23.0	23.0	1.00	12.0	12.0	9.6	9.6
2～8	13.5	13.5	1.00	12.0	12.0	9.6	9.6
8～14	6.5	6.5	1.00	12.0	6.5	9.6	6.5
Σ	119.5	106.4			57.1		47.4

解：

（1）按式（4-30）计算产流面积 $\alpha = h/P$，见表 4-2 第（4）栏。

（2）假定 $f_c = 2.0$mm/h，计算 $\alpha f_c \Delta t$，见表 4-2 第（5）栏。

（3）依据第（5）栏数值，按式（4-31）计算各时段 h_g，见第（6）栏，求和得地下径流总量为 57.1mm，计算值显著大于实际值。

（4）经分析后重新假定 $f_c = 1.6$mm/h，计算 $\alpha f_c \Delta t$，见表 4-2 第（7）栏。

（5）依据第（7）栏数值，按式（4-31）计算各时段 h_g，求和得地下径流总量为 47.4mm，见表 4-2 第（8）栏，计算值与实际值相近。

最终，计算出本次洪水的 $f_c = 1.6$mm/h。

4.4 超渗产流计算

4.4.1 超渗产流模式

在干旱和半干旱地区，降雨量小，地下水埋藏很深，包气带可达几十米甚至上百

米，降雨过程中下渗的水量不易使整个包气带
达到田间持水量，一般不产生地下径流，只有
当降雨强度大于下渗强度时才产生地面径流，
这种产流方式称为超渗产流。

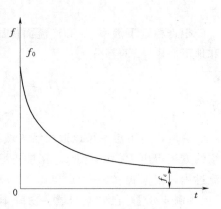

图 4 - 13　下渗能力曲线

在超渗产流地区，影响产流过程的关键是
土壤下渗率的变化规律，这可用下渗能力曲线
来表达。如第 2 章所述，下渗能力曲线是从土
壤完全干燥开始，在充分供水条件下的土壤下
渗能力过程，如图 4 - 13 所示。土壤下渗过程
大体可分为初渗、不稳定下渗和稳定下渗 3 个
阶段。在初渗阶段，下渗水分主要在土壤分子
力的作用下被土壤吸收，加之包气带表层土壤比较疏松，下渗率很大；随着下渗水量
增加，进入不稳定下渗阶段，下渗水分主要受毛管力和重力的作用，下渗率随着土壤
含水量的增加而减小；随着下渗水量的锋面向土壤下层延伸，土壤密度变大，下渗率
随之递减并趋于稳定，也称为稳定下渗率。

与蓄满产流相比，超渗产流的影响因素更为复杂，对计算资料的要求较高，产流
计算成果的精度也相对较差。因此，必须对干旱地区下渗特性及主要影响要素进行深
入分析，充分利用各种资料，制定合理的超渗产流计算方案。

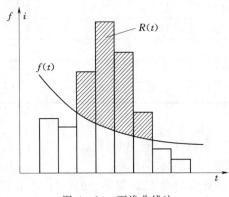

图 4 - 14　下渗曲线法

4.4.2　下渗曲线法

按照超渗产流模式，判别降雨是否产流
的标准是雨强 i 是否超过下渗强度 f。因此，
用实测的雨强过程 i-t 扣除实际下渗过程
f-t，就可得产流量过程 R-t，如图 4 - 14
中阴影部分。这种产流计算方法称为下渗曲
线法。

在实际降雨径流过程中，流域初始土壤
含水量一般不等于 0，降雨强度并非持续大
于下渗强度，不能直接采用流域下渗能力曲
线推求各时段的实际下渗率。如果将下渗能
力曲线转换为下渗能力与土壤含水量的关系曲线，就可以通过土壤含水量推求各时段
下渗强度了。

在第 2 章已经提到，流域下渗能力曲线常用霍顿下渗公式来表达，即

$$f(t)=(f_0-f_c)\mathrm{e}^{-\beta t}+f_c \tag{4-33}$$

根据霍顿下渗公式可以推求累积下渗量曲线。

$$F(t)=\int_0^t f(t)\mathrm{d}t=f_c t+\frac{1}{\beta}(f_0-f_c)-\frac{1}{\beta}(f_0-f_c)\mathrm{e}^{-\beta t} \tag{4-34}$$

$F(t)$ 为累积下渗量，这部分水量完全被包气带土壤吸收，也就是 t 时刻流域的土壤含水量，因此有

$$W(t) = f_c t + \frac{1}{\beta}(f_0 - f_c) - \frac{1}{\beta}(f_0 - f_c)e^{-\beta t} \tag{4-35}$$

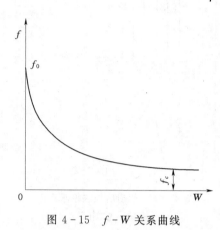

图 4-15　f-W 关系曲线

联立求解式（4-33）和式（4-35），消去时间变量 t，可以得出下渗强度与土壤含水量的关系曲线 f-W，见图 4-15。f-W 反映了土壤含水量变化对下渗强度的影响。

根据雨前土壤含水量 W_0，就可以由降雨过程采用 f-W 关系曲线逐时段进行产流计算，步骤如下。

（1）从降雨第一时段起，由时段初始土壤含水量 W_k 查 f-W 曲线，得到相应的下渗率 f_k，如果时段不长，可以近似代表时段平均下渗率。

（2）根据 f_k 及时段雨强 i_k，按超渗产流模式计算净雨量 h_k，计算公式为

$$h = \begin{cases} (i - f)\,\Delta t & i \geqslant f \\ 0 & i < f \end{cases} \tag{4-36}$$

（3）根据水量平衡，计算下时段初始土壤含水量

$$W_{k+1} = W_k + P_k - h_k \tag{4-37}$$

（4）重复步骤（1）～（3）就可以由降雨过程计算出逐时段的产流量。

采用下渗曲线法进行产流计算时，应该注意到降雨强度时空分布的不均匀性对产流的影响，且流域不同地点的下渗特点也是存在差别的。因此，为了提高计算精度，降雨时段长度不宜大，常以 min 计，流域应按雨量站分布状况划分为较小的单元区域进行产流计算。

4.4.3　初损后损法

采用下渗曲线法进行产流计算，必须知道计算区域的下渗能力曲线，这需要很多径流资料或通过实地试验才能获得，在实际工作中往往难以实现。

初损后损法是下渗曲线法的一种简化，它把实际的下渗过程简化为初损和后损两个阶段。产流以前的总损失水量称为初损，以流域平均水深表示；后损主要是流域产流以后的下渗损失，以平均下渗率表示。一次降雨所形成的径流深为

$$R = P - I_0 - \overline{f}t_R - P_0 \tag{4-38}$$

式中：P 为次降雨量，mm；I_0 为初损，mm；$\overline{f}$ 为平均后渗率，mm/h；t_R 为产流历时，h；P_0 为降雨后期不产流的雨量，mm。

4.4.3.1　初损分析

对于小流域，由于汇流时间短，出口断面的起涨点大体可以作为产流开始时刻，起涨点以前雨量的累积值可作为初损的近似值，如图 4 - 16 所示。对较大的流域，流域各处至出口断面的汇流时间差别较大，可根据雨量站位置分析汇流时间并定出产流开始时刻，取各雨量站产流开始之前累积雨量的平均值，作为该次降雨的初损。

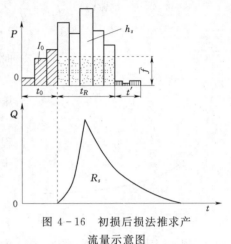

各次降雨的初损是不同的，初损与初期降雨强度、初始土壤含水量具有密切关系。利用多次实测雨洪资料，分析各场洪水的 I_0 及相应的流域初始土壤含水量 W_0（或 P_a），初损期的平均降雨强度 $\bar{i}_0$，可以建立 $W_0 - \bar{i}_0 - I_0$ 相关图，如图 4 - 17 所示。由

图 4 - 16　初损后损法推求产流量示意图

于植被和土地利用具有季节性变化特点，初损还受到季节的影响，也可以建立如图 4 - 18 所示的以月份 M 为参数的 $W_0 - M - I_0$ 相关图。

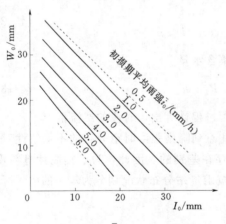

图 4 - 17　$W_0 - \bar{i}_0 - I_0$ 关系曲线

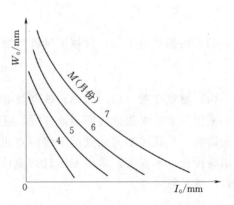

图 4 - 18　$W_0 - M - I_0$ 关系曲线

4.4.3.2　平均后损率的分析确定

根据式（4 - 38）和图 4 - 16，可以推得平均后损率为

$$\bar{f} = \frac{P - R - I_0 - P_0}{t_R} = \frac{P - R - I_0 - P_0}{t - t_0 - t'} \tag{4 - 39}$$

式中：t 为降雨总历时，h；t_0 为初损历时，h；t' 为后期不产流的降雨历时，h。

平均后损率 $\bar{f}$ 反映了流域产流以后平均下渗率，主要与产流期土壤含水量有关。产流开始时的土壤含水量应该等 $W_0 + I_0$；产流历时 t_R 越长，则下渗水量越多，产流期土壤含水量也就越大。由于初损量与初损期平均雨强 $\bar{i}_0$ 有关，则可以

建立 $\overline{f}$-$\overline{i_0}$-t_R 相关图。在一些流域，W_0+I_0 相对比较稳定，$\overline{f}$ 与 t_R 更为密切，也可建立 $\overline{f}$-t_R 相关图。

4.5 流 域 汇 流 计 算

4.5.1 等流时线法

流域各点的净雨到达出口断面所经历的时间，称为汇流时间；流域上最远点的净雨到达出口断面的汇流时间称为流域汇流时间。流域上汇流时间相同点的连线，称为等流时线，两条相邻等流时线之间的面积称为等流时面积，如图 4-19 所示，图中，$\Delta\tau$、$2\Delta\tau$、… 为等流时线汇流时间，相应的等流时面积为 f_1、f_2、…。

取 $\Delta t=\Delta\tau$，根据等流时线的概念，降落在流域面上的时段净雨，按各等流时面积汇流时间顺序依次流出流域出口断面，计算公式为

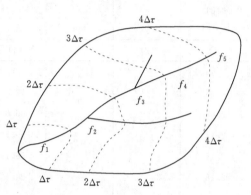

图 4-19 流域等流时线

$$q_{i,i+j-1}=0.278r_i f_j \qquad j=1,\ 2,\ \cdots,\ n \qquad (4-40)$$

式中：r_i 为第 i 时段净雨强度（$h/\Delta t$），mm/h；f_j 为汇流时间 $(j-1)\Delta t$ 和 $j\Delta t$ 两条等流时线之间的面积，km^2；$q_{i,i+j-1}$ 为在 f_j 上的 r_i 形成的 $i+j-1$ 时段末出口断面流量，m^3/s。

假定各时段净雨所形成的流量在汇流过程中相互没有干扰，出口断面的流量过程是降落在各等流时面积上的净雨按先后次序出流叠加而成的，则第 k 时段末出口断面流量为

$$Q_k=\sum_{i=1}^{n}q_{i,k}=0.278\sum_{i+j-1=k}r_i f_j \qquad (4-41)$$

等流时线法适用于流域地面径流的汇流计算。

【例 4-3】 某流域划分为 5 块等流时面积，已知一次降雨的逐时段地面净雨强度，净雨时段与汇流时段长度相等，见表 4-3 的第（1）～（3）栏，计算该次降雨所形成的出口断面流量过程。

按式（4-40）计算各时段净雨所形成的部分流量过程，将第一时段地面净雨形成的地面径流过程，列于表 4-3 的第（4）栏，其他时段地面净雨形成的径流过程依次错开一个时段分别列于第（5）～（7）栏，然后横向累加，即得本次地面净雨所形成的地面径流过程，列于第（8）栏。

用等流时线的汇流概念推求出口断面的流量过程，有助于直观上认识径流的形成和出口断面任一时刻流量的组成。但是，等流时线法的基础是等流时线上的水质点汇

流时间相同，各等流时面积之间没有水量交换，始终保持出流先后的次序，即水体在运动过程中只是平移而不发生变形。但实际上，由于河道断面上各点的流速分布并不均匀，河道对水体的调蓄作用是非常显著的，造成水流在运动过程中发生变形。一般情况下，在河道调蓄能力较大的流域，按等流时线法推算的结果往往与实测流量过程产生偏差。因此，等流时线法主要适用于流量资料比较缺乏，河道调蓄能力不大的小流域。

表 4-3　　　　　　　　　　　　等 流 时 线 法 汇 流 计 算

时间 （日·时）	r /(mm/h)	f /km²	$q/(m^3/s)$				Q_s /(m³/s)
			h_1	h_2	h_3	h_4	
(1)	(2)	(3)	(4)	(5)	(6)	(7)	(8)
2.03		9	0				0
2.06	5.1	26	12.8	0			12.8
2.09	18.3	42	36.8	45.8	0		82.6
2.12	8.2	41	59.5	132.3	20.5	0	212.3
2.15	2.7	17	58.1	213.5	59.2	6.8	337.6
2.18			24.1	208.4	95.7	19.5	347.7
2.21			0	86.4	93.4	31.5	211.3
2.24				0	38.7	30.8	69.5
3.03					0	12.8	12.8
3.06						0	0

4.5.2　时段单位线法

4.5.2.1　单位线

单位时段内在流域上均匀分布的单位净雨量所形成的出口断面流量过程线，称为单位线，如图 4-20 所示。单位净雨量一般取 10mm；单位时段 Δt 可根据需要取 1h、3h、6h、12h、24h 等，应视流域面积、汇流特性和计算精度确定。为区别于用数学方程式表示的瞬时单位线，通常把上述定义的单位线称为时段单位线。单位线法是流域汇流计算最常用的方法之一。

由于实际净雨未必正好是一个单位量或一个时段，在分析或使用单位线时需依据两项基本假定。

（1）倍比假定。如果单位时段内的净雨是单位净雨的 k 倍，所形成的流量过程线也是单位线纵标的 k 倍。

（2）叠加假定。如果净雨历时是 m 个时

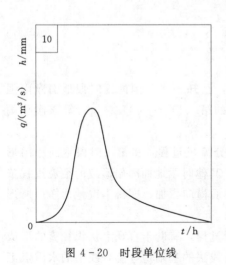

图 4-20　时段单位线

段，所形成的流量过程线等于各时段净雨形成的部分流量过程错开时段的叠加值。

单位线法主要适用于流域地面径流的汇流计算，可以作为地面径流汇流方案的主体。如果已经得出在流域上分布基本均匀地面净雨过程，就可利用单位线，推求流域出口断面地面径流过程线。

【例 4 - 4】 某流域一场降雨产生了 3 个时段的地面净雨 $h(t)$，且已知流域 6h 单位线 $q(t)$，见表 4 - 4 第（1）～（3）栏。试推求流域出口断面的地面径流过程线。

表 4 - 4   **单位线法推流计算表（$F = 3391 \text{km}^2$）**

t /（日·时）	$h(t)$ /mm	$q(t)$ /(m³/s)	部分径流 /(m³/s)			$Q(t)$ /(m³/s)
			Q'_1	Q'_2	Q'_3	
（1）	（2）	（3）	（4）	（5）	（6）	（7）
23.08	19.7	0	0			0
23.14	9.0	44	87	0		87
23.20	7.0	182	358	40	0	398
24.02		333	656	164	31	851
24.08		281	554	300	127	981
24.14		226	445	253	233	931
24.20		156	307	203	197	707
25.02		121	238	140	158	536
25.08		83	164	109	109	382
25.14		60	118	75	85	278
25.20		40	79	54	58	191
26.02		23	45	36	42	123
26.08		11	22	21	28	71
26.14		6	12	10	16	38
26.20		4	8	5	8	21
27.02		0	0	4	4	8
27.08				0	3	3
27.14					0	

解： 根据单位线的倍比假定，第一时段净雨 $h_1 = 19.7 \text{mm}$ 是单位净雨的 1.97 倍，所形成的部分径流 $Q'_1(t) = 1.97q(t)$，见表 4 - 4 第（4）栏；第二时段净雨 $h_2 = 9.0 \text{mm}$ 所形成部分径流晚一个时段，$Q'_2(t + \Delta t) = 0.9q(t)$，见表 4 - 4 第（5）栏；同理，第三时段净雨 $h_2 = 7.0 \text{mm}$ 所形成部分径流晚 2 个时段，$Q'_3(t + 2\Delta t) = 0.7q(t)$，见表 4 - 4 第（6）栏。按单位线的叠加假定，计算得出口断面流量过程 $Q(t) = Q'_1(t) + Q'_2(t) + Q'_3(t)$，见表 4 - 4 第（7）栏。

4.5.2.2 单位线的推求

单位线需利用实测的降雨径流资料来推求，一般选择时空分布较均匀，历时较短的降雨形成的单峰洪水来分析。根据地面净雨过程 $h(t)$ 及对应的地面径流过程线 $Q(t)$，就可以推求单位线。常用的方法有分析法、试错法等。

分析法是根据已知的 $h(t)$ 和 $Q(t)$，求解一个以 $q(t)$ 为未知变量的线性方程组，即由

$$
\left.
\begin{aligned}
Q_1 &= \frac{h_1}{10} q_1 \\
Q_2 &= \frac{h_1}{10} q_2 + \frac{h_2}{10} q_1 \\
Q_3 &= \frac{h_1}{10} q_3 + \frac{h_2}{10} q_2 + \frac{h_3}{10} q_1 \\
&\qquad \vdots
\end{aligned}
\right\}
\tag{4-42}
$$

求解得

$$
\left.
\begin{aligned}
q_1 &= Q_1 \frac{10}{h_1} \\
q_2 &= \left(Q_2 - \frac{h_1}{10} q_1 \right) \frac{10}{h_1} \\
q_3 &= \left(Q_3 - \frac{h_2}{10} q_2 - \frac{h_3}{10} q_1 \right) \frac{10}{h_1} \\
&\qquad \vdots
\end{aligned}
\right\}
\tag{4-43}
$$

无论采用何种方法，推求出来的单位线的径流深必须满足 10mm。如果单位线时段 Δt 以 h 计，流域面积 F 以 km^2 计，则

$$
\frac{3.6 \sum\limits_{i=1}^{n} q_i \Delta t}{F} = 10
\tag{4-44}
$$

或

$$
\sum\limits_{i=1}^{n} q_i = \frac{10F}{3.6 \Delta t}
\tag{4-45}
$$

【例 4-5】 某流域面积 $F = 9810 km^2$，已知一次降雨形成的地面净雨过程及相应出口断面流量过程线，见表 4-5 第（1）～（3）栏，试分析单位线。

解：（1）根据式（4-43），推出单位线纵标值。

$$
q_1' = Q_1 \frac{10}{h_1} = 120 \frac{10}{15.7} = 76
$$

$$
q_2' = \left(Q_2 - \frac{h_2}{10} q_1 \right) \frac{10}{h_1} = \left(275 - \frac{5.9}{10} \times 76 \right) \frac{10}{15.7} = 147
$$

$$
q_3' = \left(Q_3 - \frac{h_2}{10} q_2 \right) \frac{10}{h_1} = \left(737 - \frac{5.9}{10} \times 147 \right) \frac{10}{15.7} = 414
$$

$$
\vdots
$$

结果见表4-5第（4）栏。

表 4-5 　　　　　　　　　　分析法推求单位线

t /（月.日.时）	Q_i /（m³/s）	h_i /（mm）	q'_i /（m³/s）	q_i /（m³/s）	$\frac{h_1}{10}q_i$ /（m³/s）	$\frac{h_2}{10}q_{i-1}$ /（m³/s）	Q_j /（m³/s）
（1）	（2）	（3）	（4）	（5）	（6）	（7）	（8）
9.24.09	0	15.7	0	0	0		0
9.24.21	120	5.9	76	76	119	0	119
9.25.09	275		146	147	231	45	276
9.25.21	737		414	414	650	87	737
9.26.09	1065		523	523	821	244	1065
9.26.21	840		339	339	532	309	841
9.27.09	575		239	239	375	200	575
9.27.21	389		158	158	248	141	389
9.28.09	261		107	107	168	93	261
9.28.21	180		74	74	116	63	179
9.29.09	128		54	54	85	44	128
9.29.21	95		40	42	66	32	98
9.30.09	73		31	32	50	25	75
9.30.21	60		26	24	36	19	55
10.1.09	35		12	17	27	14	40
10.1.21	29		14	12	19	10	29
10.2.09	22		9	7	11	7	18
10.2.21	9		2	4	6	4	10
10.3.09	5		2	2	3	2	6
10.3.21	2		0	0	0		
10.4.09	0					0	0
Σ			2267	2271			

（2）由于实测资料及净雨推算具有一定的误差，且流域汇流仅近似遵循倍比和叠加假定，分析法求出的单位线往往会呈现锯齿状，甚至出现负值，需作光滑修正，但应保持单位线的径流深为10mm，按式（4-45）得

$$\sum_{i=1}^{n} q_i = \frac{10F}{3.6\Delta t} = \frac{10 \times 9810}{3.6 \times 12} = 2271\ (\text{m}^3/\text{s})$$

修正后单位线见表4-5第（5）栏。

（3）修正后的单位线还需采用地面净雨推流检验，计算及结果见表4-5第（6）～（8）栏。如果计算流量过程线 $Q_j(t)$ 与实际流量过程线 $Q_s(t)$ 差别较大，则需进一步调整单位线的纵坐标值。

资源 4-4
修正后单位线

分析法得出的结果往往会呈现锯齿状，且时段越多越明显，修正起来很困难。因此，分析法适宜于不超过 2～3 个时段净雨情况下的单位线推求。当大于 3 个时段净雨时，可以考虑采用试错法推求单位线，即假定一条单位线，根据已知的净雨过程计算出流过程，如结果与实测出流过程较为吻合，则采用所假定的单位线，否则重新假定单位线，直至满意为止。

4.5.2.3　单位线的时段转换

单位线应用时，往往实际降雨时段或计算要求与已知单位线的时段长不相符合，需要进行单位线的时段转换，常采用 S 曲线转换法。

假定流域上净雨持续不断，且每一时段净雨均为一个单位，在流域出口断面形成的流量过程线称为 S 曲线（表 4-6 和图 4-21）。

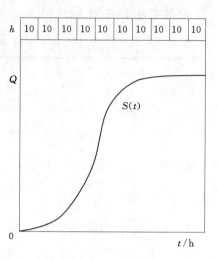

图 4-21　S 曲线

表 4-6　　　　　　　　　　　　　　S 曲 线 计 算

k	Q'/mm									$S(t_k)=Q(t_k)$
	10	10	10	10	10	10	10	10	⋯	
0	0									0
1	q_1	0								q_1
2	q_2	q_1	0							q_1+q_2
3	q_3	q_2	q_1	0						$q_1+q_2+q_3$
4	q_4	q_3	q_2	q_1	0					$q_1+q_2+q_3+q_4$
5	q_5	q_4	q_3	q_2	q_1	0				$q_1+q_2+q_3+q_4+q_5$
6		q_5	q_4	q_3	q_2	q_1	0			$q_1+q_2+q_3+q_4+q_5$
7		q_5	q_4	q_3	q_2	q_1	0			$q_1+q_2+q_3+q_4+q_5$
8			q_5	q_4	q_3	q_2	q_1	⋯		$q_1+q_2+q_3+q_4+q_5$
⋮				⋮	⋮	⋮	⋮	⋮		⋮

由表 4-6 可知，S 曲线在某时刻的纵坐标等于连续若干个 10mm 单位线在该时刻的纵坐标值之和，或者说，S 曲线的纵坐标就是单位线纵坐标沿时程累积曲线的对应值，即

$$S(\Delta t,t_k)=\sum_{j=0}^{k}q(\Delta t,t_j) \tag{4-46}$$

式中：Δt 为单位线时段，h；$S(\Delta t,t_k)$ 为第 k 个时段末 S 曲线的纵坐标，m^3/s；$q(\Delta t,t_j)$ 为第 j 个时段末单位线的纵坐标，m^3/s。

反之，由 S 曲线也可以转换为单位线

$$q(\Delta t,t_j)=S(\Delta t,t_j)-S(\Delta t,t_j-\Delta t) \tag{4-47}$$

由于不同时段的单位净雨均为 10mm，因此，单位线的净雨强度与单位时段的长度成反比。根据倍比假定，不同时段的 S 曲线之间满足式（4-48）。

$$S(\Delta t, t) = \frac{\Delta t_0}{\Delta t} S(\Delta t_0, t) \tag{4-48}$$

将式（4-48）代入式（4-47），得

$$q(\Delta t, t_j) = \frac{\Delta t_0}{\Delta t} [S(\Delta t_0, t_j) - S(\Delta t_0, t_j - \Delta t)] \tag{4-49}$$

根据式（4-49），可以将时段为 Δt_0 的单位线转换成时段为 Δt 的单位线。

【例 4-6】 已知某流域 6h 单位线，见表 4-7 第（2）~（3）栏，试分别转换为 3h 单位线和 9h 单位线。

解：（1）推求 6h 单位线的 S 曲线。利用式（4-46）求得 6h 单位线的 S 曲线，并每隔 3h 进行内插，见表 4-7 第（1）、（4）栏。

（2）转换为 3h 单位线。取 $\Delta t = 3h$，$\Delta t_0 = 6h$，根据式（4-49），将 S 曲线［第（4）栏］延后 3h［第（5）栏］，两栏数值相减的结果［第（6）栏］乘以 6/3 得 3h 单位线，见第（7）~（8）栏。

（3）转换为 9h 单位线。取 $\Delta t = 9h$，$\Delta t_0 = 6h$，根据式（4-49），将 S 曲线［第（4）栏］延后 9h［第（9）栏］，两栏数值相减的结果［第（10）栏］乘以 6/9 求得 9h 单位线，见第（11）~（12）栏。

表 4-7　　　　　　　　　　　　单位线的时段转换计算

t /h	6h 单位线		$S(t)$	$S(t-3)$	$S(t)-$ $S(t-3)$	3h 单位线		$S(t-9)$	$S(t)-$ $S(t-9)$	9h 单位线	
	i	q_i				j	q_j			k	q_k
(1)	(2)	(3)	(4)	(5)	(6)	(7)	(8)	(9)	(10)	(11)	(12)
0	0	0	0		0	0	0			0	0
3			25	0	25	1	50				
6	1	76	76	25	51	2	102				
9			155	76	79	3	158	0	155	1	103
12	2	209	285	155	130	4	260				
15			500	285	215	5	430				
18	3	616	901	500	401	6	802	155	746	2	497
21			1161	901	260	7	520				
24	4	489	1390	1161	229	8	458				
27			1585	1390	195	9	390	901	684	3	456
30	5	356	1746	1585	161	10	322				
33			1883	1746	137	11	274				
36	6	235	1981	1883	98	12	196	1585	396	4	264
39			2066	1981	85	13	170				
42	7	160	2141	2066	75	14	150				

续表

t /h	6h单位线		$S(t)$	$S(t-3)$	$S(t)-$ $S(t-3)$	3h单位线		$S(t-9)$	$S(t)-$ $S(t-9)$	9h单位线	
	i	q_i				j	q_j			k	q_k
(1)	(2)	(3)	(4)	(5)	(6)	(7)	(8)	(9)	(10)	(11)	(12)
45			2204	2141	63	15	126	1981	223	5	149
48	8	110	2251	2204	47	16	94				
51			2296	2251	45	17	90				
54	9	78	2329	2296	33	18	66	2204	125	6	83
57			2358	2329	29	19	58				
60	10	50	2379	2358	21	20	42				
63			2398	2379	19	21	38	2329	71	7	47
66	11	35	2414	2398	16	22	32				
69			2428	2414	14	23	28				
72	12	23	2437	2428	9	24	18	2398	39	8	26
75			2445	2437	8	25	16				
78	13	12	2449	2445	4	26	8				
81			2449	2449	0	27	0	2437	12	9	8
84	14	0	2449								
87			2449								
90			2449					2449	0	10	0

4.5.2.4 单位线存在问题及处理方法

流域不同次洪水分析的单位线常有些不同，有时差别还比较大，主要原因及处理方法如下：

（1）洪水大小的影响。大洪水流速大、汇流快，用大洪水资料求得的单位线峰高且峰现时间早；小洪水则相反，求得的单位线过程平缓，峰低且峰现时间迟。可以针对不同量级的时段净雨采用不同的单位线。

（2）暴雨中心位置的影响。暴雨中心位于上游的洪水，汇流路径长，洪水过程较平缓，单位线峰低且峰现时间偏后；若暴雨中心在下游，单位线过程尖瘦，峰高且峰现时间早。可以按暴雨中心位置分别采用相应的单位线。

4.5.3 瞬时单位线法

4.5.3.1 瞬时单位线的概念

瞬时单位线是指在无穷小历时的瞬间，输入总水量为1且在流域上分布均匀的单位净雨所形成的流域出流过程线，以数学方程 $u(0, t)$ 来表示，如图4-22所示。

根据水量平衡原理，输出的水量为1，即瞬时单位线和时间轴所包围的面积应等于1，即

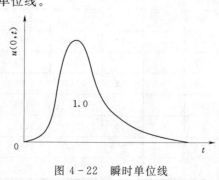

图4-22 瞬时单位线

$$\int_0^\infty u(0,\ t)\mathrm{d}t = 1 \tag{4-50}$$

纳希（J. E. Nash）1957 年提出一个假设，即流域对地面净雨的调蓄作用，可用 n 个串联的线性水库的调节作用来模拟，由此推导出纳希瞬时单位线的数学方程式。

$$u(0,t) = \frac{1}{K\Gamma(n)}\left(\frac{t}{K}\right)^{n-1}\mathrm{e}^{-t/K} \tag{4-51}$$

式中：n 为线性水库的个数；K 为线性水库的蓄量常数。

　　纳希用 n 个串联的线性水库模拟流域的调蓄作用只是一种概念，与实际是有差别的，但导出的瞬时单位线的数学方程式具有实用意义，得到广泛的应用。在实用中，纳希瞬时单位线的 n 和 K 并非是原有的物理含义，而是起着汇流参数的作用，n 的取值也可以不是整数。n、K 对瞬时单位线形状的影响是相似的，当 n、K 减小时，$u(0,\ t)$ 的峰值增高，峰现时间提前；而当 n、K 增大时，$u(0,\ t)$ 的峰值降低，峰现时间推后。

　　瞬时单位线的优点是采用数学方程表达，易于采用计算机编程计算，并且便于对参数进行分析和地区综合，较为适合于中小流域地面径流的汇流计算。

4.5.3.2　瞬时单位线的时段转换

　　实用中需将瞬时单位线转换为时段单位线才能使用，时段的转换仍采用 S 曲线法。按 S 曲线的定义，有

$$S(t) = \int_0^t u(0,\ t)\mathrm{d}t = \int_0^t \frac{1}{\Gamma(n)}\left(\frac{t}{K}\right)^{n-1}\mathrm{e}^{-t/k}\mathrm{d}\frac{t}{K} \tag{4-52}$$

　　式（4-52）已经制成表格可供查用（见附录 2）。由 S 曲线可以转换得出任何时段长度的单位线。

$$u(\Delta t, t_k) = S(t_k) - S(t_k - \Delta t) \tag{4-53}$$

式中：$S(t_k)$ 为第 k 个时段末 S 曲线的纵坐标；$u(\Delta t,\ t_k)$ 为第 k 个时段末单位线的纵坐标。

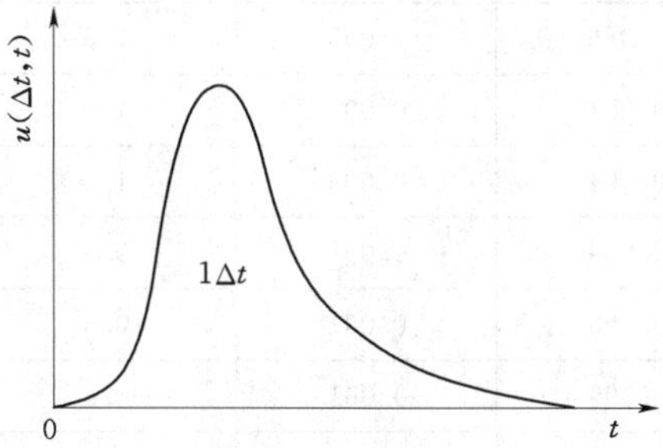

　　按式（4-53）转换得出的时段单位线的纵坐标为无因次值，称之为无因次单位线，如图 4-23 所示。无因次单位线和时间轴所包围的面积等于 $1\Delta t$，且有

$$\sum_{i=1}^n u(\Delta t,\ t_i) = 1 \tag{4-54}$$

图 4-23　无因次单位线

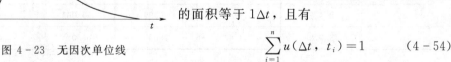

　　无因次单位线等价于单位时段内输入 $1\Delta t$（h）总水量的单位净雨所形成的出流过程线，而 10mm 单位线为单位时段内输入 $10F$（mm·km²）总水量的单位净雨所形成的出流过程线。根据单位线的倍比假定，10mm 单位线与无因次单位线之间的关系为

$$q(\Delta t, t_i) = \frac{10F}{3.6\Delta t}u(\Delta t, t_i) \tag{4-55}$$

【例 4-7】　已知某流域面积 349km²，纳希瞬时单位线参数 $n=1.5$，$K=5.68$，

请转换为 $\Delta t = 3\text{h}$ 的单位线。

解：（1）由 $K = 5.68$ 计算 t/K，见表 4-8 第（1）、（2）栏。

（2）由 $n = 1.5$ 查附录 2，按表 4-8 第（2）栏 t/K 值采用直线内插法得出 $S(t)$，见第（3）栏。

（3）将 $S(t)$ 延后 3h，按式（4-53）转换得出无因次单位线 $u(\Delta t, t)$，见第（5）栏。

（4）由式（4-55）将无因次单位线转换为 10mm 单位线 $q(\Delta t, t)$，见第（6）栏。

表 4-8　　　　　　　　　　　由瞬时单位线推求时段单位线

t /h	t/K	$S(t)$	$S(t-\Delta t)$	$u(\Delta t, t)$	$q(\Delta t, t)$ /(m³/s)
(1)	(2)	(3)	(4)	(5)	(6)
0	0	0		0	0
3	0.528	0.209	0	0.209	67.5
6	1.056	0.450	0.209	0.241	77.8
9	1.585	0.634	0.450	0.184	59.4
12	2.113	0.761	0.634	0.127	41.0
15	2.641	0.847	0.761	0.086	27.8
18	3.169	0.904	0.847	0.057	18.4
21	3.697	0.940	0.904	0.036	11.7
24	4.225	0.963	0.940	0.023	7.5
27	4.754	0.977	0.963	0.014	4.5
30	5.282	0.986	0.977	0.009	2.9
33	5.810	0.991	0.986	0.005	1.6
36	6.338	0.994	0.991	0.003	1.0
39	6.866	0.997	0.994	0.003	1.0
42	7.394	0.998	0.997	0.001	0.3
45	7.923	0.999	0.998	0.001	0.3
48	8.451	1.000	0.999	0.001	0.3
51	8.979	1.000	1.000	0	0

4.5.3.3　瞬时单位线的参数推求

瞬时单位线的参数 n、K 需根据流域实测降雨和径流资料推求，步骤如下：

（1）选取流域上分布均匀，强度较大的暴雨径流过程资料，计算该次暴雨产生的地面净雨及相应地面径流过程。

（2）假定 n、K 的初值，按表 4-8 的示例转换为 10mm 单位线，并由地面净雨推求地面径流过程。

（3）如果推求出的地面径流过程与实际地面径流过程符合较好，则所假定的 n、

K 是合理的，可以作为瞬时单位线的参数；否则，需调整 n、K 值，直至计算出的地面径流过程与实际过程符合较好为止。

为了减少试算工作量，可以采用矩法估计 n、K 的初值。

$$K = \frac{M_2(Q) - M_2(h)}{M_1(Q) - M_1(h)} - [M_1(Q) + M_1(h)] \qquad (4-56)$$

$$n = \frac{M_1(Q) - M_1(h)}{K} \qquad (4-57)$$

在式（4-56）和式（4-57）中，$M_1(h)$ 和 $M_2(h)$ 分别为地面净雨过程的一阶和二阶原点，$M_1(Q)$ 和 $M_2(Q)$ 分别为地面径流过程一阶和二阶原点矩，计算公式为

$$M_1(h) = \frac{\sum h_i(i\Delta t - 0.5\Delta t)}{\sum h_i} \qquad (4-58)$$

$$M_2(h) = \frac{\sum h_i(i\Delta t - 0.5\Delta t)^2}{\sum h_i} \qquad (4-59)$$

$$M_1(Q) = \frac{\sum Q_i(i\Delta t)}{\sum Q_i} \qquad (4-60)$$

$$M_2(Q) = \frac{\sum Q_i(i\Delta t)^2}{\sum Q_i} \qquad (4-61)$$

瞬时单位线参数具备地区综合特点，可以适用于无径流资料地区的流域汇流计算。

4.5.4 线性水库法

线性水库是指水库的蓄水量与出流量之间的关系为线性函数。根据众多资料的分析表明，流域地下水的储水结构近似为一个线性水库，下渗的净雨量为其入流量，经地下水库调节后得出地下径流的出流量。地下水线性水库满足蓄泄方程与水量平衡方程

$$\left. \begin{aligned} \bar{I}_g - \frac{Q_{g1} + Q_{g2}}{2} = \frac{W_{g2} - W_{g1}}{\Delta t} \\ W_g = K_g Q_g \end{aligned} \right\} \qquad (4-62)$$

式中：$\bar{I}_g$ 为地下水库时段平均入流量，m^3/s；Q_{g1}、Q_{g2} 为时段初、末地下径流的出流量，m^3/s；W_{g1}、W_{g2} 为时段初、末地下水库蓄量，m^3；K_g 为地下水库蓄量常数，s；Δt 为计算时段，s。

联立求解方程组（4-62）得

$$Q_{g2} = \frac{\Delta t}{K_g + 0.5\Delta t}\bar{I}_g + \frac{K_g - 0.5\Delta t}{K_g + 0.5\Delta t}Q_{g1} \qquad (4-63)$$

为计算方便,式(4-63)中的 K_g 和 Δt 可以按 h 计。

地下水库时段平均入流量 $\bar{I}_g$ 就是时段地下净雨对地下水库的补给量,即

$$\bar{I}_g = \frac{0.278 h_g F}{\Delta t} \tag{4-64}$$

式中:h_g 为本时段地下净雨量,mm;F 为流域面积,km^2。

将式(4-64)代入式(4-63),得

$$Q_{g2} = \frac{0.278F}{K_g + 0.5\Delta t} h_g + \frac{K_g - 0.5\Delta t}{K_g + 0.5\Delta t} Q_{g1} \tag{4-65}$$

当地下净雨 h_g 停止后,则有

$$Q_{g2} = \frac{K_g - 0.5\Delta t}{K_g + 0.5\Delta t} Q_{g1} \tag{4-66}$$

式(4-66)是流域退水曲线的差分方程,根据实测的流域地下水退水曲线,可以推求出地下水汇流参数 K_g。

【例 4-8】 已知某流域 $F = 5290 km^2$,并由地下水退水曲线分析得出 $K_g = 228h$;1985 年 4 月该流域发生的一场洪水,起涨流量 $50 m^3/s$,通过产流计算求得该次暴雨产生的地下净雨过程 $h_g - t$,见表 4-9;取计算时段 $\Delta t = 6h$,推求该次洪水地下径流的出流过程。

解:将 $F = 5290 km^2$,$K_g = 228h$,$\Delta t = 6h$ 代入式(4-65),得该流域地下径流的汇流计算式为

$$Q_{g2} = \frac{0.278 \times 5290}{228 + 0.5 \times 6} h_g + \frac{228 - 0.5 \times 6}{228 + 0.5 \times 6} Q_{g1} = 6.366 h_g + 0.974 Q_{g1}$$

取第一时段起始流量 $Q_{g1} = 50 m^3/s$,按上式逐时段连续计算,结果见表 4-9。

表 4-9　　　　　某流域地下径流汇流计算

时间 /(月.日.时)	h_g /mm	$6.366 h_g$ /(m³/s)	$0.974 Q_{g1}$ /(m³/s)	Q_{g2} /(m³/s)
4.16.14				50
4.16.20	3.3	21	49	70
4.17.02	8.1	52	68	120
4.17.08	8.1	52	117	169
4.17.14	3.2	20	165	185
4.17.20			180	180
4.18.02			175	175
4.18.08			170	170
4.18.14			166	166
4.18.20			162	162
4.19.02			158	158
...			...	...

同时刻地面径流过程与地下径流过程叠加即为流域出口断面的流量过程。

4.6 河 道 汇 流 计 算

4.6.1 基本原理

在无区间入流的情况下，河段流量演算满足

$$\frac{1}{2}(Q_{\text{上},1}+Q_{\text{上},2})\Delta t-\frac{1}{2}(Q_{\text{下},1}+Q_{\text{下},2})\Delta t=S_2-S_1 \qquad (4-67)$$

$$S=f(Q) \qquad (4-68)$$

式中：$Q_{\text{上},1}$、$Q_{\text{上},2}$ 为时段始、末上断面的入流量，m^3/s；$Q_{\text{下},1}$、$Q_{\text{下},2}$ 为时段始、末下断面的出流量，m^3/s；Δt 为计算时段，s；S_1、S_2 为时段始、末河段蓄水量，m^3。

式（4-67）是河段水量平衡通用方程的差分形式，反映了河段进出流量与蓄水量之间的关系；式（4-68）为槽蓄方程，反映了河段蓄水量与流量之间的关系，与所在河段的河道特性和洪水特性有关。如何确定河道槽蓄方程，是河段流量演算的关键。

假定河段的流量与蓄水量成线性函数关系，则槽蓄方程可以写成

$$S=KQ \qquad (4-69)$$

在稳定流情况下，$Q_{\text{下}}=Q_{\text{上}}$，可以取 $Q=Q_{\text{下}}$ 代入方程式（4-69）求解。

但是，在天然河道，洪水波的涨落运动属非稳定流态，河段蓄水量情况如图 4-24 所示。洪水涨落时的河段蓄水量可以分为柱蓄和楔蓄两部分，柱蓄是指下断面稳定流水面线以下的蓄量，楔蓄指稳定流水面线与实际水面线之间的蓄量，如图 4-24 中的阴影部分。在涨洪阶段，如图 4-24（a）所示，楔蓄为正值，河段的蓄水量大于槽蓄量；在退水阶段，如图 4-24（b）所示，楔蓄为负值，河段的蓄水量小于槽蓄量。因此，由于楔蓄的存在，河段无论取 $Q=Q_{\text{上}}$ 或 $Q=Q_{\text{下}}$，采用式（4-69）计算出的河段蓄水量 S 都会偏离实际值。

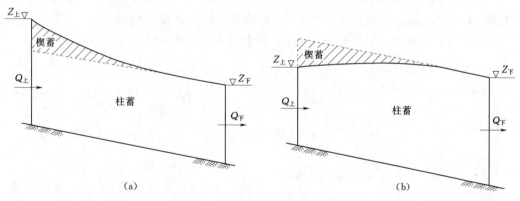

图 4-24 洪水涨落时河段蓄水分析
(a) 涨水；(b) 退水

为了解决这一问题，可以取介于 $Q_{\text{上}}$ 和 $Q_{\text{下}}$ 之间的某一流量值，称之为示储流量。

$$Q'=xQ_{\text{上}}+(1-x)Q_{\text{下}} \qquad (4-70)$$

使得 $Q=Q'$ 时，方程（4-69）成立

$$S = KQ'$$

即
$$S = K[xQ_上 + (1-x)Q_下] \tag{4-71}$$

式中：x 为流量比重因素，取值一般为 $0 \sim 0.5$。

如果已知河段入流量 $Q_{上,t}$，初始条件 $Q_{下,0}$ 和 S_0，根据式（4-67）和式（4-71）进行逐时段演算，可以得出河段出流过程 $Q_{下,t}$。这一流量演算方法称为马斯京根法，因最早在美国马斯京根河流域上使用而得名。

4.6.2 马斯京根流量演算

联解水量平衡方程式（4-67）和式（4-71），可得马斯京根流量演算方程。

$$Q_{下,2} = C_0 Q_{上,2} + C_1 Q_{上,1} + C_2 Q_{下,1} \tag{4-72}$$

其中
$$C_0 = \frac{0.5\Delta t - Kx}{K - Kx + 0.5\Delta t}$$

$$C_1 = \frac{0.5\Delta t + Kx}{K - Kx + 0.5\Delta t}$$

$$C_2 = \frac{K - Kx - 0.5\Delta t}{K - Kx + 0.5\Delta t} \tag{4-73}$$

式中：C_0、C_1、C_2 为 K、x 的函数，且 $C_0 + C_1 + C_2 = 1$。

根据入流 $Q_{上,1}$、$Q_{上,2}$ 和时段初 $Q_{下,1}$，由式（4-72）推求出时段末 $Q_{下,2}$，通过逐时段连续演算，可以得出下断面出流过程线 $Q_下(t)$。

应用马斯京根法的关键是如何合理地确定 K、x 值，一般是采用试算法由实测资料通过试算求解。具体方法是针对某一次洪水，假定不同的 x 值，按式（4-70）计算 Q'，作 $S-Q'$ 关系曲线（图 4-25），选择其中能使二者关系成为单一直线的 x 值，K 值则等于该直线的斜率。取多次洪水作相同的计算和分析，可以确定该河段的 K、x 值。

资源 4-5
马斯京根法

【例 4-9】 已知某河段一次实测洪水资料，见表 4-10 第（1）～（3）栏，计算时段 $\Delta t = 12h$，试分析该次洪水的马斯京根槽蓄方程参数 K、x。

解：（1）计算每一时刻的 $Q_上 - Q_下$，列于表 4-10 第（4）栏。

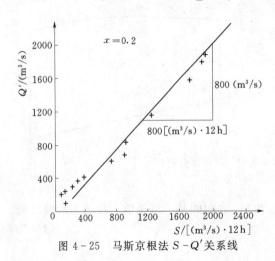

图 4-25 马斯京根法 $S-Q'$ 关系线

（2）由式（4-67）计算出

$$\Delta S = \frac{1}{2}(Q_{上,1} - Q_{下,1})\Delta t$$
$$+ \frac{1}{2}(Q_{上,2} - Q_{下,2})\Delta t$$

列于第（5）栏。

（3）逐时段累加 ΔS，得河段累积蓄水量 S，列于第（6）栏。

（4）假定 x 值，本例分别假设 $x = 0.2$ 和 $x = 0.3$，按式（4-70）计算 $Q' = xQ_上 + (1-x)Q_下$，结果分别列于第（7）栏和第（8）栏。

（5）按第（7）栏和第（8）栏的数据，分别点绘两条 S-Q' 关系线，其中以 $x=0.2$ 的 S-Q' 更近似于直线，其斜率 $K=\Delta S/\Delta Q'=800\times12/800=12$（h）。

最终得出本次洪水的马斯京根槽蓄方程参数 $x=0.2$、$K=12\text{h}$。

表 4-10　　　　　　　　　马斯京根法 S 与 Q' 计算表

时间 /(月.日.时)	$Q_上$ /(m^3/s)	$Q_下$ /(m^3/s)	$Q_上-Q_下$ /(m^3/s)	ΔS /[(m^3/s)·12h]	S /[(m^3/s)·12h]	Q'/(m^3/s)	
						$x=0.2$	$x=0.3$
(1)	(2)	(3)	(4)	(5)	(6)	(7)	(8)
7.1.0	75	75	0	164	0	75	75
7.1.12	407	80	327	790	164	145	178
7.2.0	1693	440	1253	947	954	691	816
7.2.12	2320	1680	640	427	1901	1808	1872
7.3.0	2363	2150	213	−100	2328	2193	2214
7.3.12	1867	2280	−413	−437	2228	2197	2156
7.4.0	1220	1680	−460	−450	1791	1588	1542
7.4.12	830	1270	−440	−355	1341	1182	1138
7.5.0	610	880	−270	−235	986	826	799
7.5.12	480	680	−200	−180	751	640	620
7.6.0	390	550	−160	−140	571	518	502
7.6.12	330	450	−120	−110	431	426	414
7.7.0	300	400	−100	−90	321	380	370
7.7.12	260	340	−80	−70	231	324	316
7.8.0	230	290	−60	−55	161	278	272
7.8.12	200	250	−50	−45	106	240	235
7.9.0	180	220	−40	−40	61	212	208
7.9.12	160	200	−40		21	192	188

【例 4-10】 已知某河段一次洪水的上断面入流过程，见表 4-11 第（1）、第（2）栏，试根据上例分析出的马斯京根槽蓄方程参数 $x=0.2$、$K=12\text{h}$，推求河道出流过程。

解：将 $x=0.2$、$K=12\text{h}$、$\Delta t=12\text{h}$ 代入式（4-73）得 $C_0=0.231$，$C_1=0.538$，$C_2=0.231$，且 $C_0+C_1+C_2=1$，计算无误，代入式（4-72）得该河段流量洪水演算方程。

$$Q_{下,2}=0.231Q_{上,2}+0.538Q_{上,1}+0.231Q_{下,1}$$

取河道初始出流量 $Q_{下,1}=Q_{上,1}=250\text{m}^3/\text{s}$，用上述洪水演算方程，可算出河段下断面的流量，见表 4-11 第（6）栏。

表 4-11		马斯京根法洪水演算			
时间 /（月.日.时）	$Q_{上}$	$C_0 Q_{上,2}$	$C_1 Q_{上,1}$	$C_2 Q_{下,1}$	$Q_{下,2}$
(1)	(2)	(3)	(4)	(5)	(6)
6.10.12	250				250
6.11.0	310	72	135	58	265
6.11.12	500	116	167	61	344
6.12.0	1560	360	269	79	708
6.12.12	1680	388	839	164	1391
6.13.0	1360	314	904	321	1539
6.13.12	1090	252	732	356	1340
6.14.0	870	201	586	310	1097
6.14.12	730	169	468	253	890
6.15.0	640	148	393	206	747
6.15.12	560	129	344	173	646
6.16.0	500	116	301	149	566

4.6.3　关于马斯京根法中几个问题的讨论

（1）参数 K 反映了稳定流状态的河段的传播时间。在不稳定流情况下，流速随水位高低和涨落洪过程而不同，所以河段传播时间也不相同，K 不是常数。当各次洪水分析出的 K 值变化较大时，应根据不同的流量取不同的 K 值。

资源 4-6
流域产流与
汇流计算框图

（2）参数 x 除反映楔蓄对流量的作用外，还反映河段的调蓄能力。天然河道的 x 一般从上游向下游逐渐减小，大部分情况下为 0.2～0.45。对于一定的河段，在洪水涨落过程中基本稳定，但也有随流量增加而减小的趋势。在对洪水资料分析中，若发现 x 随流量变化较大时，可建立 x-Q 关系线，对不同的流量取不同的 x。

（3）时段 Δt 最好等于河段传播时间，这样上游断面在时段初出现的洪峰，Δt 后就正好出现在下游断面，而不会卡在河段中，使河段的水面线出现上凸曲线。当演算的河段较长时，则可把河段划分为若干段，使 Δt 等于各段的传播时间，然后从上到下进行多河段连续演算，推算出下游断面的流量过程。

习　　题

4-1　某流域 1981 年 5 月一次暴雨的逐时段雨量及净雨深见表 4-12，已分析得流域稳定下渗率 $f_c = 0.4\text{mm/h}$，试划分地面、地下净雨。

表 4-12	开峰峪水文站以上流域降雨及径流资料				单位：mm
时间（日.时）	2.14～2.20	2.20～3.02	3.02～3.08	3.08～3.14	3.14～3.20
P	12.6	17.4	16.9	3.3	1.4
h	7.9	11.7	16.7	3.3	1.4

4-2 某水文站控制流域面积441km^2，该流域1992年6月发生一次暴雨，实测降雨和流量资料见表4-13。该次洪水的地面径流终止点在27日1时。试分析该次暴雨的初损量及平均后损率，并计算地面净雨过程[提示：对于小流域，起涨点以前雨量的累积值可近似作为初损值]。

表 4-13　　　　　　　　某水文站一次实测降雨及洪水过程资料

时间 /(月.日.时)	P /mm	Q /(m^3/s)	时间 /(月.日.时)	Q /(m^3/s)	时间 （月.日.时）	Q /(m^3/s)
6.23.01	5.3	10	6.24.19	80	6.26.13	17
6.23.07	38.3	9	6.25.01	56	6.26.19	15
6.23.13	13.1	30	6.25.07	41	6.27.01	13
6.23.19	2.8	106	6.25.13	34	6.27.07	12
6.24.01		324	6.25.19	28	6.27.13	11
6.24.07		190	6.26.01	23	6.27.19	10
6.24.13		117	6.26.07	20	6.28.01	9

4-3 某流域面积881km^2，一次实测洪水过程见表4-14。根据产流方案，求得本次洪水的地面净雨历时为两个时段，净雨量分别为14.5mm和9.3mm。(1)试用分析法推求本次洪水的单位线。(2)将所求的单位线转换为6h单位线。(3)根据所求的单位线及表4-15的净雨过程推算流域出口断面的地面径流过程线。

表 4-14　　　　　　　　　　　　单 位 线 分 析

时　间 /(月.日.时)	地面净雨量 h_s /(mm)	实测流量 Q /(m^3/s)	地下径流量 Q_g /(m^3/s)	地面径流量 Q_s /(m^3/s)	分析单位线 q' /(m^3/s)	修正单位线 q /(m^3/s)
5.10.16	14.5	18	18			
5.10.19	9.3	76	19			
5.10.22		240	20			
5.11.01		366	20			
5.11.04		296	21			
5.11.07		243	21			
5.11.10		218	22			
5.11.13		172	23			
5.11.16		144	24			
5.11.19		118	24			
5.11.22		98	25			
5.12.01		78	25			
5.12.04		70	25			
5.12.07		62	26			
5.12.10		52	26			
5.12.12		40	26			
5.12.16		36	26			
5.12.19		33	27			
5.12.22		31	27			
5.13.01		30	28			
5.13.04		28	28			

4-4 利用表4-14资料推求瞬时单位线的参数n、K，并转化为6h单位线，并根据表4-15的资料推求流域出口断面的地面径流流量过程线。

表 4-15　　　　　　某流域一次地表净雨过程

时间/h	0～6	6～12	12～18	18～24
净雨量/mm	15.3	21.8	0	4.2

4-5 某流域出口断面一次退水过程见表4-16。试推求地下水蓄水常数K_g。

表 4-16　　　　　　地下径流退水过程

时间 /(月．日)	8.2	8.3	8.4	8.5	8.6	8.7	8.8	8.9	8.10	8.11	8.12	8.13	8.14
$Q/(m^3/s)$	34300	25000	14000	8960	5740	4300	3230	2760	2390	2060	1770	1520	1320

第5章

水文预报

5.1 概　述

5.1.1 水文预报的概念

水文预报是工程水文学不可缺少的内容，主要是根据已知信息对未来一定时期内的水文情势作出定性或定量预报。已知信息广义上指对预报水文情势有影响的一切信息，最常用的是水文与气象要素信息，如降水、蒸发、流量、水位、冰情、气温、含沙量和其他反映污染状态的污染物质含量等观测信息；预报的水文情势变量可以是任一水文要素也可以是水文特征量，不同的情势预报要求的已知信息不同、预报方法不同、预见期也不同。目前通常预报的水文要素有流量、水位、冰情和旱情。

洪水预报预见期就是洪水能提前预测的时间。在水文预报中，预见期的长与短并没有明确的时间界限。

5.1.2 水文预报的作用

水文预报是防汛抗旱、有效利用水资源以及水利水电工程设计、施工、调度、管理等的重要依据。水库防洪，常要求水库错峰、蓄洪减灾等，水库洪水及旱预报、科学调度，可以大大减少洪灾损失。水情预报准确，水库可以及时大胆蓄水，增加兴利效益。我国许多大型水电站和综合利用的水库如新安江水电站、水口水库、青山水库等，由于采用先预报后调度模式，其发电效益和综合利用效益比不利用预报信息的调度模式显著提高。

做好水利工程施工期水文预报，对保障水利工程安全施工意义重大。不同的施工方式及施工阶段，水文预报内容和方法都不同。在未蓄水以前，主要处理不同导流方式下的水力学计算，蓄水后类似水库水文预报。除短期水文预报外，往往还要有中长期水文预报予以配合，以便对施工现场进行布设和处理。

在枯季，由于江河水量小，水资源供需矛盾较突出，如灌溉、航运、工农业生产、城市生活供水、发电，以及环境需水等诸方面对水资源的需求常常难以满足。为合理调配水资源，需要对枯季径流进行预报。此外，由于枯季江河水量少、水位低，是水利水电工程施工（沿江防洪堤、闸门维修等），特别是大坝截流期施工的宝贵季节。因此，为了确保施工安全，枯季径流预报肩负重大责任。

资源 5-1
不同版本
水文预报
教材

资源 5-2
水文预报
研究现状

5.2　短　期　洪　水　预　报

短期洪水预报包括降雨径流预报、河段洪水预报以及考虑实时修正的实时洪水预报。降雨径流预报是按降雨径流形成过程的原理，利用流域内的降雨资料预报出流域出口断面的洪水过程。河段洪水预报是以河槽洪水波运动理论为基础，由河道上游断面的水位、流量过程预报下游断面的水位和流量过程。实时洪水预报指的是对将发生的未来洪水在实际时间进行预报，就目前预报方法而言这个实际时间就是观测降雨即时进入数据库的时间。

5.2.1　降雨径流预报

5.2.1.1　预见期的确定

目前的短期洪水预报，都是把实测的降雨作为输入（已知条件）来预报未来的洪水，所以其预见期是指洪水的平均汇流时间。在实际中具体确定预见期的方法有：对于源头流域，可把主要降雨结束到预报断面洪峰出现这个时间差作为洪水预见期。而区间流域洪水预报或河段洪水预报，当区间来水对预报断面洪峰影响不大时，洪水预见期就等于上下游断面间水流的传播时间；如果暴雨中心集中在区间（上断面没有形成有影响的洪水）流域，那么预见期就接近于区间洪水主要降雨结束到下游预报断面洪峰出现这个时差；假如降雨空间分布较均匀，上断面和区间都形成了有影响的洪水，则情况就复杂些，其预见期通常取河段传播时间和区间流域水流平均汇集时间的最小值。

一个特定流域，洪水预见期是客观存在的，是反映流域对水流调蓄作用的特征量，表达水质点的平均滞时，其大小与流域面积、流域形状、流域坡度、河网分布等地貌特征及降雨、洪水等水文气象特征有关，不同特征的洪水有不同的预见期。对于不同的洪水，由于降雨强度、降雨时空分布、暴雨中心位置与走向及水流的运动速度都是变化的，因此每一场洪水的预见期是不同的。例如，暴雨中心在上游预见期就会长些，在下游预见期就会短些。另外，暴雨强度和降雨的时间组合，也在一定程度上影响预见期，对于不同的流域，地形、地貌特征都会影响预见期，这主要包括流域面积、坡度、坡长、河网密度、地表粗糙度和流域形状等。

预见期可据历史洪水资料来分析确定。对于一场洪水的预见期，可以据实测的流域平均降雨和流量过程确定，如图 5-1 所示，图中 LT 为预见期。对于流域的一系列历史洪水，可得一组预见期。如果这不同的洪水预见期变化不大，可简单地取其平均值即可；如果差别

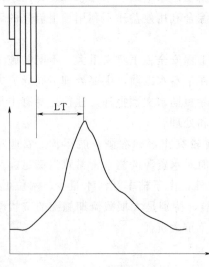

图 5-1　预见期确定

较大，需建立预见期与影响因子（如暴雨中心位置、雨强、降雨时间分布等）之间的关系。

5.2.1.2 降雨径流计算

降雨径流预报是利用流域降雨量经过产流计算和汇流计算，预报出流域出口断面的径流过程。计算步骤通常分为 4 步：

（1）蒸散发计算。蒸发对于我国绝大多数流域可采用三层蒸发模型。有些南方湿润地区流域，第三层蒸发作用不大，可简化为两层；蒸发折算系数可是常数，也可是变数，在南方湿润地区，通常只考虑汛期和枯季的差异即可，而在高寒地区，还要考虑冬季封冻带来的差异。因此蒸发折算系数的季节变化要视具体流域的蒸发特征而定。

（2）产流计算。产流主要根据流域的气候特征，湿润地区选择蓄满产流，干旱地区选择超渗产流。另外如果流域地处高寒地区，产流结构中应考虑冰川积雪的融化、冬季的流域封冻等；如果流域内岩石、裂隙发育，喀斯特溶洞广布或存在地下河的不封闭流域，产流要采用相应的特殊结构；还有一些人类活动作用强烈的流域，也应该具体分析选用合适的产流结构。例如，流域内中小水库或水土保持措施作用大时，应考虑这些水利工程对水流的拦截作用等。

资源 5-3
蓄满产流
概念

（3）水源划分。考虑到坡地汇流阶段各种水源成分汇流特性不一样，采用的计算方法也不同，所以在汇流计算之前进行水源划分。常用的计算方法是通过稳定下渗率、下渗曲线等，将地下水源从总水源中划分出来。

（4）流域汇流计算。流域汇流计算可分为坡地汇流计算和河网汇流计算，按第 4 章 4.5 节讲述的方法进行。

【例 5-1】 白盆珠水库位于广东省东江一级支流西枝江的上游，坝址以上集雨面积 $856km^2$。流域地处粤东沿海的西部，海洋性气候显著，气候温和，雨量丰沛。暴雨成因主要是锋面雨和台风雨，常受热带风暴影响。降雨年际间变化大，年内分配不均，多年平均降雨量为 1800mm，实测年最大降雨量为 3417mm，汛期 4—9 月降雨量占年降雨量的 81％左右，径流系数 0.5～0.7。流域内地势平缓，土壤主要有黄壤和沙壤，具有明显的腐殖层、淀积层和母质土等层次结构，透水性好。台地、丘陵多生长松、杉、樟等高大乔木；平原则以种植农作物和经济作物为主，植被良好。流域上游有宝口水文站，流域面积为 $553km^2$，占白盆珠水库坝址以上集雨面积的 64.6％。流域内有 7 个雨量站，其中宝口以上有 4 个，雨量站分布较均匀。流域属山区性小流域且受到地形、地貌等下垫面条件影响，洪水陡涨缓落，汇流时间一般 2～3h，有时更短；一次洪水总历时 2～5d。流域的一次暴雨过程见表 5-1，所采用的参数见表 5-2，试计算这次暴雨过程产生的出口断面流量过程。

解： 根据流域水文、气象资料可以分析，宝口以上流域属于蓄满产流，采用蓄满产流模式进行计算，计算所用参数见表 5-2。其中，KC 为蒸散发折算系数，WUM 为上层土壤蓄水容量，WLM 为下层土壤蓄水容量，C 为深层散发系数，WM 为流域平均蓄水容量，B 为蓄水容量曲线的指数，FC 为稳定下渗率，CG 为地下水退水系数。根据 10 年日模资料率定的 KC 见表 5-2。分水源采用 FC（稳定下渗率）进行划分。地面径流汇流计算采用单位线，地下径流汇流计算采用线性水库。计算结果见表 5-3。

表 5-1　　　　　　　　　　　宝口以上流域一次暴雨过程

时　间			蒸散发 /mm	降　雨　量/mm			
月	日	时		禾多布	马山	高潭	宝口
9	23	12	1.3	6.2	9.9	21.6	17.3
		15	1.3	7.6	16.0	20.6	12.6
		18	1.3	6.2	6.4	14.9	15.9
		21	1.3	8.8	17.2	29.4	18.5
	24	0	1.2	25.0	34.8	35.3	24.6
		3	0.9	29.9	29.2	43.9	37.8
		6	0.9	38.6	24.8	46.9	33.0
		9	0.9	6.9	7.5	6.1	12.3
		12	0.9	28.3	29.9	34.2	28.5
		15	0.9	25.6	42.7	39.8	75.4
		18	0.9	93.9	137.6	124	13.2
		21	0.9	85.3	90.8	85.0	75.9
	25	0	0.8	51.5	47.4	49.2	38.5
		3	1.1	39.8	70.3	42.1	97.7
		6	1.1	43.2	47.3	61.5	45.9
		9	1.1	20.5	13.3	15.8	13.1
		12	1.1	10.5	8.0	1.8	3.3
		15	1.1	7.4	8.4	7.6	10.9
		18	1.1	1.8	2.8	2.1	4.6
		21	1.1	0.2	0	0.3	0
	26	0	1.2	0	0	0	0
		3	2.1	0	0	0	0
		6	2.1	0	0	0	0
		9	2.1	0	0	0	0
		12	2.1	0	0	0	0
		15	2.1	0	0	0	0
		18	2.1	0	0	0	0
		21	2	0	0	0	0

表 5-2　　　　　　　　　　　宝口以上流域所采用的参数

单位线	时序	1	2	3	4	5	6	7	8	9	10	11
	q_i/(m³/s)	0	40.0	80.0	130	100	80.0	48.0	20.0	10.0	5.0	0

其他参数	KC	WUM /mm	WLM /mm	C	WM /mm	B	FC /(mm/3h)	CG
	1.0	20	60	0.16	140	0.2	10.4	0.972

表 5-3 宝口以上流域一次暴雨过程的洪水计算结果

月.日	时	时段数	P/mm	R/mm	RD/m	RG/m	QD/(m³/s)	QG/(m³/s)	Q/(m³/s)
9.23	12	1	14.0	12.7	2.3	10.4	0.00	68.7	68.7
	15	2	14.1	12.8	2.4	10.4	9.20	81.6	90.8
	18	3	11.0	9.7	0.0	9.7	28.0	93.3	121
	21	4	18.7	17.4	7.0	10.4	49.1	106	155
9.24	0	5	29.7	28.5	18.1	10.4	82.2	118	200
	3	6	36.0	35.1	24.7	10.4	171	129	300
	6	7	38.3	37.4	27.0	10.4	365	141	506
	9	8	7.8	6.9	0.0	6.9	627	147	774
	12	9	30.5	29.6	19.2	10.4	781	157	938
	15	10	42.6	41.7	31.3	10.4	866	168	1030
	18	11	93.8	92.9	82.5	10.4	849	178	1030
	21	12	84.1	83.2	72.8	10.4	1210	188	1400
9.25	0	13	47.6	46.8	36.4	10.4	1750	198	1950
	3	14	56.4	55.3	44.9	10.4	2350	207	2560
	6	15	50.4	49.3	38.9	10.4	2620	216	2840
	9	16	16.5	15.4	5.0	10.4	2580	225	2810
	12	17	5.8	4.7	0	4.7	2340	226	2570
	15	18	8.3	7.2	0	7.2	1840	229	2070
	18	19	2.6	1.5	0	1.5	1230	225	1460
	21	20	0.2	0	0	0	764	219	983
9.26	0	21	0	0	0	0	390	213	603
	3	22	0	0	0	0	165	207	372
	6	23	0	0	0	0	71.4	201	272
	9	24	0	0	0	0	24.5	195	220
	12	25	0	0	0	0	2.50	190	193
	15	26	0	0	0	0	0	184	184
	18	27	0	0	0	0	0	179	179
	21	28	0	0	0	0	0	174	174
		29					0	169	169
		30					0	165	165
		31					0	160	160
		32					0	156	156
		33					0	151	151
		34					0	147	147
		35					0	143	143
		36					0	139	139
		37					0	135	135
		38					0	131	131

5.2.2　河段洪水预报

河段洪水预报是根据河段洪水波运行和变形规律，利用河段上断面的实测水位（流量），预报河段下断面未来水位（流量）的方法。本节主要介绍河段洪水演算的相应水位（流量）法和合成流量法。

5.2.2.1　相应水位（流量）法

1. 基本原理

相应水位是指河段上、下游站同位相的水位。相应水位（流量）预报，简要地说就是用某时刻上游站的水位（流量）预报一定时间（如传播时间）后下游站的水位（流量）。

在天然河道里，当外界条件不变时，水位的变化总是由流量的变化所引起的，相应水位的实质是相应流量，所以研究河道水位的变化规律，就应当研究河道中形成这个水位的流量的变化规律。

设在某一不太长的河段中，上、下游站间距为 L，t 时刻上游站流量为 $Q_{u,t}$，经过传播时间 τ 后，下游站流量为 $Q_{l,t+\tau}$，若无旁侧入流，上、下游站相应流量的关系为

$$Q_{l,t+\tau}=Q_{u,t}-\Delta Q \tag{5-1}$$

如在传播时间 τ 内，河段有旁侧入流加入，并在下游站 $t+\tau$ 时刻形成的流量为 $q_{t+\tau}$，则

$$Q_{l,t+\tau}=Q_{u,t}-\Delta Q+q_{t+\tau} \tag{5-2}$$

式中：下标 u 和 l 为上游站和下游站（以下同）；ΔQ 为上、下游站相应流量的差值，它随上、下游站流量的大小和附加比降不同而异，其实质是反映洪水波变形中的坦化作用。

另一方面洪水波变形引起的传播速度变化，在相应水位（流量）法中主要体现在传播时间关系上，其实质是反映洪水波的推移作用。

传播时间是洪水波以波速由上游运动到下游所需的时间。其基本公式为

$$\tau=\frac{L}{c} \tag{5-3}$$

式中：τ 为传播时间；L 为上、下游站间距；c 为波速。

在棱柱形河道里洪水波波速 c 与断面平均流速 $\overline{V}$ 间的关系为

$$c=\lambda\overline{V} \tag{5-4}$$

式中：λ 为断面形状系数，或称波速系数，它取决于断面形状和流速计算公式。

所以传播时间可按式（5-5）推求。

$$\tau=L/(\lambda\overline{V}) \tag{5-5}$$

式（5-1）及式（5-5）是河道相应水位（流量）预报的基本关系式。$q_{t+\tau}$ 可用推求旁侧入流的方法预报。

在无旁侧入流的天然棱柱形河道中，洪水波在运动中的变形随水深及附加比降不同而异。所以式（5-1）、式（5-2）中的 ΔQ 及式（5-5）中的 τ，是水位和附加比降的函数，即 $Q_{l,t+\tau}$ 和 τ 值均依 $Q_{u,t}$ 和比降的大小等因素而定。但在相应水位（流量）法中，不直接计算 ΔQ 值和 τ 值，而是推求上游站流量（水位）与下游站流量（水位）及传播时间的近似函数关系，即

$$Q_{l,t+\tau}=f(Q_{u,t},Q_{l,t}) \tag{5-6}$$

资源 5-4
从相似性谈
启发式教学

或 $$Q_{l,t+\tau}=f(Q_{u,t}) \tag{5-7}$$

又 $$\tau=f(Q_{u,t},\ Q_{l,t}) \tag{5-8}$$

或 $$\tau=f(Q_{u,t}) \tag{5-9}$$

式（5-6）～式（5-9）中，流量 Q 用水位 Z 代换，意义相同。

2. 洪峰水位（流量）预报

对于区间来水比例不大、河槽稳定的河段，若没有回水顶托等外界因素影响，那么影响洪水波传播的因素较单纯，上、下游站相应水位过程起伏变化较一致，则在上、下游站的水位（流量）过程线上，常常容易找到相应的特征点：峰、谷和涨落洪段的反曲点等，如图 5-2 所示。利用这些相应特征点的水位（流量）即可制作预报曲线图。

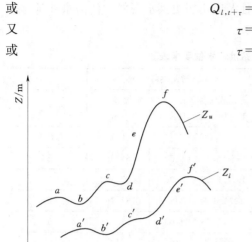

图 5-2 某河段上、下游站相应水位过程线
Z_u—上游站水位过程线；Z_l—下游站水位过程线

从河段上、下游站实测水位资料，摘录相应的洪峰水位值及其出现时间（表 5-4），就可点绘相应洪峰水位（流量）关系曲线及其传播时间曲线，如图 5-3 所示，其关系式为

$$Z_{p,l,t+\tau}=f(Z_{p,u,t}) \tag{5-10}$$

$$\tau=f(Z_{p,u,t}) \tag{5-11}$$

式中：$Z_{p,u,t}$ 为上游站 t 时刻洪峰水位；$Z_{p,l,t+\tau}$ 为下游站 $t+\tau$ 时刻洪峰水位，下标 p 表示洪峰（以下同）。

图 5-3 是一种最简单的相应关系，但有时遇到上游站相同的洪峰水位，只是由于来水峰型不同（胖或瘦）或河槽"底水"不同，导致河段水面比降发生变化，影响到传播时间和下游站相应水位预报值。这时如加入下游站同时水位（流量）作参数，可以提高预报方案精度，如图 5-4 所示。

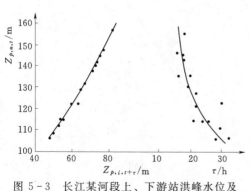

图 5-3 长江某河段上、下游站洪峰水位及
传播时间关系图

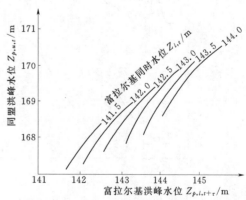

图 5-4 嫩江同盟-富拉尔基洪峰水位关
系曲线

在建立相应水位关系时，要注意河道特性及应用历史洪水资料，使高水外延有一定的根据。

表 5 - 4　　　　　　　　　　长江某河段上、下游站洪峰水位要素表

上游站洪峰		下游站同时水位 $Z_{l,t}$ /m	下游站洪峰		传播时间 τ /h
出现日期 t /（年．月．日　时：分）	水位 $Z_{u,t}$ /m		出现日期 $t+\tau$ /（年．月．日　时：分）	水位 $Z_{l,t+\tau}$ /m	
(1)	(2)	(3)	(4)	(5)	(6)
1974.6.13　02：00	112.40	52.95	1974.6.14　08：00	54.08	30
1974.6.22　14：00	116.74	54.85	1974.6.23　17：00	57.30	27
1974.7.31　10：00	123.78	61.13	1974.8.1　17：00	62.76	31
1974.8.12　15：00	137.21	70.62	1974.8.13　08：00	71.43	17
⋮	⋮	⋮	⋮	⋮	⋮

3. 次涨差法

在一些陡涨陡落的山区性河流，如果其洪峰传播时间 τ 大于下游站的涨洪历时 t_r，则上游站出现洪峰时，下游站还未起涨，以下游站同时水位作参数就不能反映水面比降的影响，这时可采用次涨差法预报下游站洪峰水位 $Z_{p,l,t}$。

如图 5-5 所示，一次洪水的涨差 $\Delta Z = Z_p - Z_0$（Z_p、Z_0 为同次洪水的洪峰水位和起涨水位），可建立上、下游站次涨差的关系

$$\Delta Z_l = f(\Delta Z_u) \tag{5-12}$$

预报时，利用上述关系得下游站洪峰水位 $Z_{p,l,t}$。

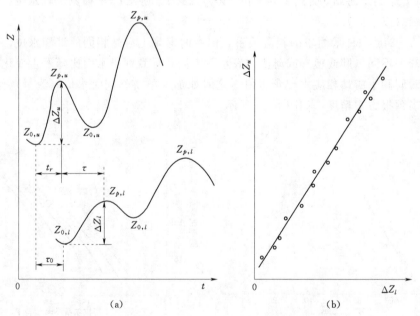

图 5-5　上、下游站次涨差关系曲线示意图

（a）上游站、下游站相应水位过程线；（b）上游站、下游站次涨差关系曲线

$$Z_{p,l,t}=Z_{0,l}+\Delta Z_l \tag{5-13}$$

应用次涨差法预报时，除要建立上游站洪峰水位与传播时间关系曲线外，还要建立上、下游站起涨水位关系和上游站起涨水位与其传播时间 τ_0 的关系。

$$Z_{0,l,t+\tau_0}=f(Z_{0,u,t}) \tag{5-14}$$

$$\tau_0=f(Z_{0,u}) \tag{5-15}$$

4. 以支流水位为参数的洪峰水位（流量）相关法

有支流河段的洪峰水位预报，通常取影响较大的支流相应水位（流量）为参数，建立上、下游站洪峰水位关系曲线，其通式为

$$Z_{p,l,t}=f(Z_{p,u,t-\tau},Z_{1,t-\tau_1}) \tag{5-16}$$

式中：$Z_{p,l,t}$ 为 t 时刻下游站洪峰水位；$Z_{p,u,t-\tau}$ 为 $t-\tau$ 时刻上游站洪峰水位；$Z_{1,t-\tau_1}$ 为 $t-\tau_1$ 时刻支流站的相应水位；τ_1 为支流站水位所需传播时间。

当有两条支流汇集时，可建立以两条支流相应水位为参数的关系曲线，如图 5-6 所示，其关系通式为

$$Z_{p,l,t}=f(Z_{p,u,t-\tau},Z_{1,t-\tau_1},Z_{2,t-\tau_2}) \tag{5-17}$$

式中：τ、τ_1、τ_2 为衢县、淳安和金华到芦茨埠的传播时间。

如果支流较多，宜采用下面介绍的合成流量法。

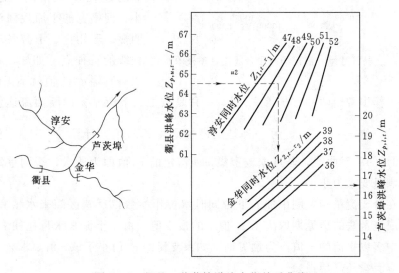

图 5-6 衢县－芦茨埠洪峰水位关系曲线

5.2.2.2 合成流量法

在有支流河段，若支流来水量大，干、支流洪水之间干扰影响不可忽视，此时，用相应水位法常难取得满意结果，可采用合成流量法。

由河段的相应流量概念和洪水波运动的变形可知，下游站的流量为

$$Q_t=\sum_{i=1}^{n}\left[(1+\alpha_i)I_{i,\,t-\tau_i}-\Delta Q_i\right] \tag{5-18}$$

其中：α_i 为各干、支流的区间来水系数；τ_i 为各干、支流河段的流量传播时间；ΔQ_i 为各传播流量的变形量；n 为干、支流河段数。

若令各 α_i 相等，ΔQ_i 是 I_i 的函数，则式（5-18）成为

$$Q_i = f(\sum_{i=1}^{n} I_{i, \, t-\tau_i}) \tag{5-19}$$

其中：$\sum_{i=1}^{n} I_{i, \, t-\tau_i}$ 为同时流达下游断面的各上游站相应流量之和，称为合成流量。

以式（5-19）为根据建立预报方案称为合成流量法。图 5-7 是长江上游干流寸滩站、支流乌江武隆站至长江干流清溪场站的有支流河段预报曲线。

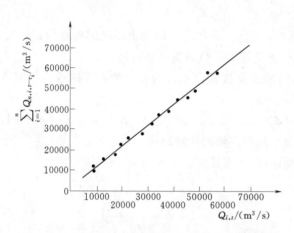

图 5-7　长江寸滩—清溪场河段合成流量预报图

合成流量法的关键是 τ 值的确定。由于上游来水量大小不同，干、支流涨水不同步，使干、支流洪水波相遇后相互干扰，部分水量被滞留于河槽中，直到总退水时才下泄到下游河道，因而下游站的洪水过程线常显平坦，同上游各站相应流量之和的过程线不相同，这在比降小、河槽宽的平原性河流上尤为明显。若用上、下游各站流量过程线的特征点（如峰、谷、转折点等）确定 τ_i 值就不正确。

实际工作中常用两种方法求 τ_i 值。一种是按上、下游站实测断面流速资料分析计算波速 c_i，则 $\tau_i = L_i / c_i$。另一种是试错法：假定 τ_i 值，计算 $\sum_{i=1}^{n} I_{i, \, t-\tau_i}$ 值，点绘式（5-18）的关系曲线，若点据较密集，所假定的 τ_i 值即为所求，否则重新假定 τ_i 值，直到满足要求为止。

也可在合成流量相关图中加入下游同时水位作参数以反映区间来水量和 τ_i 值的影响。合成流量法的预见期取决于 τ_i 值中的最小值。由于干流来水量往往大于支流，实际工作中多以干流的 τ 值作为预见期。如果支流的 τ_i 值小于该 τ 值，求合成流量时支流的相应流量还需预报。

5.2.3　实时洪水预报

实时洪水预报的基本任务，是根据采集的实时雨量、蒸发、水位等观测资料信息，对未来将发生的洪水作出洪水总量、洪峰及发生时间、洪水发生过程等情势的预测。水文现象受到自然界中众多因素的影响，这些影响因素大部分具有不确定性的时变特征，给人们在认识和掌握水文现象运动规律时造成困难。因此，人们在水文预报中所采用的各种方法或模型都不可能将复杂的水文现象模拟得十分确切，水文预报估计值与实际出现值的偏离，即预报误差是不可避免的。实时洪水预报就是利用在作业

资源 5-5
实时洪水
预报概念

预报过程中不断得到的预报误差信息,运用各种理论和方法及时地校正、改善预报估计值或水文预报模型中的参数,使以后阶段的预报误差尽可能减小,预报结果更接近实测值。

随着现代科学技术的迅猛发展,电子计算机、遥感、遥测以及现代通信新技术在水文领域中广泛应用,使得水文预报中能迅速得到反馈的实测信息,从而为水文预报的实时校正提供依据。目前,常用的预报方法或水文模型中,一般都只能根据已知的输入进行计算或模拟,没有处理反馈信息的结构。而采用实时校正的方法和技术就能使其成为联机实时预报系统的组成部分,因此,实时洪水预报是现代水文预报技术发展的一个重要方面。

5.2.3.1 洪水预报误差来源

流域水文模型基本都是采用观测到的历史水文资料,先确定好模型参数,然后用于未来的洪水预报中。这样的预报方案在实时洪水预报系统(real-time flood fore-casting system)中,常得不到满意的结果。

资源 5-6
常用流域
水文模型
列表

一个流域水文系统,严格讲是一个时变非线性系统,只不过当时变因素影响不大时可被忽略而已。例如流域特征的自然变迁是很缓慢的,一般情况或短期内可以忽略,但当流域内人类活动频繁或缓慢变迁的长期累积作用导致的水文规律改变就应该考虑。当流域内发生水库垮坝、河岸决堤、行蓄洪区分洪等突变时,洪水特征的变化就必须考虑。

流域水文系统是一个非常复杂的系统,在考虑模型结构时,通常要给以一系列的假设和结构简化近似,这在模型外延中会带来较大的误差。在模型参数确定中,历史水文资料的代表性不够,也会带来误差。

资源 5-7
赵人俊与
新安江模型

因设备故障导致资料缺测或不合理的观测数据,给洪水预报带来误差;水文遥测系统中有许多水位站和雨量站,在系统的运行过程中,常会遇到各种各样的故障,给洪水预报带来误差,这些在任何水文遥测系统中都是存在的。

水利工程、农田蓄放水误差。流域中,常有许多中小型水利工程,遇干旱、农业需水季节,放水灌溉,泄空库容;遇洪水,先拦蓄洪水,若长期连续降雨后洪水拦蓄不下,又大量放水泄洪,这一减一加,常给洪水预报带来大的误差。这类误差的大小,取决于流域内中小型水利工程的多少,在干旱地区以中小水库为主,南方湿润地区除中小水库、塘坝外,还有水田蓄泄作用,影响也很大。例如华南地区流域,水田比例高,插秧季节是水田需水高峰,遇降雨产流会有相当部分径流被拦截,虽然插秧只需水深 $10 \sim 20\text{cm}$,但拦截的径流深就是 $100 \sim 200\text{mm}$,如果水田面积占流域面积比例高,则这部分水量是十分可观的。

资源 5-8
降雨误差
对预报结果
影响分析

流域水文规律的变化。这种变化的主要原因是流域水文规律受气候条件和下垫面条件的改变而改变。如锋面雨引起的洪水特征与雷暴雨、台风雨引起的洪水特征差异、北方高寒地区融雪径流形成的洪水与暴雨型洪水的差异等;还有系统长期运行过程中,流域人类活动,如修建大型水库、水土保持治理、森林的大面积砍伐、开挖人工河渠、天然河道的整治和跨流域引水等,这些人类活动的长年累积作用,会给水文规律带来大的影响,这些变化,也会给实时洪水预报带来一定的误差。

水文规律简化误差，即模型结构误差。蓄满产流、超渗产流，降雪作为降雨处理，农业活动作用的忽略等产流机理简化，当与实际出入较大时，就会带来大的误差。

5.2.3.2　实时洪水预报误差修正方法

在洪水预测系统中，常会发现不同时间产生的误差是十分相似的。例如，高强度降雨引起的洪水，常会导致预测的洪峰偏小，长期干旱后的洪水径流量估计常偏大等。虽然这些洪水发生在不同年份，但许多相同类型的洪水会有相似的误差统计特征，我们把这称为误差的相似性。这种相似性，是客观存在的，是由引起误差的因素相似性所决定的。例如，台风雨或雷暴雨型洪水，都是由于降雨范围高度集中，降雨强度大大超过平均情况，而模型仍按平均情况处理，自然就会使地面径流估计偏小，汇集速度过慢，使洪峰估计偏小。那么，不同场次的这种类型洪水，引起误差的因素都是高强度和高集中，具有相似性。

实时洪水预报误差修正（real-time flood forecasting updating）就是要对以上所述的这些在水文模型中没有考虑的、无法考虑的或即使考虑了也是不适当的，而对实际洪水又有一定影响的误差因素，利用实时系统能获得的观测信息和一切能利用的其他信息对预报误差进行实时校正，以弥补流域水文模型的不足。

实时修正技术，研究方法很多，归纳起来，按修正内容划分，可分为模型误差修正、模型参数修正、模型输入修正、模型状态修正和综合修正 5 类。模型误差修正，以自回归方法为典型，即据误差系列，建立自回归模型，再由实时误差，预报未来误差；模型参数和状态修正，有参数状态方程修正，自适应修正和卡尔门滤波修正等方法；模型输入修正，主要有滤波方法和抗差分析；综合修正方法，就是前四者的结合。

本节主要介绍应用较多的误差自回归模型（autoregression model，AR），简称 AR 模型，该模型的意义、结构和参数估计等详见第 7 章 7.7 节。

1. 误差 AR 模型

这里将误差作为研究变量。一般而言，误差在时序上存在相依性，其可由一个 p 阶自回归模型来描述。

$$\varepsilon_t = C_1\varepsilon_{t-1} + C_2\varepsilon_{t-2} + \cdots + C_p\varepsilon_{t-p} + \xi_t \tag{5-20}$$

式中：ε_t 为 t 时刻的模型计算误差，$\varepsilon_t = Q_t - QC_t$；$\xi_t$ 为 t 时刻的残差。

Q_t 为观测系列，即

$$Q_1, Q_2, \cdots, Q_t$$

QC_t 为模型计算系列，即

$$QC_1, QC_2, \cdots, QC_t$$

由 Q_t 和 QC_t 计算得误差系列

$$\varepsilon_1, \varepsilon_2, \cdots, \varepsilon_t$$

将 ε_t 系列分别代入自回归式（5-20）有

$$\left.\begin{array}{l} \varepsilon_{p+1}=c_1\varepsilon_p+c_2\varepsilon_{p-1}+\cdots+c_p\varepsilon_1+\xi_{p+1} \\ \varepsilon_{p+2}=c_1\varepsilon_{p+1}+c_2\varepsilon_p+\cdots+c_p\varepsilon_2+\xi_{p+2} \\ \cdots \\ \varepsilon_t=c_1\varepsilon_{t-1}+c_2\varepsilon_{t-2}+\cdots+c_p\varepsilon_{t-p}+\xi_t \end{array}\right\} \tag{5-21}$$

令

$$Y=\begin{bmatrix} \varepsilon_{p+1} \\ \varepsilon_{p+2} \\ \vdots \\ \varepsilon_t \end{bmatrix} \quad X=\begin{bmatrix} \varepsilon_p & \varepsilon_{p-1} & \cdots & \varepsilon_1 \\ \varepsilon_{p+1} & \varepsilon_p & \cdots & \varepsilon_2 \\ \cdots & \cdots & \cdots & \cdots \\ \varepsilon_{t-1} & \varepsilon_{t-2} & \cdots & \varepsilon_{t-p} \end{bmatrix} \quad C=\begin{bmatrix} c_1 \\ c_2 \\ \vdots \\ c_p \end{bmatrix} \quad E=\begin{bmatrix} \xi_{p+1} \\ \xi_{p+2} \\ \vdots \\ \xi_t \end{bmatrix}$$

那么式(5-21)变为向量表示的 AR(p)模型。

$$Y=XC+E \tag{5-22}$$

2. 参数确定

设定式(5-22)中的参数向量 C 不随时间改变,那么可用最小二乘法来确定参数向量 C。

由式(5-22)得

$$E=Y-XC \tag{5-23}$$

$$E^\mathrm{T}E=(Y-XC)^\mathrm{T}(Y-XC)\to\min \tag{5-24}$$

对式(5-24)求导得

$$-X^\mathrm{T}Y+X^\mathrm{T}X\hat{C}=0 \tag{5-25}$$

$$\hat{C}=(X^\mathrm{T}X)^{-1}X^\mathrm{T}Y \tag{5-26}$$

3. 修正效果评价

效果评价通常从原模型效果、修正后模型效果和修正效果三方面来分析。原模型效果就是只用模型进行预报,不考虑任何实时信息进行误差修正的预报效果。修正后模型效果就是模型计算加上实时信息进行误差修正的预报总效果。修正效果就是相对于原模型误差的效果。

原模型效果定量评价的确定性系数如下。

$$DC_0=1-\sum_{i=1}^{LT}(QC_i-Q_i)^2 \Big/ \sum_{i=1}^{LT}(Q_i-\overline{Q})^2 \tag{5-27}$$

式中:Q、$\overline{Q}$ 为实测流量和其均值;QC 为模型计算值;LT 为计算时段数。

修正后模型效果定量评价的确定性系数如下。

$$DC_t=1-\sum_{i=1}^{LT}(QC_i^u-Q_i)^2 \Big/ \sum_{i=1}^{LT}(Q_i-\overline{Q})^2 \tag{5-28}$$

式中：QC^u 为实时信息进行误差修正的预报值。

修正效果定量评价系数如下。

$$DC_u = 1 - \sum_{i=1}^{LT}(QC_i^u - Q_i)^2 / \sum_{i=1}^{LT}(Q_i - QC_i)^2 \qquad (5-29)$$

经推导可得

$$DC_u = \frac{DC_t - DC_0}{1 - DC_0} \qquad (5-30)$$

式 (5-27) 的效果系数值完全取决于原模型的效果，与实时修正方法无关；式 (5-28) 的效果系数值与原模型的效果和实时修正效果都有关系；只有式 (5-30) 的效果系数值只与修正方法有关。因此，一般修正效果，宜用式 (5-29) 计算。

4. 应用举例

图 5-8 是一次洪水的实测流量、模型计算流量和实时修正后的流量过程比较，具体结果见表 5-5。本例 AR（2）自回归模型模拟误差，其确定的模型为式 (5-31)。

$$\hat{\varepsilon}_{t+1} = 25.89 + 1.24\varepsilon_t - 0.37\varepsilon_{t-1} \qquad (5-31)$$

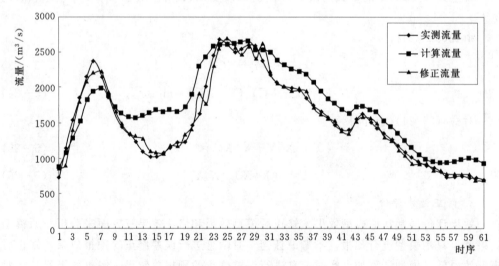

图 5-8　流量过程比较图

根据表 5-5 资料，分别由式 (5-27)、式 (5-28) 和式 (5-30) 计算得下述结果。

$$DC_0 = 0.837$$

$$DC_t = 0.963$$

$$DC_u = 0.773$$

这表明：实时误差修正将确定性系数由 0.837 提高到 0.963，明显提高了预测精度。DC_u 为 0.773 表明：通过修正使原模型的不确定性部分中 77.3％转化为确定性部分，即预报可靠性加大。

表 5 - 5		洪 水 实 时 修 正 结 果 表					单位：m³/s
时序	Q	QC	QC_u	时序	Q	QC	QC_u
1	732	877	877	32	2070	2380	2060
2	1150	1080	923	33	2000	2320	2020
3	1550	1290	1400	34	1980	2250	1940
4	1850	1530	1800	35	1970	2220	1980
5	2140	1810	2080	36	1860	2180	1940
6	2370	1950	2210	37	1740	2060	1730
7	2170	2010	2210	38	1650	1940	1640
8	1900	1880	1940	39	1570	1840	1570
9	1650	1730	1670	40	1480	1780	1530
10	1450	1630	1500	41	1390	1690	1390
11	1340	1580	1360	42	1400	1630	1340
12	1250	1560	1300	43	1550	1720	1520
13	1090	1600	1280	44	1610	1740	1590
14	1020	1630	1090	45	1530	1680	1560
15	1050	1680	1090	46	1440	1660	1500
16	1080	1650	1070	47	1340	1540	1300
17	1160	1690	1190	48	1250	1450	1260
18	1220	1650	1180	49	1150	1340	1140
19	1220	1710	1350	50	1080	1250	1060
20	1460	1900	1430	51	1010	1150	921
21	1630	2290	1900	52	954	1050	931
22	2020	2410	1780	53	902	975	950
23	2450	2580	2310	54	864	948	846
24	2660	2600	2560	55	811	930	827
25	2600	2590	2690	56	722	931	788
26	2490	2600	2560	57	760	956	777
27	2550	2630	2460	58	755	979	768
28	2580	2670	2590	59	738	1010	778
29	2580	2520	2410	60	723	980	699
30	2360	2530	2610	61	697	947	703
31	2190	2480	2220				

5.3 施 工 洪 水 预 报

　　本节施工洪水预报主要以水库施工期洪水预报为例进行讲解。水库施工期水文预报的要求及处理方法与施工方式及施工阶段有关。在未蓄水以前，主要是不同导流方式下的水力学计算，蓄水后类似水库水文预报。

在中小河流上筑坝，一般采用一次围堰、隧洞导流方式，即在围堰截流前先开凿隧洞或明渠，截流后上游来水由隧洞或明渠下泄。在大江大河上筑坝，一般采取分期围堰、明渠导流方式，因不同施工阶段的水流条件不同，围堰上游壅水现象多变，尤其是二期围堰上游戗体合龙过程中，龙口处的水流流态复杂，给施工水文预报工作带来不少困难。

施工区的来水量预报主要由上游邻近水文站的预报洪水过程经河道演算后求得。除短期水文预报外，往往还要有中长期水文预报予以配合，以便对施工现场进行布设和处理。围堰的设计标准一般能抵御 20 年一遇的或稍大一些的洪水，抗洪能力不强，因此要特别提防非汛期的局地性暴雨形成的洪水，如汛末和枯水期的中小洪水，以免围堰过水，淹没基坑。

以下介绍分期围堰各施工阶段的水文预报方法。

5.3.1 明渠导流期的水位（流量）预报

天然河道被第一期围堰束窄后，在导流明渠上游形成壅水，水位增高，如图 5-9 所示。

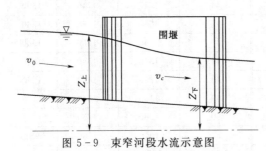

图 5-9 束窄河段水流示意图

围堰处束窄河段的上、下游水位差 ΔZ 可用式（5-32）近似计算。

$$\Delta Z = Z_上 - Z_下 = \frac{\alpha_c v_c^2}{2g} - \frac{\alpha_0 v_0^2}{2g}$$

（5-32）

其中

$$v_0 = \frac{Q}{A_上}; \quad v_c = \frac{Q}{A_c}$$

式中：$Z_上$、$Z_下$ 为围堰上、下游水位，m；v_0 为行进流速，即围堰上游断面平均流速，m/s；v_c 为最大收缩断面平均流速，m/s；α_0、α_c 为能量校正系数（或称动能因素），一般取 1.0~1.1；$A_上$ 为上游过水断面面积，m^2；A_c 为最大收缩断面面积，m^2；Q 为坝址断面预报流量，m^3/s。

为便于预报时计算，宜事先绘制辅助曲线。已知下游断面的水位-流量关系曲线 $Q = f(Z_下)$、上游断面的水位-面积曲线 $A_上 = f(Z_上)$，收缩断面的水位-面积关系曲线 $A_c = f(Z_下)$，用试算法建立壅水后围堰上游的水位-流量关系曲线。

（1）分级定流量值，查 $Q = f(Z_下)$ 曲线得相应的 $Z_下$ 值。

（2）由 $Z_下$ 值查 $A_c = f(Z_下)$ 曲线得相应的 A_c 值。

（3）由 Q 和 A_c 值计算 v_c 和 $\frac{\alpha_c v_c^2}{2g}$ 值。

（4）假定上游壅水高度 $\Delta Z'$，按 $Z_上 + \Delta Z'$ 值查 $A_上 = f(Z_上)$ 曲线，得相应的 $A_上$ 值。

（5）由 Q 和 $A_上$ 值计算 v_0 和 $\frac{\alpha_0 v_0^2}{2g}$ 值。

（6）按式（5-32）计算得壅水高度 ΔZ 值。若 $\Delta Z = \Delta Z'$，$\Delta Z'$ 即为所求。否则，重新假定 $\Delta Z'$ 值。

计算得各级流量的 ΔZ 值后，就可建立如图 5-10 所示的壅水后 $Q=f(Z_上)$ 曲

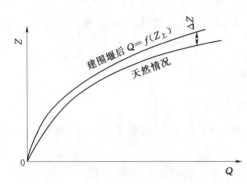

图 5-10 围堰上游的水位-流量关系曲线

线。预报时，根据预报流量值查图即得围堰上、下游水位和壅水高度。应当指出，由于式（5-31）省略了摩阻项，可能给计算带来较大误差。在实用时注意根据实测的资料检验 $Q=f(Z_上)$ 关系曲线，并及时修正；也可根据水工模型试验成果进行修改。

如果围堰高度大，上游壅水河段长，由上游邻近水文站流量演算推求坝址断面流量时，应考虑壅水河段槽蓄量增大后的影响。围堰上游壅水河段的水流速度也发生变化，可分别计算波速与传播时间，则自上游邻近水文站至围堰的传播时间由两部分组成：壅水河段以上的原天然河流传播时间和壅水河段的传播时间。后者与壅水高度、壅水河段长度有关，可绘制 $\tau=f(Q,Z_上)$，关系曲线。

5.3.2 截流期的水位、流速预报

截流期水文预报主要内容是二期上游围堰合龙过程中的龙口水位、流速预报和坝体泄水时的水位、流量预报。

围堰合龙施工一般在枯水季进行，河流来水量属枯季径流预报，详见 5.4 节。

在围堰戗堤不断推进过程中，过水断面不断减小，流速增大，上游壅水。因施工使过水断面形状多变，且不稳定，在围堰合龙过程中要不断测量流速和水位，及时修正预报值。

5.3.2.1 龙口上、下游水位和流速极限预报

龙口过水断面的水流要素一般都按水力学中的宽顶堰计算，并分为自由堰流和淹没堰流两种情况（图 5-11）。

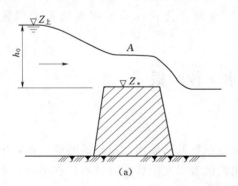
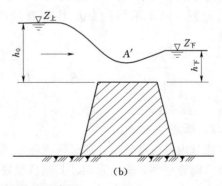

图 5-11 龙口宽顶堰水流示意图
(a) 自由堰流；(b) 淹没堰流

当 $\dfrac{h_下}{h_0}<0.8$ 时，为自由堰流，计算流量的近似公式为

119

$$Q = \varphi A \sqrt{Z_{\text{上}} - \overline{Z_*}} \tag{5-33}$$

式中：$Z_{\text{上}}$ 为围堰上游水位，m；A 为相应于 $Z_{\text{上}}$ 时的龙口过水断面面积，m^2；$\overline{Z_*}$ 为龙口底部的平均高程，m；φ 为流量系数，$\varphi = 1.33 \sim 1.70$。

当 $\dfrac{h_{\text{下}}}{h_0} > 0.8$ 时，为淹没堰流，计算流量的公式为

$$Q = \varphi' A' \sqrt{2g(Z_{\text{上}} - Z_{\text{下}})} \tag{5-34}$$

式中：A' 为相应于 $Z_{\text{上}}$ 时的龙口过水断面面积，m^2；φ' 为流量系数，有侧收缩时，$\varphi' = 0.88 \sim 1.00$；$Z_{\text{下}}$ 为围堰下游水位，m。

可参照水工模型试验成果，按水力学公式计算，绘制预报辅助曲线，供预报时使用。图 5-12 是丹江口的龙口泄流能力计算辅助曲线。图中 B 为龙口宽度。预报时，根据上游来水量预报 Q 值和龙口进展情况的 B、$\overline{Z_*}$ 值，即可预报围堰上游水位 $Z_{\text{上}}$。围堰下游水位可按预报的 Q 值和原天然河道的水位－流量关系曲线推算求得。

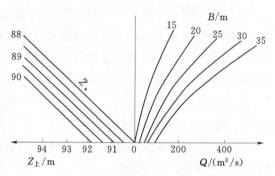

图 5-12　丹江口枢纽龙口泄流能力曲线

根据式（5-33）或式（5-34）计算的流量和龙口相应过水面积，即得龙口平均流速值。据丹江口截流时的实测资料，龙口最大流速约为平均流速的 1.3 倍。应当指出，式（5-33）和式（5-34）是近似计算公式。实际工作中，要根据工程的要求和工程施工情况，并参考水工模型试验资料，确定应采用的水力学公式。

5.3.2.2　初蓄期的水库水位与出流量预报

围堰合龙后，工程进入初蓄期，边施工边蓄水，坝前蓄水渐增，水位上升。此时导流方式常采用坝体梳齿缺口泄水、坝体泄流洞泄水、隧洞泄水等，且或有闸门控制，或无闸门控制，其泄流量都按水力学公式计算，可查阅有关的科技书籍。

5.4　枯　水　预　报

5.4.1　概述

流域内降雨量较少，通过河流断面的流量过程低落而比较稳定的时期，称为枯水季节（简称枯季）或枯水期，其间所呈现出的河流水文情势称为枯水。在枯季，由于江河水量小，水资源供需矛盾较突出，如灌溉、航运、工农业生产、城市生活供水、发电，以及环境需水等诸方面对水资源的需求常难满足。为合理调配水资源，做好枯季径流预报是很有必要的。此外，由于枯季江河水量少，水位低，是水利水电工程施工（沿江防洪堤、闸门维修等）特别是大坝截流期施工的宝贵季节。因此，为了确保

施工安全，枯季径流预报肩负重大责任，枯季径流的起伏变动常常是枯季径流预报关注的对象。

枯水期的河流流量主要由汛末滞留在流域中的蓄水量的消退而形成，其次来源于枯季降雨。流域蓄水量包括地面、地下蓄水量两部分。地面蓄水量存在于地表洼地、河网、水库、湖泊和沼泽之中；地下蓄水量存在于土壤孔隙、岩石裂隙和层间含水带之中。由于地下蓄水量的消退比地面蓄水量慢得多，故长期无雨后河流中水量几乎全由地下水补给。

我国大部分地区属季风气候区，枯季降雨稀少，河川的枯季径流主要依赖流域蓄水补给，控制断面的流量过程一般呈较稳定的消退规律，因此目前枯季径流预报方法大多是根据这一特点，以控制断面的退水规律为依据的河网退水预报。但由于枯季径流还受地下水运动的制约，因此，要改进枯季径流预报的方法和提高预报精度，还必须加强地下水变化规律的研究。

5.4.2 枯季径流的消退规律

对于由地下水补给的河流，可以认为地下蓄水量 W_g 与出流量 Q_g 之间为线性关系，其退水公式可由下面的水量平衡方程和蓄量方程导出。

$$-Q_g(t) = \frac{dW_g(t)}{dt} \tag{5-35}$$

$$W_g(t) = k_g Q_g(t) \tag{5-36}$$

将式(5-36)代入式(5-35)，整理后得

$$\frac{dQ_g(t)}{Q_g(t)} = -\frac{1}{k_g}dt \tag{5-37}$$

式(5-37)的解为

$$Q_g(t) = Q_g(0)e^{-\beta_g t} \tag{5-38}$$

式中：$Q_g(0)$ 为退水开始即 $t=0$ 时河道中流量，$\mathrm{m^3/s}$；β_g 为地下水退水指数，$\beta_g = \dfrac{1}{k_g}$。

同理，由河网蓄水量补给的枯季径流，其蓄泄关系也呈线性，则出流量 $Q_r(t)$ 的消退规律是

$$Q_r(t) = Q_r(0)e^{-\beta_r t} \tag{5-39}$$

式中：$Q_r(0)$ 为退水开始即 $t=0$ 时河道中流量；β_r 为河网蓄水量的退水指数，$\beta_r = \dfrac{1}{k_r}$。

一般情况下，河网蓄水量的消退速度大于地下水的消退速度，故 $\beta_r > \beta_g$，即 $k_g > k_r$。

如果流域的退水过程是上述两种补给的结果，一般不分割水源，可用一个总的退水公式表示。

$$Q(t) = Q_0(t)e^{-t/k} \tag{5-40}$$

退水流量的水源组成不同，k 值并非常数，即蓄泄为非线性关系，一般取为折

线，其斜率分别代表河网蓄水量补给和地下蓄水量补给为主的消退系数 k_r 和 k_g。

枯季蒸散发的强弱往往影响退水规律，对于地下水埋深浅，蒸发率季节变化大的流域尤为显著。由于我国冬季气温低，蒸散发能力弱，因此退水过程平缓。

5.4.3　枯季径流预报方法

常用的枯季径流预报方法有 3 种：退水曲线法、前后期径流量相关法和河网蓄水量法。值得注意的是枯季径流预报的预报时段较长，常取日或旬，与洪水预报的预报时段以小时为单位不同。下面将简要介绍前后期径流量相关法和河网蓄水量法。

5.4.3.1　前后期径流量（流量）相关法

此法实际上是退水曲线的另一种形式，只不过计算时段长多为月或季。

由式（5-36）和式（5-38）可得

$$W_g(t) = k_g Q_g(0) e^{t/k_g} \tag{5-41}$$

则相邻时段（$0 \sim t_1$，$t_1 \sim t_2$）的蓄水量关系可表示为

$$\frac{W_g(t_1) - W_g(t_2)}{W_g(0) - W_g(t_1)} = \frac{e^{-t_1/k_g} - e^{-t_2/k_g}}{1 - e^{-t_1 k_g}} \tag{5-42}$$

若 k_g 为常数，则相邻时段前后期平均流量呈线性关系，如图 5-13 所示。式（5-42）运用于以地下水补给为主的枯季径流预报。

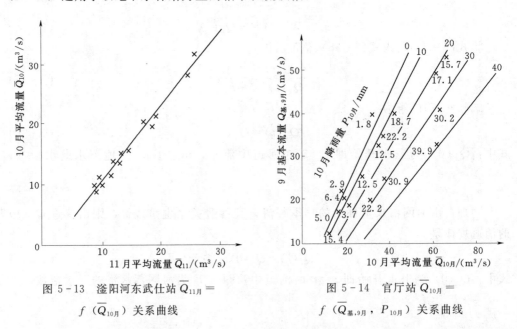

图 5-13　滏阳河东武仕站 $\overline{Q}_{11月} = f(\overline{Q}_{10月})$ 关系曲线

图 5-14　官厅站 $\overline{Q}_{10月} = f(\overline{Q}_{基.9月}, P_{10月})$ 关系曲线

如果预见期内有较大降雨量，则需考虑降雨量的影响，可以将预见期内降雨作参考，建立如图 5-14 所示形式的相关图。预报时降雨参数为未知量，需由长期天气预报提供，其误差必然直接影响径流预报精度。图中 9 月基本流量系地下水补给的水量，不包括地表径流量。

5.4.3.2　河网蓄水量法

枯水季节，流域蓄水量由于降雨补给量小，处于稳定退水阶段，且河槽蓄水量与

地下蓄水量之间往往存在良好的相关关系。因此，可以不直接研究退水的动态规律，而是从河网水量平衡角度分析枯季径流量与蓄水量之间的关系，即

$$\int_t^{t+\Delta t} Q(t)\mathrm{d}t = W_{\Delta t} + \int_t^{t+\Delta t} Q_s(t)\mathrm{d}t + \int_t^{t+\Delta t} Q_g(t)\mathrm{d}t \qquad (5-43)$$

式中：$\int_t^{t+\Delta t} Q(t)\mathrm{d}t$ 为预报期 Δt 内，流经流域出流断面的径流总量；$W_{\Delta t}$ 为 t 时刻的河网蓄水量中，在预见期 Δt 内能流经出流断面的那部分水量；$\int_t^{t+\Delta t} Q_s(t)\mathrm{d}t$ 为预见期 Δt 内，流入河网并流经出流断面的地面径流总量；$\int_t^{t+\Delta t} Q_g(t)\mathrm{d}t$ 为预见期 Δt 内，流入河网并流经出流断面的地下径流总量；Δt 为计算时段，即预见期。

式（5-43）的离散形式为

$$\overline{Q(t+\Delta t)}\Delta t = W_{\Delta t} + \overline{Q_s(t+\Delta t)}\Delta t + \overline{Q_g(t+\Delta t)}\Delta t \qquad (5-44)$$

式中：$\overline{Q(t+\Delta t)}\,\Delta t$ 为预见期 Δt 内，流经流域出流断面的径流总量；$\overline{Q_s(t+\Delta t)}\,\Delta t$ 为预见期 Δt 内，流入河网并流经出流断面的地面径流总量；$\overline{Q_g(t+\Delta t)}\,\Delta t$ 为预见期 Δt 内，流入河网并流经出流断面的地下径流总量；$\overline{Q(t+\Delta t)}$、$\overline{Q_s(t+\Delta t)}$ 和 $\overline{Q_g(t+\Delta t)}$ 为预报期 Δt 内，流经流域出流断面的平均流量、平均地面流量和平均地下流量；$W_{\Delta t}$、Δt 与式（5-43）同。

一般情况下，枯季降雨量小，地面径流不大，即 $\overline{Q_s(t+\Delta t)}\,\Delta t$ 可忽略不计，地下径流量是地下蓄水量 W_g 的函数，即

$$\overline{Q_g(t+\Delta t)}\Delta t = f(W_{gt}) \qquad (5-45)$$

对较大的流域，流域蓄水量中河网蓄水量常占有比较大的比重，面积越大，比重往往也越大。如果河网蓄量与地下水有较好的水力联系，则河网蓄水量 W_r 与地下蓄水量 W_g 之间存在一定的函数关系。

$$W_r = f(W_g) \qquad (5-46)$$

故式（5-45）可表示为

$$\overline{Q_g(t+\Delta t)}\Delta t = f(W_{rt}) \qquad (5-47)$$

$W_{\Delta t}$ 是 t 时刻河网蓄水量 W_{rt} 中的一部分，并随 W_{rt} 值增大而增大，两者间常有较密切的关系。因此，式（5-44）可改写为

$$\overline{Q(t+\Delta t)}\Delta t = f(W_{rt}) \qquad (5-48)$$

此式即为河网蓄水量法的基本关系式。根据式（5-48）建立的长江宜昌站枯季旬平均径流量预报方案如图 5-15（a）所示。图 5-15（b）、（c）分别是第 5 天和第 10 天的日平均流量预报方案，其关系式与式（5-48）不同，为

$$Q(t+\Delta t) = f(W_{rt}) \qquad (5-49)$$

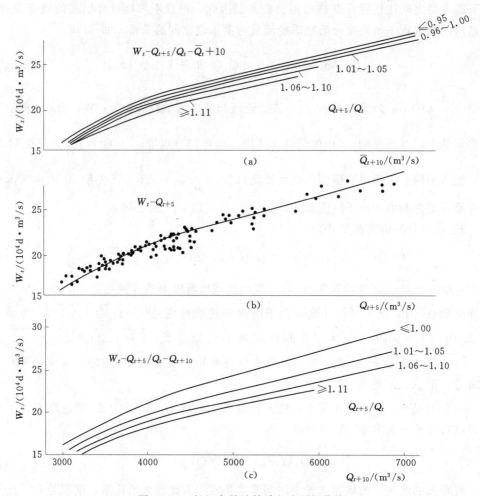

图 5 - 15　长江宜昌站枯季径流预报曲线

图 5 - 15 中参数 Q_{t+5}/Q_t 主要反映河网蓄水量的空间分布对预报值的影响。

5.5　水文预报精度评定[59]

水文预报包括洪水预报、水库及水利水电工程施工期预报、冰情及春汛预报、枯季径流预报等。受多种因素的影响，水文预报难免存在误差。因此，对水文预报精度优劣需要作出评定。下面主要介绍洪水预报精度评定，其他的参见文献 [61]。

水文预报的对象一般是江河、湖泊及水利工程控制断面的洪水要素，包括洪峰流量（水位）、洪峰出现时间、洪量（径流量）和洪水过程等。短期洪水预报有河段洪水预报、流域降雨径流预报和河段洪水预报与流域降雨径流预报两者的结合 3 种基本类型。

5.5.1　编制方案资料要求

洪水预报方案的可靠性取决于编制方案使用的水文资料的质量和代表性。洪水预

资源 5 - 9
《水文情报
预报规范》
简介

报方案要求使用样本数量不少于 10 年的水文气象资料，其中应包括大、中、小水各种代表性年份，并保证有足够代表性的场次洪水资料，湿润地区不少于 50 次，干旱地区不少于 25 次，当资料不足时，应使用所有年份洪水资料。对于代表性年份中大于样本洪峰中值的洪水资料应全部采用，不得随意舍弃。

洪水预报方案编制完成后，应进行精度评定和检验，衡量方案的可靠程度，确定方案的精度等级。方案的精度等级按合格率划分。精度评定必须用参与洪水预报方案编制的全部资料。精度检验应引用参与洪水预报方案编制的资料（参照国际通行的下限要求为 2 年，当资料充分时，应使用更多一些的资料）。

5.5.2 精度评定

洪水预报精度评定包括预报方案精度评定、作业预报的精度等级评定和预报时效等级评定等。评定的项目主要有洪峰流量（水位）、洪峰出现时间、洪量（径流量）和洪水过程等。

资源 5-10
水库入库流量
反推与考核

洪量（径流量）预报有不同的实现形式，在降雨径流预报中直接预报次洪水的径流量，在预报水库入库流量过程时，也就预报了入库流量，在预报河道洪水流量过程时，也就预报了洪水流量。洪水过程预报是指以固定时段长 Δt 采样，将洪水的变化过程预报出来，过程预报的特点是一次发布多种预见期（Δt，$2\Delta t$，$3\Delta t$，$\cdots$）的洪水要素预报。由于一次洪水过程预报包括多个不同预见期的水文要素预报，而预见期愈长预报误差一般也愈大，因此，评定过程的预报精度时，其精度都需与对应预见期联系起来，一般预报精度评定只对预见期内的预报结果有效，超过洪水预见期的预报结果不作精度评定。

5.5.2.1 误差指标

洪水预报误差指标采用绝对误差、相对误差及确定性系数 3 种。

绝对误差。水文要素的预报值减去实测值为预报误差，其绝对值为绝对误差。多个绝对误差值的平均值表示多次预报的平均误差水平。

相对误差。预报误差除以实测值为相对误差，以百分数表示。多个相对误差绝对值的平均值表示多次预报平均值相对误差水平。

确定性系数。洪水预报过程与实测过程之间的吻合程度可用确定性系数作为指标，按式（5-50）计算。

$$DC = 1 - \frac{\sum\limits_{i=1}^{n} \left[y_{ci} - y_{0i} \right]^2}{\sum\limits_{i=1}^{n} \left[y_{0i} - \overline{y_0} \right]^2} \tag{5-50}$$

式中：DC 为确定性系数（取两位小数）；y_c 为预报值，m^3/s；y_0 为实测值，m^3/s；$\overline{y_0}$ 为实测值的均值，m^3/s；n 为资料系列长度。

5.5.2.2 许可误差

许可误差是依据预报精度的使用要求和实际预报技术水平等综合确定的误差允许范围。由于洪水预报方法和预报要素的不同，对许可误差规定亦不同。

1. 洪峰预报许可误差

降雨径流预报以实测洪峰流量的 20％ 作为许可误差；河道流量（水位）预报以预见期内实测变幅的 20％ 作为许可误差。当流量许可误差小于实测值的 5％ 时，取流量实测值的 5％，当水位许可误差小于实测洪峰流量的 5％ 所相应的水位变幅度值或小于 0.10m 时，则以该值作为许可误差。

2. 峰现时间预报许可误差

峰现时间以预报根据时间至实测洪峰出现时间之间时距的 30％ 作为许可误差，当许可误差小于 3h 或一个计算时段长，则以 3h 或一个计算时段长作为许可误差。

3. 径流深预报许可误差

径流深预报以实测值的 20％ 作为许可误差，当该值大于 20mm 时，取 20mm；当小于 3mm 时，取 3mm。

4. 过程预报许可误差

过程预报许可误差规定有以下几项。

（1）取预见期内实测变幅 20％ 作为许可误差，当该流量小于实测值的 5％，水位许可误差小于相应流量的 5％ 对应的水位幅度值或小于 0.10m 时，则以该值作为许可误差。

（2）预见期内最大变幅的许可误差采用变幅均方差 $\sigma\Delta$，变幅为零的许可误差采用 $0.03\sigma\Delta$，其余变幅的许可误差按上述两值用直线内插法求出。

当计算水位许可误差 $\sigma\Delta > 1.00$m 时，取 1.00m，计算的 $0.3\sigma\Delta < 0.10$m 时，取 0.10m。算出流量许可误差 $0.3\sigma\Delta$ 小于实测流量的 5％ 时，即以该值作为许可误差。

变幅均方差用式（5-51）计算。

$$\sigma\Delta = \sqrt{\frac{\sum_{i=1}^{n}(\Delta_i - \overline{\Delta})^2}{n-1}} \qquad (5-51)$$

式中：Δ_i 为预报要素在预见期内的变幅，m；$\overline{\Delta}$ 为变幅的均值，m；n 为样本数；$\sigma\Delta$ 为变幅的方差。

5.5.2.3　预报项目精度评定

预报项目的精度评定规定有以下几项。

1. 合格预报

一次预报的误差小于许可误差时，为合格预报。合格预报次数与预报总数之比的百分数为合格率，表示多次预报总体的精度水平。合格率按式（5-52）计算。

$$QR = \frac{n}{m} \times 100\% \qquad (5-52)$$

式中：QR 为合格率（取 1 位小数）；n 为合格预报次数；m 为预报总次数。

2. 预报项目精度等级

预报项目的精度按合格率或确定性系数的大小分为 3 个等级，见表 5-6。

表 5-6   预 报 项 目 精 度 等 级 表

精度等级	甲	乙	丙
合格率/%	$QR \geqslant 85.0$	$85.0 > QR \geqslant 70.0$	$70.0 > QR \geqslant 60.0$
确定性系数	$DC > 0.90$	$0.90 \geqslant DC \geqslant 0.70$	$0.70 > DC \geqslant 0.50$

5.5.2.4 预报方案精度评定

1. 预报方案包含多个预报项目

当一个预报方案包含多个预报项目时，预报方案的合格率为各预报项目合格率的算术平均值。其精度等级仍按表 5-6 的规定确定。

2. 主要项目合格率低于各预报项目合格率的算术平均值

当主要项目的合格率低于各预报项目合格率的算术平均值时，以主要项目的合格率等级作为预报方案的精度等级。

5.5.2.5 作业预报精度评定

1. 作业预报精度评定方法

作业预报精度评定方法与预报方案精度评定方法相同。用预报误差与许可误差之比的百分数作为预报作业预报精度分级指标，划分的精度等级见表 5-7。

表 5-7   作 业 预 报 精 度 等 级 表

精度等级	优 秀	良 好	合 格	不合格
分级指标/%	分级指标≤25.0	25.0<分级指标≤50.0	50.0<分级指标≤100.0	分级指标>100.0

2. 洪峰预报时效性评定

洪峰预报时效用时效性系数描述，按式（5-53）计算。

$$CET = \frac{EPF}{TPF} \tag{5-53}$$

式中：CET 为时效性系数（取两位小数）；EPF 为有效预见期，指发布预报时间至本站洪峰出现的时距（取 1 位小数），h；TPF 为理论预见期，指主要降雨停止或预报依据要素出现至本站洪峰出现的时距（取 1 位小数），h。

当 $CET > 1.00$ 时为超前预报，它是在洪峰预报依据要素尚未出现时发布的洪峰预报。

经精度评定后，洪水预报方案精度达到甲、乙两个等级者，可用于正式发布预报；方案精度达到丙级者，可用于参考性预报；丙级以下者，只能用于参考性预报。洪峰预报时效等级见表 5-8。

表 5-8   洪 峰 预 报 时 效 等 级 表

时效等级	甲（迅速）	乙（及时）	丙（合格）
时效性系数	$CET \geqslant 0.95$	$0.95 > CET \geqslant 0.85$	$0.85 > CET \geqslant 0.70$

习　题

5-1　由实测资料摘录到某河段上、下游站相应洪峰水位及传播时间，如表 5-9 所列。要求：

（1）点绘相应洪峰水位及传播时间关系曲线。

（2）当已知该河段 8 月 10 日 8 时上游站洪峰水位 $Z_上 = 26.00\text{m}$ 时，求下游站的洪峰水位及其出现时间。

表 5-9　　　　　　某河段上、下游站相应洪峰水位及传播时间摘录

上游站洪峰水位				下游站洪峰水位				传播时间 τ /h
日　期			水位 /m	日　期			水位 /m	
月	日	时：分		月	日	时：分		
4	28	17：30	22.28	4	29	4：00	8.74	10.50
6	2	1：30	27.38	6	2	8：00	10.10	6.50
6	7	7：30	24.27	6	7	16：00	9.22	9.00
6	16	14：15	23.33	6	16	22：00	8.98	7.75
6	22	0：00	25.16	6	22	6：00	9.35	6.00
6	28	16：45	22.59	6	29	2：00	8.72	9.25
7	14	11：15	23.11	7	14	9：00	8.89	7.75

5-2　表 5-10 是一次复式洪水过程的计算结果。其中 $Q(t)$ 表示实测洪水过程，$QC(t)$ 表示计算洪水过程。假设该次洪水可以采用自回归模型进行修正，试确定 2 阶自回归模型的参数并计算修正后的流量。

表 5-10　　　　　　一次复式洪水过程　　　　　　单位：m^3/s

时序	$Q(t)$	$QC(t)$	时序	$Q(t)$	$QC(t)$	时序	$Q(t)$	$QC(t)$
1	732	877	13	1090	1600	25	2600	2590
2	1150	1080	14	1020	1630	26	2490	2600
3	1550	1290	15	1050	1680	27	2550	2630
4	1850	1530	16	1080	1650	28	2580	2670
5	2140	1810	17	1160	1690	29	2580	2520
6	2370	1950	18	1220	1650	30	2360	2530
7	2170	2010	19	1220	1710	31	2190	2480
8	1900	1880	20	1460	1900	32	2070	2380
9	1650	1730	21	1630	2290	33	2000	2320
10	1450	1630	22	2020	2410	34	1980	2250
11	1340	1580	23	2450	2580	35	1970	2220
12	1250	1560	24	2660	2600	36	1860	2180

时序	$Q(t)$	$QC(t)$	时序	$Q(t)$	$QC(t)$	时序	$Q(t)$	$QC(t)$
37	1740	2060	46	1440	1660	55	811	930
38	1650	1940	47	1340	1540	56	722	931
39	1570	1840	48	1250	1450	57	760	956
40	1480	1780	49	1150	1340	58	755	979
41	1390	1690	50	1080	1250	59	738	1010
42	1400	1630	51	1010	1150	60	723	980
43	1550	1720	52	954	1050	61	697	947
44	1610	1740	53	902	975			
45	1530	1680	54	864	948			

第6章

水文统计

6.1 概　述

水文现象是一种自然现象，它具有必然性的一面，也具有偶然性的一面。

必然现象是指在一定条件下事物在发展、变化中必然会出现的现象。例如，流域上的降水或融雪必然沿着流域的不同路径流入河流、湖泊或海洋，形成径流。这是一种必然的结果。

偶然现象是指在一定条件下事物在发展、变化中可能出现也可能不出现的现象。如上所述，降水必然形成径流，但是，河流上任一断面的流量每年每月都不相同，属于偶然现象，或称随机现象。统计学的任务就是要从偶然现象中揭露事物的规律。这种规律需要从大量的随机现象中统计出来，称为统计规律。

研究随机现象统计规律的学科称为概率论，而由随机现象的一部分试验资料去研究总体现象的数字特征和规律的学科称为数理统计学。概率论与数理统计学是密切相连的，数理统计学必须以概率论为基础，概率论往往把由数理统计所揭露的事实提高到理论认识。

水文统计的任务就是研究和分析水文随机现象的统计变化特性，并以此为基础对水文现象未来可能的长期变化做出在概率意义上的定量预估，以满足工程规划、设计、施工以及运营期间的需要。例如，在流域上设计一个水库，为保证水库防洪安全，就必须了解水库运营期内可能发生的最大洪水。水库运营期一般在 100 年以上，要预测这么长时期内可能发生的最大洪水，显然成因分析法是不可能的。在这种情况下，只能以水文统计方法加以研究。具体来说就是凭借较长时期观测的洪水资料，探索洪水统计变化规律（以概率分布曲线表示），由此估计出在水库运营期内可能出现的洪水（概率预测），作为水库防洪安全设计的重要依据。

本章将简要回顾事件、概率、频率、概率加法定理和乘法定理等概率的基本概念，随机变量及其概率分布和均值、均方差、变差系数、偏态系数等统计参数，在扼要介绍正态分布的基础上，着重论述我国水文频率计算所采用的皮尔逊Ⅲ型（简称 P-Ⅲ型）频率曲线及其参数估计方法，如矩法和适线法等，最后重点介绍相关关系的概念、简单直线相关、曲线选配等相关分析内容。

6.2 概率的基本概念

6.2.1 事件

在概率论中，对随机现象的观测或观察叫作随机试验，随机试验的结果称为事件。事件可以是数量性质的，例如河流某断面处最大洪峰流量值；也可以是属性性质的，例如刮风、下雨等。事件可以分为以下 3 种。

（1）必然事件。在每次试验中一定会出现的事件叫做必然事件。例如，长江汉口站年最大洪峰大于零、每年都存在汛期或非汛期等，这是必然事件。

（2）不可能事件。在任何一次试验中都不会出现的事件叫做不可能事件。例如，流域内普遍连续降雨而河道出口处水位下降、某地年降水天数超过 365 天（一年按 365 天计）等，这是不可能事件。

（3）随机事件。在一次随机试验中可能出现也可能不出现的事件称为随机事件。例如，河流某断面每年出现的最大洪峰可能大于某一个数值，也可能小于某一个数值，事先不能确定，这是随机事件。随机事件通常用 A，B，C，… 表示，简称为事件。

6.2.2 概率

一定条件下，随机事件在试验中可能出现也可能不出现，但不同随机事件其出现的可能性大小可能不相同。为了了解随机事件出现的可能性大小，必须要有个数量标准，这个数量标准就是随机事件的概率。

随机事件的概率可由式（6-1）计算。

$$P(A) = \frac{k}{n} \tag{6-1}$$

式中：$P(A)$ 为在一定条件组合下，出现随机事件 A 的概率；k 为出现事件 A 的结果数；n 为在试验中所有可能出现的结果数。

显然，必然事件的概率等于 1，不可能事件的概率等于 0，随机事件的概率介于 0 与 1 之间。

式（6-1）只适用于古典型随机试验，即试验的所有可能结果都是等可能的，且试验可能结果的总数是有限的。事实上，水文事件不一定具备这种性质。为了计算在一般情况下随机事件的概率，下面介绍随机事件频率的概念。

6.2.3 频率

设随机事件 A 在重复 n 次试验中出现了 m 次，则称 $P(A)$ 为事件 A 在 n 次试验中出现的频率。

$$P(A) = \frac{m}{n} \tag{6-2}$$

当试验次数 n 不大时，事件的频率有明显的随机性，但当试验次数足够大时，事件 A 出现的频率具有一定的稳定性。随着试验的无限增大，事件的频率稳定在某一个数附近，此时频率趋于概率。正因如此，对于水文现象，可以将频率作为概率的近似值。

6.2.4 概率加法定理和乘法定理

对于 A 和 B 两个事件，若 A 与 B 不能同时发生，则称 A 与 B 为互斥事件。例如，掷一颗骰子观察朝上一面点数，掷一次只能得一种点数，其余五种点数都不可能

出现。如两个事件彼此互斥，则两事件之和出现的概率等于这两个事件的概率之和，即

$$P(A+B)=P(A)+P(B) \tag{6-3}$$

式中：$P(A+B)$ 为实现事件 A 或事件 B 的概率；$P(A)$ 为事件 A 的概率；$P(B)$ 为事件 B 的概率。

例如，一颗骰子投掷一次，出现 1 点（记为事件 A）或 2 点（记为事件 B）的概率为

$$P(A+B)=P(A)+P(B)=\frac{1}{6}+\frac{1}{6}=\frac{1}{3}$$

对于任意的两个事件 A 和 B，则有

$$P(A+B)=P(A)+P(B)-P(AB)$$

若 A、B 是随机试验 S 的两个事件，在事件 A 发生的前提下，事件 B 发生的概率称为事件 B 在条件 A 下事件 B 的条件概率，记作 $P(B|A)$。

例如，在上游某支流发生洪峰的条件下，要预报下游站发生最大洪峰的可能性，便是条件概率问题。

由此可以推证，两事件积的概率，等于其中一事件的概率乘以另一事件在已知前一事件发生条件下的条件概率，即

$$P(AB)=P(A)P(B|A),P(A)\neq 0$$
$$P(AB)=P(B)P(A|B),P(B)\neq 0$$

例如，设 100 件产品中，有 5 件次品，任意从中抽取一件不放回，再从中抽取一件，求解两次抽取都是合格产品的概率。

设 A 为第一次抽得合格产品的事件，B 为第二次抽得合格产品的事件，则

$$P(A)=\frac{95}{100}$$

由于第一次抽得的一件合格产品未放回，故第二次抽取时产品总数应该是 $100-1=99$，合格产品数应该是 $95-1=94$，故

$$P(B|A)=\frac{94}{99}$$

则

$$P(AB)=P(A)P(B|A)=\frac{95}{100}\times\frac{94}{99}=0.902$$

上面是就条件概率来说的，如果两个事件是相互独立的，即任一事件的发生不影响另一事件发生的概率，则

$$P(A|B)=P(A)$$

或

$$P(B|A)=P(B)$$

由此推得，两个独立事件共同出现的概率 $P(AB)$ 等于这些事件各自出现概率的乘积，即

$$P(AB)=P(A)P(B) \tag{6-4}$$

例如，一颗骰子连掷 2 次，求两次均得 1 点的概率。设 A 与 B 分别为第一、二

次掷骰子出现 1 点，由于 A 与 B 相互独立，故两次均得 1 点的概率为

$$P(AB)=P(A)P(B)=\frac{1}{6}\times\frac{1}{6}=\frac{1}{36}$$

6.3 随机变量及其概率分布

概率论的重要基本概念，除事件、概率外，还有随机变量。

6.3.1 随机变量

随机试验的结果一般为一个数量。若结果不是数量，也可通过适当方式转换为用数量表示。这样的量随着试验的重复可以取得不同的数值，而且带有随机性，我们称这样的变量为随机变量。简言之，随机变量是在随机试验中测量到的数量。水文现象中的随机变量一般是指某种水文特征值，如某水文站的年径流、洪峰流量等。

随机变量可分为两大类型：离散型随机变量和连续型随机变量。

（1）离散型随机变量。若随机变量仅能取得有限个数值或可列的无限个数值，则称为离散型随机变量。例如，掷一颗骰子，出现的点数只可能取得 1、2、3、4、5、6 共 6 种数值，这些"出现点数"就是随机变量。

（2）连续型随机变量。若随机变量可以取得一个有限连续区间或无限连续区间的任何数值，则称此随机变量为连续型随机变量。例如，河流水文站的流量和水位，可以在 0 和极限值之间变化，因而它们可以是 0 与极限值之间的任何数值。

6.3.2 随机变量的概率分布

随机变量可以取得所有可能值中的任何一个值。例如，随机变量 X 可能取 x_1，也可能取 x_2，x_3，…，但是取某一可能值的机会是不同的，有的机会大，有的机会小。所以，随机变量的取值与其概率有一定的对应关系，一般将这种关系称为随机变量的概率分布。对离散型随机变量，其概率分布一般以分布列表示，即：

资源 6-3
密度和分
布函数关系
视频显示

X	x_1	x_2	…	x_m	…
$P(X=x_m)$	p_1	p_2	…	p_m	…

其中，p_m 为随机变量 X 取值 $x_m(m=1,2,\cdots)$ 的概率。它满足下列两个条件。

（1）$p_m\geqslant0(m=1,2,\cdots)$。

（2）$\sum\limits_{m=1}^{\infty}p_m=1$。

对连续型随机变量而言，由于它的所有可能取值有无限多个，而取某一个值的概率为零。因此，无法研究个别值的概率，只能研究某个区间的概率，或研究事件 $X\geqslant x$ 的概率、$X\leqslant x$ 的概率。水文学习惯研究事件 $X\geqslant x$ 的概率及其分布。

事件 $X\geqslant x$ 的概率 $P(X\geqslant x)$ 随着随机变量取值 x 而变化，所以 $P(X\geqslant x)$ 是 x 的函数，这个函数称为随机变量 X 的分布函数，记为 $F(x)$，即

$$F(x)=P(X\geqslant x) \tag{6-5}$$

$F(x)$ 代表随机变量 X 大于或等于某一取值 x 的概率。其几何图形如图 6-1 (b) 所示，图中纵坐标表示变量 x，横坐标表示概率分布函数值 $F(x)$，在数学上称此为随机变量的概率分布曲线，而在水文学上通常称为随机变量的累积频率曲线，简称频率曲线。

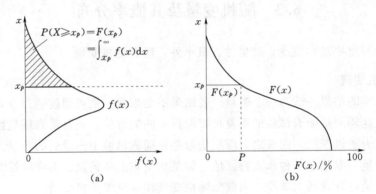

图 6-1 随机变量的概率密度函数和概率分布函数
(a) 概率密度函数；(b) 概率分布函数

在图 6-1 (b) 中，当 $X=x_p$ 时，由分布曲线上查得 $F(x)=P(X \geqslant x_p)=P$，这说明随机变量大于或等于 x_p 的可能性是 $P(\%)$。

由概率加法定理，随机变量 X 落在区间 $[x, x+\Delta x)$ 内的概率，可用式 (6-6) 表示

$$P(x+\Delta x > X \geqslant x) = F(x) - F(x+\Delta x) \tag{6-6}$$

从式 (6-6) 可知，随机变量 X 落入区间 $[x, x+\Delta x)$ 的概率与区间长度 Δx 之比值为 $\dfrac{F(x)-F(x+\Delta x)}{\Delta x}$；这表示 X 落入区间 $[x, x+\Delta x)$ 的平均概率，而

$$\lim_{\Delta x \to 0} \frac{F(x)-F(x+\Delta x)}{\Delta x} = -\lim_{\Delta x \to 0} \frac{F(x+\Delta x)-F(x)}{\Delta x} = -F'(x) \tag{6-7}$$

$F'(x)$ 为分布函数 $F(x)$ 的一阶导数。

令

$$f(x) = -F'(x) = \frac{-\mathrm{d}F(x)}{\mathrm{d}x} \tag{6-8}$$

$f(x)$ 为分布函数导数的负值，刻画了密度的性质，称为概率密度函数，或简称密度函数。密度函数 $f(x)$ 的几何曲线称为密度曲线，如图 6-1 (a) 所示。

实际上，分布函数与密度函数是微分与积分的关系，因此，如果已知 $f(x)$，便可通过积分求出 $F(x)$，即

$$F(x) = P(X \geqslant x) = \int_x^\infty f(x)\mathrm{d}x \tag{6-9}$$

其对应关系如图 6-1 所示。

下面通过一个实例进一步具体说明概率密度曲线和分布曲线的意义。

表 6-1   某站年降水量分组频率计算表

年降水量/mm 分组组距 $\Delta x = 200mm$		次数 /年		频率 /%		组内平均频率密度 $\dfrac{\Delta P}{\Delta x}$
组上限值	组下限值	组内	累积	组内 ΔP	累积 P	/(1/mm)
(1)	(2)	(3)	(4)	(5)	(6)	(7)
2299.9	2100	1	1	1.6	1.6	0.000080
2099.9	1900	2	3	3.2	4.8	0.000160
1899.9	1700	3	6	4.8	9.6	0.000240
1699.9	1500	7	13	11.3	20.9	0.000565
1499.9	1300	13	26	21.0	41.9	0.001050
1299.9	1100	18	44	29.1	71.0	0.001455
1099.9	900	15	59	24.2	95.2	0.001210
899.9	700	2	61	3.2	98.4	0.000160
699.9	500	1	62	1.6	100.0	0.000080
合计		62		100.0		

　　某站测得 62 年年降水量资料，将这 62 年年降水量数值按大小分组，统计计算各组出现的次数、频率、累积次数、累积频率及组内平均频率密度（表 6-1）。第（3）栏为各组内出现的次数。第（4）栏为将第（3）栏自上而下逐组累加的次数，它表示年降水量大于或等于该组下限值 x 出现的次数。第（5）、（6）栏是分别将第（3）、（4）栏相应各数值除以总次数 62，即换算为相应的频率。第（7）栏是将第（5）栏的组内频率 ΔP，再除以组距 Δx（本例为 200mm），它表示频率沿 x 轴上各组所分布的密集程度。

　　以第（7）栏各组的平均频率密度值 $\Delta P/\Delta x$ 为横坐标，以年降水量 x（各组下限值）为纵坐标，按组绘成直方图 [图 6-2（a）]。各个长方形面积表示各组的频率，所有长方形面积之和等于 1。这种频率密度随着随机变量取值 x 而变化的图形，称为频率密度图。频率密度值的分布情况，一般是沿纵轴 x 轴数值的中间区段大，而上下两端逐渐减小。如果资料年数无限增多，分组组距无限缩小，频率密度直方图就会变成光滑的连续曲线，频率趋于概率，则称为随机变量的概率密度曲线（概率密度函数），如图 6-2（a）中虚线所示铃形曲线。

　　以第（6）栏的累积频率 P 为横坐标，以年降水量的各组下限值 x 为纵坐标，绘成如图 6-2（b）所示的实折线，表示大于或等于 x 的频率随着随机变量取值 x 而变化的图形，称为频率分布图。同样，如资料年数无限增多，组距无限缩小，实折线就会变成 S 形的光滑连续曲线如图 6-2（b）虚线所示，频率趋于概率，则称为随机变量的概率分布曲线（概率分布函数）。

　　上述的说明只是为便于初学者理解，而实践中并不作这样复杂的计算。这一点望读者予以注意。生产实际中推求分布曲线的方法将在下面详细讨论。

资源 6-4
几种水文
统计分布
曲线

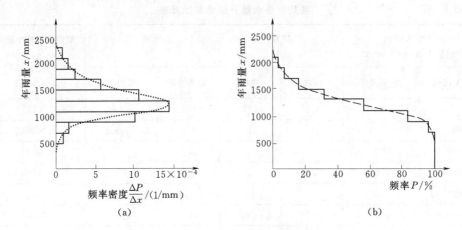

图 6-2　某站年降水量频率密度图和频率分布图

(a) 频率密度图；(b) 频率分布图

6.3.3　随机变量的统计参数

从统计数学的观点来看，随机变量的概率分布曲线或分布函数较完整地描述了随机现象，然而在许多实际问题中，随机变量的分布函数不易确定，或有时不一定都需要用完整的形式来说明随机变量，而只要知道个别代表性的数值，能说明随机变量的主要特征就够了。例如，某地的年降水量是一个随机变量，各年的降水量不同，具有一定的概率分布曲线，若要了解该地年降水量的概括情况，就可以用多年平均年降水量这个数量指标来反映。这种能说明随机变量的统计规律的某些数字特征，称为随机变量的统计参数。

水文现象的统计参数反映其基本的统计规律，能概括水文现象的基本特性和分布特点，也是频率曲线估计的基础。

统计参数有总体统计参数与样本统计参数之分。所谓总体是某随机变量所有取值的全体，样本则是从总体中任意抽取的一个部分，样本中所包括的项数则称为样本容量。水文现象的总体通常是无限的，它是指自古迄今以至未来长远岁月所有的水文系列。显然，水文随机变量的总体是不知道的，只能靠有限的样本观测资料去估计总体的统计参数或总体的分布规律。也就是说，由样本统计参数来估计总体统计参数。水文计算中常用的样本统计参数有如下几种。

6.3.3.1　均值

设某水文变量的观测系列（样本）为 x_1，x_2，$\cdots$，x_n，则其均值为

$$\overline{x} = \frac{x_1 + x_2 + \cdots + x_n}{n} = \frac{1}{n} \sum_{i=1}^{n} x_i \qquad (6-10)$$

均值表示系列的平均情况，可以说明这一系列总水平的高低。例如，甲河多年平均流量 $\overline{Q}_{甲} = 2460 \text{m}^3/\text{s}$，乙河多年平均流量 $\overline{Q}_{乙} = 20.1 \text{m}^3/\text{s}$，说明甲河的水量比乙河丰富。均值不但是频率曲线分布的一个重要参数，而且是水文现象的一个重要特征值。

式（6-10）两边同除以 $\overline{x}$，则得

$$\frac{1}{n}\sum_{i=1}^{n}\frac{x_i}{\overline{x}}=1$$

式中：$\dfrac{x_i}{\overline{x}}$ 为模比系数，常用 K_i 表示。

由此可得

$$\overline{K}=\frac{K_1+K_2+\cdots+K_n}{n}=\frac{1}{n}\sum_{i=1}^{n}K_i=1 \qquad (6-11)$$

式（6-11）说明，当我们把变量 X 的系列用其相对值即用模比系数 K 的系列表示时，则其均值等于 1，这是水文统计中的一个重要特征。

6.3.3.2　均方差

从以上分析可知，均值能反映系列中各变量的平均情况，但不能反映系列中各变量值离散的程度。例如，有两个系列：

第一系列：5，10，15；

第二系列：1，10，19。

这两个系列的均值相同，都等于 10，但其离散程度很不相同。直观地看，第一系列只变化于 5～15，而第二系列的变化范围则增大到 1～19。

研究离散程度是以均值为中心来考查的。因此，离散特征参数可用相对于分布中心的离差来计算。设以平均数 $\overline{x}$ 代表分布中心，随机变量与分布中心的离差为 $x-\overline{x}$。因为随机变量的取值有些是大于 $\overline{x}$ 的，有些是小于 $\overline{x}$ 的，故离差有正有负，其平均值为零。为了使离差的正值和负值不致相互抵消，一般取 $(x-\overline{x})^2$ 的平均值的开方作为离散程度的计量标准，并称为均方差，也称标准差，即

$$\sigma=\sqrt{\frac{\sum_{i=1}^{n}(x_i-\overline{x})^2}{n}} \qquad (6-12)$$

均方差取正号，它的单位与 x 相同。不难看出，如果各变量取值 x_i 距离 $\overline{x}$ 较远，则 σ 大，即此变量分布较分散；如果 x_i 离 $\overline{x}$ 较近，则 σ 小，变量分布比较集中。

按式（6-12）计算出上述两个系列的均方差为：$\sigma_1=4.08$，$\sigma_2=7.35$。显然它能说明第二系列离散程度更大。

6.3.3.3　变差系数

均方差虽然能说明系列的离散程度，但对均值不同的两个系列，用均方差来比较其离散程度就不合适了。例如，有两个系列：

第一系列：5，10，15，$\overline{x}=10$；

第二系列：995，1000，1005，$\overline{x}=1000$。

按式（6-12）计算它们的均方差 σ 都等于 4.08，说明这两系列的绝对离散程度是相同的，但因其均值一个是 10，另一个是 1000，它们对均值的相对离散程度就很不相同了。可以看出，第一系列中的最大值和最小值与均值之差都是 5，这相当于均值的 $5/10=1/2$；而在第二系列中，最大值和最小值与均值之差虽然也都是 5，但只相当

于均值的 5/1000＝1/200，在近似计算中，这种差距甚至可以忽略不计。

为了克服以均方差衡量系列离散程度的这种缺点，数理统计中用均方差与均值之比作为衡量系列相对离差程度的一个参数，称为变差系数（C_v），又称离差系数或离势系数。变差系数为一无因次的数，用小数表示，其计算式为

$$C_v = \frac{\sigma}{\overline{x}} = \sqrt{\frac{\sum\limits_{i=1}^{n}(K_i - 1)^2}{n}} \qquad (6\text{-}13)$$

从式（6-13）可以看出，变差系数 C_v 可以理解为变量 X 换算成模比系数 K 以后的均方差。

在上述两系列中，第一系列的 $C_v = \dfrac{4.08}{10} = 0.408$，第二系列的 $C_v = \dfrac{4.08}{1000} = 0.00408$，这就说明第一系列的离散程度远比第二系列的大。

对水文现象来说，C_v 的大小反映了河川径流在多年中的变化情况。例如，由于南方河流水量充沛，丰水年和枯水年的年径流相对来说变化较小，所以南方河流的 C_v 一般比北方河流要小。

6.3.3.4　偏态系数

变差系数只能反映系列的离散程度，它不能反映系列在均值两边的对称程度。在水文统计中，主要采用偏态系数 C_s 作为衡量系列不对称（偏态）程度的参数，其计算式为

$$C_s = \frac{\dfrac{\sum\limits_{i=1}^{n}(x_i - \overline{x})^3}{n}}{\sigma^3} = \frac{\sum\limits_{i=1}^{n}(x_i - \overline{x})^3}{n\sigma^3} \qquad (6\text{-}14)$$

式（6-14）右端的分子、分母同除以 $\overline{x}^3$，得

$$C_s = \frac{\sum\limits_{i=1}^{n}(K_i - 1)^3}{nC_v^3} \qquad (6\text{-}15)$$

偏态系数也为一无因次数。当系列对于 $\overline{x}$ 对称时，$C_s = 0$，此时随机变量大于均值与小于均值的出现机会相等，亦即均值所对应的频率为 50%。当系列对于 $\overline{x}$ 不对称时，$C_s \neq 0$，其中，若正离差的立方占优势，$C_s > 0$，称为正偏；若负离差的立方占优势，$C_s < 0$，称为负偏。正偏情况下，随机变量大于均值比小于均值出现的机会小，亦即均值所对应的频率小于 50%，负偏情况下则刚好相反。

例如，有一个系列：300、200、185、165、150，其均值 $\overline{x} = 200$，均方差 $\sigma = 52.8$，按式（6-15）计算得 $C_s = 1.59 > 0$，属正偏情况。从该系列可以看出，大于均值的只有 1 项，小于均值的则有 3 项，但 C_s 却大于 0，这是因为大于均值的项数虽少，其值却比均值大得多，离差的三次方就更大；而小于均值的各项离差的绝对值都比较小，三次方所起的作用不大。

有关上述概念如从总体分布的密度曲线来看，就会更加清楚。如图 6-3 所示，

曲线下的面积以均值 $\bar{x}$ 为界，对 $C_s=0$，左边等于右边；对 $C_s>0$，左边大于右边；对 $C_s<0$，左边则小于右边。

对于总体统计参数，通常用 EX 或 $E(X)$ 表示均值（或称数学期望），而离势系数及偏态系数仍用 C_v 和 C_s 表示。

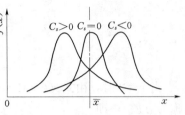

图 6-3 C_s 对密度曲线的影响

6.3.3.5 矩

以上所述参数，均可以用矩来表示。矩的概念及其计算在水文计算中经常遇到，所以这里有必要作概括的介绍。

矩在力学中广泛地用来描述质量的分布（静力矩、惯性矩），而在统计学中常用来描述随机变量的分布特征。矩可分为原点矩和中心矩两种。

1. 原点矩

随机变量 X 对原点离差的 r 次幂的数学期望 $E(X^r)$，称为随机变量 X 的 r 阶原点矩，以符号 m_r 表示，即

$$m_r=E(X^r) \qquad (r=0,1,2,\cdots,n)$$

对离散型随机变量，r 阶原点矩为

$$m_r=E(X^r)=\sum_{i=1}^{n}x_i^r P_i \qquad (6-16)$$

对连续型随机变量，r 阶原点矩为

$$m_r=E(X^r)=\int_{-\infty}^{\infty}x^r f(x)\mathrm{d}x \qquad (6-17)$$

当 $r=0$ 时，$m_0=E(X^0)=\sum_{i=1}^{n}P_i=1$，即零阶原点矩就是随机变量所有可能取值的概率之和，其值等于 1。

当 $r=1$ 时，$m_1=E(X^1)$，即一阶原点矩就是数学期望，也就是算术平均数。

2. 中心矩

随机变量 X 对分布中心 $E(X)$ 离差的 r 次幂的数学期望 $E\{[X-E(X)]^r\}$，称为 X 的 r 阶中心矩，以符号 μ_r 表示，即

$$\mu_r=E\{[X-E(X)]^r\}$$

对离散型随机变量，r 阶中心矩为

$$\mu_r=E\{[X-E(X)]^r\}=\sum_{i=1}^{n}[x_i-E(X)]^r p_i \qquad (6-18)$$

对连续性随机变量，r 阶中心矩为

$$\mu_r=E\{[X-E(X)]^r\}=\int_{-\infty}^{\infty}[X-E(X)]^r f(x)\mathrm{d}x \qquad (6-19)$$

显然，零阶中心矩为 1，一阶中心矩为零，即

$$\mu_0=\int_{-\infty}^{\infty}[x-E(X)]^0 f(x)\mathrm{d}x=\int_{-\infty}^{\infty}f(x)\mathrm{d}x=1$$

及

$$\mu_1 = \int_{-\infty}^{\infty} [x - E(X)] f(x) \mathrm{d}x$$

$$= \int_{-\infty}^{\infty} x f(x) \mathrm{d}x - E(X) \int_{-\infty}^{\infty} f(x) \mathrm{d}x$$

$$= E(X) - E(X) = 0$$

当 $r = 2$ 时，由式（6-12）可知，随机变量 X 的二阶中心矩就是标准差的平方（称为方差），即

$$\mu_2 = E\{[X - E(X)]^2\} = \sigma^2$$

当 $r = 3$ 时，$\mu_3 = E\{[X - E(X)]^3\}$。由式（6-15）可知，$C_s = \mu_3 / \sigma^3$。

这样，我们就非常清楚地看到，均值、离势系数和偏态系数都可用各种矩来表示。

必须说明，在统计分析时，有时需要由原点矩推求中心矩，有时则需由中心矩推求原点矩。它们之间的关系可以按照基本定义推求出来。

6.4 水 文 频 率 计 算

6.4.1 分布线型

水文频率计算的两个基本内容包括分布线型及参数估计。下面主要介绍我国水文计算中常用的一些分布线型及参数估计方法。

连续型随机变量的分布是以概率密度曲线和分布曲线来表示的，这些分布在数学上有很多类型。我国水文计算中常用的有正态分布、皮尔逊Ⅲ型分布及对数正态分布等。

SL 44—2006《水利水电工程设计洪水计算规范》规定，频率曲线的线型一般应采用皮尔逊Ⅲ型，特殊情况，经分析论证后可采用其他线型。为此，本节以论述皮尔逊Ⅲ型频率曲线为主，并扼要介绍正态分布。

6.4.1.1 正态分布

自然界中许多随机变量如水文测量误差、抽样误差等一般服从或近似服从正态分布。正态分布具有如下形式的概率密度函数。

$$f(x) = \frac{1}{\sigma \sqrt{2\pi}} \mathrm{e}^{-\frac{(x-a)^2}{2\sigma^2}} \qquad (-\infty < x < +\infty) \qquad (6-20)$$

式中：a 为平均数（总体均值 EX）；σ 为标准差；e 为自然对数的底。

正态分布的密度曲线有以下 3 个特点。

（1）单峰。

（2）关于均值 a 对称，即 $C_s = 0$。

（3）曲线两端趋于无限，并以 x 轴为渐近线。

式（6-20）只包含两个参数，即均值 a 和均方差 σ。因此，若某个随机变量服从正态分布，只要求出它的 a 和 σ 值，则分布便可确定。

可以证明，正态分布曲线在 $a \pm \sigma$ 处出现拐点，并且

$$P_\sigma = \frac{1}{\sigma\sqrt{2\pi}} \int_{\bar{x}-\sigma}^{\bar{x}+\sigma} e^{-\frac{(x-a)^2}{2\sigma^2}} \, dx = 0.683 \tag{6-21}$$

$$P_\sigma = \frac{1}{\sigma\sqrt{2\pi}} \int_{\bar{x}-3\sigma}^{\bar{x}+3\sigma} e^{-\frac{(x-a)^2}{2\sigma^2}} \, dx = 0.997 \tag{6-22}$$

正态分布的密度曲线与 x 轴所围成的面积应等于 1。由式（6-21）和式（6-22）可以看出，$a \pm \sigma$ 区间所对应的面积占全面积的 68.3%，$a \pm 3\sigma$ 区间所对应的面积占全面积的 99.7%，如图 6-4 所示。

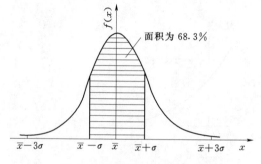

图 6-4 正态分布密度曲线

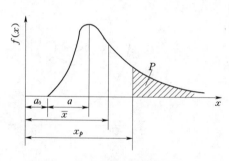

图 6-5 皮尔逊Ⅲ型概率密度曲线

6.4.1.2 皮尔逊Ⅲ型分布（P-Ⅲ型分布）

英国生物学家皮尔逊通过很多资料的分析研究，提出一种概括性的曲线族，包括 13 种分布曲线，其中第Ⅲ型曲线被引入水文计算中，成为当前水文计算中常用的频率曲线。

皮尔逊Ⅲ型曲线是一条一端有限、一端无限的不对称单峰曲线（图 6-5），数学上称为伽马分布，其概率密度函数为

$$f(x) = \frac{\beta^\alpha}{\Gamma(\alpha)}(x-a_0)^{\alpha-1} e^{-\beta(x-a_0)} \tag{6-23}$$

式中：$\Gamma(\alpha)$ 为 α 的伽玛函数；α、β、a_0 为皮尔逊Ⅲ型分布的形状、尺度和位置参数，$\alpha > 0$，$\beta > 0$。

显然，α、β、a_0 确定以后，该密度函数也随之确定。可以推证，这 3 个参数与总体的 3 个统计参数 EX、C_v、C_s 具有下列关系。

$$\left.\begin{array}{l} \alpha = \dfrac{4}{C_s^2} \\[2mm] \beta = \dfrac{2}{EX C_v C_s} \\[2mm] a_0 = EX\left(1 - \dfrac{2C_v}{C_s}\right) \end{array}\right\} \tag{6-24}$$

资源 6-5
P-Ⅲ分布
密度函数
曲线演示

皮尔逊Ⅲ型密度曲线的形状主要决定于参数 C_s（或 α），从图 6-6 可以区分为以下 4 种形状。

（1）当 $0<\alpha<1$，即 $2<C_s<\infty$ 时，密度曲线呈乙形，以 x 轴和 $x=b$ 直线为渐近线。如图 6-6（a）所示。

（2）当 $\alpha=1$，即 $C_s=2$ 时，密度曲线退化为指数曲线，仍呈乙形，但左端截至在曲线起点，右端仍伸到无限，如图 6-6（b）所示。

（3）当 $1<\alpha<2$，即 $\sqrt{2}<C_s<2$ 时，密度曲线呈铃形，左端截至在曲线起点，且在该处与直线 $x=b$ 相切，右端无限，如图 6-6（c）所示。

（4）当 $\alpha>2$，即 $C_s<\sqrt{2}$ 时，密度曲线呈铃形，起点处曲线与 x 轴相切，右端无限，如图 6-6（d）所示。

以上各种形状的曲线是对正偏而言的。

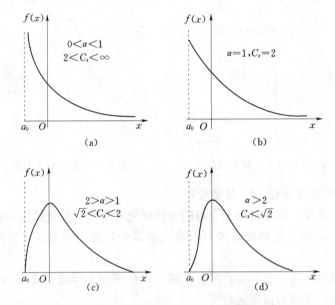

图 6-6 皮尔逊Ⅲ型密度曲线形状变化图

水文计算中，一般需求出指定频率 p 所对应的随机变量 x_p，这要通过对密度曲线进行积分，求出等于或大于 x_p 的累计频率 p 值，即

$$P=P(x \geqslant x_p)=\int_{x_p}^{\infty} \frac{\beta^{\alpha}}{\Gamma(\alpha)}(x-a_0)^{\alpha-1} e^{-\beta(x-a_0)} dx \qquad (6-25)$$

直接由式（6-25）计算 P 值非常麻烦，实际做法是通过变量转换，根据拟定的 C_s 值进行积分，并将成果制成专用表格，从而使计算工作大大简化。

令

$$\varphi=\frac{x-EX}{EXC_v} \qquad (6-26)$$

则有

$$x=EX(1+C_v\varphi) \qquad (6-27)$$

$$\mathrm{d}x = EXC_v \mathrm{d}\varphi \qquad (6-28)$$

φ 是标准化变量，称为离均系数，φ 的均值为零，标准差为 1。这样经标准化变化后，将式（6-27）、式（6-28）代入式（6-25），简化后可得

$$P(\varphi \geqslant \varphi_p) = \int_{\varphi_p}^{\infty} f(\varphi, C_s) \mathrm{d}\varphi \qquad (6-29)$$

式（6-29）中被积函数只含有一个待定参数 C_s，其他两个参数 EX 和 C_v 都包括在 φ 中，因而只要假定一个 C_s 值，便可从式（6-29）通过积分求出 P 和 φ 之间的关系。C_s、P 和 φ_p 的对应数值表见附录 1。

在进行频率计算时，由样本估计出的 C_s 值，查 φ 值表得出不同 P 的 φ_p 值，然后利用估计出的 $\overline{x}$、C_v 值，通过式（6-27）即可求出与各种 p 相应的 x_p 值，从而可绘出频率曲线。如何求得皮尔逊Ⅲ型分布曲线的参数 $\overline{x}$、C_v 和 C_s，是下面讨论的参数估计问题。

6.4.2 参数估计

在概率分布函数中都含有一些表示分布特征的参数，例如皮尔逊Ⅲ型分布曲线中就包含有 EX、C_v、C_s 3 个参数。水文频率曲线线型选定之后，为了具体确定出概率分布函数，就得估计出这些参数。由于水文现象的总体通常是无限的，我们无法取得，这就需要用有限的样本观测资料去估计总体分布线型中的参数，故称为参数估计。

由样本估计总体参数的方法很多，例如矩法、概率权重矩法、线性矩法、权函数法以及适线法等。在一般情况下，这些方法各有其特点，均可独立使用。但是在我国工程水文计算中通常采用适线法，而其他方法估计的参数，一般作为适线法的初估值。

6.4.2.1 矩法

矩法是用样本矩估计总体矩，并通过矩和参数之间的关系，来估计频率曲线参数的一种方法。该法计算简便，事先不用选定频率曲线线型，因此，是频率分析计算中较为常见的一种方法。

设随机变量 X 的分布函数为 $F(x)$，则 x 的 r 阶原点矩和中心矩分别为

$$m_r = \int_{-\infty}^{+\infty} x^r f(x) \mathrm{d}x \qquad (6-30)$$

和

$$\mu_r = \int_{-\infty}^{+\infty} [x - E(x)]^r f(x) \mathrm{d}x \qquad (6-31)$$

式中：$E(x)$ 为随机变量 x 的数学期望；$f(x)$ 为随机变量 X 的概率密度函数。

由于各阶原点矩和中心矩都与统计参数之间有一定的关系。因此，可以用矩来表示参数。

对于样本，r 阶样本原点矩 $\hat{m}_r$ 和 r 阶样本中心矩 $\hat{\mu}_r$ 分别为

$$\hat{m}_r = \frac{1}{n} \sum_{i=1}^{n} x_i^r \qquad r = 1, 2 \cdots \qquad (6-32)$$

和

$$\hat{\mu}_r = \frac{1}{n} \sum_{i=1}^{n} (x_i - \overline{x})^r \qquad r = 2, 3, \cdots \qquad (6-33)$$

式中：n 为样本容量。

常用的由前三阶样本矩表示的样本统计参数见式（6-10）、式（6-13）和式（6-15）。由于样本随机性，它们与相应的总体参数一般情况下并不相等。但是，我们希望由样本系列计算出来的统计参数在统计平均意义上与相应总体参数尽可能接近，若差异较大则需做修正。

我们知道样本特征值的数学期望与总体同一特征值比较接近，如 n 足够大时，其差别更微小。经过证明，样本原点矩 $\hat{m}_r$ 的数学期望正好是总体原点矩 m_r，但样本中心矩 $\hat{\mu}_r$ 的数学期望不是总体的中心矩 μ_r，把 $\hat{\mu}_r$ 经过修正后，再求其数学期望，则可得到 μ_r。这个修正的数值称为该参数的无偏估计量，然后应用它作为参数估计值。

于是均值的无偏估计仍为样本估计值，即

$$\overline{x} = \frac{1}{n} \sum_{i=1}^{n} x_i$$

样本二阶中心矩的数学期望为

$$E(\hat{\mu}_r) = \frac{n-1}{n} \mu_2$$

或

$$E\left(\frac{n}{n-1} \hat{\mu}_2\right) = \mu_2$$

因此，C_v 的近似无偏估计量为

$$C_v = \sqrt{\frac{n}{n-1}} \sqrt{\frac{\sum_{i=1}^{n} (K_i - 1)^2}{n}}$$

$$= \sqrt{\frac{\sum_{i=1}^{n} (K_i - 1)^2}{n-1}} \qquad (6-34)$$

样本三阶中心矩的数学期望为

$$E(\hat{\mu}_3) = \frac{(n-1)(n-2)}{n^2} \mu_3$$

或

$$E\left(\frac{n^2}{(n-1)(n-2)} \hat{\mu}_3\right) = \mu_3$$

因此，C_s 的近似无偏估计量为

$$C_s = \frac{n^2}{(n-1)(n-2)} \frac{\sum_{i=1}^{n}(K_i-1)^3}{nC_v^3}$$

$$\approx \frac{\sum_{i=1}^{n}(K_i-1)^3}{(n-3)C_v^3} \tag{6-35}$$

必须指出，用上述无偏估值公式计算出来的参数作为总体参数的估计时，只能说有很多个同容量的样本资料，用上述公式计算出来的统计参数的均值，可望等于或近似等于相应总体参数。而对某一个具体样本，计算出的参数可能大于总体参数，也可能小于总体参数，两者存在误差。因此，由有限的样本资料算出的统计参数，去估计总体的统计参数总会出现一定的误差，这种由随机抽样而引起的误差，在统计上称抽样误差。为叙述方便，下面以样本平均数为例说明样本抽样误差的概念和估算方法。

样本平均数 $\overline{x}$ 可看成一种随机变量。既然它是一种随机变量，那么就具有一定的概率分布，我们称此分布为样本平均数的抽样分布。抽样分布愈分散表示抽样误差愈大，反之亦然。对某个特定样本的平均数而言，它对总体平均数 EX 的离差便是该样本平均数的抽样误差。对于容量相同的各个样本，其平均值的抽样误差当然是不同的。由于 EX 是未知的，对某一特定的样本，其样本平均值的抽样误差无法准确地求得，只能在概率意义下作出某种估计。样本平均数的抽样误差与其抽样分布密切相关，其大小可以用表征抽样分布离散程度的均方差 $\sigma_{\overline{x}}$ 来度量。为了着重说明度量的是误差，一般改称为样本平均数的均方误。据中心极值定理，当样本容量较大时，样本平均数的抽样分布趋近于正态分布。这样，有下列关系：

$$P(\overline{x}-\sigma_{\overline{x}} \leqslant EX \leqslant \overline{x}+\sigma_{\overline{x}}) = 68.3\%$$

和

$$P(\overline{x}-3\sigma_{\overline{x}} \leqslant EX \leqslant \overline{x}+3\sigma_{\overline{x}}) = 99.7\%$$

这就是说，如果随机抽取一个样本，以此样本的均值作总体均值的估计值时，有 68.3% 的可能性，其误差不超过 $\sigma_{\overline{x}}$；有 99.7% 的可能性，其误差不超过 $3\sigma_{\overline{x}}$。

上述对样本平均数抽样误差的分析，可以适用于其他样本参数。C_v 和 C_s 的抽样误差可以用 C_v 的抽样均方误 σ_{C_v} 和 C_s 的抽样均方误 σ_{C_s} 来度量。根据数理统计理论，可推导出各参数均方误的公式。当总体为皮尔逊Ⅲ型分布（C_s 为 C_v 的任意倍数）时，样本参数的均方误公式为

$$\sigma_{\overline{x}} = \frac{\sigma}{\sqrt{n}} \tag{6-36}$$

$$\sigma_{\sigma} = \frac{\sigma}{\sqrt{2n}}\sqrt{1+\frac{3}{4}C_s^2} \tag{6-37}$$

$$\sigma_{C_v} = \frac{C_v}{\sqrt{2n}} \sqrt{1 + 2C_v^2 + \frac{3}{4}C_s^2 - 2C_vC_s} \qquad (6-38)$$

$$\sigma_{C_s} = \sqrt{\frac{6}{n}\left(1 + \frac{3}{2}C_s^2 + \frac{5}{16}C_s^4\right)} \qquad (6-39)$$

表 6-2 列出 $C_s = 2C_v$ 时各特征数的抽样误差，由表可见，$\overline{x}$ 及 C_v 的误差小，而 C_s 的误差特大。当 $n=100$ 时，C_s 的误差为 $40\% \sim 126\%$；$n=10$ 时，C_s 的误差则在 126% 以上，超出了 C_s 本身的数值。水文资料一般都很短（$n<100$），直接由矩法算得的 C_s 值，抽样误差太大。

表 6-2　　　　　　　　　$C_s = 2C_v$ 时样本参数的均方误（相对误差,%）

参数 \ n \ C_v	$\overline{x}$				C_v				C_s			
	100	50	25	10	100	50	25	10	100	50	25	10
0.1	1	1	2	3	7	10	14	22	126	178	252	399
0.3	3	4	6	9	7	10	15	23	51	72	102	162
0.5	5	7	10	16	8	11	16	25	41	58	82	130
0.7	7	10	14	22	9	12	17	27	40	56	80	126
1.0	10	14	20	32	10	14	20	32	42	60	85	134

6.4.2.2　适线法

根据估计的频率分布曲线和样本经验点据分布配合最佳来优选参数的方法叫做适线法（亦叫配线法）。该法自 20 世纪 50 年代开始即在我国水文频率计算中得到较为广泛应用，层次清楚，方法灵活，操作容易，目前已是我国水利水电工程设计洪水规范中规定的主要参数估计方法。它的实质是通过样本的经验分布去探求总体的分布。适线法包括传统目估适线法及计算机优化适线法。

1. 经验频率曲线

图 6-7 所示的折线状的经验分布曲线，如果消除折线而画成一条光滑的曲线，水文计算中习惯上称此曲线为经验频率曲线，在样本确定的情况下，这条曲线基本上取决于样本中每一项在图上的位置，即每一项的纵、横坐标。纵坐标为每一项的数值，若不考虑观测误差，则是确定的；横坐标为每一项的频率，是用一定的公式估算出来的。因此，经验频率曲线的形状与每一项频率的估算，关系极为密切。对于图 6-7 上所示的经验分布曲线，样本中每一项的经验分布曲线，样本中每一项的经验频率，是用 $\frac{m}{n}$ 计算的，其中 m 是"大于或等于

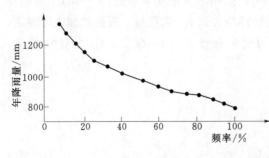

图 6-7　某地年降雨量的经验分布曲线

x 的次数"（即序数），n 相当于"出现次数"的总和（即样本容量）。若所掌握的资料是总体，这样计算并无不合理之处，但用于样本资料就有问题了。例如，当 $m=n$ 时，最末项的频率 $P=100\%$，这几乎就是说样本末项为总体中的最小值。这是不符合事实的，因为比样本最小值更小的数值今后仍可能出现。因而必须探求一种合理的估算经验频率的方法。

2. 经验频率

经验频率的估算在于对样本序列中的每一项估算其对应的频率。设一个总体，共有无穷项，我们随机地将其分成许多个样本（设为 k 个），每个样本都含有 n 项且相互独立。各个样本中的各项可按自大而小的次序排列如下。

第一个样本：$_1x_1^*,_1x_2^*,\cdots,_1x_m^*,\cdots,_1x_n^*$

第二个样本：$_2x_1^*,_2x_2^*,\cdots,_2x_m^*,\cdots,_2x_n^*$

$\vdots$

第 k 个样本：$_kx_1^*,_kx_2^*,\cdots,_kx_m^*,\cdots,_kx_n^*$

现在自每个样本中取出同序项来研究，设取第 m 项，则有

$$_1x_m^*,_2x_m^*,\cdots,_kx_m^*$$

它们在总体中都有一个对应的出现概率为

$$_1P_m,_2P_m,\cdots,_kP_m$$

水文资料只是一个样本，期望它处于平均情况，即期望样本中第 m 项的频率是许多样本中同序号概率的均值

$$P=\frac{1}{k}(_1P_m+_2P_m+\cdots+_kP_m)$$

当 $k\to\infty$ 较大时，可以证明

$$P=\frac{m}{n+1} \tag{6-40}$$

式（6-40）在水文计算中通常称为期望公式，以此估计经验频率。目前我国水利水电工程设计洪水规范中规定采用的期望公式为经验频率计算公式。

由于频率这个名词比较抽象，为便于理解，有时采用重现期这个词。所谓重现期是指在许多实验中，某一事件重复出现的时间间隔的平均数，即平均的重现间隔期。频率与重现期的关系有两种表示法。

（1）当研究暴雨洪水时，一般 $P<50\%$，采用

$$T=\frac{1}{P} \tag{6-41}$$

式中：T 为重现期，以年计；P 为频率，以小数或百分数计。

例如，当暴雨或洪水的频率采用 $P=1\%=0.01$ 时，代入式（6-41）得 $T=100$ 年，称此暴雨为百年一遇的暴雨或洪水。

（2）当研究枯水问题时，一般 $P>50\%$，采用

$$T=\frac{1}{1-P} \tag{6-42}$$

例如，对于 $P=80\% =0.80$ 的枯水流量，将 $P=0.80$ 代入式（6-42），得 $T=5$ 时，称此为 5 年一遇的枯水流量。

由于水文现象一般并无固定的周期性，所谓百年一遇的暴雨或洪水，是指大于或等于这样的暴雨或洪水在长时期内平均 100 年可能发生一次，而不能认为每隔 100 年必然遇上一次。

在估算随机变量的经验频率时，除上述的期望公式外，还有其他公式，但当前工程实际中很少应用，这里不再赘述。

3. 经验适线法（亦称为目估适线法）

经验适线法估计频率曲线参数的具体步骤如下。

（1）将实测资料由大到小排列，计算各项的经验频率，在频率格纸上点绘经验点据（纵坐标为变量的取值，横坐标为对应的经验频率）。

（2）选定水文频率分布线型（一般选用皮尔逊Ⅲ型）。

（3）假定一组参数 $\bar{x}$、C_v 和 C_s。为了使假定值大致接近实际，可用矩法或其他方法求出 3 个参数的值，作为第一次的 $\bar{x}$、C_v 和 C_s 的假定值。当用矩法估计时，因 C_s 的抽样误差太大，一般不计算 C_s，而根据经验假定 C_s 为 C_v 的某一倍数。

（4）根据初估的 $\bar{x}$、C_v 和 C_s，查附录 1，计算 x_p 值。以 x_p 为纵坐标，P 为横坐标，即可得到频率曲线。将此线画在绘有经验点据的图上，看与经验点据配合的情况，若不理想，则修改参数（主要调整 C_v 以及 C_s）再次进行计算。

资源 6-6
适线法估计
参数演示

（5）最后根据频率曲线与经验点据的配合情况，从中选择一条与经验点据配合较好的曲线作为采用曲线。相应于该曲线的参数便看作是总体参数的估值。

为了避免上述配线时修改参数的盲目性，需要了解统计参数对频率曲线的影响。

（1）均值 EX 对频率曲线的影响。当皮尔逊Ⅲ型频率曲线的另外两个参数 C_v 和 C_s 不变时，由于均值 EX 的不同，可以使频率曲线发生很大的变化，我们把 $C_v=0.5$、$C_s=1.0$，而 EX 分别为 50、75、100 的 3 条皮尔逊Ⅲ型频率曲线同绘于图 6-8 中，从图中可以看出下列规律。

1）C_v 和 C_s 相同时，由于均值不同，频率曲线的位置也就不同，均值大的频率曲线位于均值小的频率曲线之上。

2）均值大的频率曲线比均值小的频率曲线陡。

（2）变差系数 C_v 对频率曲线的影响。为了消除均值的影响，我们以模比系数 K 为变量绘制频率曲线，如图 6-9 所示（图中 $C_s=1.0$）。当 $C_v=0$ 时，说明随机变量的取值都等于均值。故频率曲线即为 $K=1$ 的一条水平线。C_v 越大，说明随机变量相对于均值越离散。因而频率曲线将越偏离 $K=1$ 的水平线。随着 C_v 的增大，频率曲线的偏离程度也随之增大，显得越来越陡。

（3）偏态系数 C_s 对频率曲线的影响。图 6-10 为 $C_v=0.1$ 时各种不同的 C_s 对频率曲线的影响情况。从图中可以看出，正偏情况下，C_s 越大时，频率曲线上段越陡，下段越平缓。

必须说明，图 6-8、图 6-9 和图 6-10 所用的分格纸是频率格纸。在频率格纸上正态分布曲线为一条直线，因此如图 6-10 所示，当 $C_s=0$ 时，频率曲线变为一直

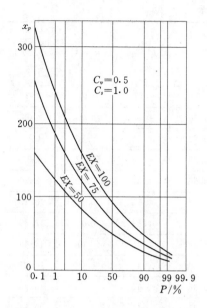

图 6-8 $C_v = 0.5$、$C_s = 1.0$ 时，
不同 EX 对频率曲线的影响

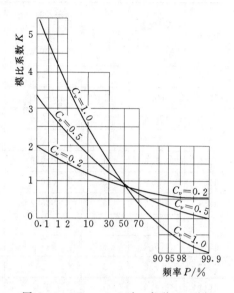

图 6-9 $C_s = 1.0$ 时，各种 C_v 对频
率曲线的影响

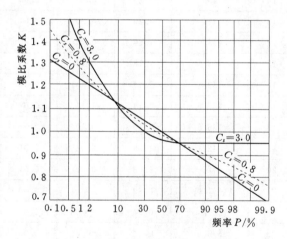

图 6-10 $C_v = 0.1$ 时，各种 C_s
对频率曲线的影响

线了。

下面通过一个例子进一步说明目估适线法的要领和具体步骤。

现有年径流量资料 47 年，总体分布曲线选定为皮尔逊Ⅲ型，试求其参数。计算步骤：

（1）将原始资料按大小次序排列，列入表 6-3 中（4）栏。

（2）用公式 $P = \dfrac{m}{n+1} \times 100\%$ 计算经验频率，列入表 6-3 中（9）栏，并将 x 和 p 对应点绘于概率格纸上（图 6-11）。

表 6-3　　　　　　　　　　　　　某站年径流量频率计算表

年　份	年径流量 $/(\times 10^8 m^3)$	序　号	按大小排列的 x_i $/(\times 10^8 m^3)$	模比系数 K_i	K_i-1	$(K_i-1)^2$	$(K_i-1)^3$	$P=\dfrac{m}{n+1}$ $/\%$
(1)	(2)	(3)	(4)	(5)	(6)	(7)	(8)	(9)
1949	680.6	1	750.9	1.90	0.90	0.81	0.73	2.08
1950	468.4	2	680.6	1.72	0.72	0.52	0.38	4.17
1951	489.2	3	650.9	1.65	0.65	0.42	0.27	6.25
1952	450.6	4	620.8	1.57	0.57	0.33	0.19	8.33
1953	436.8	5	586.2	1.48	0.48	0.23	0.11	10.42
1954	586.2	6	585.2	1.48	0.48	0.23	0.11	12.50
1955	567.9	7	567.9	1.44	0.44	0.19	0.08	14.58
1956	473.9	8	549.1	1.39	0.39	0.15	0.06	16.67
1957	357.8	9	539	1.36	0.36	0.13	0.05	18.75
1958	650.9	10	534	1.35	0.35	0.12	0.04	20.83
1959	391.0	11	489.2	1.24	0.24	0.06	0.01	22.92
1960	201.2	12	485	1.23	0.23	0.05	0.01	25.00
1966	452.4	13	474	1.20	0.20	0.04	0.01	27.08
1967	750.9	14	473.9	1.20	0.20	0.04	0.01	29.17
1968	585.2	15	468.4	1.18	0.18	0.03	0.01	31.25
1969	304.5	16	452.4	1.14	0.14	0.02	0.00	33.33
1970	370.5	17	450.6	1.14	0.14	0.02	0.00	35.42
1971	351	18	436.8	1.10	0.10	0.01	0.00	37.50
1972	294.8	19	427	1.08	0.08	0.01	0.00	39.58
1973	360.9	20	425	1.08	0.08	0.01	0.00	41.67
1974	276	21	391.0	0.99	-0.01	0.00	0.00	43.75
1975	549.1	22	372	0.94	-0.06	0.00	0.00	45.83
1976	534	23	370.5	0.94	-0.06	0.00	0.00	47.92
1977	349	24	365	0.92	-0.08	0.01	0.00	50.00
1978	350	25	360.9	0.91	-0.09	0.01	0.00	52.08
1979	372	26	357.8	0.91	-0.09	0.01	0.00	54.17
1980	292	27	357	0.90	-0.10	0.01	0.00	56.25
1981	485	28	351	0.89	-0.11	0.01	0.00	58.33
1982	427	29	350	0.89	-0.11	0.01	0.00	60.42
1983	620.8	30	349	0.88	-0.12	0.01	0.00	62.50
1984	539	31	306	0.77	-0.23	0.05	-0.01	64.58
1985	474	32	305	0.77	-0.23	0.05	-0.01	66.67

年　份	年径流量 /($\times 10^8 m^3$)	序　号	按大小排列的 x_i /($\times 10^8 m^3$)	模比系数 K_i	K_i-1	$(K_i-1)^2$	$(K_i-1)^3$	$P=\dfrac{m}{n+1}$ /%
1986	292	33	304.5	0.77	−0.23	0.05	−0.01	68.75
1987	228	34	294.8	0.75	−0.25	0.06	−0.02	70.83
1988	357	35	292	0.74	−0.26	0.07	−0.02	72.92
1989	425	36	292	0.74	−0.26	0.07	−0.02	75.00
1990	365	37	277.3	0.70	−0.30	0.09	−0.03	77.08
1991	241	38	276	0.70	−0.30	0.09	−0.03	79.17
1992	267	39	267	0.68	−0.32	0.11	−0.03	81.25
1993	305	40	241	0.61	−0.39	0.15	−0.06	83.33
1994	306	41	238.9	0.60	−0.40	0.16	−0.06	85.42
1995	238.9	42	228	0.58	−0.42	0.18	−0.08	87.50
1996	277.3	43	217.9	0.55	−0.45	0.20	−0.09	89.58
1997	170.8	44	208.5	0.53	−0.47	0.22	−0.11	91.67
1998	217.9	45	201.2	0.51	−0.49	0.24	−0.12	93.75
1999	208.5	46	187.9	0.48	−0.52	0.28	−0.14	95.83
2000	187.9	47	170.8	0.43	−0.57	0.32	−0.18	97.92
合计	18579.9		18579.9	47.00	0.00	5.89	1.05	

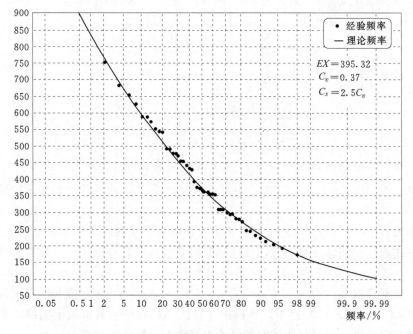

图 6-11　某站年径流量频率曲线

（3）计算序列的多年平均径流量 $\overline{x} = (\sum\limits_{i=1}^{n} x_i)/n = 395.3 \times 10^8 (\mathrm{m}^3)$。

（4）计算各项的模比系数 $K_i = x_i/\overline{x}$，记入表 6-3 中（5）栏，其总和应等于 n。

表 6-4 频率曲线选配计算表

频率 P /%	第一次配线 $\overline{x} = 395.3 \times 10^8 \mathrm{m}^3$ $C_v = 0.36$，$C_s = 1.42$ $C_v = 0.51$		第二次配线 $\overline{x} = 395.3 \times 10^8 \mathrm{m}^3$ $C_v = 0.37$，$C_s = 3C_v = 1.11$		第三次配线（采用） $\overline{x} = 395.3 \times 10^8 \mathrm{m}^3$ $C_v = 0.37$，$C_s = 2.5C_v = 0.93$	
	K_p	x_p	K_p	x_p	K_p	x_p
(1)	(2)	(3)	(4)	(5)	(6)	(7)
1	1.97	778.7	2.14	845.9	2.10	830.1
5	1.64	648.3	1.70	672.0	1.69	668.1
10	1.48	585.0	1.50	593.0	1.50	593.0
20	1.29	509.9	1.28	506.0	1.28	506.0
50	0.97	383.4	0.93	367.6	0.94	371.6
75	0.74	292.5	0.73	288.6	0.73	288.6
90	0.56	221.4	0.59	233.2	0.58	229.3
95	0.46	181.8	0.53	209.5	0.50	197.7
99	0.30	118.6	0.44	173.9	0.39	154.2

（5）计算各项的 $(K_i - 1)$，列入表 6-3 中（6）栏，其总和应为零。

（6）计算 $(K_i - 1)^2$，列入表 6-3 中（7）栏，可求得 C_v

$$C_v = \sqrt{\frac{1}{n-1} \sum_{i=1}^{47} (k_i - 1)^2} = \sqrt{\frac{1}{46} \times 5.89} = 0.36$$

（7）计算 $(K_i - 1)^3$，列于表 6-3 中（8）栏，可求得 C_s

$$C_s = \frac{\sum\limits_{i=1}^{47} (k_i - 1)^3}{(n-3) C_v^3} = \frac{1.05}{44 \times 0.36^3} = 0.51$$

（8）首先选定矩法算出的 C_v、C_s 和频率 P，查附录 1，利用公式 $K_p = \varphi_p C_v + 1$ 计算出 K_p 列于表 6-4 中（2）栏，再由式 $X_p = K_p \overline{X}$，计算各种频率下的 X_p 值列于表 6-4 中（3）栏。

根据表 6-4 中（1）、（3）栏对应数值点绘曲线，观察其与经验频率点吻合程度，发现频率曲线的中间部分略偏低，首尾部分明显偏与经验点据之下。故需要增大 C_v、C_s 值。

（9）重新选取 $C_v = 0.37$，$C_s = 3C_v = 1.11$，查表求出各 K_p 值并计算出各 x_p 值，列入表 6-4 中（4）、（5）栏中，并根据（1）、（5）栏中的数值点绘曲线，发现频率曲线中间部分尚可，但首尾明显偏于经验点据之上，故需要减小 C_s。

（10）$C_v = 0.37$，重新选取 $C_s = 2.5$，$C_v = 0.93$，查表求出各 K_p 值并计算出各

x_p 值，列入表 6-4 中 (6)、(7) 栏中，并根据 (1)、(7) 栏中的数值点绘曲线 (图 6-11)。该线与经验点据配合较好，即取为最后采用的频率曲线，其参数为：$\overline{x} = 395.3 \times 10^8 \text{m}^3$，$C_v = 0.37$，$C_s = 2.5$，$C_v = 0.93$。为了清楚表明点据和采用频率曲线的配合情况，在图 6-11 上仅绘出最后采用的频率曲线，而最初试配的两条频率曲线均未绘出。

适线法的关键在于"最佳配合"的判别，上例是由人们目估判断，通常称为目估适线。目估适线缺乏客观标准，成果在一定程度上受到人为因素的影响。为克服这一缺点，优化适线也常为许多设计单位使用。它是通过采用优化方法使经验数据与采用的数学频率曲线纵向离差总平方和（一般采用纵向离差平方和或纵向离差绝对值之和）达到最小，此时所对应参数即为计算机优化适线法估计参数。

6.4.2.3 其他方法

上述适线法在我国普遍应用，但无可讳言，该方法仍然存在不足之处，例如选取的经验频率公式，其合理性尚缺乏令人信服的科学论证；优化适线时的最佳准则尚无公认的定论，特别是目估适线时存在普遍主观任意性。因此，在应用适线法优化参数时要慎重；同时在某些情况下，亦可以考虑选用其他的方法。

为了减少矩法估计值的抽样误差，水文研究人员基于矩法相继提出了一些改进方法。这些方法就统计性能而言，不失为一类优良的参数估计法，因此下面作简要介绍。

1. 权函数法[36,37]

该法均值 $\overline{x}$、C_v 值仍是根据矩法进行求解计算，仅利用权函数法对 C_s 进行估计。该法中矩的计算（以离散形式表示）为

$$
\left.
\begin{aligned}
E(x) &= \frac{1}{n} \sum (x_i - \overline{x}) \Phi(x_i) \\
H(x) &= \frac{1}{n} \sum (x_i - \overline{x})^2 \Phi(x_i)
\end{aligned}
\right\}
\tag{6-43}
$$

式中：$\Phi(x_i)$ 为权函数，一般采用正态概率密度函数。

$$
\Phi(x) = \frac{1}{S\sqrt{2\pi}} \exp\left[-\frac{(x-\overline{x})^2}{2S^2}\right]
$$

然后用下式计算 C_s 值。

$$
C_s = -4S\frac{E(x)}{H(x)}
\tag{6-44}
$$

权函数的引入使估计 C_s 只用到二阶矩，此外增加了靠近均值各项的权重削减了远离均值各项的权重从而有效地提高了 C_s 的估计精度。

2. **概率权重矩法**[38]

概率权重矩法是利用 3 个低阶矩求解参数。概率权重矩的离散形式可表示为

$$
\left.
\begin{aligned}
M_{1,0,0} &= \frac{1}{n} \sum x_i = \overline{x} \\
M_{1,1,0} &= \frac{1}{n} \sum x_i P_i \\
M_{1,2,0} &= \frac{1}{n} \sum x_i P_i^2
\end{aligned}
\right\}
\tag{6-45}
$$

式中：P_i 为与 x_i 对应的频率值，可选择合理的经验频率公式进行计算。在求得式 (6-45) 中各概率权重矩的基础上，根据概率权重矩与有关参数之间的关系，可对参数值 C_v 和 C_s 进行估计，对于均值 $\bar{x}$ 仍采用传统矩法进行估计。

该法的特点是在求矩时不仅利用序列各项大小的信息，而且还利用序位信息，特别是只需序列值一次方的计算而避免高次方，估计出的参数，其抽样误差明显比一般矩法减少。

3. 线性矩法[39]

线性矩法是上述概率权重矩法的线性组合，其前三阶线性矩为

$$
\left.
\begin{aligned}
I_1 &= M_{1,0,0} = \bar{x} \\
I_2 &= 2M_{1,1,0} - M_{1,0,0} \\
I_3 &= 6M_{1,2,0} - 6M_{1,1,0} + M_{1,0,0}
\end{aligned}
\right\}
\tag{6-46}
$$

基于线性矩的估计值最终可以得到参数 C_v 和 C_s 的估计值，均值 $\bar{x}$ 同样采用传统矩法进行估计。

据最近研究，线性矩法和概率权重矩法理论上是一致的。它们实际估计结果可能存在一些差异，是在计算过程上存在数值计算误差所致。不过，线性矩法其主要优点是便于区域频率计算与分析。

6.5　相　关　分　析

6.5.1　相关关系的概念

自然界中的许多现象之间有着一定的联系，它们之间既不是函数关系，也不是完全无关。例如，降水与径流之间、上下游洪水之间、水位与流量之间等都存在着这样的联系。相关分析就是要研究两个或多个随机变量之间的联系。

在水文计算中，我们经常遇到某一水文要素的实测资料系列很短，而与其有关的另一要素的资料却比较长，这样我们就可以通过相关分析把短期系列延长。此外，在水文预报中，也经常采用相关分析的方法。

但是在相关分析时，必须先分析它们在成因上是否确有联系，如果把毫无关联的现象，只凭其数字上的偶然巧合，硬凑出它们之间的相关关系，那是毫无意义的。

两种现象（变量）之间的关系一般可以有以下 3 种情况。

1. 完全相关（函数关系）

两个变量 X 与 Y 之间，如果每给定一个 x 值，就有一个完全确定的 y 值与之相应，则这两个变量之间的关系就是完全相关（或称函数关系）。其函数关系的形式可以是直线，也可以是曲线（图 6-12）。

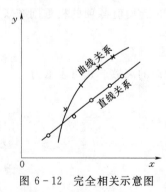

图 6-12　完全相关示意图

2. 零相关（没有关系）

若两变量之间毫无联系或相互独立，则称为零相关或没有关系（图6-13）。

3. 相关关系

若两个变量之间的关系界于完全相关和零相关之间，则称为相关关系。在水文计算中，由于影响水文现象的因素错综复杂，有时为简便起见，只考虑其中最主要的一个因素而略去其次要因素。例如，径流与相应的降水量之间的关系，或同一断面的流量与相应水位之间的关系等。如果把它们的对应数值点绘在方格纸上，便可看出这些点虽有些散乱，但其关系有一个明显的趋势，这种趋势可以用一定的曲线（包括直线）来配合，如图6-14所示。

以上研究两个变量（现象）的相关关系，一般称为简单相关。若研究3个或3个以上变量（现象）的相关关系，则称为复相关，在相关关系的图形上可分为直线相关和非直线相关两类。在水文计算中常用简单相关，水文预报中常用复相关。本节以研究简单相关中的直线相关为主，并简述复相关。

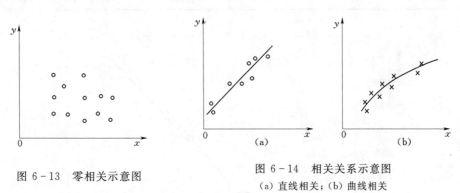

图6-13　零相关示意图

图6-14　相关关系示意图

（a）直线相关；（b）曲线相关

6.5.2　简单直线相关

6.5.2.1　相关图解法

设 x_i、y_i 代表两系列的观测值，共有 n 对，把对应值点绘于方格纸上，如果点据的平均趋势近似于直线，则可用直线来近似地代表这种相关关系。若点据分布较集中，可以直接利用作图的方法求出相关直线，叫做相关图解法。此法是先目估通过点群中间及（$\overline{x}$，$\overline{y}$）点，绘出一条直线，然后在图上量得直线的斜率 b，直线与纵轴的截距 a，则直线方程式 $y=a+bx$ 即为所求的相关方程。该法简便实用，一般情况下精度尚可。

现以某站年降雨量和年径流量资料的相关分析为例，说明相关图的绘制。

该站年降雨量 x 和年径流量 y 的同期资料见表6-5。

根据设计要求，需要延长该站的年径流量 y。从物理成因上分析，同一站的年降雨量和年径流量确有联系，根据过去水文计算的经验可知，它们之间的关系可近似为直线关系，又从《水文年鉴》上看该站年降雨量资料较长，因此可以作相关分析，用年降雨量资料延长年径流量资料。现以年降雨量 x 为横坐标，以年径流量 y 为纵坐标，将表6-5中各年数值点绘于图6-15，得12个相关点。从图6-15可以看出，这些相关点分布基本上呈直线趋势。因此，可以通过点群中间按趋势目估绘出相关直线（如图 6-15 中的 1 线）。因为我们的目的是由较长期的年降雨量资料 x 延长较短期的年径流量资料 y，所以，在定线时要尽量使各相关点距离所定直线的纵向离差（Δy_i）的平方和（$\sum \Delta y_i^2$）最小。

表 6-5　　　　　　　　　某站年降雨量和年径流量资料

年　份	年降雨量 x /mm	年径流量 y /mm	年　份	年降雨量 x /mm	年径流量 y /mm
1954	2014	1362	1960	1306	778
1955	1211	728	1961	1029	337
1956	1728	1369	1962	1316	809
1957	1157	695	1963	1356	929
1958	1257	720	1964	1266	796
1959	1029	534	1965	1052	383

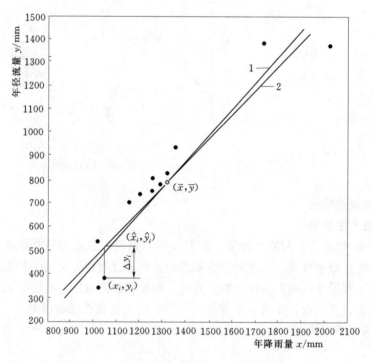

图 6-15　某站年降雨量和年径流量相关图
1—目估定线；2—计算的回归线

6.5.2.2　相关分析法

如果相关点距分布较散，则目估定线存在一定的任意性。为了减少任意性，最好采用分析法来确定相关线的方程。设直线方程的形式为

$$y = a + bx \qquad\qquad (6-47)$$

式中：x 为自变量；y 为倚变量；a、b 为待定参数。

从图 6-15 可以看出，观测点与配合的直线在纵轴方向上的离差为

$$\Delta y_i = y_i - \hat{y}_i = y_i - a - b x_i$$

要使直线拟合"最佳"，须使离差 Δy_i 的平方和为"最小"，即使

$$\sum_{i=1}^{n} (\Delta y_i)^2 = \sum_{i=1}^{n} (y_i - \hat{y}_i)^2 = \sum_{i=1}^{n} (y_i - a - b x_i)^2 \qquad (6-48)$$

为极小值。

欲使式（6-48）取得极小值，可分别对 a 及 b 求一阶导数，并使其等于零，即令

$$\left. \begin{array}{c} \dfrac{\partial \sum\limits_{i=1}^{n} (y_i - a - b x_i)^2}{\partial a} = 0 \\[3mm] \dfrac{\partial \sum\limits_{i=1}^{n} (y_i - a - b x_i)^2}{\partial b} = 0 \end{array} \right\}$$

解方程组，可得

$$b = \frac{\sum\limits_{i=1}^{n} (x_i - \overline{x})(y_i - \overline{y})}{\sum\limits_{i=1}^{n} (x_i - \overline{x})^2} = r \frac{\sigma_y}{\sigma_x} \qquad (6-49)$$

$$a = \overline{y} - b \overline{x} = y - r \frac{\sigma_y}{\sigma_x} \overline{x} \qquad (6-50)$$

$$r = \frac{\sum\limits_{i=1}^{n} (x_i - \overline{x})(y_i - \overline{y})}{\sqrt{\sum\limits_{i=1}^{n} (x_i - \overline{x})^2 \sum\limits_{i=1}^{n} (y_i - \overline{y})^2}}$$

$$= \frac{\sum\limits_{i=1}^{n} (K_{x_i} - 1)(K_{y_i} - 1)}{\sqrt{\sum\limits_{i=1}^{n} (K_{x_i} - 1)^2 \sum\limits_{i=1}^{n} (K_{y_i} - 1)^2}} \qquad (6-51)$$

式中：σ_x、σ_y 为 x、y 系列的均方差；$\overline{x}$、$\overline{y}$ 为 x、y 系列的均值；r 为相关系数，表示 x、y 间关系的密切程度。

将式（6-49）、式（6-50）代入式（6-47），得

$$y - \overline{y} = r \frac{\sigma_y}{\sigma_x} (x - \overline{x}) \qquad (6-52)$$

式（6-52）称为 y 倚 x 的回归方程，它的图形称为 y 倚 x 的回归线，如图 6-15 中的 2 线所示。

$r \dfrac{\sigma_y}{\sigma_x}$ 为回归线的斜率，一般称为 y 倚 x 的回归系数，并记为 $R_{y/x}$。

$$R_{y/x} = r \frac{\sigma_y}{\sigma_x} \qquad (6-53)$$

必须注意，由回归方程所定的回归线只是观测点平均关系的配合线，观测点不会完全落在此线上，而是分布于两侧，说明回归线只是在一定标准情况下与实测点的最佳配合线。

以上讲的是 y 倚 x 的回归方程，即 x 为自变量，y 为倚变量，应用于由 x 求 y。若由 y 求 x，则要应用 x 倚 y 的回归方程。同理，可推得 x 倚 y 的回归方程为

$$x - \overline{x} = R_{x/y}(y - \overline{y}) \tag{6-54}$$

其中

$$R_{x/y} = r\frac{\sigma_x}{\sigma_y} \tag{6-55}$$

6.5.2.3　相关分析的误差

1. 回归线的误差

回归线仅是观测点据的最佳配合线，因此回归线只反映两变量间的平均关系，利用回归线来插补延长系列时，总有一定的误差，这种误差有的大，有的小，根据误差理论，其分布一般服从正态分布。为了衡量这种误差的大小，常采用均方误来表示，如用 S_y 表示 y 倚 x 回归线的均方误，y_i 为观测点据的纵坐标，$\hat{y}_i$ 为由 x_i 通过回归线求得的纵坐标，n 为观测项数，则

$$S_y = \sqrt{\frac{\sum (y_i - \hat{y}_i)^2}{n-2}} \tag{6-56}$$

同样，x 倚 y 回归线的均方误 S_x 为

$$S_x = \sqrt{\frac{\sum (x_i - \hat{x}_i)^2}{n-2}} \tag{6-57}$$

式 (6-56)、式 (6-57) 皆为无偏估值公式。

回归线的均方误 S_y 与变量的均方差 σ_y 从性质上讲是不同的。前者由观测点与回归线之间的离差求得，而后者由观测点与它的均值之间的离差求得。根据统计学上的推理，可以证明两者具有下列关系。

$$S_y = \sigma_y\sqrt{1-r^2} \tag{6-58}$$

$$S_x = \sigma_x\sqrt{1-r^2} \tag{6-59}$$

如上所述，由回归方程式算出的 $\hat{y}_i$ 值，仅仅是许多 y_i 的一个"最佳"拟合或平均趋势值。按照误差原理，这些可能的取值 y_i 落在回归线两侧一个均方误范围内的概率为 68.3%，落在 3 个均方误内的概率为 99.7%，如图 6-16 所示。

必须指出，在讨论上述误差时，没有考虑样本的抽样误差。事实上，只要用样本资料来估计回归方程中的参数，抽样误差就必须存在。可以证明，这样抽样误差在回归线的中段较小，而在上下端较大。使用回归线时，对此必须给予注意。

2. 相关系数及其误差

式 (6-58) 和式 (6-59) 给出了 S 与 σ、r 的关系。令 y 倚 x 时的相关系数记为 $r_{y/x}$，x 倚 y 时的相关系数记为 $r_{x/y}$，则有

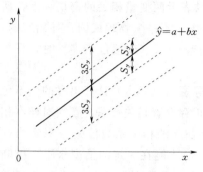

图 6-16　y 倚 x 回归线的误差范围

$$r_{y/x} = \pm\sqrt{1-\frac{S_y^2}{\sigma_y^2}} \qquad (6-60)$$

$$r_{x/y} = \pm\sqrt{1-\frac{S_x^2}{\sigma_x^2}} \qquad (6-61)$$

两种情况下的相关系数是相等的，即

$$r = r_{y/x} = r_{x/y} \frac{\displaystyle\sum_{i=1}^{n}(x_i-\overline{x})(y_i-\overline{y})}{\sqrt{\displaystyle\sum_{i=1}^{n}(x_i-\overline{x})^2\sum_{i=1}^{n}(y_i-\overline{y})^2}}$$

$$(6-62)$$

且 $\qquad\qquad\qquad\qquad r^2 \leqslant 1$

相关程度密切与否，一般用 r^2 的大小来判定，称 r^2 为相关平方系数。由式（6-58）和式（6-59）可知：

（1）若 $r^2=1$，则均方误 S_y（或 S_x）$=0$，表示对应值 x_i、y_i 均落于回归线上，两变量间具有函数关系，亦即前面说的完全相关。

（2）若 $r^2=0$，则 $S_y=\sigma_y$ 或 $S_x=\sigma_x$，此时误差值达到最大值，说明以直线代表点据的误差达到最大，这两种变量没有关系，亦即前面说的零相关，也可能是非直线相关。

（3）若 $0<r^2<1$，介于上述两种情况之间时，其相关程度密切与否，视 r 的大小而定。r 绝对值越大，均方误 S_y（或 S_x）越小。当 r 越接近于 1，点据越靠近于回归直线，x、y 间的关系越密切。r 为正值时，表示正相关；r 为负值时，表示负相关。

点据分布和相关关系大小的示例，可参看图 6-17。

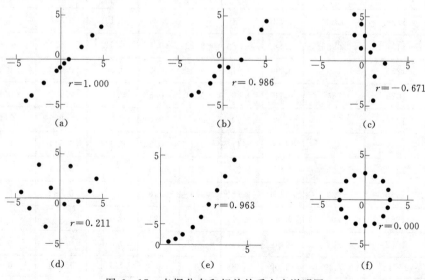

图 6-17　点据分布和相关关系大小说明图

从以上分析可知，在直线相关的情况下，r 可以表示两变量相关的密切程度，所以将 r 作为直线相关密切程度的指标。但是相关系数 r 不是从物理成因推导出来的，而是从直线拟合点据的离差概念推导出来的，因此当 $r=0$（或接近于零）时，只表示两变量间无直线关系存在。

在相关分析计算中，相关系数是根据有限的实际资料（样本）计算出来的，不免带有抽样误差，因此，为了推断两变量之间是否真正存在着相关关系，必须对样本相关系数作统计检验。这种检验的实质在于找出一个临界的相关系数值 r_a，只有当样本相关系数 $|r|$ 大于这个临界值，即 $|r|>r_a$ 时，才能在一定的信度水平下推断总体是相关的。统计检验的具体方法，比较繁杂，这里就不介绍了，请参考有关书籍。

除统计检验外，还可以通过相关系数的机误与相关系数的比较来粗略判断相关系数是否存在。按统计原理，相关系数的机误为

$$E_r=0.6745\frac{1-r^2}{\sqrt{n}} \tag{6-63}$$

一般当 $|r|>|4E_r|$ 时，则认为相关系数存在。

因此在相关时，为保证变量间相关性确实存在，用来建立相关关系的数据不能太少，一般 n 应在 12 以上。

下面通过实例说明相关分析的要领和步骤。

表 6-6   某站年降雨量与年径流量相关计算表

年 份	年降雨量 x /mm	年径流量 y /mm	K_x	K_y	K_x-1	K_y-1	$(K_x-1)^2$	$(K_y-1)^2$	(K_x-1) $\times (K_y-1)$
1954	2014	1362	1.54	1.73	0.54	0.73	0.292	0.533	0.394
1955	1211	728	0.92	0.92	−0.08	−0.08	0.006	0.006	0.006
1956	1728	1369	1.32	1.74	0.32	0.74	0.101	0.548	0.237
1957	1157	695	0.88	0.88	−0.12	−0.12	0.014	0.014	0.014
1958	1257	720	0.96	0.91	−0.04	−0.09	0.001	0.008	0.004
1959	1029	534	0.79	0.68	−0.21	−0.32	0.044	0.102	0.067
1960	1306	778	1.00	0.99	0.00	−0.01	0	0	0
1961	1029	337	0.79	0.44	−0.21	−0.56	0.044	0.314	0.118
1962	1310	809	1.00	1.03	0	0.03	0	0.001	0
1963	1356	929	1.03	1.18	0.03	0.18	0.001	0.032	0.005
1964	1266	796	0.97	1.01	−0.03	0.01	0.001	0	0
1965	1052	383	0.80	0.49	−0.20	−0.51	0.040	0.260	0.102
合 计	15715	9440	12.00	12.00	0	0	0.544	1.818	0.947
平 均	$\bar{x}=1310$	$\bar{y}=787$							

相关分析的目的是以较长期的年降雨量资料延长较短的年径流资料，所以这里以年降雨量为自变量 x，年径流量为倚变量 y。为了便于相关计算，有关计算数据列于表 6-6，由表 6-6 的计算成果，可进一步算出以下各值。

（1）均值。

$$\bar{x}=\frac{15715}{12}=1310 \ (\text{mm}), \quad \bar{y}=\frac{9440}{12}=787 \ (\text{mm})$$

（2）均方差。

$$\sigma_x=\bar{x}\sqrt{\frac{\sum_{i=1}^{n}(K_{x_i}-1)^2}{n}}=1310\sqrt{\frac{0.544}{12}}=291 \ (\text{mm})$$

$$\sigma_y=\bar{y}\sqrt{\frac{\sum_{i=1}^{n}(K_{y_i}-1)^2}{n}}=787\sqrt{\frac{1.818}{12}}=320 \ (\text{mm})$$

（3）相关系数。

$$r=\frac{\sum_{i=1}^{n}(K_{x_i}-1)(K_{y_i}-1)}{\sqrt{\sum_{i=1}^{n}(K_{x_i}-1)^2\sum_{i=1}^{n}(K_{y_i}-1)^2}}$$

$$=\frac{0.947}{\sqrt{0.544\times1.818}}=0.952$$

（4）回归系数。

$$R_{y/x}=r\frac{\sigma_y}{\sigma_x}=0.952\times\frac{320}{291}=1.046$$

（5）y 倚 x 的回归方程。

$$y=\bar{y}+R_{y/x}(x-\bar{x})=1.046x-583$$

（6）回归直线的均方误。

$$S_y=\sigma_y\sqrt{1-r^2}=320\sqrt{1-(0.952)^2}=98 \ (\text{mm})$$

（7）相关系数的机误。

$$E_r=0.6745\frac{1-r^2}{\sqrt{n}}=0.018$$

$$4E_r=0.072$$

$r>4E$，说明两变量间的相关关系存在。

算出 y 倚 x 的回归方程之后，便可由已知的自变量 x 值，代入回归方程算出相应的倚变量 y 值。

上例中某站虽然只有 1954—1965 年共 12 年的年径流和年降雨同期观测资料，但降雨资料却比较长，是从 1945 年开始的。把 1945—1953 年的各年降雨量代入回归方程中，就可以将该站年径流量资料展延至 21 年（1945—1965 年），见表 6-7。表 6-7

中 1945—1953 年的各年年径流量就是通过这种相关计算的方法得到的。

表 6 - 7　　　　　　　　　　某站年径流量展延成果表　　　　　　　　　单位：mm

年　份	年降雨量	年径流量	年　份	年降雨量	年径流量
1945	1265	741	1956	1728	1369
1946	1165	636	1957	1157	695
1947	1070	536	1958	1257	720
1948	1860	839	1959	1029	534
1949	922	383	1960	1306	778
1950	1460	947	1961	1029	337
1951	1195	668	1962	1316	809
1952	1330	809	1963	1356	929
1953	995	457	1964	1265	796
1954	2014	1362	1965	1052	383
1955	1211	728			

6.5.3　曲线选配

在水文计算中常常会碰到两变量不是直线关系，而是某种形式的曲线相关，如水位—流量关系、流域面积—洪峰流量关系。遇此情况，水文计算上多采用曲线选配方法，将某些简单的曲线形式，通过函数变换，使其成为直线关系，水文上常用的有幂函数和指数函数。

6.5.3.1　幂函数选配

幂函数的一般形式为

$$y = ax^n \qquad (6-64)$$

式中：a、n 为待定参数。对式（6-64）两边取对数，并令

$$\lg y = Y，\lg a = A，\lg x = X$$

则有

$$Y = A + nX \qquad (6-65)$$

对 X 和 Y 而言就是直线关系。因此，如果将随机变量各点取对数，在方格纸上点绘 $(\lg x_1，\lg y_1)$、$(\lg x_2，\lg y_2)$、…各点，或者在双对数格纸上点绘 $(x_1，y_1)$、$(x_2，y_2)$、…各点，这样，就可照上面所讲述的方法，作直线相关分析。

6.5.3.2　指数函数选配

指数函数的一般形式为

$$y = a\,e^{bx} \qquad (6-66)$$

式中：a、b 为待定参数。

对式（6-66）两边取对数，且知 $\lg e = 0.4343$，则有

$$\lg y = \lg a + 0.4343bx \qquad (6-67)$$

因此，在半数格纸上以 y 为对数纵坐标，x 为普通横坐标，式（6-67）在该图纸上呈直线形式，也可作直线相关分析。

6.5.4　复相关

在简相关中，我们只研究现象受另一种主要现象的影响，而忽略不计其他次要因

素。但是，如果主要影响因素不止一个，而且其中任何一个都不容忽略，则应采用复相关分析。

在简相关中有直线（线性）相关和曲线（非线性）相关两种形式。同样地在复相关中也有线性和非线性相关的两种形式。

具有两个自变量的线性复相关回归方程式的一般形式为

$$z = a + bx + cy \tag{6-68}$$

式（6-68）中倚变量 z 是随着自变量 x 及 y 的变化而变化的。

复相关的分析计算一般比较复杂，在实际工作中采用图解法直接确定相关线。其步骤与简相关图解法大致相同，先根据同期观测资料在方格纸上点绘相关点，可以取倚变量 z 为纵坐标，x 为横坐标；在相关点 (x_i, z_i) 旁注明对应的 y_i，然后根据图上相关点群的分布及 y_i 值的变化趋势，绘出一组"y_i 的等值线"，其作法与绘制地形图上的等高线相类似。这样绘制的一组线图就是复相关图，如图 6-18 所示，左图为非线性复相关图，右图为线性复相关图。除图解法外，还可用分析法计算复相关回归方程，即多元线性回归方程。

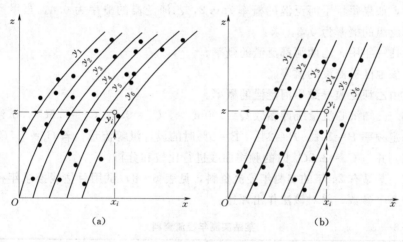

图 6-18　复相关图
(a) 非线性；(b) 线性

习　题

6-1　C 为何值才能使下列函数称为概率分布？

(1) $P(X=k) = C\dfrac{\lambda^k}{k!}$，$(k=0, 1, 2, 3, \cdots)$，$\lambda > 0$。

(2) $P(X=k) = \dfrac{C}{N}$，$(k=1, 2, 3, \cdots, N)$。

6-2　设 X 服从 $[0, \theta]$ 上均匀分布，分布密度为

$$f(\theta) = \begin{cases} \dfrac{1}{\theta}, & 0 \leqslant x \leqslant \theta \\ 0, & \text{其他} \end{cases}$$

求：

（1）未知参数 θ 的矩估计量。

（2）当样本为 0.3、0.8、0.27、0.35、0.62、0.55 时，求 θ 的矩估计值。

6-3　设 X 服从指数分布，密度函数为

$$f(x, \lambda) = \begin{cases} \lambda e^{-\lambda x}, & x > 0 \\ 0, & x \leqslant 0 \end{cases}$$

$\lambda > 0$ 为未知参数，求 λ 的极大似然估计量。

6-4　设总体 X 在 $[0, \theta]$ 上均匀分布，$\theta > 0$ 为未知参数，X_1，X_2，$\cdots$，X_N 为 X 的样本，试证明

$$\hat{\theta}_1 = (n+1) \min(X_1, X_2, \cdots, X_N)$$

$$\hat{\theta}_2 = \frac{n+1}{n} \min(X_1, X_2, \cdots, X_N)$$

都是无偏估计量，哪个更有效？

6-5　某城市 D 位于甲、乙两河汇合处，假设其中任意一条河流泛滥都将导致该地区淹没，如果每年甲河泛滥的概率为 0.2，乙河泛滥的概率为 0.4，当甲河泛滥而导致乙河泛滥的概率为 0.3，求：

（1）任一年甲、乙两河都泛滥的概率。

（2）该地区被淹没的概率。

（3）由乙河泛滥导致甲河泛滥的概率。

6-6　已知洪峰流量统计参数 $\overline{Q} = 100 \mathrm{m}^3/\mathrm{s}$，$C_v = 0.5$，$C_s = 2.5 C_v$，试绘频率曲线。并确定频率 $P = 1\%$，$P = 2\%$，$P = 5\%$ 时的设计洪峰流量。若 $C_s = 3.5 C_v$，试绘频率曲线，并与 $C_s = 2.5 C_v$ 时的频率曲线进行比较和分析。

6-7　某站有 24 年的实测年径流资料，见表 6-8，试用目估线推求年径流量频率曲线的 3 个参数，并对该法作出评述。

表 6-8　　　　　　　　　　某站实测年径流资料

年　份	年径流深 /mm	年　份	年径流深 /mm
1952	538.3	1964	769.2
1953	624.9	1965	615.5
1954	663.2	1966	417.1
1955	591.7	1967	789.3
1956	557.2	1968	732.9
1957	998.0	1969	1064.5
1958	641.5	1970	606.7
1959	341.1	1971	586.7
1960	964.0	1972	567.4
1961	687.3	1973	587.7
1962	546.7	1974	709.0
1963	509.9	1975	883.5

6-8 已知某河甲、乙两站的年径流模数 M（表 6-9），甲、乙两站的年径流量在成因上具有联系。试用图解法和分析法推求相关直线，并对这两种方法作出评述。

表 6-9　　　　　　　　某河甲、乙两站的年径流模数 M

年　份	甲站年径流模数 /$[10^{-3}m^3/(s \cdot km^2)]$	乙站年径流模数 /$[10^{-3}m^3/(s \cdot km^2)]$
1975	3.5	5.4
1976	4.6	6.5
1977	3.3	5.0
1978	2.9	4.0
1979	3.1	4.9
1980	3.8	5.6
1981	3.0	4.5
1982	2.8	4.2
1983	3.0	4.6
1984	4.0	6.1
1985	3.9	
1986	2.6	
1987	4.8	
1988	5.0	

6-9 某水文站年平均流量资料见表 6-10，若平均流量服从 P-Ⅲ型分布，试用适线法估计参数 $E(X)$、C_v、C_s。

表 6-10　　　　　　　　某站年平均流量资料

年份	流量/(m^3/s)	年份	流量/(m^3/s)	年份	流量/(m^3/s)
1981	592	1991	588	2001	1100
1982	554	1992	211	2002	750
1983	687	1993	193	2003	965
1984	401	1994	915	2004	1014
1985	2225	1995	1801	2005	1540
1986	396	1996	338	2006	532
1987	765	1997	407	2007	1061
1988	605	1998	486	2008	562
1989	483	1999	366	2009	1965
1990	975	2000	211	2010	1812

第7章
设计年径流分析及径流随机模拟

7.1 概　述

7.1.1　年径流的变化特征

在一个年度内，通过河流出口断面的水量，叫做该断面以上流域的年径流量。它可用年平均流量、年径流深、年径流总量或年径流模数表示。

通过信息采集和处理，可以得到实测年径流量。将实测值按年代顺序点绘，便得到年径流量过程线图，图 7-1 为黄河陕县站、松花江哈尔滨站年径流量过程线图。

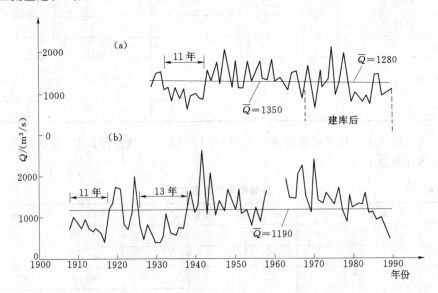

图 7-1　黄河陕县站、松花江哈尔滨站年径流量过程线
(a) 黄河陕县站；(b) 松花江哈尔滨站

对许多站年径流量过程线图的观察和分析，可以看出年径流变化的一些特性：

（1）径流具有大致以年为周期的汛期与枯季交替变化的规律，但各年汛期、枯季的历时有长有短，发生时间有早有迟，水量也有大有小，基本上年年不同，从不重复，具有偶然性质。

（2）年径流在年际间变化很大，有些河流丰水年径流量可达平水年的 2～3 倍，枯水年径流量只有平水年的 0.1～0.2 倍，表 7-1 列出了我国一些主要河流实测最丰年的年平均流量与最枯水年的年平均流量的变幅。为了便于相互比较，表中采用丰水年模比系数 $K_丰$ 和枯水年模比系数 $K_枯$ 表示。

$$K_丰 = \frac{Q_丰}{\overline{Q}}$$

$$K_枯 = \frac{Q_枯}{\overline{Q}}$$

式中：$\overline{Q}$ 为多年平均流量。

表 7-1 实测最丰水年与最枯水年的年径流模比系数对照表

河 名	测站	流域面积 F /km²	资料年数 n /年	多年平均流量 $\overline{Q}$ /(m³/s)	最丰水年模比系数 $K_丰$	最枯水年模比系数 $K_枯$	备 注
松花江	哈尔滨	390526	78	1190	2.252	0.325	
鸭绿江	水丰	52912	55	811	1.56	0.56	
滦河	滦县	44100	41	148	2.736	0.343	建库前
永定河	官厅	42500	23	43.1	2.183	0.348	建库后
			27	40.8	2.015	0.314	
黄河	陕县	687869	40	1350	1.548	0.470	建库后
	三门峡	688421	21	1280	1.695	0.566	
淮河	蚌埠	121330	39	788	5.563	0.108	
长江	宜昌	1005501	100	14300	1.273	0.741	
	汉口	1488036	113	23400	1.329	0.615	
嘉陵江	北碚	157900	39	2110	1.479	0.540	
湘江	湘潭	81638	30	2040	1.475	0.436	
汉江	黄家港	95217	38	1230	2.041	0.362	建库前
赣江	外洲	80948	30	2090	1.622	0.359	
闽江	竹岐	54500	42	1750	1.526	0.486	
西江	梧州	329705	37	6990	1.574	0.465	
雅鲁藏布江	奴各沙	110415	21	532	1.799	0.628	
伊犁河	雅马渡	48421	26	373	1.327	0.751	

（3）年径流在多年变化中有丰水年组和枯水年组交替出现的现象。图 7-1 （a）黄河陕县站曾出现过连续 11 年（1922—1932 年）的少水年组，而后的 1935—1949 年则基本上是多水年组。图 7-1 （b）松花江哈尔滨站 1927 年以前的 30 年基本上是少水年组，而后的 1928—1966 年基本上是多水年组。浙江新安江水电站也曾出现过连续 13 年（1956—1968 年）的少水年组。这说明河流的年径流量具有或多或少的持续性，即逐年的径流量之间并非独立，而具有一定的相关关系（相邻年的年径流量 Q_i—Q_{i+1} 相关，$i=1,2,\cdots,n-1$ 年，其相关系数称自相关系数）。

7.1.2 工程规模与来水、用水、保证率的关系

上述年径流量的自然变化情势往往与用水部门的需水有矛盾。为了按时按量地满

足用水部门的需水要求，必须兴建水利工程（如水库等），对天然径流加以人工调节，按用水要求泄放。

各项水利工程的规模如何确定呢？现以确定灌溉水库的库容（V）为例说明如下。

在丰水年份，由于降雨量多，河流中水量丰富，且作物要求的灌溉水量较少，来水与用水的矛盾不突出，解决这种丰水年份的灌溉要求，所需的工程规模（如水库的库容）较小。如图 7-2 中仅 8 月份来水小于用水，要求水库供水以补充天然来水之不足，故用以满足灌溉用水所需的库容（V）较小。相反，在枯水年份，降雨量小，河流中水量也较枯，并且由于气温高，蒸发大，耗水很多，作物要求的灌溉水量却很大，来水与用水的矛盾就很突出。为了满足这种枯水年份的灌溉要求，水库的库容就要大得多，如图 7-3 所示。

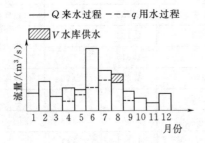

图 7-2 丰水年来水、用水对照图

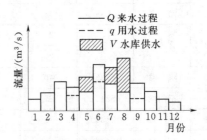

图 7-3 枯水年来水、用水对照图

在同样的干旱年份，即使水量相同，但由于径流年内各月分配不同，对库容大小也有影响，如图 7-4（a）、（b）所示。（a）、（b）两年的年平均流量 Q 相同，但（b）年的径流年内分配（概化成汛期、枯季两个流量）较（a）年的均匀，因此两年所需水库供水的数量也就不同，往往径流年内分配不均匀的年份所需库容较大，即 $V_A > V_B$。

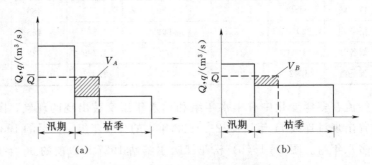

图 7-4 径流年内分配不同对库容影响示意图

对于不同的年份，来水与用水有各种可能的组合情况，各年所需的库容也就大小不一。例如某灌区有 20 年的年径流量资料和灌溉用水量资料，就可以求出 20 个大小不同的库容值 V_1、V_2、…、V_{20}。那么，应该用什么样的库容值来设计水库呢？库容造大些，灌溉用水的保证程度（即保证率）就高些，但投资要多；相反，库容造小些，可节省投资，但灌溉用水的保证率就低些，碰到大旱年份，灌溉用水得不到保证，作物就要减产甚至失收。这里就牵涉一个设计标准问题，也就是设计保证率问题。

以上通过兴修灌溉工程论述的四者关系具有一定普遍性，即涉水工程的规模设计阶段，为水电工程、给水工程等一般都要分析四者的关系，只是因工程的不同，具体要求有所差异而已。

综上所述，在规划设计阶段，涉水工程的规模一般由来水、用水矛盾的大小和希望解决矛盾的程度（即设计保证率）来决定，即在规划设计阶段要分析工程规模、来水、用水、保证率四者之间的关系，经过技术经济比较来确定工程规模。

7.1.3　水文计算任务

由上可知，在水利工程的规划设计阶段，要分析工程规模、来水、用水、保证率四者间的关系，经过技术经济比较来确定工程规模，在工程设计中，设计保证率由用水部门确定。而各项工程的规模，还要依据来水与用水情况，经过分析计算来确定，有关灌溉、发电等用水量的计算将在有关专业课中介绍。本章的主要任务是分析研究年径流量的年际变化和年内分配规律，提供工程设计的主要依据——来水资料。

水利工程调节性能的差异和采用的水利计算方法的不同，要求水文计算提供的来水——年径流资料也有所不同。对于无调节性能的引水工程，要求提供历年（或代表年）的逐日流量过程资料；对于有调节性能的蓄水工程，则要求提供历年（或代表年）的逐月（旬）流量过程资料或各种时段径流量的频率曲线，供水利计算应用。

本章将分别讲述具有长期实测径流资料、短期实测径流资料和缺乏实测资料时的设计年径流量及年内分配的分析计算方法。

资源 7 - 2
《水利水电工程水文计算规范》（SL 278—2020）简介

7.2　具有长期实测径流资料时设计年径流计算

在水利工程规划设计阶段，当具有长期实测径流资料时，通过水文分析计算预估未来径流量，按设计要求，可有 3 种类型：①设计年、月径流量系列；②实际代表年的年、月径流量；③设计代表年的年、月径流量。本节将分别讲述三类径流资料的分析计算方法。

径流资料的分析计算一般有 3 个步骤。首先，应对实测径流资料进行审查；其次，运用数理统计方法推求设计年径流量；最后，用代表年法推求径流年内分配过程。

资源 7 - 3
《水利水电工程水文计算规范》（SL 278—2002）简介

7.2.1　水文资料审查

水文资料是水文分析计算的依据，它直接影响着工程设计的精度。因此，对于所使用的水文资料必须慎重地进行审查。这里所谓审查就是鉴定实测年径流量系列的可靠性、一致性和代表性。

7.2.1.1　资料可靠性的审查

径流资料是通过采集和处理取得的。因此，可靠性审查应从审查测验方法、采集成果、处理方法和处理成果着手。一般可从以下几个方面进行：

资源 7 - 4
其他可参考水文计算规范简介

（1）水位资料的审查。检查原始水位资料情况并分析水位过程线形状，从而了解当时观测质量，分析有无不合理的现象。

（2）水位流量关系曲线的审查。检查水位流量关系曲线绘制和延长的方法，并分析历年水位流量关系曲线的变化情况。

（3）水量平衡的审查。根据水量平衡的原理，下游站的径流量应等于上游站径流量加区间径流量。通过水量平衡的检查即可衡量径流资料的精度。

1949 年前的水文资料质量较差，审查时应特别注意。

7.2.1.2　资料一致性的审查

应用数理统计法的前提是要求统计系列具有一致性，即要求组成系列的每个资料具有同一成因。不同成因的资料不得作为一个统计系列。就年径流量系列而言，它的一致性是建立在气候条件和下垫面条件的稳定性上的。当气候条件或下垫面条件有显著的变化时，资料的一致性就遭到破坏。一般认为气候条件的变化极其缓慢，可认为是相对稳定的，但下垫面条件却可由于人类活动而迅速变化。在审查年径流量资料时应该考虑到这一点。SL 278—2002《水利水电工程水文计算规范》第 3.2 条规定："随着各类水利水电工程的兴建、水土保持措施的逐步实施以及分洪、溃口等情况发生，使径流及其过程发生明显变化，改变了径流系列的一致性，应对受影响的部分还原到天然状况。"如在测流断面上游修建了水库或引水工程，则工程建成后下游水文站实测资料的一致性就遭到破坏，引用该水文站的资料时，必须进行合理的修正，还原到修建工程前的同一基础上。常用水量平衡法、降雨径流相关法进行修正还原。一般说来，只要下垫面条件的变化不是非常显著，可以认为径流系列具有一致性。

7.2.1.3　资料代表性的审查

应用数理统计法进行水文计算时，计算成果的精度取决于样本对总体的代表性，代表性高，抽样误差就小。因此，资料代表性审查对衡量频率计算成果的精度具有重要意义。

样本对总体代表性的高低可以理解为样本分布参数与总体分布参数的接近程度。由于总体分布参数是未知的，样本分布参数的代表性不能就其本身获得检验，通常只能通过与更长系列的分布参数作比较来衡量。下面讲述检验系列代表性的具体方法。

设某设计站具有 1961—1980 年共 20 年的年径流量（以后称设计变量）系列。为了检验这一系列的代表性，可选择与设计变量有成因联系、具有长系列的参证变量（例如具有 1921—1980 年共 60 年系列的邻近流域的年径流量）来进行比较。首先，计算参证变量长系列（1921—1980 年）的分布参数（主要是均值和离势系数）。然后，计算参证变量 1961—1980 年系列的分布参数。假如两者的分布参数值大致接近，就可认为参证变量短系列（1961—1980 年）具有代表性，从而认为，与参证变量有成因联系的设计变量的 1961—1980 年系列也具有代表性。

显然，应用上述方法，应具有下列两个条件：①设计变量与参证变量的时序变化具有同步性；②参证变量的长系列本身具有较高的代表性。

在实际工作中如选不到恰当的参证变量，也可通过降水资料以及历史旱涝现象的调查和气候特性的分析，来论证年径流量系列的代表性。

资源 7 - 5
年径流系列
代表性审查

7.2.2　设计年、月径流量系列的选取

实测径流系列经过审查和分析后，再按水利年排列为一个新的年、月径流系列。然后，从这个长系列中选出代表段的年月径流系列。代表段中应包括有丰水年、平水年、枯水年，并且有一个或几个完整的调节周期；代表段的年径流量均值、离势系数应与长系列的相近。我们用这个代表段的年、月径流量系列来预估未来工程运行期间的年、月径流量变化。这个代表段就是水利计算所要求的所谓"设计年、月径流量系列"。

有了设计年、月径流系列（来水）和相应年月的用水量系列，就可以逐年进行来水、用水平衡计算，求得逐年所需的库容值。例如，某一水利枢纽有 n 年径流资料，就可求得各年的库容值 V_1、V_2、…、V_n。将库容值由小到大重新排列，并计算各项的经验频率，点绘于概率格纸上，作出库容频率曲线。于是，可以由设计用水保证率 p，在频率曲线上查得相应的设计库容值 V_p，用以确定工程规模。这种推求设计库容值 V_p 的方法，在水利计算中称为长系列操作法、时历法或综合法，为了与下述的代表年法相应，本书又称为长期年法。

运用长系列操作法，保证率的概念比较明确，但对水文资料要求较高，必须提供设计年、月径流量系列。在实际工作中，一般不具备上述条件；同时，在规划设计阶段需要多方案进行比较，计算工作量太大。因此，在规划设计中小型水利工程时，广泛采用代表年法（实际代表法或设计代表年法）。

7.2.3　实际代表年的年、月径流量

实际代表年法就是从实测年、月径流量系列中，选出一个和几个实际年作为设计代表年，用其年径流分配过程直接与相应的用水过程相配合而进行调节计算，求出调节库容，确定工程规模。用这种方法求出的调节库容和特征指标，其频率不一定严格符合规定的设计频率但大致接近。

对于灌溉工程常选出一个实际干旱年作为设计代表年。一般认为遇到这样的干旱年，供水会得到保证，就达到设计目的了。该法形象、简单、方便，在灌溉工程设计中应用广泛。对于水电工程，有时从实际资料中选出能代表丰水年、平水年、枯水年 3 种分配特性的实际年分别作丰水年、平水年、枯水年的设计代表年。挑选的原则通常是设计代表年的各设计时段径流量尽量分别接近设计要求的径流量。例如，对于丰水年，要求挑选的实际年，其年水量和枯季水量尽量接近设计丰水年要求的年水量和枯季水量。对平水年和枯水年可作类似说明。当选择的代表年，其时段的径流量和设计要求的相差较大时，就不能采用实际代表年了。下述的设计代表年可以代替实际代表年。

7.2.4　设计代表年的年、月径流量

水利工程的使用年限，一般长达几十年甚至几百年，要通过成因分析途径预估未来长期的径流过程是不可能的。上述以设计的年、月径流量或实际代表年的年、月径流量来预估工程运行期间年、月径流量变化是基于这样的概念，即历史上发生的事件在未来可能重现，换言之以历史上曾经出现的径流变化预估未来径流的可能变化。这是当前解决长期预估这个难题的一种可行方法，但存在明显的缺点，那就是历史事件

绝不会重复只能以大致相似的形式出现。受众多因素影响的径流量，其变化呈现出随机性。因此可以用统计方法来研究年径流量变化的统计规律。当我们认为年径流量是简单的独立随机变量时，年径流量系列即可作为随机系列，实测年径流量系列则为年径流量总体的一个随机样本。因此，可以由以往 n 年实测年径流系列求得的分布函数（频率曲线）推断总体分布，并作为未来的工程运行期间年径流量的分布函数。以此分布函数推求各种频率的径流量作为未来可能出现各种径流量的预估。对于其他时段径流量（如最小一月、三月、枯季径流量），同样可以用数理统计法去研究它的变化规律。

设计代表年年径流量及年内分配的计算步骤为：①根据审查分析后的长期实测径流量资料，按工程要求确定计算时段，对各种时段径流量进行频率计算，求出指定频率的各种时段的设计流量值；②在实测径流量资料中，按一定的原则选取代表年，对灌溉工程只选枯水年为代表年，对水电工程一般选丰水年、平水年、枯水年 3 个代表年；③求设计时段径流量与代表年的时段径流量的比值，对代表年的径流过程按此比值进行缩放，即得设计的年径流过程线。

7.2.4.1 设计时段径流量的计算

1. 计算时段的确定

计算时段是按工程要求来考虑的。设计灌溉工程时，一般取灌溉期作为计算时段。设计水电工程时，因为枯水期水量和年水量决定着发电效益，采取枯水期或年作为计算时段。

2. 频率计算

当计算时段确定后，就可根据历年逐月径流量资料，统计时段径流量。若计算时段为年，则按水文年度或水利年度统计年、月径流量。水文年度是根据水文循环特性来划分的，而水利年度是通过工程运行特性来划分的。二者有时一致，有时不一致。一般根据研究对象设计要求，综合分析选择水文年或水利年。将实测年、月径流量按水文年或水利年度排列后，计算每一年度的年平均径流量，并按大小次序排列，即构成年径流量计算系列。若选定的计算时段为 3 个月（或其他时段），则根据历年逐月径流量资料，统计历年最枯 3 个月的水量，不固定起讫时间，可以不受水利年度分界的限制。同时，把历年最枯 3 个月的水量按大小次序排列，即构成计算系列。

SL 278—2002《水利水电工程水文计算规范》规定，径流频率计算依据的资料系列应在 30 年以上。

有了年径流量系列或时段径流量系列，即可推求指定频率的设计年径流量或指定频率的设计时段径流量。

配线时要考虑全部经验点据，如点据与曲线拟合不佳时，应侧重考虑中、下部点据，适当照顾上部点据。

年径流频率计算中，C_s/C_v 值按具体配线情况而定，一般可采用 2~3。

3. 成果合理性分析

成果分析主要对径流系列均值、离势系数及偏态系数进行合理性审查，可通过影

资源 7-6
设计年径流适线法估计研究

响因素的分析和径流的地理分布规律进行。

（1）多年平均年径流量的检查。影响多年平均年径流量的因素是气候因素，而气候因素是具有地理分布规律的，所以多年平均年径流量也具有地理分布规律。将设计站与上游站、下游站和邻近流域的多年平均年径流量进行比较，便可判断所得成果是否合理。若发现不合理现象，应检查其原因，作进一步分析论证。

（2）年径流量离势系数的检查。反映径流年际变化程序的年径流量的 C_v 值也具有一定的地理分布规律。我国许多单位对一些流域绘有年径流量 C_v 等值线图，可据以检查年径流量 C_v 值的合理性。但是，这些年径流量 C_v 等值线图，一般是根据大中流域的资料绘制的，对某些具有特殊下垫面条件的小流域年径流量 C_v 值可能并不协调，在分析检查时应进行深入的分析。一般来说，小流域的调蓄能力较小，它的年径流量变化比大流域大些。

（3）年径流量偏态系数的检查。基于大量实测年径流资料的频率计算结果表明：年径流量的 C_s 在一般情况下为 C_v 的 2 倍，即 $C_s = 2C_v$。如果设计采用的 C_s 偏离 2 倍，则要结合设计流域年雨量变化特性、下垫面条件和原始资料状况作全面分析。

7.2.4.2 设计代表年径流量的年内分配计算

7.1 节中已经说明，不同分配形式的年径流量对工程设计的影响不同。因此，在求得设计年径流量或设计时段径流量之后，还需要根据径流分配特性和水利计算的要求，确定它的分配。

在水文计算中，一般采用缩放代表年径流过程线的方法来确定设计年径流量的年内分配。其方法如下。

1. 代表年的选择

从实测的历年径流过程线中选择代表年径流过程线，可按下列原则进行。

（1）选取年径流量接近于设计年径流量的代表年径流量过程线。

（2）选取对工程较不利的代表年径流过程线。年径流量接近设计年径流量的实测径流过程线，可能不只一条。这时，应选取其中较不利的，使工程设计偏于安全。究竟以何者为宜，往往要经过水利计算才能确定。一般来说，对灌溉工程，选取灌溉需水季节径流比较枯的年份，对水电工程，则选取枯水期较长、径流又较枯的年份。

2. 径流年内分配计算

将设计时段径流量按代表年的月径流过程进行分配，有同倍比和同频率两种方法。

（1）同倍比法。常见的有按年水量控制和按供水期水量控制的两种同倍比法。用设计年水量与代表年的年水量比值或用设计的供水期水量与代表年的供水期水量之比值。即

$$K_{年} = \frac{Q_{年,p}}{Q_{年,代}}$$

或

$$K_{供} = \frac{Q_{供,p}}{Q_{供,代}} \tag{7-1}$$

对整个代表年的月径流过程进行缩放，即得设计年内分配。

（2）同频率法。同倍比法在计算时段的确定上比较困难，而且当用水流量 q 不同时，计算时段随之而变，代表年的选择也将不同，实际工作中颇为不便。为了克服选定计算时段的困难，避免由于计算时段选取不当而造成误差，在同倍比法的基础上又提出了同频率法。

同频率法的基本思想是使所求的设计年内分配的各个时段径流量的频率都能符合设计频率，可采用各时段不同倍比缩放代表年的逐月径流，以获得同频率的设计年内分配。具体计算步骤如下。

（1）根据要求选定几个时段，如最小 1 个月、最小 3 个月、最小 6 个月、全年 4 个时段。

（2）做各个时段的水量频率曲线，并求得设计频率的各个时段径流量，如最小 1 个月的设计流量 $Q_{1,p}$，最小 3 个月的设计流量 $Q_{3,p}$，…。

（3）按选代表年的原则选取代表年，在代表年的逐月径流过程上，统计最小 1 个月的流量 $Q_{1,代}$，连续最小 3 个月的流量 $Q_{3,代}$，…，并要求长时段的水量包含短时段的水量在内，即 $Q_{3,代}$ 应包含 $Q_{1,代}$，$Q_{7,代}$ 应包含 $Q_{3,代}$，如不能包含，则应另选代表年。

以上论述的是设计时段径流量按代表年的月径流过程进行分配。对一些涉水工程，例如仅具日调节能力的水电站，月径流过程不能满足计算要求，而需要日径流过程。这时，可类似地按照推求月径流过程的方法推求日径流过程，不同之处只是前者设计代表年的径流过程以月平均流量表示，后者以日平均流量表示而已。

【例 7-1】　某水库具有 18 年的年、月径流资料，见表 7-2。设计保证率 $P=$ 90%的年、最小 3 个月、最小 5 个月的设计径流量见表 7-3。求设计年内分配过程。

解：（1）按主要控制时段的水量相近来选代表年，选取 1964—1965 年和 1971—1972 年作为枯水代表年。

（2）求各时段的缩放倍比 K。

1964—1965 代表年：

$$K_3 = \frac{Q_{3,p}}{Q_{3,代}} = \frac{4.00}{3.78} = 1.06$$

$$K_{5-3} = \frac{Q_{5,p} - Q_{3,p}}{Q_{5,代} - Q_{3,代}} = \frac{8.45 - 4.00}{9.05 - 3.78} = 0.844$$

$$K_{12-5} = \frac{Q_{12,p} - Q_{5,p}}{Q_{12,代} - Q_{5,代}} = \frac{81.8 - 8.45}{94.5 - 9.05} = 0.858 \qquad (7-2)$$

式中：$Q_{3,p}$、$Q_{3,代}$ 为设计和代表年最小 3 个月的月平均流量之和，其他符号意义类同。

同理可以算出 1971—1972 代表年的缩放倍比分别为 $K_3 = 0.756$，$K_{5-3} = 0.577$，$K_{12-5} = 0.993$。

（3）计算设计枯水年年内分配，用各自的缩放倍比乘对应的代表年的各月流量而得，成果见表 7-4。

表 7-2   某站历年逐月平均流量表

年 份	月 平 均 流 量 /(m³/s)												年平均流量 $\overline{Q}$ /(m³/s)
	3	4	5	6	7	8	9	10	11	12	1	2	
1958—1959	16.5	22.0	43.0	17.0	4.63	2.46	4.02	4.84	1.98	2.47	1.87	21.6	11.9
1959—1960	7.25	8.69	16.3	26.1	7.15	7.50	6.81	1.86	2.67	2.73	4.20	2.03	7.78
1960—1961	8.21	19.5	26.4	24.6	7.35	9.62	3.20	2.07	1.98	1.90	2.35	13.2	10.0
1961—1962	14.7	17.7	19.8	30.4	5.20	4.87	9.10	3.46	3.42	2.92	2.48	1.62	9.64
1962—1963	12.9	15.7	41.6	50.7	19.4	10.4	7.48	2.97	5.30	2.67	1.79	1.80	14.4
1963—1964	3.20	4.98	7.15	16.2	5.55	2.28	2.13	1.27	2.18	1.54	6.45	3.87	4.73
1964—1965	9.91	12.5	12.9	34.6	6.90	5.55	2.00	3.27	1.62	1.17	0.99	3.06	7.87
1965—1966	3.90	26.6	15.2	13.6	6.12	13.4	4.27	10.5	8.21	9.03	8.35	8.48	10.4
1966—1967	9.52	29.0	13.5	25.4	25.4	3.58	2.67	2.23	1.93	2.76	1.41	5.30	10.2
1967—1968	13.0	17.9	33.2	43.0	10.5	3.58	1.67	1.57	1.82	1.42	1.21	2.36	10.9
1968—1969	9.45	15.6	15.5	37.8	42.7	6.55	3.52	2.54	1.84	2.68	4.25	9.00	12.6
1969—1970	12.2	11.5	33.9	25.0	12.7	7.30	3.65	4.96	3.18	2.35	3.88	3.57	10.3
1970—1971	16.3	24.8	41.0	30.7	24.2	8.30	6.50	8.75	4.52	7.96	4.10	3.80	15.1
1971—1972	5.08	6.10	24.3	22.8	3.40	3.45	4.92	2.79	1.76	1.30	2.23	8.76	7.24
1972—1973	3.28	11.7	37.1	16.4	19.2	5.75	4.41	4.53	5.59	8.47	8.89	11.3
1973—1974	15.4	38.5	41.6	57.4	31.7	5.86	6.56	4.55	2.59	1.63	1.76	5.21	17.7
1974—1975	3.28	5.48	11.8	17.1	14.4	14.3	3.84	3.69	4.67	5.16	6.26	11.1	8.42
1975—1976	22.4	37.1	58.0	23.9	10.6	12.4	6.26	8.51	7.30	7.54	3.12	5.56	16.9

注   "～～"为供水期。

表 7-3   某水库时段径流量频率计算成果（$P=90\%$）

时 段	均 值 /(m³/s)	C_v	C_s/C_v	Q_p /(m³/s)
12 个月	131	0.32	2.0	81.8
最小 5 个月	18.0	0.47	2.0	8.45
最小 3 个月	9.10	0.50	2.0	4.00

表 7-4   某站同频率法 $P=90\%$ 设计枯水年年内分配计算表   单位：m³/s

月 份	3	4	5	6	7	8	9	10	11	12	1	2	全年总量
代表年 (1964—1965 年) $Q_月$	9.91	12.5	12.9	34.6	6.9	5.55	2.00	3.27	1.62	1.17	0.99	3.06	94.5
缩放比 K	0.858	0.858	0.858	0.858	0.858	0.858	0.844	0.844	1.06	1.06	1.06	0.858	
设计枯水年 $Q_月$	8.50	10.7	11.3	29.7	5.92	4.76	1.69	2.76	1.71	1.24	1.05	2.62	81.8
代表年 (1971—1972 年) $Q_月$	5.08	6.1	24.3	22.8	3.4	3.45	4.92	2.79	1.76	1.30	2.23	8.76	86.9
缩放比 K	0.993	0.993	0.993	0.993	0.993	0.993	0.577	0.577	0.756	0.756	0.756	0.993	
设计枯水年 $Q_月$	5.04	6.05	24.1	22.6	3.37	3.42	2.84	1.61	1.33	0.98	1.69	8.70	81.8

7.2.4.3　讨论

1. 设计年内分配

同倍比法是按同一倍比缩放代表年的月径流过程，求得的设计年内分配仍保持原代表年分配形状；而同频率法由于分段采用不同倍比缩放，求得的设计年内分配有可能不同于原代表年的分配形状，这时应对设计年内分配作成因分析，探求其分配是否符合一般规律。实际工作中为了使设计年内分配不过多地改变代表年分配形状，计算时段不宜取得过多，一般选取 2～3 个时段。

2. 代表年的选择

代表年分设计代表年和实际代表年。前者多用于水电工程，后者多用于灌溉工程。这是因为灌溉用水与当年的蒸发量和降水量的多少及其年内分配有关。如用设计代表年法，设计来水过程可按代表年的月径流过程缩放，与该代表年相配合的灌溉用水量如何求？即对蒸发和降水过程要不要缩放，用什么倍比缩放，这些问题较难处理。所以灌溉工程多采用实际代表年。对灌溉工程如何选择实际代表年呢？有下面几种方法。

在规划灌溉工程时，应对当地历史上发生过的旱情、灾情进行调查分析，确定各干旱年的干旱程度，明确其排位，最干旱年、次干旱年、再次干旱年……估计出各干旱年的经验频率，而后根据灌溉设计保证率选定其中某一干旱年作为代表年，就称为"实际代表年"。根据这一年的年月径流（来水）和用水资料规划设计工程规模。实际代表年法比较直观、简单。

也可通过灌溉用水量计算，求出历年的灌溉定额，作出其频率曲线，而后根据灌溉设计保证率由频率线求得设计灌溉定额。与该灌溉定额相应的年即可选作为实际代表年。有时为了简便计算，小型灌区也可按灌溉期（或主要需水期）的降水资料作频率分析，而后根据灌溉设计保证率由降水频率曲线求该设计降水量。与该降水量相应的年份作为实际代表年。

7.3　具有短期实测径流资料时设计年径流计算

在规划设计中小型水利水电工程时，往往遇到在设计依据站仅有短期实测径流资料的情况。这时，由于径流资料系列短，如直接根据这些资料进行计算，求得的成果可能具有很大的误差。为了降低抽样误差，保证成果的可靠性，必须设法展延年、月径流资料。

在展延径流资料时，关键问题是合理选择作为展延依据的参证站。选择时必须注意以下几点。

（1）参证站径流要与设计依据站的径流在成因上有密切联系，这样才能保证相关关系有足够的精度。

（2）参证站径流资料与设计依据站的径流资料应有一段相当长的平行观测期，以便建立可靠的相关关系。

（3）参证站必须具有足够长的实测资料，除用以建立相关关系的同期资料外，还要有用来展延设计依据站缺测年份的资料。

在实际工作中，通常利用参证站的径流量或降雨量作为参证资料来展延设计依据站的年、月径流量系列，有条件时，也可用本站的水位资料，通过已建立的水位流量关系来展延年、月径流。下面介绍利用参证站径流资料和降雨资料展延系列的方法。

7.3.1 利用径流资料展延

7.3.1.1 以邻近站年径流量展延年径流量

当设计依据站实测年径流量资料不足时，往往利用上下游、干支流或邻近流域测站的长系列实测年径流量资料来展延系列。其依据是：影响年径流量的主要因素是降雨和蒸发，它们在地区上具有同期性，因而各站年径流量之间也具有相同的变化趋势，可以建立相关关系。例如信江梅港站与弋阳站的年径流量之间就有很好的相关关系，相关系数达 0.99，如图 7-5 所示。

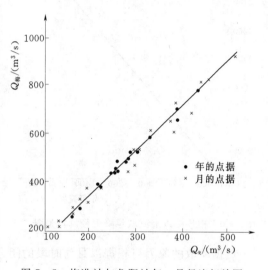

图 7-5 梅港站与戈阳站年、月径流相关图

7.3.1.2 以邻近站月径流量展延年、月径流量

在设计依据站仅具有数年径流资料的情况下，不能建立上述年径流相关关系，可考虑建立月径流关系。另外有些情况下，不仅需要年径流而且要求月径流，也可考虑建立月径流关系。

由于影响月径流量相关的因素较年径流量相关的因素要复杂，因此月径流量之间相关关系不如年径流量相关关系好。图 7-5 中月径流量相关点据较年径流量相关点据离散，因此用月径流量相关来插补展延径流量时，对成果要多作合理性分析。

7.3.2 利用降雨资料展延

7.3.2.1 以年降雨径流相关展延年径流量

以年为时段的闭合流域水量平衡方程为

$$y_年 = p_年 - z_年 + \Delta u_年 \qquad (7-3)$$

式中：$y_年$ 为年径流深，mm；$p_年$ 为年降水量，mm；$z_年$ 为年蒸发量，mm；$\Delta u_年$ 为年蓄水量变化量，mm。

在湿润地区，由于年径流系数较大，$z_年$、$\Delta u_年$ 两项各年的变幅较小，所以 $y_年$ 和 $p_年$ 间往往存在较好的相关关系，如图 7-6 所示的白塔河柏泉站流域平均年降雨量与柏泉站年径流深相关图。在干旱地区，年降雨量中的很大部分耗于流域蒸发，年径流系数很小，因此年径流量与年降雨量之间关系微弱，很难定出相关线，插补的资料精度较低。

7.3.2.2 以月降雨径流相关法展延年、月径流量系列

有时由于设计依据站本身的径流资料年限较短，点据过少，不足以建立年降雨径

流关系,这种情况在中小河流的水文计算中经常遇到。另外,在来水、用水调节计算时也需要插补展延月径流量。因此,除了建立年降雨径流相关关系外,有时还需要建立月降雨径流相关,但两者关系一般不太密切,有时点据甚至离散到无法定相关线的程度。柏泉站的月降雨径流关系很差,勉强定线,精度不高,如图 7-7 所示。

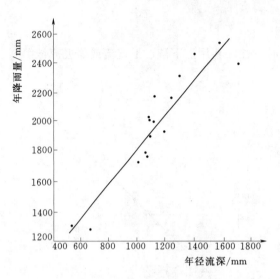

图 7-6　柏泉站以上流域年降雨径流相关图

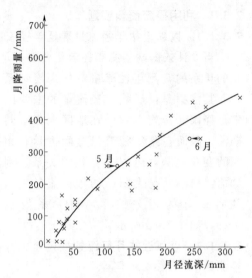

图 7-7　柏泉站以上流域月降雨径流相关图

点据离散的原因可根据以月为时段的闭合流域水量平衡方程式来分析。

$$y_月 = p_月 - z_月 + \Delta u_月 \tag{7-4}$$

由于式中 $\Delta u_月$ 一项的作用增大,当不同月份的前期降雨指数(反映 $\Delta u_月$)不同时,则相同的月降雨量可能产生差别较大的月径流量。另外按日历时间机械地划分月降雨和月径流,有时月末的降雨量所产生的径流量可能在下月初流出,造成月降雨与月径流不相应的情况。修正时,可将月末降雨量的全部或部分计入下个月降雨量;或者将在下月初流出的径流量计入上月径流量中,使与降雨量相应。这样月降雨径流关系中的部分点据可以更集中一些,如图 7-7 中 5 月和 6 月的点据所示。

枯水期降雨量少,其月径流量主要来自流域蓄水(即 Δu 项),几乎与当月降雨无关,所以月降雨径流关系一般是不好的,甚至无法定线。

7.3.3　相关展延系列时必须注意的问题

相关展延时必须注意下列几个问题。

1. 平行观测项数的多寡问题

假如平行观测项数过少,或观测时期气候条件反常,或其中个别年份有特殊的偏高,其相关结果将歪曲两变量间本来的关系。利用这种不能反映真实情况的相关关系来展延系列,势必带来系统误差。显然,平行观测项数越多,则其相关关系越可靠。因此,用相关法展延系列时,要求设计变量与参证变量平行观测项数不得过少,一般应在 12~15 项以上。

2. 辗转相关问题

如果一条河流或不同的河流仅有一个测站的资料年限较长，上、下游几个站均需借助这一测站的资料进行插补延长，有时还要用辗转相关。对于这种辗转插补延长的方法必须注意成果的精度。如图 7-8 所示，从长沙插补衡阳，衡阳插补祁阳，祁阳插补零陵，其各关系尚称密切。但若以长沙直接与零陵相关，则关系就不甚密切了，如图上第四象限所示。实际上，由长沙辗转插补零陵，是将两个系列数值的差异分散在各个中间关系中，表面上似乎第一、第二、第三象限的相关点据都很密切，但长沙和零陵的直接关系并不算好，对于零陵插补成果的精度是较差的。辗转相关常隐匿了实际上积累的巨大误差，予人以虚假现象，最终成为假相关。因此，最好不用辗转相关展延系列。若实在要用时，必须十分慎重，对于展延的成果应作合理性的分析，以凭取舍。有学者证明辗转相关插补延长的精度将低于直接相关插补延长的精度。

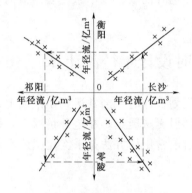

图 7-8　年径流量合轴相关图

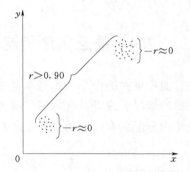

图 7-9　资料成群形成的假相关

3. 假相关问题

为了说明假相关的概念，先看图 7-9、图 7-10 和图 7-11。图 7-9 显示变量 x 和 y 之间的相关，在每一组中都是非常微弱的（接近于零），但是将两组资料组合在一起，相关系数却变得很高。这是一种假相关。图 7-10 显示，变量 x 和 y 无相关存在，但如该两变量除以第三变量 z 后，则 $\dfrac{x}{z}$ 和 $\dfrac{y}{z}$ 便显示出某种关系，如图 7-11 所示。

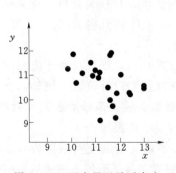

图 7-10　两变量无关系存在

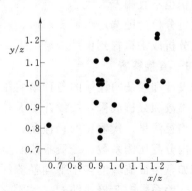

图 7-11　引入第三变量后
形成的假相关

该图似乎表示，在估计 y 时，x 能提供一定的信息，而事实上两者是无关系的，所以图 7-11 所显示的关系又是一种假相关。在建立相关关系时，当应用无因次量，标准化量，或含有相同变量时，最容易出现这样一种假相关。例如，用径流模数与流域面积相关就会造成假相关。因此，为了避免假相关，应直接在原始变量之间寻求关系。

4. 外延幅度问题

一般而言，利用实测资料建立的相关关系，只能反映在实测资料范围内的定量关系。若超出该范围插补展延资料，其误差将随外延的幅度加大而加大。因此，在实际应用相关线时，外延一般不宜超出实测资料范围以外太远。例如，对于年径流量不宜展延超过实测变幅的 50%。

相关线反映的是平均情况下的定量关系。由相关线而得的插补值是平均值，而实际值则可大可小。对于展延后的系列，变化幅变将较实际情况小。这使整个系列计算的变差系数偏小，最终影响成果的精度。因此，插补的项数以不超过实测值的项数为宜，最好不超过后者的一半。

7.4　缺乏实测径流资料时设计年径流计算

在进行面广量大的中小型水利水电工程的规划设计时，经常遇到小河流上缺乏实测径流资料的情况。或者虽有短期实测径流资料但无法展延。在这种情况下，设计年径流量及年内分配只有通过间接途径来推求。目前常用的方法是水文比拟法和参数等值线法。

7.4.1　水文比拟法

水文比拟法就是将参证流域的径流资料特征参数、分析成果按要求有选择地移置到设计流域上来的一种方法。这种移置是以设计流域影响径流的各项因素，与参证流域影响径流的各项因素相似为前提。因此，使用本方法最关键的问题在于选择恰当的参证流域。参证流域应具有较长的实测径流资料，其主要影响因素与设计流域相近。可通过历史上旱涝灾情调查和气候成因分析，查明两个流域气候条件的一致性，并通过流域查勘及有关地理、地质资料，论证两者下垫面情况的相似性。另外应注意两者流域面积也不宜相差太大。

经过分析论证选定参证流域后，可将参证流域的年、月径流资料、径流特征参数和径流分析成果移置到设计流域上来。具体移置时，有下列几种情况。

7.4.1.1　直接移置

若设计和参证两流域的各种影响径流的因素非常相似，则可将参证流域的径流特征值、参数和分析成果，按设计要求有选择地直接移用到设计流域。例如，直接移用多年平均径流量、代表年的径流量、年径流变差系数、偏态系数对变差系数的比值、径流年内分配比例系数、径流系数以及降雨和径流关系成果等。

例如，参证流域的多年平均径流深为 $\overline{y}_参$，年平均流量的变差系数为 $C_{v参}$，偏态系数为变差系数的 2 倍，即 $C_{s参}=2C_{v参}$。设计流域紧邻参证流域，两流域影响径流的因素非常相似。为了推求设计流域的设计年径流，可以直接移用年径流的统计特征参数，即设计流域的参数和参证流域的相应参数认为是等同的。

$$
\left.\begin{array}{l}
\overline{y}_{设} = \overline{y}_{参} \\
C_{v设} = C_{v参} \\
C_{s设} = 2C_{v设}
\end{array}\right\}
\tag{7-5}
$$

假定年径流量服从皮尔逊Ⅲ型分布，根据设计流域的 3 个参数，便可推求出所要求的设计年径流量（具体计算参考 6.4 节）。若要进一步推求设计年径流的年内分配，可直接移用参证流域的径流年内分配比例系数，通过已求得的设计年径流计算得到。计算公式如下。

$$
y_{月,设} = \frac{y_{月,参}}{y_{年,参}} y_{年,设}
\tag{7-6}
$$

式中：$y_{年,设}$、$y_{月,设}$ 分别为设计流域设计年径流深和相应的月径流深；$\dfrac{y_{月,参}}{y_{年,参}}$ 是一个分配比例参数，由参证流域移用。

7.4.1.2 修正移置

当两流域的参数影响径流因素相似，但有些因素（如降雨、流域面积）却有不可忽略的差别。这时就要分析，哪些可以直接移置，哪些不能直接移置。对不能直接移置的，必须针对影响因素的差别，对移置值作适当修正。通常将此情况下的移置称作修正移置。实践表明：这是当前无径流资料情况下，推求设计径流成果最有效的方法之一，已得到普遍应用。

修正移置的关键在于下述两个方面：一是要查明两流域上哪些因素的差别是显著的；二是如何依据因素的差别作定量修正。例如，查明设计流域和参证流域多年平均降雨量的差别显著（差异超过 5%）。在这种情况下，将参证流域的多年平均径流深移置到设计流域时，必须作雨量修正。修正方法一般采用式（7-7）。

$$
\overline{y}_{设} = \frac{\overline{p}_{设}}{\overline{p}_{参}} \overline{y}_{参}
\tag{7-7}
$$

式中：$\overline{y}_{设}$、$\overline{y}_{参}$ 为设计和参证流域多年平均径流深；$\overline{p}_{设}$、$\overline{p}_{参}$ 为设计和参证流域的多年平均降雨量，一般由流域上多站的雨量资料估计，若无雨量资料可由多年平均等雨量线图上查得。

7.4.2 参数等值线图法

水文特征值主要指年径流量、时段径流量（包括极值流量如洪峰流量或最小流量）、年降水量（时段降水量、最大 1 日、3 日降水量）等。水文特征值的统计参数主要是均值、C_v。其中某些水文特征值的参数在地区上有渐变规律，可以绘制参数等值线图。参数等值线图的作用：①对某一水文特征值的频率计算成果进行合理性分析时，方法之一是统计参数在地区上的对比分析，而参数等值线图就是分析的工具，例如单站求得的年径流均值（以多年平均年径流深 $\overline{y}$ 表示）点在图上，如发现与等值线图不一致，就要对单站的计算成果进行深入分析、检查，找出其原因所在，作必要的说明或修正；②中小型水利水电工程的坝址处无实测水文资料时，可以直接利用参数等值线图进行地理插值，求得设计流域的统计参数（$\bar{y}$、C_v），进而求得指定频率下的设计值。

7.4.2.1 绘制水文特征值等值线图的依据和条件

水文特征值受到众多因素的影响，但可归结为气候因素和下垫面因素两大类。气候因素主要指降水、蒸发、气温等，在地区上具有渐变规律，是地理坐标的函数，一般称气候因素为分区性因素。下垫面因素主要指土壤、植被、流域面积、河道坡度、河床下切深度等，在地区上的变化是不连续的、突变的，称之为非分区性因素。

水文特征值受到上述两方面因素的影响。当影响水文特征值的因素主要是分区性因素（气候因素）时，则该水文特征值随地理坐标不同而发生连续变化，利用这种特性就可以在地图上作出它的等值线图。反之，有些水文特征值（如极小流量、固体径流量等）主要受非分区性因素（如土壤植被、河道坡度、河床下切深度等）影响，由于其值不随地理坐标而连续变化，就无法绘制等值线图。对某些水文特征值同时受分区性因素和非分区性因素的影响，若非分区因素，通过适当方法予以消除而突出分区因素的影响，则消除非分区因素的影响后的新特性便会显示出随地区变化特性，可以等值线图表示其在面上的变化。

7.4.2.2 年径流量统计特征参数均值和变差系数的等值线图

1. 多年平均年径流深等值线图

影响闭合流域多年平均年径流量的主要因素是流域面积和气候因素（降水和蒸发）。虽然流域面积是非分区因素。将多年平均年径流量除以面积得多年平均年径流深。这样，多年平均年径流深便不受面积的影响，而主要受多年平均年降雨和蒸发的影响。由于降雨和蒸发的变化具有地带性的特征，因此多年平均年径流深的变化也显示出地带性的特征。换言之，可以等值线表示其变化。

对属于一点的水文特征值（如降水量、蒸发量等），可在地图上把各观测点的特征值算出，然后把相同数值的各点连成等值线，即可构成该特征值的等值线图。但是对于径流深来说情况就有所不同了。任一测流断面处，以径流深度表示的径流深不是测流断面处的数值，而是流域平均值。所以在绘制多年平均年径流深等值线图时，不应点绘在测流断面处。当多年平均年径流深在流域上缓和变化时，例如大致呈线性变化，则流域面积形心处的数值与流域平均值十分接近。在实际工作中，一般将多年平均年径流深值点绘在流域面积形心处。但在山区，一般情况下，径流量有随高程增加而增加的趋势，所以多年平均年径流深值点绘在流域的平均高程处更为恰当。

按上述原则，将各中等流域的多年平均年径流深标记在各该流域的形心（或平均高程）处，并考虑到各种自然地理因素（特别气候、地形的特点）勾绘等值线图，最后加以校核调整，构成适当比例尺的图形。

用等值线图推求无实测径流资料流域多年平均年径流深时，须首先在图上描出设计断面以上流域范围；其次定出该流域的形心。在流域面积较小、流域内等值线分布均匀的情况下，流域的多年平均年径流深可以由通过流域形心的等值线直接确定，或者根据形心附近的两条等值线按比例内插求得。如流域面积较大，或等值线分布不均匀时，则必须用加权平均法推求。

如图 7-12 所示，流域的多年平均径流深可由式 (7-8) 求得。

$$h=\frac{0.5(h_1+h_2)f_1+0.5(h_2+h_3)f_2+0.5(h_3+h_4)f_3+0.5(h_4+h_5)f_4}{F} \tag{7-8}$$

式中：h 为设计断面以上流域站的多年平均年径流深，mm；F 为全流域面积，km^2；f_1、f_2、…为两相邻等值线间的部分流域面积，km^2；h_1、h_2、…为等值线所代表的多年平均年径流深，mm。

用等值线图推求多年平均年径流深的方法，一般只用于中等流域。对于小流域来说，由于非分区性因素（如河槽下切深度、地下水埋藏深度等）的影响，多年平均年径流深的地理分布规律是不明显的。因此严格说来，不能用等值线图来推求小流域的多年平均径流深。当必须对小流域使用等值线时，应该考虑到小流域不能全部截获地下水，它的多年平均年径流深比同一地区中等流域的数值为小，也就是说对由等值线图求得的数值应适当减小。

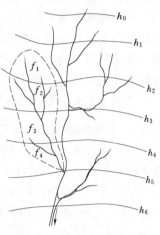

图 7-12 用等值线图求多年平均年径流量示意图

山区流域径流资料一般较少，径流在地区上的变化又较剧烈，因此，山区流域多年平均年径流深等值线图的绘制和使用较之平原地区更须慎重从事。

2. 年径流量变差系数 C_v 等值线图

在前节已经讲过影响年径流量变化的因素主要是气候因素。因此，年径流量 C_v 值具有地理分布规律，可用等值线图反映其在面上的变化特性。年径流量 C_v 值等值线图的绘制和使用方法，都与多年平均年径流量等值线图相似。但应注意，年径流量 C_v 值等值线图的精度一般较低，特别是用于小流域时估计值的误差可能较大（一般 C_v 估值偏小）。

7.4.3 缺乏实测资料时设计年径流计算

由等值线图可查得无资料流域的年径流统计参数 $\overline{y}$、C_v。至于偏态系数 C_s 值，根据水文比拟法直接移用参证流域 C_s 与 C_v 的比值，在多数情况下，常采用 $C_s=2C_v$。求得上述 3 个统计参数后，可由已知的设计频率查皮尔逊Ⅲ型 K_ϕ 表，最终求得设计枯水年的年径流量或丰水年、平水年、枯水年 3 个设计年径流量。

然后使用水文比拟法来推求设计年径流量的年内分配，即直接移用参证流域各种设计代表年的月径流量分配比，最终乘以设计流域的设计年径流量即得设计年径流量的年内分配。当难以应用水文比拟法时，可从省（自治区、直辖市）水文手册给出的各分区的径流丰水年、平水年、枯水年代表年分配比中选出适当的分配比进而求得设计成果。

7.5 设计枯水径流量分析计算

枯水流量是河川径流的一种特殊形态。枯水流量往往制约着城市的发展规模、灌溉面积、通航的容量和时间，同时，也是决定水电站保证出力的重要因素。

枯水径流的广义含义是枯水期的径流量。这样的含义颇为模糊，枯水期的流量尽管总趋势平稳，但仍然是缓慢变化的。所谓枯水期流量是指该时期什么特征的流量？为了科学地回答这一问题，必须明确两点：一是何种特性的流量；二是时段的长短，是以日、旬，还是以月作为时段。本书中定义枯水期流量为最小流量，至于时段按需要分别采用日、旬和月等时段，为日平均最小流量，旬平均最小流量等。这些特殊时段的最小流量与一个涉水工程的兴利规划设计关系很大，受到普遍关注。

下面分别叙述有无径流资料情况下枯水径流量的计算。

7.5.1　有实测水文资料时的枯水流量计算

当设计代表站有长系列实测径流资料时，可按年最小选样原则，因枯期最小一般就是年最小，选取一年中设计时段的平均最小流量，组成样本系列。

枯水流量采用不足概率 q，即以不大于该径流的概率来表示，它和年最大值的频率 P 有 $q = 1 - p$ 的关系。因此在系列排队时按由小到大排列。除此之外，年枯水流量频率曲线的绘制与时段径流频率曲线的绘制基本相同，也常采用 P - Ⅲ 型频率曲线适线。图 7 - 13 为某水文站不同时段的枯水流量频率曲线的示例。

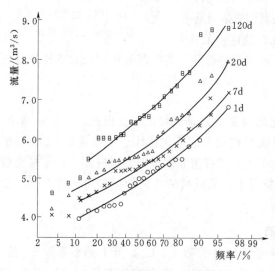

图 7 - 13　某水文站枯水流量频率曲线

对于枯水流量频率曲线，在某些河流上，特别是在干旱或半干旱地区的中、小河流上，还会出现时段流量为零的现象。此时按期望公式计算经验频率会得到不合理的结果，为了改进经验频率的计算方法，此处介绍一种简易的实用方法。

设系列的全部项数为 n，其中非零项数为 k，零值项数为 $n - k$。首先把 k 项非零系列视作一个独立系列，按一般方法求出其频率。然后通过下列转换，即可求得全部系列的频率。其转换关系为

$$P_{设} = \frac{k}{n} P_{非} \tag{7-9}$$

式中：$P_{设}$ 为全系列的设计频率；$P_{非}$ 为非零系列的频率，以式（6-40）期望值公式计算。

在枯水流量频率曲线上，可能会出现在两端接近 $P = 20\%$ 和 $P = 90\%$ 处曲线转折现象。在 $P = 20\%$ 以下的部分河网及潜水逐渐枯竭，径流主要靠深层地下水补给。在 $P = 90\%$ 以上部分，可能是某些年份有地表水补给，枯水流量偏大所致。

7.5.2　短缺径流资料时的枯水流量估算

当设计断面具有短径流资料时，设计枯水流量的推求方法与 7.3 节所述方法基本

相同，主要借助于参证站延长系列。但枯水流量较之固定时段的径流，其变化更为稳定。因此，在设计依据站与参证站建立枯水流量相关时，效果会更好一些。或者说，建立关系的条件可以适当放宽，例如用于建立关系的枯水期流量平行观测期的长度可以适当短一些。

在设计完全没有径流资料或资料较短无法展延时，常用的方法是水文比拟法。必须指出，为了寻求最相似的参证流域，要把分析的重点集中到影响枯水径流的主要因素上，例如流域的补给条件。若影响枯水径流的因素有显著差异时，必须采用修正移置。此外对某些特殊情况，若条件允许，最好现场实测和调查枯水流量，例如在枯水期施测若干次流量（为 10 次），就可以和参证站的相应枯水流量建立关系，一次展延系列或作为修正移置的依据。

7.6　流　量　历　时　曲　线

径流的分配过程除用上述的流量过程表示外，还可用所谓流量历时曲线来表示。这种曲线是按其时段所出现的流量数值及其历时（或相对历时）而绘成的，说明径流分配的一种特性曲线（图 7 - 14）。如不考虑各流量出现的时刻而只研究所出现流量数值的大小，就可以很方便地由曲线上求得在该时段内不小于某流量数值出现的历时。流量历时曲线在水力发电、航运和给水等工程设计的水利计算中有着重要的意义，因为这些工程的设计，不仅取决于流量的时序更替，而且还取决于流量的持续历时。

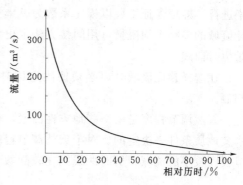

图 7 - 14　日流量历时曲线

根据工程设计的不同要求，历时曲线可以用不同的方法绘制，并具有各种不同的时段，因而有各种不同的名称。常见的有以下几种。

7.6.1　综合日流量历时曲线

综合日流量历时曲线是根据所有年份的实测日平均流量资料绘成的，它能反映流量在多年期间的历时情况。

在工程设计中，有时要求绘制丰水年（或枯水年）的综合日流量历时曲线，它是根据各丰水年（或枯水年）的实测平均流量资料绘成的。

此外，还有所谓丰水期（枯水期、灌溉期）的综合日流量历时曲线，它是根据所有各年丰水期（枯水期、灌溉期）的实测日平均流量资料绘成的。

7.6.2　代表年日流量历时曲线

代表年日流量历时曲线是根据某一年份的实测日平均流量资料绘成的。曲线的纵坐标为日平均流量或其相对值（模比系数），横坐标则为历时日数或相对历时（占全年的百分数)。

在工程设计中，常常需要各种代表年（丰水年、平水年、枯水年）的日流量历时曲线。绘制代表年日流量历时曲线时，代表年的选择应按照本章所述选择代表年的原则进行。

7.6.3　平均日流量历时曲线

平均日流量历时曲线是以各年同历时的日平均流量的平均值为纵坐标，其相应历时为横坐标点绘的曲线。平均日流量历时曲线是一种虚拟的曲线。与综合历时曲线相比，它的上部较低而下部较高，中间则大致与综合曲线重合。利用平均历时曲线的这种性质，有人建议一种根据平均历时曲线来绘制综合历时曲线的简化方法，即在历时为 10%～90%的范围内，用平均曲线的作图方法作图；在历时小于 10%和历时大于90%的两端，则根据实测年份中绝对最大和最小日流量数值目估定线。

在有实测径流资料时，日流量历时曲线的绘制是将日平均流量做样本进行频率计算得到的频率曲线。

当缺乏实测径流资料时，综合或代表年日流量历时曲线的绘制，可按水文比拟法来进行，即把参证流域以模比系数为纵坐标的日流量历时曲线直接移用过来，再以设计流域的多年平均流量（用间接方法求出）乘纵坐标的数值，就得出设计流域的日流量历时曲线。

在选择参证流域时，必须使决定历时曲线形状的气候条件和径流天然调节程度相似。

天然调节程度是由一些地方性因素，如流域面积大小、湖泊率、森林率、地质和水文地质条件来决定的。对于天然调节程度较大的流域，历时曲线比较平直。对于调节程度较小的流域，历时曲线则比较陡峻。

7.7　径流随机模拟

由于实际径流资料往往比较短，难于满足实际水文水利计算的要求，故需要对径流过程作随机模拟。这种随机模拟的目的之一在于充分利用现有径流实测资料，建立反映径流变化特性的随机模型并通过该模型模拟出大量的径流序列作为对未来可能出现的各种径流情势的预估。径流模拟序列出自随机模型，也可以说是由模型估计出的，就像以频率曲线（模型）估计出稀遇的丰水和枯水流量一样。因此，模拟序列和延长序列资料就本质而言是完全不同的，千万不能混为一谈。本节仅介绍单站年月径流随机模拟方法，对于多站及更深入的随机模拟问题，可参看有关专著[58]。

7.7.1　随机过程基本知识

7.7.1.1　随机过程和时间序列的定义

在实际问题中，常涉及试验过程随某个参变量的变化而变化的随机变量，如河流某处的流量、水位是随时间变化的随机变量，气温是随时间、高度而变的随机变量等。通常称这种随机变量为随机函数，并称以时间为参数的随机函数为随机过程，记

作 $[\xi(t)，t\in T]$，T 是 t 变化的范围。

随机过程 $\xi(t)$ 是在一次试验或观测中所得的结果，称为随机过程的一个现实。

若时间参变量 T 是连续时刻的集合，则称这种随机过程为连续参数随机过程，简称随机过程，如水位过程、流量过程等。若时间参变量 T 是离散时刻的集合，则称这种随机过程为离散参数随机过程，也称为随机序列或时间序列。如年、月径流过程，年最大流量过程都是时间序列，也称水文时间序列。

7.7.1.2 随机过程的数字特征

随机过程 $\xi(t)$ 在任一固定时刻的状态是随机变量，因此可按与第 6 章随机变量同样的方法定义随机过程的数学期望和方差。定义如下

数学期望

$$\mu(t)=E[\xi(t)] \tag{7-10}$$

方差

$$\sigma^2(t)=E\{[\xi(t)-\mu(t)]^2\} \tag{7-11}$$

为了刻画随机变量两个不同时刻状态间关系的密切程度，可定义随机变量的自相关函数为

$$R(t_1,t_2)=E\left\{\frac{[\xi(t_1)-\mu(t_1)][\xi(t_2)-\mu(t_2)]}{\sigma(t_1)\sigma(t_2)}\right\} \tag{7-12}$$

7.7.1.3 随机过程基本分类

1. 按统计性质的稳定性分类

按统计性质是否随时间而变化，随机过程可分成平稳过程和非平稳过程。若随机过程统计数字特征不随时间的平移而变化，则称为平稳过程，否则为非平稳过程。

2. 按不同时刻状态间的关系分类

按不同时刻状态间的关系，随机过程可分成独立过程和马尔柯夫过程。若过程各状态相互独立，则称为独立随机过程。在非独立随机过程中，最重要的一类是马尔柯夫过程，其特点是未来时刻状态只与当前时刻有关，而与过去各时刻无关。

以上各个概念的严格定义，可参见文献 [58]。

7.7.2 径流随机模拟一般步骤

图 7-15 给出了单站年径流随机模拟的一般步骤：①时间序列组成分析；②模型的建立；③序列的模拟；④模型及模拟系列的检验。

7.7.3 径流时间序列的组成分析

径流序列 Q_t 一般可按式（7-13）表示。

$$Q_t=T_t+C_t+P_t+S_t \tag{7-13}$$

式中：T_t、C_t、P_t、S_t 分别为趋势项、跳跃项、周期项和随机项。

当水文序列 Q_t 中不含 T_t、C_t、P_t 等项时，则 $Q_t=S_t$，即仅包括随机项的序列。对年径流序列而言，这种情况是比较常见的。但月径流序列因存在明显的年周期，所以经常是既包含有随机项又含有周期项的序列。

趋势项是指径流变量的取值随时间的增长总体上呈现出增加或减少的趋势，如图

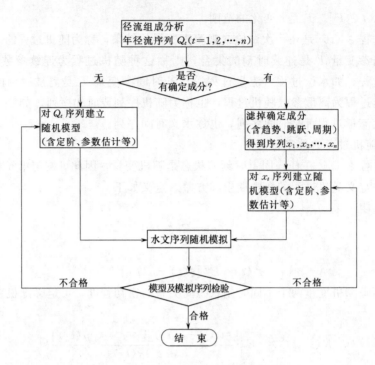

图 7-15　单站年径流随机模拟流程图

7-16 即存在明显趋势（增长）。一般是由于气候因子或下垫面因子逐步改变而引起的缓慢变化。

对实测径流序列，可用假设检验或滑动平均的方法查明是否存在趋势。若存在趋势，呈线性变化时，则常用线性方程拟合，然后从序列中将趋势滤掉。

跳跃项是指径流序列急剧变化的一种形式，当径流序列从一种状态过渡到另一种状态时表现出来，如图 7-17 所示。

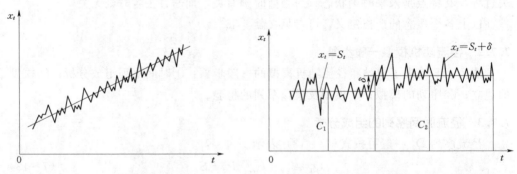

图 7-16　序列趋势变化示意图　　　　图 7-17　跳跃成分及包含跳跃万分的合成序列

跳跃是人为或自然原因造成的。如建库前后水面面积增大，蒸发量等损失增加，有可能出现跳跃，并反映在年径流序列的均值等参数中。突变可看作跳跃的一种特殊情况，如由于地震塌方、拦截江河、形成水库以后溃坝，这样引起流量的突变，随着临时水坝的冲毁，又恢复原来状态。

跳跃是否存在于序列中，多用分割样本的方法检验。若存在较显著的跳跃成分，应从序列中排除掉，使得剩余序列具有原始状态或一致条件。

周期项（含近似周期）是由于天体运动的周期性影响造成的，如地球公转、自转引起以年和日为周期的变化，以及太阳黑子活动引起的旱涝多年变化。通常可用谐波分析方法析出，再从序列中滤掉。

随机项是由于不规则及随机振荡引起的，一般由相依成分和纯随机成分组成，严格地讲，几乎所有水文变量应是非平稳过程。不过，除了人为影响及自然灾变外，水文环境的变化在数十年或几百年期间都相当小，因此，从实用观点，常把水文序列中的随机项看作平稳过程。

7.7.4 单站年月径流随机模型的建立

对年月径流序列建立随机模型一般是对原始年、月径流序列排除趋势跳跃等确定项后的随机项而建立的模型。径流随机模型是对径流随机变化的主要统计特性以数学式子作出的高度概括，其建立的基础为实测径流序列。目前常见的随机模型有：线性平稳模型、非线性平稳模型。

建立随机模型的一般步骤为：①选择模型；②确定阶数；③估计模型参数。

7.7.4.1 单站年径流随机模型的建立

通常采用线性自回归模型，即马尔柯夫模型。

1. 线性自回归模型的一般形式

$$Q_t = \bar{Q} + \varphi_{p,1}(Q_{t-1} - \bar{Q}) + \varphi_{p,2}(Q_{t-2} - \bar{Q}) + \cdots + \varphi_{p,p}(Q_{t-p} - \bar{Q}) + \varepsilon_t$$

$$(7-14)$$

式中：Q_t 为第 t 年的年径流量，$t=1$、2、$\cdots$，常称式（7-14）的 Q_t 为自回归系列；$\bar{Q}$ 为 Q_t 序列的平均值；$\varphi_{p,1}$、$\varphi_{p,2}$、$\cdots$、$\varphi_{p,p}$ 为自回归系数或偏相关系数，反映 Q_t 在时间上相依性大小；ε_t 为模型残差项，纯随机变量，ε_t 与 Q_{t-1}、Q_{t-2}、$\cdots$ 无关且是独立随机变量，其均值为 0，方差为 $\sigma_{\varepsilon_t}^2$。

由于 $\sigma_{\varepsilon_t}^2$ 与 Q_t 的方差 σ_Q^2 有确定关系［参见式（7-20）］，因此，一般自回归模型中参数有：$\bar{Q}$、σ_Q 和 $\varphi_{p,1}$、$\varphi_{p,2}$、$\cdots$、$\varphi_{p,p}$ 共 $p+2$ 个参数。

该模型说明第 t 年年径流量仅依赖于第 $t-1$ 年，第 $t-2$ 年、$\cdots$、第 $t-p$ 年的年径流量和一个纯随机变量 ε_t。

若令 $y_t = Q_t - \bar{Q}$，则式（7-14）变为

$$y_t = \varphi_{p,1}y_{t-1} + \varphi_{p,2}y_{t-2} + \cdots + \varphi_{p,p}y_{t-p} + \varepsilon_t \qquad (7-15)$$

式（7-15）是中心化变量表示的自回归模型。

2. 模型参数估计

模型中的参数常采用矩法估计，参数估计公式如下。

$$\bar{Q} = \frac{1}{n}\sum_{t=1}^{n}Q_t \qquad (7-16)$$

$$\hat{\sigma}_Q = S_Q = \sqrt{\frac{1}{n-1}\sum_{t=1}^{n}(Q_t - \bar{Q})^2} \qquad (7-17)$$

$$
\begin{bmatrix} \hat{\varphi}_{p,1} \\ \hat{\varphi}_{p,2} \\ \vdots \\ \hat{\varphi}_{p,p} \end{bmatrix} = \begin{bmatrix} 1 & r_1 & r_2 & \cdots & r_{p-1} \\ r_1 & 1 & r_1 & \cdots & r_{p-2} \\ \cdots & \cdots & \cdots & \vdots & \cdots \\ r_{p-1} & r_{p-2} & r_{p-3} & \cdots & 1 \end{bmatrix}^{-1} \begin{bmatrix} r_1 \\ r_2 \\ \vdots \\ r_p \end{bmatrix} \tag{7-18}
$$

其中 K 阶样本自相关系数 r_k 在 n 较大、k 较小时，计算公式为

$$
r_k = \frac{n}{n-K} \frac{\sum\limits_{t=1}^{n-K} (Q_t - \overline{Q})(Q_{t+k} - \overline{Q})}{\sum\limits_{t=1}^{n} (Q_t - \overline{Q})^2} \tag{7-19}
$$

据推导

$$
\hat{\sigma}_{\varepsilon_t}^2 = \hat{\sigma}_Q^2 (1 - \hat{\varphi}_{p,1} r_1 - \hat{\varphi}_{p,2} r_2 - \cdots - \hat{\varphi}_{p,p} r_p) \tag{7-20}
$$

在数学上，一般假定 ε_t 为正态分布。但对于具有偏态的水文序列，一般把 ε_t 当作 P—Ⅲ型分布。因此，还必须估计 ε_t 的偏态系数 C_{se_t}。

$$
\hat{C}_{se_t} = \frac{1}{(n-P-3)\hat{\sigma}_{\varepsilon_t}^3} \sum_{t=P+1}^{n} (\varepsilon_t - \hat{\overline{\varepsilon}}_t)^3 \tag{7-21}
$$

ε_t（$t = P+1$，$P+2$，$\cdots$，n）是根据估计出的以上 $P+2$ 个参数及观测序列 Q_t，利用式（7-14）反推得到的。平均值 $\hat{\overline{\varepsilon}}_t$ 是根据反推序列 ε_t 利用矩法估算的。

3. 常见 AR（1）和 AR（2）模型参数估计公式

AR（1）模型形式为

$$
Q_t = \overline{Q} + \varphi_{1,1}(Q_{t-1} - \overline{Q}) + \varepsilon_t \tag{7-22}
$$

模型参数估计公式为

$$
\overline{\varphi}_{1,1} = r_1 \tag{7-23}
$$

$$
\hat{\sigma}_{\varepsilon_t} = \hat{\sigma}_Q \sqrt{1 - r_1^2} \tag{7-24}
$$

$$
C_{se_t} = \frac{1}{(n-4)\hat{\sigma}_{\varepsilon_t}^3} \sum_{t=2}^{n} (\varepsilon_t - \hat{\overline{\varepsilon}}_t)^3 \tag{7-25}
$$

AR（2）的模型形式为

$$
Q_t = \overline{Q} + \varphi_{2,1}(Q_{t-1} - \overline{Q}) + \varphi_{2,2}(Q_{t-2} - \overline{Q}) + \varepsilon_t \tag{7-26}
$$

模型参数估计公式为

$$
\hat{\varphi}_{2,1} = r_1(1 - r_2)/(1 - r_1^2) \tag{7-27}
$$

$$
\hat{\varphi}_{2,2} = (r_2 - r_1^2)/(1 - r_1^2) \tag{7-28}
$$

$$
\hat{\sigma}_{\varepsilon_t} = \hat{\sigma}_Q \sqrt{1 - \hat{\varphi}_{2,1} r_1 - \hat{\varphi}_{2,2} r_2} \tag{7-29}
$$

$$
\hat{C}_{se_t} = \frac{1}{(n-5)\hat{\sigma}_{\varepsilon_t}^3} \sum_{t=3}^{n} (\varepsilon_t - \hat{\overline{\varepsilon}}_t)^3 \tag{7-30}
$$

4. 模型阶数 p 的确定

对于 AR（p）序列，可以证明：它的自相关系数随滞时增大而减小，呈拖尾状，而偏相关系数 $\varphi_{k,k}$ 则呈截尾状，在 $k=p$ 时出现一个截止点，即在 $k \leqslant p$ 时，$\varphi_{k,k} \neq 0$，当 $k > p$ 时，$\varphi_{k,k} = 0$。因此，从理论上讲可以通过计算不同的 $\varphi_{k,k}$（$k=1$、2、$\cdots$）

进行模型识别。例如，当从样本序列估计 $\varphi_{k,k}$ 在 $k=3$ 时具有明显截尾现象，那么可推断该年径流序列 $p=3$ 即适合于 AR（3）模型。但是由于样本容量 n 较小，故统计量 $\varphi_{k,k}$ 抽样误差较大，即使是 AR（p）序列，当 $k>p$ 时，$\varphi_{k,k}$ 可能并不为零，这样就难于作直观判断，必须进行统计推断。统计推断的方法是：取显著水平 $\alpha=$

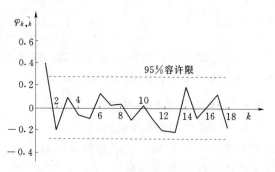

图 7 - 18 某河年径流量偏相关图

0.05，若 $|\hat{\varphi}_{k,k}|>\dfrac{1.96}{\sqrt{n}}$，则可接受 $\varphi_{k,k}$ 异于零的假设。例如，某河流年径流偏相关系数如图 7 - 18 所示，该图表明，只有 $\varphi_{1,1}$ 超过 95％容许限，即 $|\varphi_{1,1}|>\dfrac{1.96}{\sqrt{n}}$，故该序模型阶段应为 1，即 AR（1）模型。

7.7.4.2　单站月径流随机模型的建立

对已有 n 年实测月径流量资料的单站通常有两条途径建立单站月径流随机模型。

一是先建立年径流模型，再通过建立解集模型把年径流分解成各月月径流、解集模型。公式为

$$Y=AQ+B\varepsilon \tag{7-31}$$

式中：Y 为各月月径流量，$Y=(y_1, y_2, \cdots, y_{12})^T$；$Q$ 为年径流量；A 为模型参数，$A=(a_1, a_2, \cdots, a_{12})^T$，反映各月月径流量平均分配水平；$B$ 为 12×12 的参数矩阵，反映各月之间的相关关系程度；ε 为模型残差项，$\varepsilon=(\varepsilon_1, \varepsilon_2, \cdots, \varepsilon_{12})^T$，$\varepsilon_1$、$\varepsilon_2$、$\cdots$、$\varepsilon_{12}$ 相互独立，可以是正态或偏态分布，ε 与 Q 相互独立。

以上各参数可由 n 年实测年、月径流资料估算。本模型结构简单，概念清晰，但因参数多，故所需实测资料较长。

二是直接建立月径流随机模型，通常采用季节性一阶自回归模型，即假定可用 12 个一阶自回归模型来描述各月月径流量及其相关关系。各月月径流模型如下。

$$Q_{i,j}=\overline{Q}_j+\frac{\sigma_j}{\sigma_{j-1}}r_{j,j-1}(Q_{i,j-1}-\overline{Q}_{j-1})+\sigma_j\sqrt{1-r_{j,j-1}^2}\,\varepsilon_j \tag{7-32}$$

式中：i 为年份，$i=1$、2、$\cdots$；j 为月份，$j=1$、2、$\cdots$、12；$Q_{i,j}$ 为第 i 年第 j 月的月径流量；$\overline{Q}_j$、σ_j 为第 j 月的月径流均值和均方差，$\overline{Q}_0=\overline{Q}_{12}$，$\sigma_0=\sigma_{12}$；$r_{j,j-1}$ 为第 j 月与第（$j-1$）月月径流量之间相关系数，$r_{1,0}$ 表示第 1 月与上一年第 12 月月径流量相关系数；ε_j 为第 j 月纯随机变量，是模型残差项，可以是标准正态分布或标准 P - Ⅲ 分布，各月之间 ε_j 相互独立，且 ε_j 与 $Q_{i,j-1}$ 相互独立。

以上各有关参数可由 n 年实测月径流资料用矩法估算。

若 ε_j 采用标准正态分布，则月径流量也是正态分布。若 ε_j 采用标准 P - Ⅲ 分布，则月径流量为近似 P - Ⅲ 分布，模拟 P - Ⅲ 分布 ε_j 时，还需估算 ε_j 的偏态系数。

$$C_{se_j} = \frac{C_{sQ_j} - r_{j,j-1}^3 C_{sQ_{j-1}}}{(1 - r_{j,j-1}^2)^{3/2}} \qquad (7-33)$$

式中：C_{sQ_j} 为第 j 月月径流偏态系数，$j=0$ 时，表示的是第 12 月的偏态系数，该参数可用实测 n 年第 j 月径流序列估算。

7.7.5　年月径流序列的模拟

年月径流序列模拟关键归结为对式（7-22）、式（7-26）和式（7-32）中的所包含的残差项 ε_t 的模拟。ε_t 是独立随机变量，亦称做纯随机变量。因此下面重点讲述纯随机变量 ε_t 如何模拟。

7.7.5.1　纯随机变量随机数的模拟

纯随机变量 ε_t 的分布可以是正态，也可以是偏态。一般先模拟 $[0,1]$ 均匀分布随机数 u，再通过变换模拟指定分布的随机变量。

1．均匀分布随机数的模拟

生成方法有随机数表法、物理方法及数学方法。由于前两种方法存在缺陷，故常用数学方法模拟，其中应用最广的是乘同余法。

乘同余法生成随机数递推公式是

$$x_{n+1} = \text{MOD}(\lambda x_n, M) \qquad n=0,1,2,\cdots \qquad (7-34)$$

$$u_{n+1} = x_{n+1}/M \qquad (7-35)$$

式（7-34）中 x_0 为初值，λ 为乘子，M 为模，它们均为非负整数，而且 $\lambda < M$。x_{n+1} 是 λx_n 被 M 整除后的余数，于是 $x_{n+1} < M$，故 u_{n+1} 即为 $[0,1]$ 上的随机数。

这种方法模拟的随机数存在着循环周期，因此，u_{n+1} 不是真正意义上的随机数，但由于 M 往往取值很大，周期也很长，目前微机上周期可达 10^9 以上，实用上完全能满足需要。正因如此，大都使用该方法生成 $[0,1]$ 均匀分布随机数。不过使用前要对生成的随机数作均匀性、独立性等检验。

2．正态分布随机数的模拟

通常用 Box-Muller 变换生成，即

$$N_1 = \sqrt{-2\ln u_1}\,\cos(2\pi u_2)$$
$$N_2 = \sqrt{-2\ln u_1}\,\sin(2\pi u_2) \qquad (7-36)$$

式中：u_1，u_2 为 $[0,1]$ 均匀分布随机数；N_1、N_2 为相互独立标准化正态随机数，对于任意正态分布 $N(\mu,\sigma^2)$ 的随机数 N'，可以通过公式 $N' = \mu + \sigma N$ 转换获得，式中 N 为标准化正态分布随机数。

3．P-Ⅲ型分布随机数模拟

利用舍选法生成 P-Ⅲ型分布随机数，详见图 7-19。其中 u_i（$i=1, 2, \cdots, n+3$）为 $[0,1]$ 均匀分布随机数，z 为皮尔逊Ⅲ型

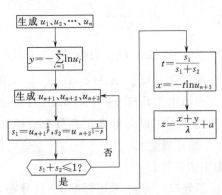

图 7-19　P-Ⅲ型分布抽样过程框图

分布随机数。该分布 3 个参数为：均值 EX、离势系数 C_v 及偏态系数 C_s。在 EX、C_v、C_s 已知的情况下，框图中 n、p、a、λ 的计算公式如下。

$$n = \text{INT}(4/C_s^2) \tag{7-37}$$

$$p = 4/C_s^2 - n \tag{7-38}$$

$$\lambda = 2/(EXC_vC_s) \text{ 或 } \lambda = 2/(\sigma C_s) \tag{7-39}$$

$$a = EX - 2EXC_v/C_s \tag{7-40}$$

7.7.5.2 年月径流的生成

下面仅介绍年径流模拟的方法，月径流模拟的方法类同。

设所建立的模型为 AR (1)，且参数已估计出。其模型为

$$Q_t = \overline{Q} + \varphi_{1,1}(Q_{t-1} - \overline{Q}) + \varepsilon_t \tag{7-41}$$

式 (7-41) 中 ε_t 分布参数：均值为 0，均方差为 σ_{ε_t}，偏态系数为 $C_{s\varepsilon_t}$。下面分两种情况介绍年径流模拟步骤。

1. 年径流为正态分布

这种情况下，ε_t 为正态分布，即 $C_{s\varepsilon_t}$ 等于 0。

模拟步骤如下：

(1) 以 $\overline{Q}$ 或 Q_t ($t=1$、2、…、n) 为 Q_0。

(2) 模拟一个符合 N $(0，\sigma_{\varepsilon_t}^2)$ 的正态随机数 ε_1。

(3) 以 Q_0 及 ε_1 代入式 (7-41) 模拟一个年径流 Q_1。

(4) 同步骤 (2)，模拟一个 ε_2。

(5) 以 Q_1 和 ε_2 代入式 (7-41)，计算出 Q_2。

(6) 重复上述步骤，可得到一个很长 Q_t 模拟序列，如容量为 $NN+50$ 的序列 Q_t (NN 为需要模拟的年径流数)。

(7) 考虑到前 50 项可能受初值影响，应舍去，故剩下 NN 年为模拟的年径流系列。

2. 考虑年径流为偏态分布

这种情况一般考虑 ε_t 为 P-Ⅲ 分布，ε_t 的 3 个参数是：均值为 0、方差为 $\sigma_{\varepsilon_t}^2$、偏态系数为 $C_{s\varepsilon_t}$。模拟年径流 Q_t 序列的方法与考虑年径流为正态时几乎一样，唯一不同的是上述第 (2) 部 ε_t 改用 P-Ⅲ 型分布随机数模拟。这样模拟的 Q_t 序列可近似认为是 P-Ⅲ 型分布。

7.7.6 模型及模拟系列的检验

模型检验是指对模型残差 ε_t 为独立随机变量是否成立，ε_t 分布是否为假定分布进行的检验。模拟序列检验是指对所模拟年月径流序列其统计特性是否能保持实测径流序列的统计特性进行的检验。这里保持的含义指模拟序列的统计参数和实测径流序列的相应参数，在统计上无显著差异。

1. 残差独立性检验

在模型及参数确定后，根据实测样本 Q_t，用式 (7-14) 可反推出残差序列 ε_t ($t=P+1$，…，n)，由 ε_t 序列可计算其各阶段自相关系数 r_k，再对 r_k 作独立性假设

检验。如检验通过，即 ε_t 满足独立性，说明建模时对 ε_t 独立性假定是成立的，否则要分析产生原因。若 ε_t 序列自相关显著，应考虑使用其他模型。

2. 模拟系列检验

一般要求模拟序列与实测序列主要统计参数相近。如差异显著，要从模型结构、参数估计等方面分析原因，确实是模型结构问题，应考虑改变模型。

7.7.7　实例——红水河龙滩站年径流序列模拟

红水河龙滩水库为多年调节水库，坝址处有自 1946—1979 年共 34 年的资料。为了满足分析工作需要，要求模拟年径流系列。

1. 径流组成分析

经过分析，未发现有趋势、突变、周期等确定项，故可直接对实测序列建立平稳模型。

2. 模型选择和参数估计

为了便于选择模型，已估算了年径流序列统计参数 $\overline{Q}$、C_v、C_s 及自相关系数 r_1、r_2、…、r_{15}［表 7 - 5、图 7 - 20 (a)］。从图 7 - 20 (a) 可看出，自相关系数呈指数衰减趋势，故选用常用的 AR (p) 模型作为年径流模型。

表 7 - 5　　　　　　　　龙滩站实测和模拟序列统计参数表

序列类别	均　值 $\overline{Q}$	标准差 σ	离势系数 C_v	偏态系数 C_s	自　相　关　系　数		
					r_1	r_2	r_3
实　　测	1651.8	385.9	0.234	−0.22	0.055	0.154	0.338
模　　拟	1661.9	415.3	0.250	0	0.043	0.159	0.319

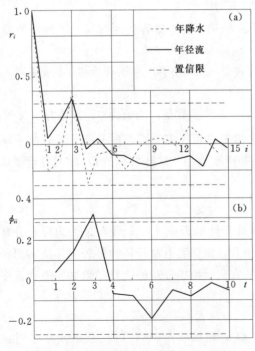

图 7 - 20　龙滩站自、偏相关函数示意图

为了确定模型阶数 p，计算 $\varphi_{k,k}$ (k =1，2，…，15)［图 7 - 20 (b)］。从图 7 - 20 (b) 中可知，k=3 时，$\varphi_{k,k}$ 超过置信限范围，而 $k>3$ 时，可以认为是 0，因此，应选定阶数为 3。

模型参数利用前面介绍的矩法估算，结果为：$\varphi_{3,1}$ = − 0.021，$\varphi_{3,2}$ = 0.143，$\varphi_{3,3}$ = 0.333，σ_{ε_t} = 0.931。此外，利用实测系列仅推出 ε_4、ε_5、…、ε_{34}，计算出 ε_t 的 $C_{s\varepsilon_t}$，结果是 $C_{s\varepsilon_t}$ 接近于 0。

3. 年径流序列模拟

由于 $C_{s\varepsilon_t}$ 很小，故把 ε_t 当成正态分布，即用正态分布模拟 ε_t，利用三阶自回归模型模拟 1000 年年径流系列。

4. 模型及模拟系列的检验

(1) 对于反推序列 ε_4、ε_5、…、ε_{34}，求自相关系数 r_k，经检验可认为是

独立的，因此模型的假定是成立的。

（2）模拟系列的检验。对模拟 1000 年年径流计算 $\bar{Q}$、σ、C_v、C_s 及自相关数 r_1、r_2、r_3、…，见表 7-5，对比发现两序列各项统计参数无明显差异。

以上检验结果表明，所建模型是可接受的。

总之，径流随机模型是随着数学中的随机过程理论和电子计算机技术在水文学中应用而逐渐发展起来的，所有各种随机模型都是建立在径流现象的统计特性基础上，模型参数必须基于实测资料所提供信息加以估计。因此，只有深入了解径流现象的特性以及获得尽可能多的可靠信息，才能更有效地在工程水文中加以应用。

习　题

7-1　某流域多年平均年径流深等值线图如图 7-21 所示，要求：

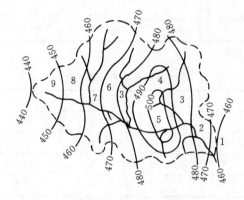

图 7-21　某流域多年平均年径流深等值线图（单位：mm）

（1）用加权平均法求流域的多年平均径流深，其中部分面积值见表 7-6。

表 7-6　　　　　　　　　　径流深等值线间部分面积表

部分面积编号	1	2	3	4	5	6	7	8	9	全流域
部分面积/km²	100	1320	3240	1600	600	1840	2680	1400	680	13460

（2）用内插法查得流域重心附近的年径流深代表全流域的多年平均径流深。

（3）试比较上述两种成果，哪一种比较合理？理由何在？在什么情况下，两种成果才比较接近？

7-2　某水利工程的设计站，有 1954—1971 年的实测年径流资料。其下游有一参证站，有 1939—1971 年的年径流系列资料，见表 7-7，其中 1953—1954 年、1957—1958 年和 1959—1960 年，分别被选定为 $P=50\%$、$P=75\%$ 和 $P=95\%$ 的代表年，其年内的逐月径流分配见表 7-8。试求：

（1）根据参证站系列，将设计站的年径流系列延长至 1939—1971 年。

表 7 - 7　　　　　　　　　设计站与参证站的年径流系列　　　　　单位：m³/s

年　份	参证站	设计站	年　份	参证站	设计站	年　份	参证站	设计站
1939	778		1952	703		1965	676	547
1940	1060		1953	788		1966	1230	878
1941	644		1954	945	761	1967	1510	1040
1942	780		1955	1023	800	1968	1080	735
1943	1029		1956	587	424	1969	727	519
1944	872		1957	664	552	1970	649	473
1945	932		1958	947	714	1971	870	715
1946	1246		1959	702	444			
1947	933		1960	859	643			
1948	847		1961	1050	752			
1949	1177		1962	782	569			
1950	878		1963	1130	813			
1951	996		1964	1160	775			

注　本表采用的水利年度为每年 7 月至次年 6 月。

表 7 - 8　　　　　　　　　设计站代表年月径流分配　　　　　单位：m³/s

年　份	月　份												全年
	7	8	9	10	11	12	1	2	3	4	5	6	
1953—1954	827	920	1780	1030	547	275	213	207	243	303	363	714	619
1957—1958	1110	1010	919	742	394	200	162	152	198	260	489	965	552
1959—1960	1110	1010	787	399	282	180	124	135	195	232	265	594	444

（2）根据延长前后的设计站年径流系列，分别绘制年径流频率曲线，并分析比较二者有何差别。

（3）根据设计站代表年的逐月径流分配，计算设计站 $P=50\%$、$P=75\%$ 和 $P=95\%$ 的年径流量逐月径流分配过程。

第8章

由流量资料推求设计洪水

8.1 概　述

8.1.1 洪水设计标准

为了抵御洪水灾害，兴建了各类防洪工程；为了发电、灌溉兴建了兴利工程等。这些工程在运行期间必然承受着洪水的威胁，一旦工程失事将会造成灾害。因此，在设计各种涉水工程的水工建筑物时，必须高度重视工程本身的防洪安全，即必须全面考虑工程能经得住某种大洪水的考验而不会失事。所谓某种大洪水意指工程设计时选择的一种特定洪水。若此洪水过大，工程的安全度增大，但工程造价增多而不经济；若此洪水过小，工程造价降低，但遭受破坏的风险增大。如何选择较为合适的洪水作为依据，涉及一个标准问题，称为设计标准。我国曾分别于 1978 年和 1988 年制定了山区、丘陵区部分和平原、滨海区部分的 SDJ 217—87《水利水电枢纽工程等级划分及设计标准》，经过多年的工程实践，于 1994 年颁发了统一的 GB 50201—94《防洪标准》作为强制性的国家标准，2014 年在 GB 50201—94 的基础上进行了修订，颁发了新的国家标准 GB 50201—2014《防洪标准》。

在 GB 50201—2014 国家标准中明确了两种防洪标准的概念。一是上述的水工建筑物本身的防洪标准；二是与防洪对象保护要求有关的防洪区的防洪安全标准，如某一城市的防洪安全标准。这两个防洪安全标准的概念是有差别的，不能混淆。关于防洪区的防洪安全标准，是依据防护对象的重要性分级设定的。例如，确定城市防洪标准时，是根据城市社会经济地位的重要性划分成不同等级（4 级），不同等级城市取用不同标准（表 8-1），其他保护对象防洪标准的确定也是如此。

资源 8-1
各类防洪
工程

资源 8-2
不同版本
设计洪水
标准简况

资源 8-3
《防洪标准》
（GB 50201
—2014）
简介

表 8-1　　　　城市防护区的防护等级和防洪标准

防护等级	重要性	常住人口/万人	当量经济规模/万人	防洪标准/[（重现期：年）]
I	特别重要	≥150	≥300	≥200
II	重要	<150，≥50	<300，≥100	100~200
III	比较重要	<50，≥20	<100，≥40	50~100
IV	一般	<20	<40	20~50

注　当量经济规模为城市防护区人均 GDP 指数与人口的乘积，人均 GDP 指数为城市防护区人均 GDP 与同期全国人均 GDP 的比值。

资源 8-4
新形势下
城市防洪
的特点与防治
思路

关于水利水电工程本身的防洪标准，是先根据工程规模、效益和在国民经济中的重要性，将水利水电枢纽工程分为 5 个等别，见表 8-2。水利水电枢纽工程包括各种水工建筑物，其中永久性水工建筑物又分为主要建筑物和次要建筑物。由于洪水对各种建筑物可能造成的危害不同，所以除了按照工程规模的大小划分其等别外，还按照水工建筑物的作用和重要性分为 5 个级别，见表 8-3。

表 8-2　　　　　　　　　　　　水利水电工程枢纽的等别

工程等别	水库		防洪		治涝	灌溉	供水	发电
	工程规模	总库容/亿 m³	城镇及工矿企业的重要性	保护农田面积/万亩	治涝面积/万亩	灌溉面积/万亩	供水对象的重要性	装机容量/MW
Ⅰ	大（1）型	≥10	特别重要	≥500	≥200	≥150	特别重要	≥1200
Ⅱ	大（2）型	<10，≥1.0	重要	<500，≥100	<200，≥60	<150，≥50	重要	<1200，≥300
Ⅲ	中型	<1.0，≥0.10	比较重要	<100，≥30	<60，≥15	<50，≥5	比较重要	<300，≥50
Ⅳ	小（1）型	<0.10，≥0.01	一般	<30，≥5	<15，≥3	<5，≥0.5	一般	<50，≥10
Ⅴ	小（2）型	<0.01，≥0.001		<5	<3	<0.5		<10

设计时根据建筑物级别选定不同频率作为防洪标准。这样，把洪水作为随机现象，以概率形式估算未来的设计值，同时以不同频率来处理安全和经济的关系。

设计永久性水工建筑物所采用的洪水标准，分为正常运用和非常运用两种情况，分别称为设计标准和校核标准。通常用正常运用的洪水来确定水利水电枢纽工程的设计洪水位、设计泄洪流量等水工建筑物设计参数，这个标准的洪水称为

表 8-3　永久性水工建筑物的级别

工程等别	水工建筑物级别	
	主要建筑物	次要建筑物
Ⅰ	1	3
Ⅱ	2	3
Ⅲ	3	4
Ⅳ	4	5
Ⅴ	5	5

设计洪水。设计洪水发生时，工程应保证能正常运用，一旦出现超过设计标准的洪水，则水利工程一般就不能保证正常运用了。由于水利工程的主要建筑物一旦破坏，将造成灾难性的严重损失，因此规范规定洪水在短时期内超过设计标准时，主要水工建筑物仍不允许破坏，仅允许一些次要建筑物损毁或失效，这种情况就称为非常运用条件或标准，按照非常运用标准确定的洪水称为校核洪水。水库工程水工建筑物的防洪标准见表 8-4。

8.1.2　设计洪水的含义

一次洪水过程包含有若干特征，如洪峰和洪量，在一般情况下它们出现的频率是互不相等的。然而，过程本身并没有频率的概念，所以任何一场现实洪水过程的重现期或频率是无法定义的。所谓设计洪水，实质上是指具有规定功能的一场特定洪水，其具备的功能是：以频率等于设计标准的原则，求得该频率的设计洪水，以此为据而规划设计出的工程，其防洪安全事故的风险率应恰好等于指定的设计标准。例如，某一水库工程的设计标准是以重现期表示为千年，以频率表示为 0.1%，就是指采用重现期千年或频率为 0.1% 的设计洪水作调洪演算所推求的水库设计洪水位，在未来水

库长期运行中，每年最高库水位超过该设计水位的概率为千分之一。

表8-4 水库工程水工建筑物的防洪标准 单位：年

水工建筑物级别	防洪标准（重现期）					
	山区、丘陵区			平原区、滨海区		
	设 计	校 核			设 计	校 核
		混凝土坝、浆砌石坝	土坝、堆石坝			
1	500～1000	2000～5000	可能最大洪水（PMF）或5000～10000		100～300	1000～2000
2	100～500	1000～2000	2000～5000		50～100	300～1000
3	50～100	500～1000	1000～2000		20～50	100～300
4	30～50	200～500	300～1000		10～20	50～100
5	20～30	100～200	200～300		10	20～50

资源8-6
第一次全国
水利普查
公报

根据指定设计标准计算的设计洪水，其功能是通过将其输入到流域防洪工程措施系统后得到体现的。经过系统作用（如水库调洪演算），不仅输出设计洪水位、防洪库容等工程设计参数，同时也输出其防洪后果，得到该系统的防洪安全事故风险率，该风险率恰好等于设计标准。

设计洪水包括设计洪峰流量、不同时段设计洪量及设计洪水过程线3个要素。推求设计洪水的方法有两种类型，即由流量资料推求设计洪水和由暴雨资料推求设计洪水。当必须采用可能最大洪水作为非常运用洪水标准时，则由水文气象资料推求可能最大暴雨，然后计算可能最大洪水。

资源8-7
设计洪水
推求途径及
各自适用
条件

8.2 洪水资料的分析处理

8.2.1 洪水样本选取

进行洪水频率分析计算时，将连续的流量过程以年为时段划分开来，使时间坐标离散化，把每年作为一次实验。根据需要选取一些描述洪水的数字特征，从不同的角度来反映逐年洪水的特性。假定这些洪水特征为随机变量，具有相同的总体概率分布函数，从历年实测洪水资料中所求得的洪水特征系列，作为该随机变量从其总体分布中独立随机抽取的一组样本。

资源8-8
重现期
概念解读

一般是取洪峰流量和指定时段内洪水总量作为描述一次洪水过程的数字特征。不管对单峰型还是复峰型洪水，洪峰流量 Q_m 可从流量过程线上直接得到。对洪量，在我国通常取固定时段的最大洪量 W_t，固定时段一般采用1天、3天、5天、7天、15天、30天。大流域、调洪能力大的工程，设计时段可以取得长一些；小流域、调洪能力小的工程，可以取得短一些。

由于我国河流多属雨洪型，每年汛期要发生多次洪水，因此就存在如何从年内多次洪水中选定该年的洪水特征组成计算样本的问题，通常采用年最大值法选样：每年选取一个最大值，n 年资料可选出 n 项年极值，包括洪峰流量和各种时段的洪量。同一年内，各种洪水的特征值可以在不同场洪水中选取，以保证"最大"选样原则。这是目前水利水电部门水文设计中所采用的方法。图 8 - 1 为年最大值法选样的示意图。

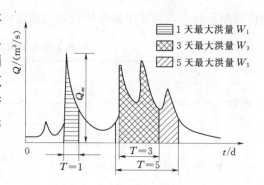

图 8 - 1　年最大值法选样示意图

8.2.2　洪水资料的审查和分析

选取的洪水资料是进行频率计算的基础，是决定成果精度的关键，必须充分重视洪水资料的审查和分析。分析内容包括资料的可靠性、一致性和代表性审查。

8.2.2.1　洪水资料可靠性审查

一般可作历年水位流量关系曲线的对照检查（特别是高水外延部分），审查点据离差情况及定线的合理性；通过上下游、干支流各断面的水量平衡及洪水流量、水位过程线的对照，流域的暴雨过程和洪水过程的对照等，进行合理性检查，从中发现问题。

检查的重点应放在观测及整编质量较差的年份，特别是战争年代及政治动乱时期的观测记录，同时应注意对设计洪水计算成果影响较大的大洪水年份进行分析。如发现有问题，应会同原整编单位作进一步审查，必要时作适当的修正。

8.2.2.2　洪水资料的一致性审查

洪水资料一致性指资料记载的这些洪水是在一致的流域下垫面和气候条件下形成的，即各洪水形成的基本条件未发生显著变化。在洪水的观测期内，如流域上修建了蓄水、引水、分洪、滞洪等工程或发生决口、溃坝、改道等事件，会使流域的洪水形成条件发生改变，因而洪水的统计规律也会改变。不同时期观测的洪水资料可能代表着不同的流域自然条件和下垫面条件，不能将这些洪水资料混杂在一起作为一个样本进行洪水频率分析。

8.2.2.3　洪水资料系列的代表性分析

洪水资料的代表性，反映在样本系列的统计特性能否代表总体的统计特性。洪水总体难以获得，一般认为，洪水系列较长，并能包括大、中、小等各种洪水，则推断该系列代表性较好。

通过古洪水研究、历史洪水调查、历史文献考证和系列插补延长等加大洪水系列的长度增添信息量，是提高洪水系列代表性的基本途径。

8.2.3　历史洪水的调查和考证

8.2.3.1　洪水调查的意义

洪水峰量频率计算成果的可靠性是与所用资料的代表性密切相关的，而资料的代表性又主要受到资料系列长短的制约。目前我国河流的实测流量资料和雨量资料一般都不长，即使通过插补展延后的资料长度（n）也仅 40～60 年。根据这样短的系列来推算百年以上一遇的稀遇洪水，可能存在较大的抽样误差。如果在实测系列之外，调查到 N（$N>n$）年内 a 次最大的洪水，那么将这些洪水加入频率计算，就相当于在原来的 n 年洪水信息基础上，还增加了 N 年期间的部分洪水信息。因此，历史洪水调查是提高洪水频率计算精度的有效途径之一。

8.2.3.2 历史洪水的实地调查和文献考证

在我国多数河流沿岸，多伴有历史悠久的居民点和世代在那里定居的人民的亲身经历及从祖辈流传下来的传说，这是取得历史洪水资料的一个重要来源。

在进行访问时，对于洪水发生的年份和日期，最好请老居民联系他们生活中及社会上重要事件发生的年月进行回忆，对最高洪水位则联系建筑物的具体部位，以求得比较确切的成果。在同一地点附近，应力求从不同人和不同实物得出同次洪水的几个洪痕高程，以便相互检验印证。对于近期大洪水，有时还可以调查到洪水位的涨落概况。

资源 8-9
历史洪水
洪痕

在历史上出现一次异常洪水时，当地居民常留下有关最高洪水位及洪水发生日期的碑记、刻字或痕迹，这类碑记和刻字目前在中国很多河流两岸仍可发现。例如，长江干流上游曾发现多处标志着 1153 年、1227 年、1560 年、1788 年、1796 年、1860 年、1870 年等最高洪水位的刻字和碑记；在黄河支流沁河上，也曾发现关于 1482 年最高洪水位的墨写字迹。

中国有古老的文化，过去大多数省、府、县在历代编有地方志，其中有专门记述历史上水旱灾害的情况，个别记载甚至远溯到距今两千多年前。早期的记载比较简略，且多遗漏，但在近六百年的明清两代，记载就比较完整详细。还有一些专门记述中国各主要河流自然地理情况、历史上洪旱灾害和治理措施的书籍，如《水经注》《行水金鉴》等。其中《行水金鉴》及其续集就有 483 卷。

此外，在明清两代的宫廷档案中，还可查到大水年各地关于水情和灾情的奏报。有时在沿河村镇，可以发现近一二百年内的私人笔记、日记、账本中有关历史洪水的记载。在这类历史文献中，对于历史洪水多数只有定性的描述。但是，根据这些描述及其灾害范围，可以和已调查到最高洪水位的几次大洪水进行比较，以判断文献中洪水的相对大小，可以为估计历史洪水的稀遇程度提供参考。有的历史文献记载中，还有洪水涨幅或水深的具体数字。例如，在《水经注》中记载，黄河干支伊河的龙门镇在公元 223 年曾发生特大洪水，水涨高四丈五尺（魏尺，合今 10.9m）。由于那里是岩石河床，估计断面变化不大，可推算其洪峰流量约为 20000m³/s。

8.2.3.3 历史洪水在调查考证期中的排位分析

历史洪水峰量的数值确定后，为了估计其经验频率（或重现期），还必须分析各次历史洪水调查考证期内的排列序号，以期能正确确定历史洪水的经验频率。通常把具有洪水观测资料的年份（其中包括插补延长年份）称为"实测期"。从最早的调查洪水发生年份迄今的这一段时期内、实测期以外的部分称为"调查期"。在调查期和实测期中，最大的几次洪水的排列序号往往是能够通过调查或由历史文献来确定的。根据它们在这段时期内排列的序号，就可以计算其经验频率。当然，在这个时期内也

资源 8-10
历史洪水
重现期误差
对设计洪水
的影响

还会有那么一些洪水，由于难于定量而不能判定其确切排位，但可以参照历史文献中关于这些洪水的雨情、灾情的记载，把它们分成若干等级，再由每级中选取一两次可以定量的洪水作为该级的组中值或下限。分级统计洪水的洪峰流量和相应的经验频率，也可以作为洪水频率分析的依据。

调查期以前的历史洪水情况，有时还可通过历史文献资料的考证获得。通常把有历史文献资料可以考证的时期称为"考证期"。考证期中，一般只有少数历史洪水可以大致定量，多数是难以确切定量的。

现举安康站的实例来说明历史洪水中的排位情况。安康站位于汉江中游，自1935 年至 1990 年间有 56 年流量记录（1939—1942 年为插补）。1983 年实测流量31000 m³/s，是这 56 年间的最大流量。通过文献考证及实地调查，得到历史洪水情况见表 8-5，现对洪水的排位进行分析。

表 8-5　　　　　　　　　　　安康历史洪水分级、排位情况表

洪水分级	调查考证期	年份	排位	各级内代表年份及洪峰估值		各级流量范围估计/(m³/s)
				年份	洪峰流量/(m³/s)	
非常洪水	约 900 年（1068—1990 年）	1583	1	1583	36000	36000~40000
特大洪水	298 年（1693—1990 年）	1693	1	1983	31000	30000~36000
		1983	2			
		1867	3~4			
		1770	3~4			
		1852	5			
大洪水	159 年（1832—1990 年）	1983	1	1921	26000	25000~30000
		1867	2			
		1852	3			
		1921	4			
		1832	5			

根据安康地区附近 20 个州、县志文献记载中描述的雨情、水情和灾情严重程度，把其中的大洪水分成非常洪水、特大洪水和大洪水 3 个等级。

（1）非常洪水。如 1583 年洪水。这场洪水冲毁了安康城，是历史上罕见的大洪水。从在蜀河口发现的有关该次洪水最高水位在岩石上的刻字，可以肯定该次洪水居于 600 年来的首位。进一步考证发现，安康城西有一道防洪堤，史称"万春堤"，是防御洪水保卫安康城的屏障，史载最初建于宋熙宁年间（1068—1077 年）。这道防洪堤的修建，证明安康城址至少熙宁以来就已固定在现今位置，迄今已历900 余年。在这 900 年中，洪水"毁城"的史实也只有 1583 年一次，因此 1583 年的排位期至少可以延伸到 900 年，其序位仍属第一位。通过调查估算其洪峰流量为

$36000 \sim 40000 \mathrm{m}^3/\mathrm{s}$。

（2）特大洪水。自 1583 年大水后，安康城曾一度迁移至地势较高的城南赵台山脚，因此在 1583 年以后的百余年间也有可能发生过这一量级的洪水而没有被记录下来，但 1693 年以后，文献记载中漏掉这一级洪水的可能性不大，因此 1983 和 1867 年的洪水应以 1693—1990 年的 298 年作为其排位期。在此期间，相当于这一量级的洪水有 5 年，即 1693 年、1770 年、1852 年、1867 年、1983 年大洪水，其中 1693 年最大，1983 年居第 2 位，1852 年比 1867 年为小，而 1770 年与 1867 年谁大谁小难以判定，因此 1867 年的序位可以按第 3 或第 4 位处理。这一量级洪水的洪峰流量为 $30000 \sim 36000 \mathrm{m}^3/\mathrm{s}$。

（3）大洪水。对于 1921 年的这类洪水，与上述洪水相比量级较小，在自 1693 年以来 298 年间文献的记载中漏掉这一量级洪水的可能性较大。但通过分析调查文献资料发现，自 1832 年以来这一量级洪水被漏掉的可能性不大，可以从 1832 年到 1990 年作为它的排位期，在此期间，大于 1921 年洪水的有 1983 年、1867 年、1852 年，1921 年洪水排第 4 位，1832 年洪水排在第 5 位。这一级大洪水洪峰流量为 $25000 \sim 30000 \mathrm{m}^3/\mathrm{s}$。

8.3 设计洪峰流量及洪量的推求

8.3.1 连序和不连序样本系列

洪水样本系列的组成一般包括两种情况，一种是系列中没有特大洪水值，即没有通过历史洪水调查考证或系列中没有提取特大值作单独处理，系列中各项数值直接按从大到小次序统一排位，各项之间没有空位，由大到小的秩次是相连的，这样的样本系列称为连序系列；二是系列中有特大洪水值，特大洪水与其他洪水值之间有空位，整个样本的排序是不连序的，这样的样本系列称为不连序系列。不管是连序样本还是不连序样本，都可以统一描述如下：设特大值的重现期为 N，实测系列年数为 n，在 N 年内共有 a 个特大值，其中有 l 个来自实测系列，其他来自于调查考证。若 $a=0$，则 $l=a=0$，$N=n$，表明没有特大洪水，不连序样本就变成连序样本。一个不连序样本的组成如图 8-2 所示。

8.3.2 不连序样本系列的经验频率计算

对洪水样本系列中的各项对样本经验频率的计算通常采用统一处理和分别处理两种方法。

8.3.2.1 统一处理法

将实测洪水与历史大洪水一起组成一个不连序的系列，认为它们共同参与组成一个历史调查期为 N 年的样本，各项可在 N 年中统一排序。其中，为首的 a 项占据 N 年中的前 a 个序位，其经验频率采用数学期望公式

$$P_M = \frac{M}{N+1} \qquad M=1,2,\cdots,a \qquad (8-1)$$

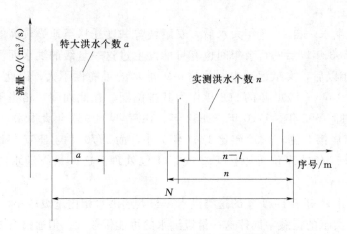

图 8-2　不连序样本的组成示意图

而实测期 n 内的 $n-l$ 个一般洪水是 N 年样本的组成部分，由于它们都不超过 N 年中为首的 a 项洪水，因此其概率分布不再是从 0 到 1，而只能是从 P_a 到 1（P_a 是第 a 项特大洪水的经验频率）。于是对实测期的一般洪水，假定其第 m 项的经验频率在（P_a，1）区间内线性变化，则

$$P_m = P_a + (1 - P_a) \frac{m-l}{n-l+1} \qquad m = l+1; l+2, \cdots, l+n \qquad (8-2)$$

8.3.2.2　分别处理法

将特大值系列和实测系列看作从总体中独立抽出的两个随机连序系列，各项洪水在各自的系列中分别排序。其中，a 项特大洪水的经验频率仍采用式（8-1）计算；实测系列中 $n-l$ 项的经验频率按式（8-3）计算。

$$P_m = \frac{m}{n+1} \qquad m = 1, 2, \cdots, n \qquad (8-3)$$

同理，计算时，前 l 个特大洪水的序位保持"空位"，从 $m = l+1$ 开始计算其他各项的经验频率。

在我国，上述的统一处理法和分别处理法目前都在使用，这两种方法计算的经验频率成果往往也是接近的。在使用分别处理法时，可能会出现历史洪水与实测洪水"重叠"的不合理现象，即末位几项特大洪水的经验频率大于首几项实测洪水的经验频率。统一处理法不会出现这种不合理的现象，加之该法的理论基础较坚强。所以，通常倾向于使用统一处理法。

【例 8-1】　根据前述安康站历史洪水排位情况，按统一处理法和分别处理法计算的各项洪水经验频率见表 8-6。

解： 从表 8-6 中可以看出，对于 1983 年、1867 年、1852 年的洪水，虽然其发生年份在 1832—1990 年间（$N_3 = 159$），但其可在 1693—1990 年间（$N_2 = 298$）排位，所以其经验频率按照 N_2 计算。对于 1921 年的洪水，排在其前的 3 场洪水已抽到 N_2 中排位，但 3 场洪水仍占据 N_3 中的排位，1921 年洪水的经验频率仍按第四排位在 N_3 中计算（对 N_3 这个调查考证期，$a = l = 3$）。

表8-6　　安康洪水经验频率计算表

调查考证或实测期	系列年数 N	系列年数 n	洪水 年份	洪水 Q/(m³/s)	排位	经验频率 统一处理法	经验频率 分别处理法
调查考证期 N_1 （1068—1990年）	923		1583	36000	1	$P=\dfrac{1}{N_1+1}=\dfrac{1}{923+1}=0.00108$	$P=\dfrac{1}{N_1+1}=\dfrac{1}{923+1}=0.00108$
调查考证期 N_2 （1693—1990年）	298		1693	30000~36000	1	$P=0.00108+(1-0.00108)\dfrac{1}{298+1}=0.00442$	$P=\dfrac{1}{298+1}=0.00334$
			1983	31000	2	$P=0.00108+(1-0.00108)\dfrac{2}{298+1}=0.00776$	$P=\dfrac{2}{298+1}=0.00669$
			1867		3~4	$P=0.00108+(1-0.00108)\dfrac{3\sim4}{298+1}=0.0111\sim0.0144$	$P=\dfrac{3\sim4}{298+1}=0.0100\sim0.0134$
			1770		3~4	$P=0.00108+(1-0.00108)\dfrac{3\sim4}{298+1}=0.0111\sim0.0144$	$P=\dfrac{3\sim4}{298+1}=0.0100\sim0.0134$
			1852		5	$P=0.00108+(1-0.00108)\dfrac{5}{298+1}=0.0178$	$P=\dfrac{5}{298+1}=0.0167$
			1983		1	已抽到 N_2 中排序	已抽到 N_2 中排序
			1867		2	已抽到 N_2 中排序	已抽到 N_2 中排序
			1852		3	已抽到 N_2 中排序	已抽到 N_2 中排序
调查考证期 N_3 （1832—1990年）	159		1921	26000	4	$P=0.0178+(1-0.0178)\dfrac{4-3}{159-3+1}=0.0241$	$P=\dfrac{4}{159+1}=0.025$
			1832		5	$P=0.0178+(1-0.0178)\dfrac{5-3}{159-3+1}=0.0303$	$P=\dfrac{5}{159+1}=0.0313$
			1983		1	已抽到 N_2 中排序	已抽到 N_2 中排序
实测期 n （1935—1990年）		56	1983		1	已抽到 N_2 中排序	已抽到 N_2 中排序
			1974	23400	2	$P=0.0303+(1-0.0303)\dfrac{2-1}{56-1+1}=0.0476$	$P=\dfrac{2}{56+1}=0.0351$

8.3.3　洪水频率曲线线型

针对洪水变量，目前还无法从理论上论证应该采用何种频率曲线线型（统计分布模型）描述其统计规律。为了使设计工作规范化，使各地设计洪水成果具有可比性和便于综合协调，世界各国在制定有关设计规范和手册时，通常选用对大多数长期洪水系列分布能较好拟合的线型作为统一的线型以供使用。

国际上关于线型的选用差别很大，常用的线型达 20 余种之多，包括极值Ⅰ型分布和Ⅱ型分布、广义极值分布（GEV）、对数正态分布（L-N）、皮尔逊Ⅲ型分布（P-Ⅲ）及对数皮尔逊Ⅲ型分布等。如美国主要以对数皮尔逊Ⅲ型为主，英国以GEV 型为主。在我国，20 世纪 60 年代以来，通过对我国洪水极值资料的验证，认为皮尔逊Ⅲ型能较好拟合我国大多数河流的洪水系列。此后，我国洪水频率分析一直采用皮尔逊Ⅲ型曲线。但对于特殊情况，经分析研究，也可采用其他线型。

8.3.4　频率曲线参数估计

资源 8-11
国内外常用
洪水频率
分布线型

在洪水频率曲线参数估计方法中，我国规范统一规定采用适线法。适线法有两种：一种是经验适线法（或称目估适线法）；另一种是优化适线法。

目估适线法已在第 6 章作了详细介绍。当该法用于洪水参数估计，必须注意经验点据与曲线不能全面拟合时，可侧重考虑上中部分的较大洪水点据，对调查考证期内为首的几次特大洪水，要作具体分析。一般说来，年代愈久的特大洪水对选定参数影响很大，但这些资料本身的误差可能较大。因此，所选曲线不宜机械地通过特大洪水点据，尽量避免对其他点群偏离过大，但也不宜脱离所选曲线大洪水点据过远。

目估适线法估计参数时，通常将矩法的估计值作为初始值。

在用矩法初估参数时，对于不连序系列，假定 $n-l$ 年系列的均值和均方差与除去特大洪水后的 $N-a$ 年系列的相等，即 $\overline{x}_{N-a} = \overline{x}_{n-l}$，$\sigma_{N-a} = \sigma_{n-l}$，可以导出参数计算公式：

$$\overline{x} = \frac{1}{N} \left[\sum_{j=1}^{a} x_j + \frac{N-a}{n-l} \sum_{i=l+1}^{n} x_i \right] \tag{8-4}$$

$$C_v = \frac{1}{\overline{x}} \sqrt{\frac{1}{N-1} \left[\sum_{j=1}^{a} (x_j - \overline{x})^2 + \frac{N-a}{n-l} \sum_{i=l+1}^{n} (x_i - \overline{x})^2 \right]} \tag{8-5}$$

式中：x_j 为特大洪水，$j=1, 2, \cdots, a$；x_i 为一般洪水，$i=l+1, l+2, \cdots, n$；其余符号意义同式（8-2）。

偏态系数 C_s 属于高阶矩，矩法估计值抽样误差非常大。故不用矩法估计作为初值，而是参考地区规律选定一个 C_s/C_v 值。我国对洪水极值的研究表明，对于 $C_v \leqslant 0.5$ 的地区，可以试用 $C_s/C_v = 3 \sim 4$；对于 $0.5 < C_v \leqslant 1.0$ 的地区，可以试用 $C_s/C_v = 2.5 \sim 3.5$；对于 $C_v > 1.0$ 的地区，可以试用 $C_s/C_v = 2 \sim 3$。

目估适线法具有形象、灵活、简便等明显优点，但适线结果存在主观任意性。为了克服这一缺点，可采用优化适线法，这在第 6 章已简要介绍，这里不再赘述。

8.3.5　算例

某水文站 1923—1970 年共有断续的实测洪峰流量资料 33 年。实测最大洪峰为

9200m³/s，发生在 1956 年；次大洪峰为 5470m³/s，发生在 1963 年。另外调查到 1913 年、1917 年、1928 年、1939 年及 1943 年共 5 年历史洪水，分别为 6740m³/s、5000m³/s、6510m³/s、6420m³/s 和 8000m³/s，并经考证可以断定从 1913 年以来未再发现超过 5000 m³/s 的洪水。除此之外，1932 年洪水在群众记忆中略小于 1933 年，但未调查到数值。又据历史文献考证 1870 年洪水与 1956 年不相上下，而 1849 年的洪水较 1870 年为大，并且自 1849 年以来，无遗漏比 1956 年更大的洪水。需根据这些资料推求该站千年一遇设计洪峰流量。

由现有资料不难看出，1849 年洪水是自 1849 年以来的最大洪水，在 1849—1970 年的 $N_1=122$ 年间排第 1 位；1870 年洪水和 1956 年洪水不相上下，排第 2 或第 3 位。1943 年、1913 年、1928 年、1939 年、1963 年和 1917 年的洪水则分别为 1913 年以来的第 2～7 位洪水，所以在 1913—1970 年的 $N_2=58$ 年间分别排第 2～7 位。其余洪水在 $n=37$ 年的实测期（1923—1970 年）根据大小依次排序。据此分析求得各年洪峰流量的经验频率（按"分别处理法"公式计算）结果见表 8-7。

表 8-7　　　　　某站洪峰流量经验频率计算表

洪 峰 流 量				经 验 频 率 计 算					
按时间次序排列		按数量大小排列		$P_1=\dfrac{M_1}{N_1+1}$		$P_2=\dfrac{M_2}{N_2+1}$		$P_3=\dfrac{m}{n+1}$	
年份	Q_m /(m³/s)	年份	Q_m /(m³/s)	M_1	P_1 /%	M_2	P_2 /%	m	P_3 /%
1849	>9200[①]	1849	>9200[①]	1	0.8				
1870	9200[①]	1870	9200[①]	2～3	1.6～2.4				
1913	6740[①]	1956	9200	2～3	1.6[②]～2.4[②]	空位		空位	
1917	5000[①]	1943	8000[①]			2	3.4[②]	空位	
1923	1740	1913	6740[①]			3	5.1[②]		
1924	1470	1928	6510[①]			4	6.8[②]	空位	
1925	3440	1939	6420[①]			5	8.5[②]	空位	
1926	202	1963	5470			6	10.2[②]	空位	
1928	6510[①]	1917	5000[①]			7	11.9[②]		
1929	1850	1933	4450					6	15.8[②]
1932	4000[①]	1932	4000[①]					7	18.4[②]
1933	4450	1936	3470					8	21.1[②]
1934	862	1925	3440					9	23.7[②]
1935	1540	1937	2690					10	26.3[②]
1936	3470	1942	2650					11	28.9[②]
1937	269	1929	1850					12	31.6[②]
1939	6420[①]	1954	1810					13	34.2[②]
1942	2650	1923	1740					14	36.8[②]
1943	8000[①]	1953	1700					15	39.5[②]

洪峰流量				经验频率计算					
按时间次序排列		按数量大小排列		$P_1=\dfrac{M_1}{N_1+1}$		$P_2=\dfrac{M_2}{N_2+1}$		$P_3=\dfrac{m}{n+1}$	
年份	Q_m /(m³/s)	年份	Q_m /(m³/s)	M_1	P_1 /%	M_2	P_2 /%	m	P_3 /%
1949	612	1952	1570					16	42.1[②]
1950	1300	1935	1540					17	44.7[②]
1951	1290	1924	1470					18	47.4[②]
1952	1570	1959	1450					19	50.0[②]
1953	1700	1950	1300					20	52.6[②]
1954	1810	1951	1290					21	55.3[②]
1955	1150	1955	1100					22	57.9[②]
1956	9200	1962	1020					23	60.5[②]
1957	830	1958	880					24	63.2[②]
1958	880	1934	862					25	65.8[②]
1959	1450	1957	832					26	68.4[②]
1960	406	1969	818					27	71.1[②]
1961	397	1964	744					28	73.7[②]
1962	1020	1970	710					29	76.3[②]
1963	5470	1966	676					30	78.9[②]
1964	744	1949	612					31	81.6[②]
1965	78	1967	575					32	84.2[②]
1966	676	1960	406					33	86.8[②]
1967	575	1961	397					34	89.5[②]
1968	302	1968	302					35	92.1[②]
1969	818	1926	202					36	94.7[②]
1970	710	1965	78					37	97.4[②]

① 调查洪水资料，其中1849年和1870年两次洪水，分别超过和接近1956年洪水，不能确切定量。另外1932年洪水量值大小在1936年和1933年洪水之间，也不能确切定量。

② 最终采用的经验频率数据。

根据表中流量数据和计算的经验频率，点绘经验点据，如图8-3中圆形点据所示。必须说明1956年的点据，从偏于安全考虑经验频率采用2.4%。采用矩法初估统计参数为：$\bar{Q}=2142\text{m}^3/\text{s}$，$C_v=1.04$，$C_s=2C_v$，对应的频率曲线见图中之虚线。该频率曲线与经验点据的拟合不佳，所以调整参数，直到频率曲线与经验点据能最好拟合为止。经多次试算，最后选用$\bar{Q}=2200\text{m}^3/\text{s}$，$C_v=1.10$，$C_s=2C_v$，得到的频率曲线见图中之实线。据此组参数求得的千年一遇设计洪峰值$Q_{0.1\%}=17100\text{m}^3/\text{s}$。

8.3.6　设计成果的合理性分析

在洪水频率计算中，由于资料系列不长，常使计算所得的各项统计参数（$\bar{x}$、

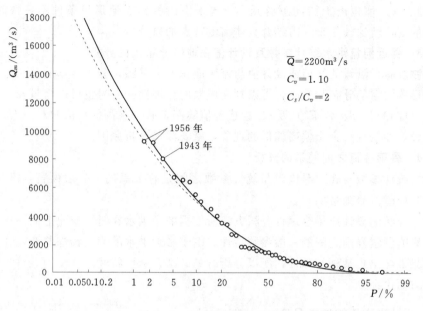

图 8-3　某站洪峰频率曲线

C_v、C_s）及各种频率的设计值 x_p 带有误差。而另一方面，这些参数或计算成果在不同历时之间，以及相同历时在上下游和相邻地区之间，客观上都存在一定的关系或地理分布规律。因此，可以综合同一地区各站成果，通过对比分析，作合理性检查。

8.3.6.1　本站的洪峰及各种历时洪量之间比较分析

1. 频率曲线对比分析

将同一站的各种不同历时洪量频率曲线的纵坐标变换成对应历时的平均流量，然后与洪峰流量的频率曲线一起点绘在同一张机率格纸上。各曲线应近于平行，互相协调；一般历时越短，坡度应略大；各曲线在实用范围内（$P = 0.01\% \sim 99\%$）不应相互交叉。

2. 统计参数或设计值之间的比较分析

可点绘本站的各项统计参数或设计值（作为纵坐标）和洪水历时（作为横坐标）的关系曲线。这种关系曲线一般呈现出下述特性。

（1）均值和设计值应随历时的增加而增加，但其增率则随历时增加而减小。而且，对于流域面积大、连续暴雨次数多的河流，其增率随历时增加而减小得慢一些，反之，其增率随历时增加而减小得快一些。

（2）C_v 一般随历时的增加而减小。但对于调蓄作用大且连续暴雨次数多的河流，随着历时的增加，C_v 反而增大，至某一历时达到最大值，然后再逐渐减小。

（3）偏态系数 C_s 值，由于观测资料短，计算成果误差很大，因此规律不明显。一般的概念是随着历时的增加，C_s 值逐渐减少。

8.3.6.2　上、下游洪水关系的分析

在同一条河流的上、下游之间，洪峰及洪量的统计参数一般存在较密切的关系。当上下游气候、地形等条件相似时，洪峰（量）的均值应该由上游向下游递增，其模

数则递减。C_v 值也由上游向下游减小。当上下游气候、地形等条件不一致时，上、下游间的变化就比较复杂，需结合具体河流特点加以分析。

8.3.6.3　邻近河流洪水统计参数及设计值在地区分布上的分析

绘制洪峰、洪量的均值或设计值与流域面积的关系图，分析点据的分布是否与暴雨及地形等因素的分布相适应，可以判断成果的合理性。有时也可以将洪峰、洪量均值模数（即 $\overline{Q}/F^n$ 及 $\overline{W}/F^n$）及 C_v 绘成等值线图，并与暴雨的均值和 C_v 的等值线图进行比较，如发现有突出偏高偏低的现象，就要深入分析原因。

8.3.6.4　暴雨径流之间关系的分析

暴雨统计参数与相应时段洪量统计参数之间是有关系的，一般而言，洪量的 C_v 应大于相应时段暴雨量的 C_v。

以上介绍的设计成果合理性分析方法所依据的是洪水在时空变化上的一般统计特性以及影响因素暴雨之间的一般参数特性。由于影响洪水的因素错综复杂，在一般性的大背景下会出现某种特殊性，所以分析时务必结合暴雨特性、下垫面条件、资料质量从多方面论证。

8.3.7　设计洪水值的抽样误差

设计洪水值由样本估计得到，是样本的函数，所以也是一个随机变量。由于样本容量的有限性和估计参数存在误差，设计洪水值也存在误差，通常采用设计洪水值抽样分布的均方误来表征误差。如果一个设计洪水值的抽样均方误小，则认为该估计值的有效性好、精度高；反之，有效性差，精度低。

对皮尔逊Ⅲ型分布，设计估计值抽样分布的标准差近似由式（8-6）计算。

$$\sigma_{x_p} = \frac{\overline{x}C_v}{\sqrt{n}}B \qquad (8-6)$$

式中：$\overline{x}$、C_v 为总体参数的估值；n 为样本容量；B 为 C_s 和设计频率 P 的函数。已制成 $P-C_s-B$ 图（也称为诺模图）可供查用，如图 8-4 所示。

由于设计洪水值存在着误差，而该值大小关系到工程投资、防洪效益和安全。因此，在某些情况下求得设计值以后，再加上一个安全修正值，以策安全。通常将安全修正值（用 Δx_p 表示）取成 σ_{x_p} 的函数，即

$$\Delta x_p = \beta \sigma_{x_p} \qquad (8-7)$$

式（8-7）中，β 为可靠性系数，设计洪水规范中并没有明确规定，有时可取 $\beta=0.7$。但有关规范明确规定，经综合分析检查后，若成果有偏小的可能，对校核洪水的估计值应加安全修正值，但又不超过估

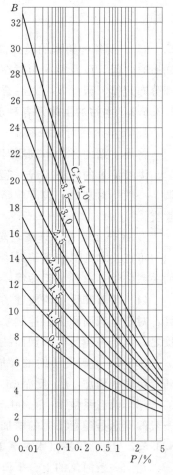

图 8-4　$P-C_s-B$ 图

计值的 20%。

8.4 设计洪水过程线的拟定

设计洪水过程线是指具有某一设计标准的洪水过程线。但是，洪水过程线的形状千变万化，且洪水每年发生的时间也不相同，是一种随机过程，目前尚无完善的方法直接从洪水过程线的统计规律求出一定标准的过程线。尽管有人提出以建立的洪水随机模型模拟出大量洪水过程线作为工程未来运营期内可能遭遇到的各种洪水情势的预估以代替设计洪水过程线，但目前尚未达到可以方便使用的地步。为了适应工程设计要求，目前仍采用放大典型洪水过程线的方法，使设计过程线的洪峰流量和时段洪水总量的数值等于设计值，其出现的频率等于设计标准，即认为所得的过程线是待求的设计洪水过程线。

8.4.1 典型洪水过程线的选取

典型洪水过程线是放大的基础，从实测洪水资料中选择典型时，资料要可靠，同时应考虑下列条件。

（1）选择峰高量大的洪水过程线，其洪水特征接近于设计条件下的稀遇洪水情况。

（2）洪水过程线具有一定的代表性，即它的发生季节、地区组成、洪峰次数、峰量关系等能代表本流域上大洪水的特性。

（3）从防洪安全着眼，选择对工程防洪运用较不利的大洪水典型，如峰型比较集中，主峰靠后的洪水过程。

一般按上述条件初步选取几个典型，分别放大，并经调洪计算，取其中偏于安全的作为设计洪水过程线的典型。

8.4.2 放大方法

常用的放大方法有同倍比放大法和同频率放大法。

8.4.2.1 同倍比放大法

用同一放大倍比 k 值，放大典型洪水过程线的流量坐标，使放大后的洪峰流量等于设计洪峰流量 Q_{mp}，或使放大后的控制时段 t_k 的洪量等于设计洪量 W_{kp}。

使放大后的洪峰流量等于设计洪峰流量 Q_{mp}，称为"峰比"放大，放大倍比为

$$k = \frac{Q_{mp}}{Q_{md}} \qquad (8-8)$$

使放大后的控制时段 t_k 的洪量等于设计洪量 W_{kp}，称为"量比"放大，放大倍比为

$$k = \frac{W_{kp}}{W_{kd}} \qquad (8-9)$$

式中：k 为放大倍比；Q_{mp}、W_{kp} 为设计频率为 p 的设计洪峰流量和 t_k 时段的设计洪量；Q_{md}、W_{kd} 为典型洪水过程的洪峰流量和 t_k 时段的洪量。

按式（8-8）或式（8-9）计算放大倍比 k，然后与典型洪水过程线流量坐标相乘，就得到设计洪水过程线。

8.4.2.2　同频率放大法

在放大典型过程线时，按洪峰和不同历时的洪量分别采用不同倍比，使放大后的过程线的洪峰及各种历时的洪量分别等于设计洪峰和设计洪量。也就是说，经放大后的过程线，其洪峰流量和各种历时洪水总量的频率都符合同一设计标准，称为"峰、量同频率放大"，简称"同频率放大"。

洪峰的放大倍比 k_Q

$$k_Q = \frac{Q_{mp}}{Q_{md}} \tag{8-10}$$

最大 1 天洪量的放大倍比 k_1

$$k_1 = \frac{W_{1p}}{W_{1d}} \tag{8-11}$$

式中：W_{1p} 为最大 1 天设计洪量；W_{1d} 为典型洪水的最大 1 天洪量。

按式（8-11）放大后，可得到设计洪水过程中最大 1 天的部分。对于其他历时，如最大 3 天，如果在典型洪水过程线上，最大 3 天包括了最大 1 天，因为这一天的过程已放大成 W_{1p}，因此，只需要放大其余两天的洪量，使放大后的这两天洪量 W_{3-1} 与 W_{1p} 之和，恰好等于 W_{3p}，即

$$W_{3-1} = W_{3p} - W_{1p} \tag{8-12}$$

所以这一部分的放大倍比为

$$k_{3-1} = \frac{W_{3p} - W_{1p}}{W_{3d} - W_{1d}} \tag{8-13}$$

同理，在放大最大 7 天中，3 天以外的 4 天内的倍比为

$$k_{7-3} = \frac{W_{7p} - W_{3p}}{W_{7d} - W_{3d}} \tag{8-14}$$

依次可得其他历时的放大倍比，如

$$k_{15-7} = \frac{W_{15p} - W_{7p}}{W_{15d} - W_{7d}} \tag{8-15}$$

在典型洪水过程线放大中，由于在两种历时衔接的地方放大倍比（k）不一致，因而放大后在交界处产生不连续现象，使过程线呈锯齿形。此时需要修匀，使其成为光滑曲线，修匀时需要保持设计洪峰和各种历时的设计洪量不变。修匀后的过程线即为设计洪水过程线。

8.4.2.3　两种放大方法的比较

同倍比放大法计算简便，常用于峰量关系好及多峰型的河流。其中，"峰比"放大常用于防洪后果主要由洪峰控制的水工建筑物，"量比"放大则常用于防洪后果主

要由时段洪量控制的水工建筑物。此外，同倍比放大后，设计洪水过程线保持典型洪水过程线的形状不变。

同频率放大法常用于峰量关系不够好、洪峰形状差别大的河流。这种方法适用于有调洪作用的水利工程，例如调洪作用大的水库等。此法较能适应多种防洪工程的特性，解决控制时段不易确定的困难。目前大、中型水库规划设计中，主要是采用此法。另外，成果较少受典型不同的影响，放大后洪水过程线与典型洪水过程线形状可能不一致。

【例 8-2】 某枢纽百年一遇设计洪峰和不同时段的设计洪量计算成果见表 8-8，试用同频率法推求设计洪水过程线。

经分析选定典型洪水过程线（1969 年 7 月 4—10 日），计算各时段洪量，推算各时段放大倍比 k，成果见表 8-8。逐时段进行放大，修匀后得到设计洪水过程线，计算过程见表 8-9。修匀后的设计洪水过程线如图 8-5 所示。

资源 8-12
设计洪水
过程线放大
方法存在
的问题

表 8-8　　　　　　　　　　　　同频率放大法倍比计算表

时　段 /天	设计洪水 W_{tp} /亿 m^3	典型洪水 （1969 年 7 月 4 日 0 时—10 日 24 时）		放大倍比 k
		起讫日期	洪量 W_{td} /亿 m^3	
1	1.20	5 日 0—24 时	1.01	1.19
3	1.97	5 日 0 时—7 日 24 时	1.47	1.67
7	2.55	4 日 0 时—10 日 24 时	2.03	1.04
洪峰流量 /(m³/s)	$Q_{mp}=2790$	$Q_{md}=2180$		1.28

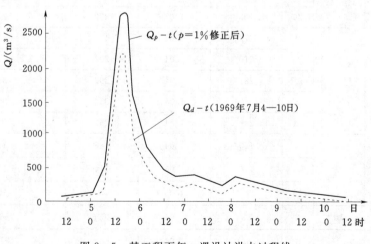

图 8-5　某工程百年一遇设计洪水过程线

表8-9 同频率法设计洪水过程线计算表（P=1%）

时序	典型洪水过程线				放大倍比 k	放大后流量 /(m³/s)	修匀后设计洪水过程线 Q_p (t) /(m³/s)
	月	日	时	Q_d (t) /(m³/s)			
1		4	0	80	1.04	83.2	83.2
			12	70	1.04	72.8	72.8
2		5	0	120	1.04	125	
			0	120	1.19	143	134
			4	260	1.19	309	300
			12	1780	1.19	2120	2120
			14.5	2150	1.19	2560	2560
			15.5	2180	1.28	2790	2790
			16.5	2080	1.19	2480	2480
			21.5	963	1.19	1150	1145
3		6	0	700	1.19	833	1000
			0	700	1.67	1170	
			3.5	484	1.67	808	730
			8	334	1.67	557	557
			11	278	1.67	464	464
			20	214	1.67	357	358
4	7	7	0	230	1.67	384	384
			5.5	256	1.67	428	427
			16	163	1.67	272	272
			19	159	1.67	266	265
			20	163	1.67	272	272
5		8	0	270	1.67	450	360
			0	270	1.04	281	
			0.7	281	1.04	292	360
			3.5	340	1.04	354	354
			11	249	1.04	259	259
6		9	0	140	1.04	146	146
			5.5	110	1.04	114	114
			13	99.3	1.04	103	103
7		10	0	83	1.04	86.3	86.3
			10	88.1	1.04	91.6	91.6
			24	62	1.04	64.5	64.5

8.5　设计洪水的地区组成

8.5.1　设计洪水地区组成概念

在研究流域开发方案，计算工程对下游的防洪作用，以及进行梯级水库或水库群联合调洪计算时，需要解决设计洪水的地区组成问题，即计算当下游设计断面处发生某标准的设计洪水时，上游各支流及其他水库地点，以及各区间所发生的洪水情况。

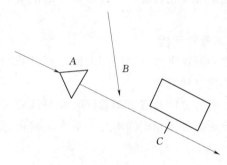

图 8-6　典型洪水地区组成图

为了分析研究不同地区组成对防洪后果的影响，通常需要拟定若干个以不同地区来水为主的计算方案，并经调洪演算，从中选定可能发生而又能满足工程设计要求的设计洪水。

图 8-6 是一个典型的洪水地区组成问题概化图，即上游是单个水库工程（A），下游有防洪目标（C 为代表断面），A 和 C 之间是无工程控制的区间 B。当 C 断面的防洪要求已定时，如何进行水库 A 的防洪设计，以满足断面 C 的防洪要求；或者当水库 A 的调洪规则已定时，考虑水库对下游 C 的防洪效果，这些都需要研究以 C 为设计断面，上游断面 A 及区间 B 两部分洪水组成的计算问题。对于由多级水库及防洪对象构成的防洪系统，其设计洪水组成问题的性质是类似的，只是组成单元增多，计算更为复杂。

8.5.2　洪水地区组成特性分析

为了解所研究地区洪水的组成特性，以及向设计条件外延时的变化情况，需要根据实测和调查的暴雨洪水资料，对设计流域内洪水来源和组成特点进行综合分析，这是拟定设计洪水地区组成方案的基础。

8.5.2.1　流域内暴雨地区分布特性的分析

分析暴雨中心位置及其变动情况、雨区的移动方向、在大暴雨情况下雨区范围的变化等，以便了解和分析流域内洪水的地区分布规律和各分区之间洪峰遭遇特性。例如，流域内暴雨中心经常稳定在某一分区，那么在研究洪水地区组成时，就应着重考虑该分区来水为主的组成方案。如当发生大暴雨或特大暴雨时，雨区将笼罩全流域，各分区暴雨的差异不大，那么在研究稀遇洪水的地区组成时，就应着重考虑各分区来水较均匀的方案。如果暴雨中心经常由上游向下游移动，而流域内的水库恰好位于上游，则水库断面洪峰与区间洪峰遭遇的可能性大；反之，则遭遇的可能性小。

8.5.2.2　不同量级洪水的地区组成及其变化特性分析

以设计断面各时段年最大流量及洪量的时间为准，从历年实测及调查洪水资料中，分年统计上游工程所在断面及区间的相应流量及洪量，计算各分区相应流量占设计断面洪峰及洪量的比例，从而可分析判断，随设计断面洪水的变化，各分区洪水组成比例的变化特性。

8.5.2.3　各分区洪水的峰量关系分析

点绘各分区峰、量相关图，分析峰、量关系的好坏及其变化情况。如峰量关系较好，且为线性关系，那么在研究洪水地区组成时，以各分区的洪量为控制放大的各分区洪水过程线，与下游设计断面的设计洪水过程线相应性较好，由此计算的下游设计断面受水库调蓄影响后的设计洪水成果也较为可靠；反之，如某分区的峰量关系不好或峰量关系成非线性变化，那么各分区放大后的洪水过程线，与下游设计断面的设计洪水过程线的相应性就较差，此时应着重对峰量关系不好或非线性变化较大的分区洪水过程线进行调整，调整时应参照该分区峰量关系的变化幅度，并分析该分区洪峰加大或减小对下游设计断面设计洪水的影响。

8.5.2.4　各分区之间及与设计断面之间洪水遭遇特性分析

统计历年各分区之间及各分区与设计断面之间同次洪水洪峰间隔时间，同洪峰间隔时间的洪次占总洪次的百分数，分析洪峰可能遭遇的程度。

以设计断面年最大洪量的起讫时间为准，分析各分区相应洪量起讫时间与该分区独立选样的年最大洪量起讫时间之间的差异，分析各分区相应洪水与年最大洪水是否属于同一场洪水。

8.5.3　设计洪水地区组成计算方法

现行设计洪水地区组成的计算常用典型年法和同频率地区组成法。

8.5.3.1　典型年法

从实测资料中选出若干个在设计条件下可能发生的，并且在地区组成上具有一定代表性的（例如洪水主要来自上游、主要来自区间或在全流域均匀分布）典型大洪水过程，按统一倍比对各断面及区间的洪水过程线进行放大，以确定设计洪水的地区组成。

放大的倍比一般采用下游控制断面某一控制时段的设计洪量，与该典型年同一历时洪量的比例。对于没有或很小削峰作用的工程，也可按洪峰的倍比放大。但要注意各断面及区间峰量关系不同所带来的问题（如上下游水量不平衡等）。

本方法简单、直观，是工程设计中最常用的方法之一，尤其适合于地区组成比较复杂的情况。为了避免成果的不合理性，选择恰当的洪水典型是关键。洪水典型除应满足拟定设计洪水过程线时对典型选择的一般要求外，最好该典型中各断面的峰量数值比较接近于平均的峰量关系线（当不易满足时，可着重考虑对工程防洪设计影响较大的某一断面）。对中小流域，若经过分析发现当发生特大洪水时，洪水的地区组成有集中程度更高或有均化的趋势时，应尽可能选择与此相应的洪水典型。

在此法中，因全流域各地区洪水均采用同一个放大倍比，可能出现某些局部地区的洪水在放大后，其频率小于下游断面的设计洪水频率的情况。一般来说，特别是对于较大流域的稀遇设计洪水，这种情况是有可能发生的，但应检查该典型年是否确实反映了本流域特大洪水的地区组成特性。如果发生局部超标过多的情况，应对放大后成果作局部调控。若结果明显不合理，就不宜采用该典型年的组成，可另选其他典型年。

8.5.3.2 同频率组合法

本法的基本出发点是，按照工程情况指定某一局部地区的洪量与下游控制断面的洪量同为设计频率，其余洪量再根据水量平衡原则分配到流域的其他地区。

以图 8-6 所示的组成为例，断面 C 某一定控制时段的洪量为 W_C，上游水库 A 断面同一时段相应洪量为 W_A，区间相应洪量为 W_B，则 $W_B = W_C - W_A$（其起讫时间不一定完全相同，应考虑洪水传播时间的因素）。当下游断面 C 出现某一频率 p 的洪量 $W_{C,p}$ 时，上游及区间来水可以有多种可能组合。根据防洪要求，一般可考虑以下两种同频率组成情况。

（1）当下游断面发生设计频率 p 的洪量 $W_{C,p}$ 时，上游断面发生同频率洪量 $W_{A,p}$，而区间发生相应的洪量，即

$$W_B = W_{C,p} - W_{A,p} \qquad (8-16)$$

（2）当下游断面发生设计频率 p 的洪量 $W_{C,p}$ 时，区间发生同频率洪量 $W_{B,p}$，而上游断面发生相应的洪量，则

$$W_A = W_{C,p} - W_{B,p} \qquad (8-17)$$

上述两种同频率组成方案中，最后选用哪种组成作设计，要视分析的结果并结合工程性质和需要综合确定。

这两种组成只是有一定代表性的地区组成，是设计考虑的两种特殊情况，实际上它们既不是最可能出现的地区组成，也不一定是最恶劣的地区组成。此外，这两种组成出现的可能性也不一样。一般来说，当某部分地区的洪水与下游断面洪水的相关关系比较密切时，二者同频率组成的可能性比较大，反之若某部分地区的洪水与下游断面洪水的相关关系较差时，则不宜采用下游与该部分地区同频率地区组成的方式。若实测大洪水有某部分地区的洪水频率常显著小于下游断面洪水频率时，也不宜机械地采用同频率地区组成的方式。

8.6 汛期分期设计洪水与施工设计洪水

8.6.1 汛期分期设计洪水与施工设计洪水的概念

前面所讨论的设计洪水，都是以年最大洪水选样分析的，而不考虑它们在年内发生的具体时间或日期。如果洪水的大小和过程线形状在年内不同期有明显差异，那么从工程防洪运用的角度看，需要推求年内不同时期的设计洪水，例如主汛期或前汛期、后汛期等不同时期的设计洪水，为合理确定汛限水位、进行科学的防洪调度、缓解防洪与兴利的矛盾提供依据，这就是分期设计洪水问题。此外，在水利工程施工阶段，常需要推求施工期间的设计洪水，作为围堰、导流、泄洪等临时性工程的设计，以及制订施工进度计划的依据。这即是施工设计洪水问题。当施工设计洪水的分期与分期设计洪水的分期是一样时，上述两种设计洪水也就是一样的。

8.6.2 分期及选样
8.6.2.1 分期的原则

洪水分期的划分原则，既要考虑工程设计中不同季节对防洪安全和分期蓄水的要

求，又要使分期基本符合暴雨和洪水的季节性变化及成因特点。为了便于分析，可根据本流域的资料，将历年各次洪水以洪峰发生日期或某一历时最大洪量的中间日期为横坐标，以相应洪水的峰量数值为纵坐标，点绘洪水年内分布图，并描绘平顺的外包线（图 8-7），并结合气象分析中的降雨和暴雨特征、环流形势的演变趋势，进行对照分析，再具体划定洪水分期界限。分期后，同一分期内的暴雨洪水成因应基本相同，不同分期的洪水在量级或出现频率上应有差别。

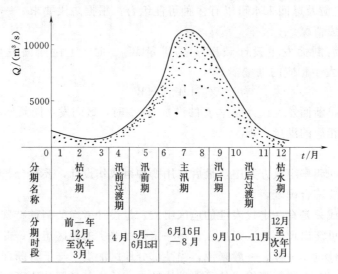

图 8-7　洪水分期示意图

对于施工设计洪水，具体时段的划分主要决定于工程设计的要求，但也要顾及水文现象的季节性。为选择合理的施工时段，安排施工进度等，常需要分出枯水期、平水期、洪水期的设计洪水或分月的设计洪水，有时甚至还要求把时段划分得更短。但分期越短，相邻期的洪水在成因上没有显著差异，而同一期的洪水由于年际变差加大，频率计算的抽样误差也将更大。因此，分期一般不宜短于一个月。

8.6.2.2　选样

分期洪水的选样，一般是在规定时段内按年最大值法选择。由于洪水出现的偶然性，各年分期洪水的最大值不一定正好在所定的分期内，可能往前或往后错开几天。因此，在选样时有跨期或不跨期两种选样方法。

一次洪水过程位于两个分期时，视其洪峰或时段洪量的主要部分位于何期，就作为该期的样本，而对另一分期，就不作重复选样，这即是不跨期选样原则。跨期选样是考虑到邻期中靠近本期一定时段内的洪峰或洪量也可能在本期发生，所以选样时适当跨期，将其选做本期的样本系列。但跨期幅度一般不宜超过 5～10 日。历史洪水应按其发生日期，加入所属分期。

8.6.3　分期洪水频率分析计算

分期洪水频率分析计算方法和步骤，本质上与年最大洪水的频率分析是一样的。在实际计算时，应注意如下几个方面。

（1）在考虑历史洪水时，其重现期应遵循分期洪水系列的原则，在分期内考证。分期考证的历史洪水重现期应不短于其在年最大洪序列中的重现期。

（2）大型水利枢纽由于工程量巨大，施工期可延续几年之久，一般采取分期围堰的施工方式，即先在临时性围堰内施工，然后合龙闭气，使坝体逐渐上升。在此阶段为避免基坑遭受洪水淹没，设计洪水应当以洪峰为主要控制对象，并须对全年及分季（或分月）推求。大坝合龙初期，坝上游已有一小部分库容，可根据洪水特性来控制，同时适当考虑洪峰及短期（例如1～3天）的洪量。合龙后坝体上升阶段，坝上游已有一定的调蓄洪水能力并有永久性底孔泄洪，此时，设计洪水应以设计洪水总量为控制，考虑泄水孔的泄洪能力，用设计洪水过程线进行调洪演算，以推求库水位上升过程，为坝体施工的上升进度提供依据。

中小型水利枢纽施工一般在一两年内即可截流，只需推求全年及分季分月的设计洪峰，可以不考虑洪量。

（3）将各分期洪水的峰量频率曲线与全年最大洪水的峰量频率曲线，画在同一张几率格纸上，检查其相互关系是否合理。如果在设计频率范围内发生交叉现象，应根据资料情况和洪水的季节性变化规律予以调整。一般来说，由于全年最大洪水在资料系列的代表性、历史洪水的调查考证等方面，均较分期洪水研究更充分一些，其成果相对较可靠。因此，调整的原则，应以分期历时较长的洪水频率曲线为准，如以年控制季、季控制所属月为宜。当各分期洪水相互独立时，其频率曲线和全年最大洪水的频率曲线之间存在一定的频率组合关系，可作为合理性检查的参考。

8.7 古洪水及其应用

8.7.1 古洪水的作用

重要工程需要极为稀遇（如千年甚至万年一遇）的设计洪水。尽管我国历史悠久，史志碑刻甚丰，洪水调查遍及全国，但由于特大或历史洪水其重现期一般不超过几百年，即便有历史洪水资料也往往远不能满足推算这样稀遇设计洪水的要求，因此，利用这些资料并外延洪水频率曲线以推求工程设计的稀遇洪水仍感颇为困难和不可靠。

在考虑历史洪水的频率分析中常遇到的问题是：如果把考证期追溯得更远一些，则期望值公式中的 N 和 M 值（即调查考证期和洪水排位序号）将可能有要较大变动。例如，长江三峡有实测洪水资料114年，历史洪水8个（1610年至今），其中，最大的1870年洪水（$Q=105000\mathrm{m^3/s}$）在20世纪50年代考证期追溯到1520年，重现期定为439年，20世纪70年代又调查到宋绍兴23年（1153年）题记，重现期改为830年。显然这不是最后的定论，因为如果调查考证期追溯得更远上些，重现期还要变动。黄河三门峡小浪底河段1843年特大洪水（$Q=36000\mathrm{m^3/s}$）的重现期先后由210年变到1000年。又如，海河黄壁庄、岗南两水库，由于频率分析只能在几十年实测资料和一二百年调查洪水资料、加上考证期也不过300多年资料进行，在经过多年历史洪水调查考证后，使两库洪水计算成果先后变动多次。黄壁庄万年设计洪峰，

20 世纪 60 年代在 $32000 \sim 38000 \text{m}^3/\text{s}$，至 20 世纪 70 年代变为 $50000 \sim 55600 \text{m}^3/\text{s}$。总之，即使有历史洪水或特大洪水，但因需要外延使得其频率估计不准，所选配的洪水频率曲线仍然不够可靠。

目前洪水频率计算的根本问题是资料过短、代表性不足、难于推估出可靠的稀遇设计洪水。解决问题的关键在于寻求更多更久的古洪水资料，它可以大大降低洪水频率曲线外延幅度，甚至将外延变为内插。这就是古洪水的作用。

8.7.2　古洪水沉积物分析

古洪水（paleoflood）指洪水发生的时间早于现代系统水文采集和历史（调查）洪水的古代洪水。它可提供全新世（距今 10000 年）的洪水信息。

人们曾以河边树木年轮或洪水在树木上遗留的痕迹来考证洪水，后来又利用考古成果（如陶片、器物等文化层）来论证洪水。但千年古树不易找到，文化层古物不能确切说明洪水位和年代，因此只能作为洪水的一种旁证，而不能作为定量依据。古洪水的沉积物给水文工作者提供了极其宝贵的信息。通过沉积物的全面而深入的分析，可以推断出古洪水发生的年代和水位。

8.7.2.1　古洪水沉积物的高程（水位）分析

河流洪水时期河流漂流着由流域面上带来的孢子、花粉、枯枝、落叶、根茎等有机物，由于洪水在洪峰时有短暂的平流（slack）时刻，然后逐渐退水，洪峰水位上的漂流物因退水而停留沉积于平流时刻所在的某些洞穴、凹壁、支沟回水末端等处，其后又为崩坍的泥土或沉积物所掩埋，得以长久保存下来，这就成为洪水平流沉积物（图 8-8、图 8-9）。

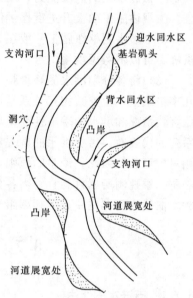

图 8-8　河流洪水平流沉积物
（Baker，叶永庭修正）

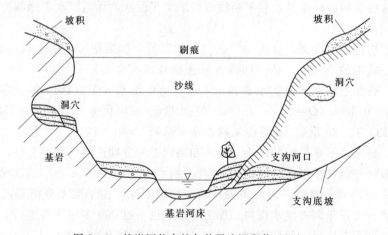

图 8-9　基岩河谷中的各种平流沉积物（Baker）

平流沉积物在野外最明显的特征为微薄的水平层理或波状沉积层理,并有向河岸方向或支沟上游方向逐渐尖灭的现象。对沉积环境(水力的、地形地质的)和顶面高程加以分析,特别是未经扰动、污染且位置较高的洞穴中的沉积,洪痕、刷痕、支沟回水末端的楔形沉积尖灭点处,可望求得古洪水的水位。因此,洪水平流沉积物不但是古代洪水的物证,能提供古洪水的水位,这是水文学中前所未曾利用过的洪水信息载体。

在野外查勘取样时,应事先沿研究河段选取峡谷基平直段。这种峡谷段涨落明显,易于沉积洪水有机物。基岩断面抗蚀能力强,断面变动小,有利于由水位转算流量。工作时应注意洪水泛滥性河漫滩上如图8-8、图8-9上可能发生沉积部位。在有利地形条件下可开挖剖面,发现多层沉积单元图8-10处沉积,得到多次洪水沉积物,从而可以得到多次洪水高程(水位)。

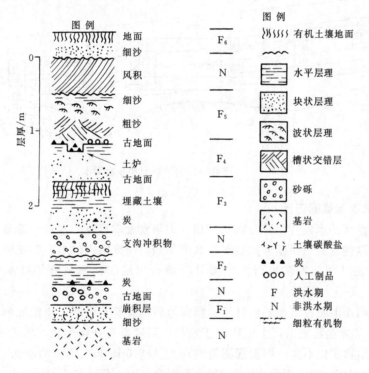

图8-10 理想洪水沉积剖面图

$F_1 \sim F_6$—洪水沉积;N—非洪水沉积

除了在现场观察判断沉积物是当地的水流沉积还是来自所研究的大河洪水沉积物外,通常还应当在实验室作物理结构分析。大河洪水沉积物的泥沙中以汇水面积内坚硬抗磨颗粒为主,矿物含量较当地基岩风化产物的组合复杂得多。

8.7.2.2 古洪水沉积物的年代分析

取得了古洪水沉积物就可利用它求得洪水发生年代,即所谓距今年数(aBP,指距1950年的年数)。能指示年代的矿物残屑、考古用品、树木年轮、热释光测年物(陶瓷、砖瓦、石英等)均可用于测年。

放射性碳十四（^{14}C）测年是古洪水研究常用的测年方法。测年物质是埋藏于沉积物中的有机物。它来源于：①移积炭或木质；②本地碳；③洪水移积的枯枝落叶层；④埋藏树木。所谓移积测年物是经过搬运而沉积于取样处的有机物质。移积物有的来自当年孢子花粉、枯枝落叶，多保存于洪水沉积层顶部，其有效放射性同位素年代与洪水事件发生的年代相差不到 1 年，这是主要的平流沉积物。但移积物如由沉积处所以外的老堆积物搬运而来，则其测年数只能是洪水发生年代的一个上限。分隔洪水层（图 8-11）的测年物质在测年中是很有用处的，可以求得洪水发生年代的上下限。河段中各处样品的年代测定后，可根据其矿物成分、粒度、结构特征、风化情况（颜色、硬度等）综合判断是否同次洪水，以便定出各次洪水的水面比降。在平直的河段中各次洪水比降大体平行，这也有助于判断。

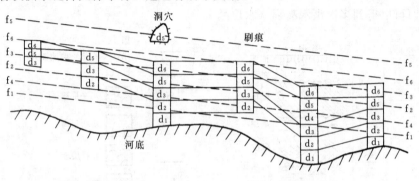

图 8-11　研究河段的多断面和多次洪水

8.7.3　古洪水流量的估计

有了古洪水的水位和比降，就可利用水力学模型或稳定的水位—流量关系推求古洪水流量。这涉及到行洪断面的估计以及表征当时河床阻力的水力学重要参数，如糙率 n 等参数的选用。古洪水行洪断面计算须利用地质探测及测年技术，举例说明如下。

（1）黄河小浪底古洪水断面计算。根据地质勘探资料分析，小浪底河段在全新世（约 1 万年）以来是稳定的，主河床偏于左岸，其底部有冲淤变化，滩地则缓慢淤高，但整个断面形状变化不大。根据探测资料得到（8610±115）年前的断面，如图 8-12 所示。水位 151.5m 时断面面积为 8070m^2 与现今（1985 年 7 月 17 日）同水位下实测大断面（6830m^2）相比较，可以算出每千年的平均淤积量，以此估算距今 2360 年特大洪水的行洪断面约为 7170m^2 两者相差 340m^2，约为现今相同水位洪水断面积的 4.9%。

（2）淮河响洪甸河段是下切的，根据探测资料根据探测资料算出距今淤积速率约为 0.844mm/年，得到距今（1736±73）年的古洪水断面为 7710m^2，两者相差 370m^2，约 5%。

（3）长江三峡三斗坪断面以花岗岩为基底，河床最底部的砂卵和粉细砂有冲淤变化。1979 年实测断面最低点为 3.5m（吴淞基面），1870 年最大洪水位为 83.32m（吴淞基面），相应的过水断面为 37530m^2，假若断面淤高 10m，其相应的淤积面积为 538m^2，也只占 1870 年洪水相应的总河水断面的 1.4%。即令淤至 23.3m，也只

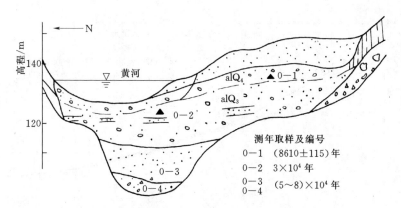

图 8-12 黄河小浪底河床综合剖面图

4.4%。研究认为，当历史洪水发生时，河槽满蓄，冲淤十余米，过水断面相差很小。

8.7.4 古洪水应用

8.7.4.1 古洪水频率

SL 276—2002《水利水电工程水文计算规范》指出：古洪水纳入历史洪水的范畴。当历史洪水加入实测洪水组成非连续样本后，其中各项的经验频率已在 8.3 节详细讲述，这里不再重复古洪水的频率计算。但必须指出：古洪水的年代与水位均有一定误差。古洪水测年约有一二百年的误差，但古洪水的考证期是几千年，只要不影响排位，其具体年份是不重要的。

8.7.4.2 古洪水应用

根据 10 年来对长江、黄河、淮河的有古洪水资料频率分析，在 2500～3000 年的晚全新世时期内，我国通用的 P-Ⅲ型尚无不合理之处。下面以 P-Ⅲ 为基础结合长江和黄河实例论述古洪水的应用。

（1）长江三峡工程自 1877—1990 年共有实测洪水资料 114 年及 8 次历史大洪水，经过古洪水研究后取得距今 5000 年以来的特大洪水资料，根据这些资料，最大的 1870 年洪水（$Q=105000\text{m}^3/\text{s}$）的重现期由 870 年扩展为 2500 年，新的洪水频率曲线如图 8-13 所示。

（2）图 8-14 为黄河小浪底水利枢纽有古洪水资料的洪水频率曲线图，从图中可看出古洪水的明显作用。

应用第四纪地质学、年代学和水文学的原理方法，在取得洪水平流沉积物的基础上，算出古洪水量和发生年代，加入频率计算，大幅度加长了历史洪水和特大洪水的考证期。所以古洪水的合理应用，一般会使频率曲线稀遇部分的确定更有把握。总之，古洪水作为更远的历史洪水加入频率计算为提高设计洪水的可靠性增添了一条可行的途径。

此外，古洪水还可用以论证 PMP/DMF 的是否恰当，也可作为大洪水的预测评估。有关古洪水加入洪水频率计算后可能存在误差分析、古洪水发生时河床糙率确定、如何合理利用古洪水信息等，详见詹道江与谢悦波专著《古洪水研究》。

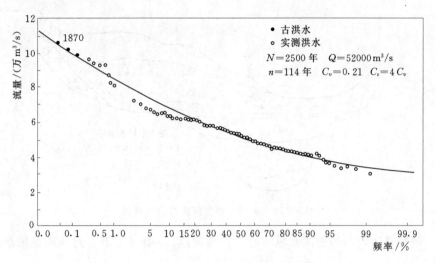

图 8-13 长江三峡有古洪水的洪水频率曲线图

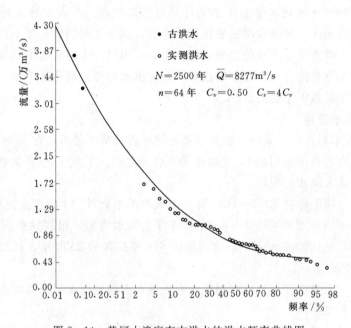

图 8-14 黄河小浪底有古洪水的洪水频率曲线图

习 题

8-1 某河水文站有实测洪峰流量资料共 30 年（表 8-10），根据历史调查得知 1880 年和 1925 年曾发生过特大洪水，推算得洪峰流量分别为 2520m³/s 和 2100m³/s。试用矩法初选参数进行配线，推求该水文站 200 年一遇的洪峰流量。

表 8-10　　　　　　　　某河水文站实测洪峰流量表

年　份	流量 Q /(m³/s)	年　份	流量 Q /(m³/s)	年　份	流量 Q /(m³/s)	年　份	流量 Q /(m³/s)
1880	2520	1958	590	1966	200	1974	262
1925	2100	1959	650	1967	670	1975	220
1952	920	1960	240	1968	386	1976	322
1953	880	1961	510	1969	368	1977	462
1954	784	1962	960	1970	300	1978	186
1955	160	1963	1400	1971	638	1979	440
1956	470	1964	890	1972	480	1980	340
1957	1210	1965	790	1973	520	1981	288

8-2　某水库设计标准 $P=1\%$ 的洪峰和 1 天、3 天、7 天洪量，以及典型洪水过程线的洪峰和 1 天、3 天、7 天洪量列于表 8-11，典型洪水过程列于表 8-12，试用同频率放大法推求 $P=1\%$ 的设计洪水过程线。

表 8-11　　　　　　　　某水库洪峰、洪量统计表

项　目	洪峰/(m³/s)	洪　　量/[m³/(s·h)]		
		1 天	3 天	7 天
设计值（$P=1\%$）	3530	42600	72400	117600
典型值	1620	20290	31250	57620
起讫日期	21 日 9：40	21 日 8：00— 22 日 8：00	19 日 21：00— 22 日 21：00	16 日 7：00— 23 日 7：00

表 8-12　　　　　　　　　典型洪水过程

时间		流量 /(m³/s)	时间		流量 /(m³/s)
	7：00	200		21：00	180
	13：00	383		22：00	250
16 日	14：30	370		24：00	337
	18：00	260	20 日	8：00	331
	20：00	205		17：00	200
	6：00	480		23：00	142
	8：00	765		5：00	125
	9：00	810		8：00	420
17 日	10：00	801		9：00	1380
	12：00	727	21 日	9：40	1620
	20：00	334		10：00	1590
	8：00	197		24：00	473
	11：00	173		4：00	444
18 日	14：00	144		8：00	334
	20：00	127		12：00	328
	2：00	123	22 日	18：00	276
	14：00	111		21：00	250
19 日	17：00	127		24：00	236
	19：00	171		2：00	215
	20：00	171	23 日	7：00	190

第9章
由暴雨资料推求设计洪水

9.1 概　述

我国大多数河流的洪水是由暴雨形成的，两者因果关系密切，所以除了由流量资料推求设计洪水外，还经常由暴雨资料推求设计洪水，主要原因如下：

（1）在实际工作中，经常面临工程所在地点流量资料缺乏的情况，无法根据流量资料推求设计洪水。而我国绝大部分地区的降雨观测资料比流量观测资料年限长，设置的测站也更多。根据 2016 年《全国水文统计年报汇总报告》，雨量站数约为流量站数的 16 倍。此外，相比于流量特征值和设计值，降水特征值和设计值更易于在地区上进行综合或作短距离移用和插值。所以，根据雨量资料推求设计洪水可有效解决流量资料短缺地区的设计洪水计算问题。无资料地区小流域的设计洪水，一般都是根据暴雨资料推求的。

（2）近几十年来，人类活动对水文过程的影响越来越大，致使流量资料系列的一致性遭到破坏，且还原（或还现）较困难。而暴雨资料受人类活动影响的程度要比流量资料小得多，因此，在变化环境下由雨量资料推求设计洪水具有其优势。

（3）为了分析设计洪水成果的合理性，在某些情况下即使流量资料充足，也要用暴雨资料推求设计洪水，从而对两种途径求出的设计洪水进行比较。

（4）可能最大洪水无法直接根据流量资料推求，只能先由暴雨、风速、露点等资料推求出可能最大暴雨，然后经过产汇流计算得到。

资源 9-1
水利工程等
人类活动
改变下垫
面条件

由暴雨资料推求设计暴雨及其形成的洪水过程概略步骤如图 9-1 所示。

图 9-1　由暴雨资料推求设计暴雨及其形成的洪水过程概略步骤

由暴雨资料推求设计洪水的主要内容有以下两项：

（1）推求设计暴雨。根据实测暴雨资料，用统计分析和典型放大法求得。

（2）推求设计洪水过程线。由求得的设计暴雨，利用产流方案推求设计净雨过程，利用流域汇流方案由设计净雨过程求得设计洪水过程。

由暴雨资料推求设计洪水，其基本假定是设计暴雨与设计洪水是同频率的。这一假定在当前情况下是可以接受的。

本章将着重介绍由暴雨资料推求设计洪水的方法以及小流域设计洪水计算的一些特殊方法。对于可能最大暴雨和可能最大洪水只作简要介绍，详细可参看参考文献［35］、［46］、［47］。

9.2　设 计 面 暴 雨 量

资源 9-2
《可能最大
暴雨和洪水
计算原理
与方法》
简介

设计面暴雨量一般有两种计算方法：①直接法。当设计流域雨量站较多、分布较均匀、各站又有长期的同期资料、能求出比较可靠的流域平均雨量（面雨量）时，就可直接选取每年指定统计时段的最大面暴雨量，进行频率计算求得设计面暴雨量；②间接法。当设计流域内雨量站稀少，或观测系列甚短，或同期观测资料很少甚至没有，无法直接求得设计面暴雨量时，只好先求流域中心附近代表站的设计点暴雨量，然后通过暴雨点面关系，求相应设计面暴雨量，本法被称为设计面暴雨量计算的间接法。

9.2.1　直接法推求设计面暴雨量

9.2.1.1　暴雨资料的收集、审查与统计选样

1. 暴雨资料收集

暴雨资料的主要来源是国家水文、气象部门所刊印的雨量站网观测资料，但也要注意收集有关部门专用雨量站的观测资料。强度特大的暴雨中心点雨量，往往不易通过雨量站观测到，因此必须结合调查收集暴雨中心范围和历史上特大暴雨资料，了解当时雨情，尽可能估计出调查地点的暴雨量。

2. 暴雨资料审查

我国暴雨资料按其观测方法及观测次数的不同，分为日雨量资料、自记雨量资料和分段雨量资料 3 种。日雨量资料一般是指当日 8：00 到次日 8：00 所记录的雨量资料（注意：气象部门是 0：00 到次日 0：00）。自记雨量资料是以 min 为单位记录的雨量过程资料。分段雨量资料一般以 1h、3h、6h、12h 等不同的时间间隔记录的雨量资料。

暴雨资料应进行可靠性审查，重点审查特大或特小雨量观测记录是否真实，有无错记或漏测情况，必要时可结合实际调查，予以纠正；检查自记雨量资料有无仪器故障的影响，并与相应定时段雨量观测记录比较，尽可能审定其准确性。

暴雨资料的代表性分析，可通过与邻近地区长系列雨量或其他水文资料，以及本流域或邻近流域实际大洪水资料进行对比分析，注意所选用暴雨资料系列是否有出现异常的情况。

暴雨资料一致性审查，可通过统计与成因两方面进行，但成因分析实际上有困难。对于求分期设计暴雨时，要注意暴雨资料的一致性，不同类型暴雨特性是不一样的，如我国南方地区的梅雨与台风雨，宜分别考虑。

3. 统计选样

在收集流域内和附近雨量站的资料并进行分析审查的基础上，先根据当地雨量站的分布情况，选定推求流域平均（面）雨量的计算方法（如算术平均法、泰森多边形

法或等雨量线图法等），计算每年各次大暴雨的逐日面雨量。然后选定不同的统计时段，按独立选样的原则，统计逐年不同时段的年最大面雨量。

对于大、中流域的暴雨统计时段，我国一般取 1 日、3 日、7 日、15 日、30 日，其中 1 日、3 日、7 日暴雨是一次暴雨的核心部分，是直接形成所求的设计洪水部分；而统计更长时段的雨量则是为了分析暴雨核心部分起始时刻流域的蓄水状况。某流域有 3 个雨量站，分布均匀，可按算术平均法计算面雨量。选择结果为：最大 1 日面雨量 $x_{1日}$＝129.9mm（7 月 4 日），最大 3 日面雨量 $x_{3日}$＝166.5mm（8 月 22—24 日），最大 7 日面雨量 $x_{7日}$＝234.0mm（7 月 1—7 日），1 日、3 日、7 日的最大面雨量选自两场暴雨。详见表 9-1。

表 9-1　　　　　　　最大 1 日、3 日、7 日面雨量统计（1986 年）　　　　单位：mm

| 时 间 | 点 雨 量 | | | 面平均 | 最大 1 日、3 日、7 日面雨量 |
（月.日）	A 站	B 站	C 站	雨 量	及起讫日期
6.30	5.3		0.2	1.8	
7.1	50.4	26.9	25.3	34.2	
7.2					
7.3	11.5	10.8	14.7	12.3	
7.4	134.8	125.9	129.0	129.9	
7.5	32.5	21.4	10.0	21.3	
7.6	5.6	10.5	4.7	6.9	
7.7	35.5	25.2	27.6	29.4	7 月 4 日为年最大 1 日，$x_{1日}$＝129.9mm；
7.8	3.7	7.1	1.4	4.1	
7.9	11.1	5.8	9.7	8.9	8 月 22—24 日为年最大 3 日，$x_{3日}$＝166.5mm；
⋮	⋮	⋮	⋮	⋮	7 月 1—7 日为年最大 7 日，$x_{7日}$＝234.0mm
8.18	6.6	0.2	6.9	4.6	
8.19	22.7	2.4	5.4	10.2	
8.20					
8.21					
8.22	42.6	51.7	54.8	49.7	
8.23	60.1	68.6	53.5	60.7	
8.24	81.8	54.1	32.3	56.1	
8.25	2.3	1.0	0.1	1.1	

9.2.1.2 面雨量资料的插补展延

在统计各年的面雨量资料时，经常遇到这样的情况：设计流域内早期（如 20 世纪 50 年代以前及 50 年代初期）雨量站点稀少，近期雨量站点多、密度大，如图 9-2 所示。一般来说，以多站雨量资料求得的流域平均雨量，其精度较以少站雨量资料求得的为高。为提高面雨量资料的精度，需设法插补展延较短系列的多站面雨量资料。一般可利用近期多站平均雨量 $x_{多}$ 与同期少站平均雨量 $x_{少}$ 建立关系。若相关关系好，可利用相关线展延多站平均雨量作为流域面雨量。为了解决同期观测资料较短、相关点据较少的问题，在建立相关关系时，可利用一年多次法选样，以增添一些相关点据，更好地确定相关线。

9.2.1.3 特大值的处理

判断大暴雨资料是否属特大值，一般可从经验频率点据偏离频率曲线的程度、模比系数 K_p 的大小、暴雨量级在地区上是否很突出，以及论证暴雨的重现期等方面进行分析判断。近 50 年来，我国各地区出现过的特大暴雨，如河北省的"63·8"暴雨、河南省的"75·8"暴雨、内蒙古的"77·8"暴雨等均可作特大值处理。此外，国内外暴雨量历史最大值记录，也可供判断参考。

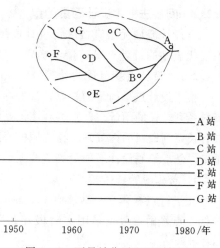

图 9-2 雨量站位置和观测年限

若本流域没有特大暴雨资料，则可进行暴雨调查，或移用邻近流域已发生过的特大暴雨资料。移用时要进行暴雨、天气资料的分析，当表明形成暴雨的气象因素基本一致，且地形的影响又不足以改变天气系统的性质时，才能把邻近流域的特大暴雨移用到设计流域，并在数量上加以修正，修正方法详见参考文献 [46]。

特大值处理的关键是确定重现期。由于历史暴雨无法直接考证，特大暴雨的重现期只能通过小河洪水调查并结合当地历史文献中有关灾情资料的记载来分析估计。

必须指出，对特大暴雨的重现期必须作深入细致的分析论证，若没有充分的依据，就不宜作特大值处理。若误将一般大暴雨作为特大值处理，会使频率计算成果偏低，影响工程安全。

9.2.1.4 面雨量频率计算

面雨量统计参数的估计，我国一般采用适线法。我国水利水电工程设计洪水规范规定，其经验频率公式采用期望值公式，线型采用 P-Ⅲ型。根据我国暴雨特性及实践经验，我国暴雨的 C_s 与 C_v 的比值，一般地区为 3.5 左右；在 $C_v > 0.6$ 的地区，约为 3.0；$C_v < 0.45$ 的地区，约为 4.0。以上比值，可供适线时参考。

在频率计算时，最好将不同历时的暴雨量频率曲线点绘在同一张几率格纸上，并注明相应的统计参数，加以比较。各种频率的面雨量都必须随统计时段增大而加大，如发现不同历时频率曲线有交叉等不合理现象时，应作适当修正。

9.2.1.5 设计面暴雨量计算成果的合理性检查

以上计算成果可从下列各方面进行检查，分析比较其是否合理，而后确定设计面暴雨量。

（1）对各种历时的点面暴雨量统计参数，如均值、C_v 值等进行分析比较（点暴雨量计算将在 9.2.2 中作介绍），而面暴雨量的这些统计参数应随面积增大而逐渐减小。

（2）将直接法计算的面暴雨量与下面将介绍的间接法计算的结果进行比较。

（3）将邻近地区已出现的特大暴雨的历时、面积、雨深资料与设计面暴雨量进行比较。

资源 9-3
直接法
推求设计
面雨量
的流程

9.2.2　间接法推求设计面暴雨量

当设计流域无法直接求得设计面暴雨量时，只能采用间接法，即：先求流域中心附近代表站的设计点暴雨量，然后通过暴雨点面关系，求相应设计面暴雨量。

9.2.2.1　设计点暴雨量的计算

推求设计点暴雨量的站点，最好在流域的形心处，如果流域形心处或附近有一观测资料系列较长的雨量站，则可利用该站的资料进行频率计算，推求设计点暴雨量。如果具有长系列资料的雨量站不在流域中心或其附近，则可先求出流域内各测站的设计点暴雨量，然后绘制设计暴雨量等值线图，用地理插值法推求流域中心点的设计暴雨量。

1. 点暴雨资料的插补展延

在进行点暴雨系列频率计算之前，同样要经过暴雨资料收集、三性审查、选样等步骤，点暴雨一般也采用定时段年最大法选样。暴雨时段长的选取与面暴雨量情况一样。

为了增加暴雨资料的系列长度，提高系列的代表性，在可能的条件下，应尽量利用邻近的资料来插补展延。

由于暴雨的局地性，点暴雨资料一般不宜采用相关法插补。我国水利水电工程设计洪水规范建议采用以下方法插补展延。

（1）与邻站距离很近时，可直接借用邻站某些年份的资料。

（2）一般年份当相邻站雨量相差不大时，可移用邻近各站的平均值。

（3）出现大暴雨的年份，当邻近地区测站较多时，可绘制该次暴雨或该年最大值等值线图进行插补。

（4）个别大暴雨年份缺测，用其他方法插补较困难，而邻近地区观测到特大暴雨。由气象条件分析，该暴雨有可能发生在本地附近时，可移用该特大暴雨资料。移用时应注意相邻地区气候、地形等条件的差别。若相邻两地平行观测的暴雨资料的分布有一定差别时，应作必要的订正。

（5）若与洪水的峰（量）关系较好，可建立暴雨和洪水峰或量的相关关系，利用实测或调查洪水资料插补缺测的暴雨资料，但应根据有关点据分布的情况，估计其可能包含的误差范围。

2. 特大值处理

实践证明，点暴雨频率分析成果与系列中是否包含特大暴雨有直接关系。一般年份的暴雨变幅不是很大，若不出现特大暴雨，统计得出的参数往往偏小。但在短期资料系列中一旦出现一次罕见的特大暴雨，就会使原频率计算成果完全改观。

例如江西省某雨量站 A，根据 1981—2011 年的最大 24h 雨量系列，适线法确定 $\bar{x}_1 = 133\text{mm}$，$C_{v,1} = 0.32$，$C_s/C_v = 1.5$，频率曲线如图 9 - 3（a）所示，据此计算得万年一遇雨量 $x_{p=0.01\%} = 338.2\text{mm}$。而 A 雨量站 2012 年出现一次超历史记录的暴雨，实测最大 24h 雨量达到 349.0mm，根据图 9 - 3（a）中的频率曲线，2012 年暴雨的重现期超过 1 万年，属于非常罕见的小概率事件，但在邻近的其他雨量站，量级与本次降雨相当的雨量并没有达到如此稀遇的程度。把 2012 年的暴雨值加入到实测暴雨系列中，若不作特大值处理，在最大 24h 雨量经验点据分布图中，2012 年雨量点高悬于其他点据之上,如图 9-3(b)所示。如果强行适线,得出图中虚线,C_v 值达到 0.46,与周围其他站的 C_v 值相比,相差悬殊,并且从气象成因和地形地理等方面都无法解释。

通过对 A 雨量站所在小流域的历史洪水洪水的调查,确定 2012 年该流域洪水的重现期为 200 年,假定特大洪水的重现期与引发它的特大暴雨同频率发生,确定 2012 年特大暴雨的重现期为 200 年,对 2012 年暴雨作特大值处理后重新适线,求得 C_v = 0.36。如图 9-3(b)中的实线,计算成果与邻近地区具有长期观测资料系列的测站较为协调。

由此可见,特大值对统计参数 $\bar{x}$、C_v 值的影响很大。它和历史洪水资料一样,如果适线时处理得当,可以提高系列代表性,起到展延系列的作用。

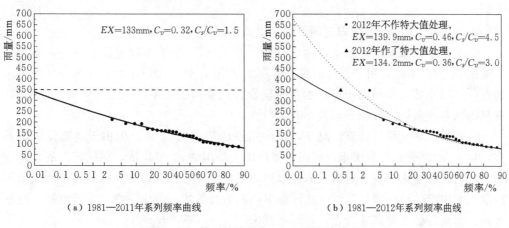

（a）1981—2011年系列频率曲线　　　　　　（b）1981—2012年系列频率曲线

图 9-3　某雨量站最大 1 日雨量频率曲线

3. 点雨量频率计算及成果合理性分析

点暴雨的频率计算方法与面暴雨的频率计算方法类似。采用皮尔逊Ⅲ型曲线作为暴雨频率曲线线型,利用期望值(Weibull)公式进行经验频率计算,参数估计采用适线法。

设计点暴雨计算成果应从下列几方面进行合理性检查:

(1)将各种时段(1 日、3 日、7 日等)的暴雨频率曲线和统计参数综合进行比较。一般情况下,随着统计时段的增长,C_v 有减小的趋势,变化有一定的规律。如发现频率曲线在实用范围内有交叉现象时,应对其中突出的曲线和参数进行复核和调整。

(2)应与本地气候、地形条件相似的邻近地区长系列测站的统计参数进行比较。

(3)各种时段的设计暴雨量应与附近地区的特大暴雨记录进行比较,以检查设计值是否安全可靠。

绘制设计暴雨等值线时,应考虑暴雨特性与地形的关系。在用插值法推求流域中心设计暴雨时,也应尽可能考虑地区暴雨特性,在直线内插的基础上可以适当调整。

在暴雨资料十分缺乏的地区,可利用各地区的水文手册中的各时段年最大暴雨量的均值及 C_v 等值线图,以查找流域中心处的均值及 C_v 值,然后取 C_s/C_v 的固定倍比，确定 C_s 值，即可由此统计参数对应的频率曲线推求设计暴雨值。

9.2.2.2　设计面暴雨量的计算

流域中心设计点暴雨量求得后，要用点面关系折算成设计面暴雨量。暴雨的点面关系在设计计算中，又有以下两种区别和用法。

1. 定点定面关系

如流域中心或附近有长系列资料的雨量站，流域内有一定数量且分布比较均匀的其他雨量站资料时，可以用长系列站作为固定点，以设计流域作为固定面，根据同期观测资料，建立各种时段暴雨的点面关系。也就是，对于一次暴雨某种时段的固定点暴雨量，有一个相应的固定面暴雨量，则在定点定面条件下的点面折减系数 α_0 为

$$\alpha_0 = x_F / x_0 \tag{9-1}$$

式中：x_F、x_0 为某种时段固定面及固定点的暴雨量。

有了若干次某时段暴雨量，则可有若干个 α_0 值。对于不同时段暴雨量，则又有不同的 α_0 值。于是，可按设计时段选几次大暴雨 α_0 值，加以平均，作为设计计算用的点面折减系数。将前面所求得的各时段设计点暴雨量，乘以相应的点面折减系数，就可得出各种时段设计面暴雨量。

应该指出，在设计计算情况下，理应用设计频率的 α_0 值，但由于暴雨量资料不多，作 α_0 的频率分析有困难，因而近似地用大暴雨的 α_0 平均值，这样算出的设计面暴雨量与实际要求是有一定出入的。如果邻近地区有较长系列的资料则可用邻近地区固定点和固定流域的或地区综合的同频率点面折减系数。但应注意，流域面积、地形条件、暴雨特性等要基本接近，否则不宜采用。

2. 动点动面关系

在缺乏暴雨资料的流域上求设计面暴雨量时，可以暴雨中心点面关系代替定点定面关系，即以流域中心设计点暴雨量及地区综合的暴雨中心点面关系去求设计面暴雨量。这种暴雨中心点面关系（图 9-4）是按照各次暴雨的中心与暴雨分布等值线图求得的，各次暴雨中心的位置和暴雨分布不尽相同，所以说是动点动面关系。

显然，这个方法包含了 3 个假定：①设计暴雨中心与流域中心重合；②设计暴雨的点面关系符合平均的点面关系；③假定流域的边界与某条等雨量线重合。这些假定，在理论上是缺乏足够根据的，使用时，应分析几个与设计流域面积相近的流域或地区的定点定面关系作验证，如差异较大，应作一定修正。

必须指出：在间接法推求面暴雨量时，应优先使用定点定面关系，同时由于大中流域点面雨量关系一般都很微弱，所以通过点面关系间接推求设计面暴雨的偶然误差较大。在有条件的地区应尽可能采用直接法。

资源 9-4 年最大一天和最大 24 小时雨量的差异

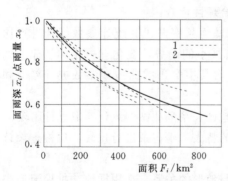

图 9-4　某地区 3 天暴雨点面关系图
1—各次实测暴雨；2—地区平均暴雨

资源 9-5 间接法推求设计面雨量的流程

9.3 设计暴雨时空分配的计算

9.3.1 设计暴雨时程分配计算

设计暴雨时程分配计算方法与设计年径流的年内分配计算和设计洪水过程线的计算方法相同。一般用典型暴雨同频率控制缩放。

9.3.1.1 典型暴雨的选择和概化

典型暴雨过程应在暴雨特性一致的气候区内选择有代表性的面雨量过程,若资料不足也可由点暴雨量过程来代替。所谓有代表性是指典型暴雨特征能够反映设计地区情况,符合设计要求,如该类型出现次数较多,分配形式接近多年平均和常遇情况,雨量大,强度也大,且对工程安全较不利的暴雨过程。所谓较不利的过程通常指暴雨核心部分出现在后期,形成洪水的洪峰出现较迟,对安全影响较大的暴雨过程。在缺乏资料时,可以引用各省(自治区、直辖市)水文手册中按地区综合概化的典型雨型(一般以百分数表示)。

9.3.1.2 缩放典型过程,计算设计暴雨的时程分配

选定了典型暴雨过程后,就可用同频率设计暴雨量控制方法,对典型暴雨分段进行缩放。不同时段控制放大时,控制时段划分不宜过细,一般以 1 日、3 日、7 日控制。对暴雨核心部分 24h 暴雨的时程分配,时段划分视流域大小及汇流计算所用的时段而定,一般取 1h、2h、3h、6h、12h、24h 控制。

9.3.1.3 算例

【例 9-1】 某流域百年一遇各种时段设计暴雨量见表 9-2。

表 9-2 各时段设计暴雨量

时 段/日	1	3	7
设计面雨量 x_{tp}/mm	303	394	485

选定的典型暴雨日程分配和设计暴雨日程分配计算见表 9-3。最大 24h 设计及典型暴雨的时程分配见表 9-4。

表 9-3 暴雨日程分配 (同频率法)

日 程	雨量及分配比	1	2	3	4	5	6	7
典型暴雨过程/mm		13.5	15	17	0	24	202	36
x_{1p} 303mm	典型分配比						100%	
	设计雨量/mm						303	
$x_{3p}-x_{1p}$ 91mm	典型分配比					40%		60%
	设计雨量/mm					36		55
$x_{7p}-x_{3p}$ 91mm	典型分配比	30%	33%	37%	0%			
	设计雨量/mm	27	30	34	0			
设计暴雨过程/mm		27	30	34	0	36	303	55

表 9-4　　　　　　　　　　面设计暴雨最大 1 日的时程分配（同倍比法）

项　　目	设计暴雨的时段（2h）雨量过程												24h
时段序号	1	2	3	4	5	6	7	8	9	10	11	12	全日雨量
典型分配 /%	2.9	3.4	3.9	5.2	10.5	44.1	8.7	6.1	5.0	4.0	3.3	2.9	100
设计暴雨 /mm	8.8	10.3	11.7	15.8	31.8	133.6	26.4	18.5	15.2	12.1	10.0	8.8	303

9.3.2　设计暴雨的地区分布

梯级水库或水库承担下游防洪任务时，需要推求流域上各部分的洪水过程，因此需给出设计暴雨量在面上的分布。其计算方法与设计洪水的地区组成计算方法相似。

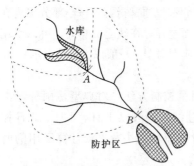

图 9-5　防洪水库与防护区位置

如图 9-5 所示，在推求防洪断面 B 以上流域的设计暴雨量时，必须分成两部分，一部分来自防洪水库 A 以上流域的暴雨，另一部分来自水库 A 以下至防洪断面 B 这一区间面积上的暴雨。在实际工作中，一般先对已有实测大暴雨资料的地区组成进行分析，了解暴雨中心经常出现的位置，统计 A 库以上和区间暴雨所占的比重等，作为选定设计暴雨面分布的依据，再从工程规划设计的安全与经济考虑，选定一种可能出现而且偏于不利的暴雨面分布形式，进行设计暴雨的模拟放大。常采用的有典型暴雨图法和同频率控制法两种方法。

9.3.2.1　典型暴雨图法

从实际资料中选择暴雨量大的一个暴雨图形（等雨量线图）移置于流域上。为安全计，常把暴雨中心置放在 AB 区间，而不是置放在流域中心。这样做使区间暴雨所占比例最大，对防洪断面 B 更为不利。然后量取防洪断面 B 以上流域范围内的典型暴雨等雨量线图，分别求出水库 A 以上流域（面积为 F_A）的典型面雨量（x_A）和区间 AB（面积为 F_{AB}）的典型面雨量（x_{AB}），乘以各自的面积，得水库 A 以上流域的总水量（$W_A = x_A F_A$）和区间 AB 的总水量（$W_{AB} = x_{AB} F_{AB}$），并求得它们所占的相对比例。设计暴雨总量（$W_{Bp} = x_{Bp} F_B$）按它们各自所占的比例分配，即得设计暴雨量在水库 A 以上和区间 AB 上的面分布。最后通过设计暴雨时程分配计算，得出两部分设计暴雨过程。

9.3.2.2　同频率控制法

对防洪断面 B 以上流域的面雨量和区间 AB 面积上的面雨量分别进行频率计算，求得各自的设计面雨量 x_{Bp}、x_{ABp}。按同频率原则考虑，采取防洪断面 B 以上流域发生指定频率 p 的设计面暴雨量时，区间 AB 面积上也发生同频率暴雨，水库以上流域则为相应雨量（其频率不定），即

$$x_A = \frac{x_{Bp} F_B - x_{ABp} F_{AB}}{F_A} \qquad (9-2)$$

9.4 可能最大降水计算

9.4.1 概述

可能最大降水（probable maximum precipitation，PMP）可定义为：在现代气候条件下，一年的某一时期，特定设计流域上一定历时内、物理上可能发生的近似上限降水（包括降水总量及其时空分布），我国习惯称之为可能最大暴雨。由 PMP 产生的洪水称为可能最大洪水（probable maximum flood，PMF）。

PMF 是美国高风险大坝的通用设计标准，在巴西、澳大利亚、日本、印度、菲律宾、马来西亚、巴基斯坦、韩国、英国、加拿大等几十个国家也得到应用。PMF 也被为我国重要水利工程或核电工程等的防洪安全设计依据。如：现行 SL 252—2017《水利水电工程等级划分及洪水标准》中规定："对于山丘、丘陵区大（1）型土石坝，应以可能最大洪水（PMF）或重现期 10000～5000 年标准作为校核洪水。"再如，我国 HAD 101/08《滨河核电厂厂址设计基准洪水的确定》中规定：对滨河核电厂址应考虑 PMF 和溃坝洪水的不利组合来确定核电厂的设计基准洪水。

资源 9-6 可能最大洪水计算流程

可能最大暴雨与洪水首先于 20 世纪 30 年代由美国陆军工程师团和气象局联合研究正式提出并用于工程设计，作为重要水库大坝和溢洪道的普遍设计标准。世界气象组织（WMO）分别于 1973 年、1986 年、2011 年出版了《可能最大降水估算手册》第一、二、三版，前两版的主编为美国水文气象专家，第三版的主编为中国设计洪水专家王国安。

资源 9-7 《水电工程可能最大洪水计算规范》简介

在第 2 章中曾讲过，水汽、上升运动和冷却凝结是降水形成的 3 个因素。特大暴雨的形成必须有充沛的水汽、强烈而持久的上升运动、位势不稳定能量的释放与再生。一般认为，PMP 是最充足的水汽条件与最强烈的动力冷却条件相组合的产物。

根据 PMP 的形成机理，PMP 计算除了要确定水汽条件的上限（可能最大水汽含量）外，还要确定空气辐合或上升运动条件的上限。其中，水汽条件一般用可降水量来表征，其上限称为最大可降水量；动力冷却条件通常用效率或风速来表征，其上限称为可能最大效率或可能最大风速。

资源 9-8 《Manual on Estimation of Probable Maximum Precipitation》（PMP）简介

下面首先介绍可降水量及相关气象学知识，在此基础上介绍几种常用的 PMP 计算方法。

9.4.2 可降水量 W

9.4.2.1 可降水量的定义

可降水量是 PMP 计算中一种常用的湿度单位，它是大气中水汽含量的一种特殊表达方式。所谓可降水量是指截面为单位面积的空气柱中，自气压为 P_0 的地面至气压为 P（一般取 $P=300\sim200\mathrm{hPa}$）的高空等压面间的总水汽量全部凝结后，所相当的水量，用 $\mathrm{g/cm^2}$ 表示。由于水的密度 $\rho_{水}=1\mathrm{g/cm^3}$，所以习惯上可降水量 W 用 mm 表示。它的含义是：如果气柱内的水汽全部凝结降落，那么在地面上所形成的水层有多深。

资源 9-9 《可能最大降水估算手册》简介

9.4.2.2　可降水量的计算

1. 气压与高程的关系

静止大气中某一高度上的气压值，等于其单位截面积的铅直大气柱的重量，单位以百帕（hPa）或毫米汞柱高（mmHg）表示。

气压一般随高度增高而按指数规律递减，一定的气压数值对应着一定的高度，天气学上常用的等压面的气压值与其相应的高度见表 9-5。

表 9-5　　　　　　　　　　　　　气压与高程对照表

等压面/hPa	1000	850	700	500	300	200
海拔高程/m	海平面	1500	3000	5500	9000	12000

2. 比湿与露点的关系

比湿与露点都是表示大气湿度的指标。比湿 q 是湿空气中，水汽质量与该团空气总质量之比；露点温度 t_d 为保持气压和水汽含量不变，使温度降低，当水汽恰到饱和时的温度。

比湿 q 和气压 p 及水汽压 e 之间有如下关系：

$$q = 622 \frac{e}{p} (\text{g/kg}) \tag{9-3}$$

由于空气常处于不饱和状态，所以露点往往比实际空气温度低，只有当空气达到饱和时二者才相等。气温等于露点 t_d 时的饱和水汽压 e_s，就是当时实际大气的水汽压 e，即

$$e = 6.11 \times 10^{\frac{7.45t_d}{235+t_d}} (\text{hPa}) \tag{9-4}$$

将式 (9-3) 与式 (9-4) 耦合，得到

$$q = 622 \frac{e}{p} = \frac{3800}{p} \times 10^{\frac{7.45t_d}{235+t_d}} (\text{g/kg}) \tag{9-5}$$

【例 9-2】　若大气中水汽压力 $e=12.3$hPa，气温降到多少℃，便有水汽凝结出来？

解：当气温降至露点温度时，便开始有水汽凝结出来。将本题中 e 值代入式 (9-4)，可反算得当时的露点温度 $t_d = 10$（℃）。

【例 9-3】　若水汽压为 75.4hPa，在气压为 1018hPa 时，比湿为多少？

解：$q = 622 \frac{e}{p} = 622 \times \frac{75.4}{1018} = 46$（g/kg）

【例 9-4】　已知在 850hPa 的大气层中，露点温度 $t_d=20$℃，则该大气层的比湿为多少？

解：$q = 622 \frac{e}{p} = \frac{3800}{p} \times 10^{\frac{7.45t_d}{235+t_d}} = 17.2$（g/kg）

从上可知：比湿 q 是气压 p 与露点 t_d 的函数，即 $q = q(p, t_{d,p})$，$t_{d,p}$ 表示 p 气压层的露点。

3. 可降水量的理论计算公式

如图9-6所示，取底为单位面积的空气柱，考察厚度为dZ的空气层，其水汽含量为

$$dW = a\,dZ \tag{9-6}$$

式中：a为水汽密度。

从大气静力方程得知

$$dZ = -\frac{dp}{\rho g} \tag{9-7}$$

式中：ρ为湿空气的密度；g为重力加速度。

则

$$dW = a\left(-\frac{dp}{\rho g}\right) = -\frac{1}{g}q\,dp \tag{9-8}$$

式中：q为比湿。

对dW自地面Z_0（相应气压p_0）至高空Z（相应气压p）的截面之间空气柱的水汽量进行积分，得可降水量W，即

$$W = \int_{z_0}^{z} dW = -\frac{1}{g}\int_{p_0}^{p} q\,dp = -\frac{1}{g}\sum_{i=1}^{n} q_i \cdot \Delta p_i \tag{9-9}$$

式中：q为比湿的垂直分布。

对于具体一次降雨，若有各层高空实测湿度资料时，可用此式计算出可降水量W值。

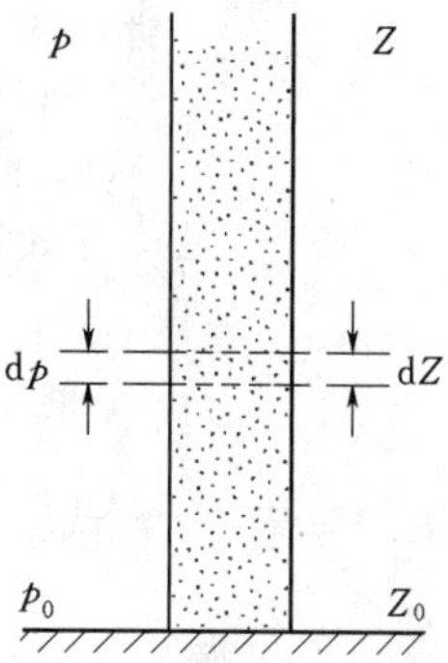

4. 可降水量的简化计算方法

由于高空测站稀少，观测年份也短，雨区往往

图9-6　计算可降水量示意图

没有实测高空湿度资料，因此实际上采用式（9-9）计算PMP有相当难度。为此，在PMP计算中假定：大暴雨时地面至高空的各层空气中的水汽全部呈饱和状态，则各层的露点等于气温，气温的垂直分布呈湿绝热递减率变化，从而大气各层的比湿都是地面露点t_{d,p_0}的单值函数，则有

资源9-10
可降水量
的定义和
计算

$$W = -\frac{1}{g}\int_{p_0}^{p} q(p,\ t_{d,\ p_0})\,dp = -\frac{1}{g}\sum_{i=1}^{n} q(p_i,\ t_{d,\ p_0})\Delta p_i \tag{9-10}$$

换言之，只要知道地面露点t_{d,p_0}的数值，就可用数值积分的方法求出地面至某一层面的可降水量。

由于式（9-10）的积分相当麻烦，已制成专门的可降水量查算表以简化计算。但不同经纬度位置的地面高程千差万别，相同经纬度位置的露点也随高度而不同，为使查算表具有通用性，水文气象工作者制成了以海平面（$Z_0=0$或$p_0=1000\text{hPa}$）的露点$t_{d,0}$为参数，自海平面至高度Z（或气压p）之间的饱和假绝热大气中的可降水量查算表$W_0^z(t_{d,0})$，见附录3。附录3表中第一列为高度值，从200～10000m以上，

该表第一行为 1000hPa 地面的露点温度，从 0～30℃。

根据地面露点推求可降水量的步骤如下：

（1）将测站观测场海拔高度的露点，按照假绝热过程换算至 1000hPa 等压面。由测站高度露点转换至 1000hPa 露点的假绝热线如图 9－7 所示。

（2）根据换算至 1000hPa 等压面的露点，由专用表查算 1000hPa 等压面至对流层顶之间的可降水量，可采用 200hPa 等压面（相当于海拔高度 11.6km）作为对流层顶高度。

（3）根据换算至 1000hPa 等压面的露点，由专用表查算露点对应的 1000hPa 等压面至设计流域地面平均高程之间的可降水量。

（4）1000hPa 等压面至对流层顶的可降水量扣除 1000hPa 等压面至设计流域地面平均高程的可降水量，就得到露点对应的设计流域可降水。

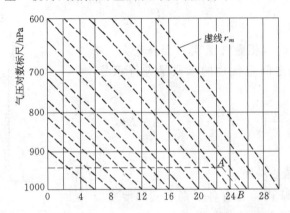

图 9－7 由测站高度露点换算至 1000hPa 露点的假绝热线图

【例 9－5】 已知 $t_{d,0}=20℃$，求 $Z=0m$ 处至 $Z=400m$ 处的可降水量 W。

解： W_0^{400} $(t_{d,0}=20℃)=6$（mm）

【例 9－6】 已知 $t_{d,0}=25.5℃$，求 $Z=0m$ 至整个空气柱（$Z=12000m$）的可降水量 W。

解： 先分别求 $t_{d,0}=25℃$ 和 $t_{d,0}=26℃$ 时的 $Z=0m$ 至 $Z=12000m$ 之间的可降水量 $W_0^{11600}(t_{d,0}=25℃)$ 和 $W_0^{11600}(t_{d,0}=26℃)$，再用线性内插法求之，即

$$W_0^{11600}(t_{d,0}=25℃)=81（mm）$$
$$W_0^{11600}(t_{d,0}=26℃)=88（mm）$$

$$W_0^{11600}(t_{d,0}=25.5℃)=\frac{81+88}{2}=84.5（mm）$$

【例 9－7】 某测站地面高程 $p_0=960hPa$（相当于 $Z_0=400m$），地面露点 $t_{d,Z_0}=23.6℃$，求地面至大气顶层间的可降水量 W。

解： 第 1 步，在图 9－7 上由坐标（$t_{d,Z_0}=23.6℃$，$p_0=960hPa$）得点 A，过 A 点作平行于最邻近的饱和假绝热 r_m 线，向下至 $Z=0$（即 $p=1000hPa$）处得点 B，读出点 B 的温度值，得 $t_{d,0}=25.0℃$。

第 2 步，查附录一，得

$$W_{400}^{11600}(t_{d,400}=23.6℃)=W_0^{11600}(t_{d,0}=25.0℃)-W_0^{400}(t_{d,0}$$
$$=25.0℃)=81-9=72(\text{mm})$$

9.4.3 代表性露点和可能最大露点

9.4.3.1 典型暴雨代表性露点 $t_{d,r}$ 的选定

前面已经讲过，可以由地面露点反映饱和假绝热气柱的可降水量，所以一场暴雨的代表性可降水量，便可以由某一或某些地点、在特定时间的地面露点来反映，这个地面露点称为"代表性露点"。它所对应的可降水就反映了暴雨暖湿气团输入雨区的水汽量。选定暴雨代表性露点的方法是：

（1）在大雨区边缘水汽入流方向一侧，选取几个测站，作为暴雨期间的地面代表性测站。

（2）每个测站的地面露点的选取是在包括雨量最大24h及其以前的24h共48h时段内，选取其中持续12h最高地面露点，作为该站的代表性露点。这样选取的理由有二：一是水汽须要持续一定历时才会对暴雨产生显著的影响；二是可以避免由于偶然误差和局部因素所造成的短历时露点波动的影响。

（3）取各地面站代表性露点的平均值，作为该场暴雨的地面代表性露点。

这里解释一下，"持续12h最高露点"的选取，首先是在选定的时间段内选持续12h露点（选观测系列中连续12h的最低露点值），然后在多个持续12h露点中选最高值。

【例9-8】 中纬度地区某场暴雨的雨区、水汽入流方向的露点观测站分布如图9-8所示，该雨区最大24h雨量发生在8月3日，确定地面露点的选取时段为8月2—3日，其中A站8月2—3日的地面露点观测值列于表9-6。试确定该场暴雨的代表性露点。

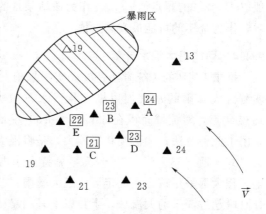

图9-8 雨区代表性露点计算图（单位：℃）

解：

（1）在大雨区边缘水汽入流方向一侧，选取A、B、C、D、E 5个测站，作为暴雨期间的地面露点代表性测站。

（2）对每个地面露点代表性测站，在8月2—3日共48h的时段内，选取其中持续12h最高地面露点，作为该站的代表性露点。对于A站，8月2日0:00—12:00的持续12h露点为0:00、6:00、12:00露点三者选其小，即22℃，其他时段的持续12h露点按同样方法依次选出，分别为22℃、23℃、24℃、20℃、20℃、20℃。最后，选出其中最高的持续12h露点24℃，作为A站的代表性地面露点。按照与A站同样的方法，分别求出B、C、D、E各站的代表性露点是23℃、21℃、23℃、22℃。

（3）取各地面站代表性露点的平均值，作为该场暴雨的地面代表性露点，则该场

暴雨的地面代表性露点是

$$t_{d,r}=\frac{24+23+21+23+22}{5}=22.6(℃)$$

表 9 - 6 　　　　　　　　　　　A 站代表性地面露点分析表

时间	月日	8月2日				8月3日		8月4日		
	时	0	6	12	18	0	6	12	18	0
1	实测露点/℃	22	22	23	24	26	24	20	21	20
2	持续 12h 露点/℃		22	22	23	24	20	20	20	
3	代表性露点/℃					24				

注　雨量最大 24h 是 8 月 3 日 0：00—4 日 0：00。

9.4.3.2　可能最大代表性地面露点 $t_{d,m}$ 的选定

在 PMP 计算中，经常要用到可能最大露点 $t_{d,m}$，其确定方法有两种：历史最大露点法和频率计算法。

1．历史最大露点法

当地区测站地面露点资料足够长（一般大于 30 年），则分月选用历年中最大的持续 12h 地面代表性露点，进而求得全年的可能最大露点。

2．频率计算法

当计算地区测站露点资料较短（一般少于 30 年）时，则分月进行频率计算，一般取 $P=2\%$ 的露点值 $t_{d,P=2\%}$ 作为该站某月的可能最大露点值，再选取各月中的最大者，作为全年的可能最大露点值 $t_{d,m}$。

9.4.4　可能最大降水计算

推求 PMP 的传统方法是放大实测暴雨。这种方法包括：①当地暴雨放大，是将实测特大暴雨的水汽加以极大化（水汽放大、水汽效率放大、水汽风速放大等），1980 年后，对流域面积在 $686km^2$ ～100 万 km^2 之间的 40 余个工程，绝大多数工程采用了此种方法；②暴雨移置放大，是将极大化的暴雨移置到设计地区，移置对象多为"35·7""63·8""75·8"罕见特大暴雨，我国半数以上工程使用了该方法，核电工程大都采用该方法确定可能最大暴雨；③暴雨组合放大，面积大于 1 万 km^2，设计时段超过 5 天的大流域，半数以上采用暴雨组合法；④暴雨时面深概化法，将这些极大化暴雨的时-面-深关系加以外包，作为 PMP 的估值，在美国和其他一些国家应用较为广泛，世界气象组织出版的手册中，详细介绍了该方法，国内已在昌化江大广坝、长江支流清江水布垭、黄河小花区间等使用了该方法。

用实测特大暴雨作为模型可以将暴雨的因子归为两大类，即水汽含量（可降水量 W）和除了水汽以外的其他因子组合。后者主要是辐合及垂直运动（有时称为效率 η），由于效率不易直接计算，通常以雨湿比（P/W）作为反映效率的指标，雨湿比不仅与台风、低涡、冷锋等天气系统有关，而且受距海远近、地形等因素的影响。我国有 3 个高值区：东南沿海区 P/W 大于 10；华北太行山前和黄土高原区 P/W 大于 10；四川盆地区 P/W 大于 8。武夷山、秦岭北侧为相对低值区 P/W 小于 4；西部的

新疆、甘肃以及青藏高原 P/W 小于 2.5～3。

9.4.4.1 当地暴雨放大法

当设计流域本身具有时空分布较恶劣的大暴雨时，可从中选择特大暴雨作为典型，然后予以适当放大以推求 PMP，称此方法为当地暴雨放大法。当地暴雨放大法包括水汽放大法、水汽效率放大法、水汽风速放大法等。

1. 水汽放大法

若所选定的典型暴雨已经是高效，即效率已经达到足够大，则可采用水汽放大法计算 PMP。这种模型假定可降水量与雨量呈线性关系，即水汽放大公式。

$$P_m = (W_m/W)P \tag{9-11}$$

式中：W、W_m 为实测大暴雨的可降水量和最大可降水量；P、P_m 为实测暴雨量及 W_m 相应的暴雨量。

式 (9-11) 是用实测特大暴雨作为模型推求 PMP 的基本公式。问题在于如何去求可降水 W 和 W_m 及高效暴雨及与 W 相应的暴雨量。

暴雨期间水汽源源不断地向降雨落区输送，但输送量是有变化的。应当怎样去选定一种可降水来代表这场暴雨的水汽呢？这就是所谓代表性可降水问题。可降水当然可以用高空资料直接推算，但在许多地区，高空资料缺乏，只能通过地面露点来推求，于是变成选取代表性露点问题了。

最大可降水量，通常用各主要等压面多年实测露点极值，换算成比湿，然后垂直积分，即可求出 200hPa 以下气柱内的水汽总含量作为可降水的近似物理上限值；也可由地面历史 12h 持续最大露点按饱和假绝热过程推求。由于地面露点资料多，一般认为 30～50 年记录中 12h 持续最大露点的可降水量已接近于 W_m。

我国的不少省份已制成持续 12h 最大露点等值线图，我国可降水量的近似物理上限值为：东部 W_m 最大，达 93mm；越深入内陆 W_m 值越小，最小值出现于青藏高原，在 20mm 以下。我国绝大多数暴雨的露点介于 23～26℃ 之间。

2. 水汽效率放大法

在缺乏高效暴雨的情况下，要推求 PMP 必须对水汽和动力因子进行放大，而效率是表示动力因子的一种较好方法。

水汽效率放大法推求可能最大暴雨的公式如下：

$$P_m = (\eta_m W_m)/(\eta W)x = (\eta_m/\eta)(W_m/W)x \tag{9-12}$$

$$\eta = i/W$$

式中：η_m、η 为最大暴雨效率及典型暴雨效率，1/h%；i 为降雨强度，mm/h。

3. 水汽风速放大法

对于风速 V 或入流指标 VW 与相应的流域平均雨量 P 有正相关趋势，且暴雨期间入流风向和风速较为稳定的流域，可以考虑采用水汽风速放大法。

从暴雨水汽入流方向选取入流代表站。因为大部分水汽通常在 3000m 以下的低层进入暴雨系统，所以一般用低层风来估算水汽入流。按国外经验，地面以上 1000m 及 1500m 高度的风，最能代表水汽入流。因为若太接近地面，风速受下垫面影响而缺乏代表性。根据中国经验，风指标以选离地面 1500m 以内风速为宜，地面高程低于 1500m 的地区，采用 850hPa 高度上的风，地面高程超过 1500m（或 3000m）时，可采用 700hPa（或 500hPa）高度上的风。具体计算时，一般是通过分析比较选取某一大气层（或高度）的高空风资料为代表。热带地区，则找出向暴雨区输送水汽的主要大气层，放大时仅限于该大气层。

在时间的选择上，因风有日变化，以取 24h 平均值为好。一般认为，低层最大 24h 风运动是整层运动的指标，有如地面露点是整层水汽含量指标一样，最大降雨时期 24h 风的观测值通常最能代表暴雨的水汽入流。对于历时较短的暴雨，要用实际历时内的平均风速。在计算时，采用 0h 和 12h（或 8h 和 20h 根据资料情况选定）两个时刻风速的平均值（风是矢量）。如风向比较稳定可取各时刻风速的算术平均，否则需取合成风矢量的均值。

极大化指标的选择可以根据暴雨期间的实测风资料进行。但对 $(VW)_m$ 和 $V_m W_m$ 的选择，必须保证所选用的暴雨与暴雨模式（实测典型暴雨）天气形势及影响系统的相似性。按历史最大记录确定 $(VW)_m$ 指标，可在实测资料中选取与典型暴雨风向接近的实测最大风 V 及其相应的水汽 W，得 VW，从中选取最大值 $(VW)_m$ 作为极大指标。$V_m W_m$ 指标，可选取多年实测的最大值 V_m，再寻找实测最大 W_m 值，用其乘积 $V_m W_m$ 作为极大指标。

水汽风速放大法推求 PMP 的公式如下：

$$P_m = (V_m/V)(W_m/W)P \tag{9-13}$$

式中：V_m、V 为最大风速及典型暴雨的风速，m/s。

各场次典型暴雨合成风速和风向由下式计算得到

$$\bar{V} = \sqrt{\bar{V}_S^2 \pm \bar{V}_W^2} \tag{9-14}$$

式中：$\bar{V}_S$、$\bar{V}_W$ 为南风和西风风速，m/s。

9.4.4.2 移置暴雨放大法

1. 移置可能性分析

由天气系统可以判断某一场暴雨是否可以移置，但这只是移置的必要条件。还必须研究地形条件是否可以移置，因为暴雨是受这两大条件所限制的。特别是地形对降水的影响，虽已研究多年，还未达到实用精度的计算方法，因此只能在地形相差不远的情况下，例如同为非山区或者地理地形条件相近的山区，才可移置暴雨。

凡天气条件能够产生具有相同降水特征（往往称为降雨机制）的暴雨，同时地形特征（相似的坡度与地表情况）也相类似的区域称为一致区。在分析某一特定地区的暴雨时，往往感到暴雨样本不足，可将一致区内的暴雨移置到研究地区来，这样就可以使研究地区得到很有意义的资料，邹进上等根据近 30 年来水文站和气象站的实测与调查 24h 最大暴雨极值和均值，综合考虑暴雨强度及其分布特点、发生季节、暴雨天气系统、地理因素（包括地形、海拔高度和海陆性质），对我国暴雨进行了初步分区研究，得出 10 个暴雨气候一致区和各区暴雨的成因及其特征，可供 PMP 计算中判定移置范围的初步参考。

当水汽自源地向暴雨区输送时，如有山脉横阻，就成为水汽障碍。障碍会使输入的可降水量减少。经验证明，障碍每增高 30m 约使降水量减少 1％，这称为削减。水汽障碍可以根据与入流风向正交的山脉面求得。但当水汽遇到孤立的高峰，气流往往绕峰腰而过，求山脉平均高度时，不计这种特高的孤峰高程。水汽障碍，特别是高大山脉可以使迎风坡面的可降水部分或大部分释放，而在背风坡面只有少量可降水转化为降水量，甚至出现沙漠就是明证。另外，暴雨系统越过高山大岭时，其结构发生动力性质的变化。例如太行山为海河与汾河流域的分水岭，山脊高程一般为 1000～1700m，高峰在 2000m 以上，整个山脊呈南北及西南—东北向，山脊以西为背风区。河北省海河指挥部勘测设计院，根据近 500 年来的历史资料的考证分析，大清河以南太行山背风区的暴雨较山前迎风坡同次暴雨要削减很多。基于许多事实，高山大岭往往是可移置区的边界线，暴雨只能在界线以内移置而不得越过它。具体说来，应当避免越过高出降雨落区 1000m 以上的山脉作暴雨移置，也要避免降雨落区与设计流域高差大于 1000m 作移置。在美国则这个数字限制为 700m。

2. 移置的具体步骤

第一步是查明拟移置暴雨发生的时间、地点及其天气成因，有一张等雨量线图（或者时—面—深曲线）和普通的天气图就可以了。

第二步是由天气条件初步拟定一致区。根据上述特大暴雨的分析研究，提出哪些特征因子造成这次特大暴雨和这些因子能发生及同时遭遇的地区范围。台风路径一般有专门资料可查。对于气旋等天气系统的移行路径，各省气象部门也多有研究。

第三步是考虑地形、地理条件的限制，确定移置界线。短历时（1h 以内）暴雨量只相当于当地水汽全部凝结的水量，其分布比较不受地域性限制，因而地形对暴雨的影响是指地形对长历时暴雨的影响。前面说过高山大岭往往是一致区的边界，但沿山脊方向的移置是可以的。某种气团所在位置和属性也决定一致区的范围，有些暴雨不能移置于形成暴雨气团活动范围以外的地区。海滨暴雨可在沿海移置，但向内地移置的范围不能过大。内地暴雨移置必须限于主要山脉不致屏蔽海洋入流水汽的区域以内，除非这种屏蔽在原暴雨区与拟移用地区是多见的，并且暴雨不因之而显著减小。估算特定流域的 PMP 时，只需决定某场暴雨是否能够移置于这个流域之内，无须勾绘一致区界线，但绘制 PMP 等值线图时，就需要这种界线了。

第四步是进行改正与调整。

3. 移置改正

移置改正是对设计流域和暴雨原地由于区域的几何形状、地理、地形等条件的差异而造成降雨量的改变作定量的估算。也就是说，移置改正，一般包括流域形状改正、地理改正和地形改正 3 项。

（1）流域形状的改正。大家知道，流域面积大小相等的两个流域，若其几何形状不同，则在一定的暴雨天气形势下，它们所承受的雨量大小也将随之而异。这就是流域形状改正的根据所在。将移置对象的暴雨等值线按上述的雨图安置办法定位，原封不动地搬移到设计流域，使雨量受到设计流域边界形状的控制，即为流域形状改正。

（2）地理改正。地理改正又称位移改正或位移水汽改正。此为不考虑高程差异，仅考虑位移距离，即因地理位置（经纬度）上差异而造成的水汽条件不同所作的改正。这种改正系按设计流域和暴雨原地的最大露点来进行。如两地高差不大，但距离较远，致使水汽条件不同所作的改正，其计算公式如下

$$K_1 = (W_{Bm})_{ZA}/(W_{Am})_{ZA} \tag{9-15}$$

式中：K_1 为地理改正系数；W_{Am}、W_{Bm} 为移置区和设计流域的最大可降水，mm；ZA（足标）代表计算可降水时所取的气柱底面（地面）高程（高出 1000hPa 的数），一般取流域平均高程或入流边界平均高程；W_{Am} 用可能最大露点 t_{dAm} 来进行计算。选可能最大露点的测站最好与选暴雨代表性露点的测站相同。

W_{Bm} 的求法稍有差别。即在选取可能最大露点 t_{dBm} 时，所取的测站位置，应与移置对象在选取暴雨代表性露点 t_{dA} 时所取测站的位置（包括距暴雨中心的距离和方位）相对应。

（3）地形和障碍调整改正。地形改正指移置前后两地区地面平均高程不同或水汽入流方向障碍高程差异使入流水汽增减而作的改正。

地形对降水的影响是相当复杂的，一般说来，可以分为直接影响和间接影响两个方面。直接影响又可分为以下 4 个方面：①高程增加引起可降水的削减；②迎风坡气流抬升、冷却引起降水量的增加；③背风坡由于气流下沉增温，不利于降水的生成；④液态水被风吹入流域以内或吹出流域以外。在暴雨移置中，一般只考虑前两个方面的影响。

间接影响系指地形对天气系统的发展与移动的影响。如山脉对气旋和锋面的阻滞，甚至导致变性，"死水区"对旋涡发展的影响等。在暴雨移置中是假定移置前后天气系统不变，因此对间接影响可不予考虑。

地形对水汽影响的改正有障碍改正和高程改正两种。前者是指设计地区在水汽入流方向受到山脉阻挡使入流水汽减少而作的改正；后者是指由于移置后两个地区的地面高程不同，使水汽变化而作的改正。必须注意，这两种改正只能取其一种。即当遇到既有障碍改正又有高程改正的情况，应根据水汽输送情况和地理、地形条件进行分析，选其影响较大者。

这两种改正，其基本原理和计算公式是相同的，即假定水汽障碍并不改变暴雨系统的结构，它仅截断迎风侧面的一段气柱中的可降水。因此，水汽障碍对设计流域可降水的减少量，就等于相应于障碍高度的那段气柱中的可降水。

地理、地形水汽改正都是按最大露点来计算的。这是因为，从理论上说，一个地区的最大露点就代表了该地区水汽因子的上限；而从物理成因上来看，这个上限值是决定于地理地形条件的。换言之，两个地区的最大露点，实际上就反映了二者的地理地形条件对水汽影响的差异。

地形改正计算公式如下

$$K_2 = (W_{Bm})_{ZB}/(W_{Bm})_{ZA} \tag{9-16}$$

式中：K_2 为高程或入流障碍高程水汽改正系数；ZB（足标）为设计区地面或障碍高程。

实测资料表明，在山脉迎风坡的一定高度范围内，雨量是随高程的增加而增加

的，说明只考虑基底抬高后可降水减少而使雨量减小的削减效应是不够的，还须同时考虑因地形抬升使上升速度加强而使雨量增加的强化效应。有人认为两者可以相互抵偿，甚至有余，因而可以不考虑高程水汽改正，至少对于移置前后基底高差小于700m的不作高程水汽改正，强烈地方性暴雨在高差小于1500m时也不作高程水汽改正。

高差小于1500m时，对强烈的局部性雷暴雨不作高程调整。

4. 暴雨放大

水汽放大：所选择的暴雨虽实测的强度大、历时短，水汽条件非常充沛，但从典型暴雨的代表性露点与历史最大露点比较，或与水汽源地的海温相比，可以看出典型暴雨的水汽含量并没有达到可能的最大值，因此有必要进行水汽放大。

水汽放大公式如下：

$$K_{Ww} = (W_{Am})_{ZA}/(W_A)_{ZA} \qquad (9-17)$$

式中：K_{Ww} 为水汽放大系数；$(W_A)_{ZA}$ 为移置对象的可降水，mm。

5. 暴雨移置的改正和放大综合系数

采用先放大后移置水汽放大系数 $K_{Ww} = (W_{Am})_{ZA}/(W_A)_{ZA}$，地理改正系数 $K_1 = (W_{Bm})_{ZA}/(W_{Am})_{ZA}$，地形改正系数 $K_2 = (W_{Bm})_{ZB}/(W_{Bm})_{ZA}$，则综合系数为

$$K = K_1 K_2 K_{Ww} = (W_{Bm})_{ZB}/(W_A)_{ZA} \qquad (9-18)$$

该方法适用于罕见特大暴雨的放大。

9.4.4.3 组合暴雨放大法

对于流域面积大的水利工程，其可能最大洪水往往是由长历时 PMP 导致的，需要推求长历时、大范围的 PMP。在设计流域内缺少长历时、大范围的特大暴雨资料的情况下，可按天气气候学的原理，将两场或两场以上的暴雨合理地组合在一起，组成一新的理想特大暴雨序列，以此作为典型暴雨来推求 PMP。

长江三峡、汉江丹江口和石泉、赣江万安、沅水五强溪、红水河龙滩、澜沧江小湾和漫湾、乌江构皮滩和洪家渡、金沙江向家坝、黄河龙门和三门峡、永定河石匣里、嫩江尼尔基等 20 多个大型工程都应用了组合暴雨放大法推求可能最大暴雨。

1. 组合暴雨放大法基本概念

天气学理论与实践经验表明，特大暴雨往往是由几次或多次暴雨天气系统连续出现所形成，或者是某一天气系统的停滞少动，或者是几种不同尺度的天气系统在时间上与空间上的叠加所造成。大范围、长历时的 PMP 必然是多次暴雨天气系统接连出现或是多次暴雨天气系统在时间与空间上叠加的结果，这就是暴雨组合法的理论依据。

组合暴雨的总历时长短是由暴雨洪水特性、流域特性和工程要求决定的。一般来说，暴雨持续时间越长，流域面积越大，水库的调蓄能力越强，所需组合暴雨的总历时也越长，相应的组合单元也越多。组合单元的划分一般根据暴雨天气过程的演变规律进行。组合单元的时段长度应视设计流域面积大小和 PMP 总历时长短而定，但不应小于 6h。

2．暴雨组合方式

暴雨组合方式包括时间上组合、空间上组合和时空均组合三种。最常用的是从时间上进行组合，即把两场或两场以上的暴雨的雨量过程合理地衔接起来。中国现行的暴雨时间组合方法有相似过程代换法、趋势演变分析法两种。本书着重介绍使用较多的时间组合法中的相似过程代换法。

相似过程代换法是将典型中降雨较少的一次或数次降雨过程，用历史上环流形势基本相似、天气系统大致相同而降雨较大的另一暴雨过程或数场暴雨过程予以替换，从而构成一长历时的新的暴雨序列。

相似过程代换法的具体步骤如下：

（1）选择典型暴雨。以降雨天气持续特别（或较为反常）的某一特大暴雨（或大暴雨）过程为典型过程，作为相似代换的基础。

（2）将典型暴雨天气过程分型。从天气图上考察所选典型暴雨是由哪些天气过程（例如低涡切变线型、西风槽型、台风型等）组成的。

（3）用相似过程代换。以典型暴雨的暴雨天气过程为基础，再从历史暴雨中选择暴雨较大的相似过程，来代换设计时段内的降雨较小的过程，以构成一组恶劣的暴雨过程序列，作为 PMP 的基础。例如，原典型暴雨过程为 A→B→C，现有一较严重的暴雨过程 M，其环流形势和暴雨天气系统与 B 相似，即可以用 M 代替 B 组合 A→M→C 的暴雨过程。

为避免人为的任意性，在作相似代换时应遵循以下原则：

（1）大环流形势要基本相似。欧亚中高纬度的长波形势与西太平洋副热带高压的相互配置决定着冷暖空气的活动路径和水汽输送通道，也影响和制约着暴雨系统的发生和发展。因此，在替换时应考虑被替换的过程与替换过程的大环流形势（行星尺度）基本相似，即 500hPa 天气图 60°E～140°E，10°N～70°N 范围内，长波槽脊位置一致，西太平洋副热带高压脊线位置和所伸展的范围接近。

（2）产生暴雨的天气系统相同。暴雨天气系统是产生暴雨的直接原因，天气系统的类型不同，它所引起的降雨性质、强度和分布亦不相同。因此，在替换时必须强调所替换的过程是属于同一种类型的天气系统。

（3）雨型及其演变要大致相似。雨区的形状、位置和移动方向是降水天气系统的具体表现，它与洪水的峰、量关系极大。因此，在替换时应特别注意雨型及其演变、雨轴的方向，尤应注意暴雨中心位置及其移动路径等。

（4）暴雨组合单元的发生季节时间相近而且尽可能出现在流域的主汛期，确保暴雨过程的天气气候背景类似。暴雨不仅具有地区性，而且季节性也十分明显。因此，替换的暴雨应与被替换的暴雨在发生的时间上基本一致，至少不应相差太远。

（5）相似过程代换的目的是组合得到比典型更为恶劣的暴雨过程，因此还需注意保证替换单元的降水强度大于被替换单元，否则，替换就没有意义了。

3．暴雨组合方案合理性分析

组合方案拟订以后，需从天气学、本流域历史特大暴雨等方面进行合理性分析与论证。

（1）从天气学上进行分析。对于 3 个以上多单元组合，要检查组合序列在整体上的合理性；对于少单元（2～3 个单元）的组合，应着重检查两个单元之间在时间间隔上的合理性，以及自第一单元转变为第二单元在天气形势上衔接的可能性。

（2）从本流域历史特大暴雨进行比较。对组合序列与本流域历史特大暴雨的历时、时程分配形式、雨区分布形式、主要雨区位置等进行比较，看组合暴雨序列是否反映本流域历史特大暴雨的主要特征。

暴雨组合方案的合理性分析需要有天气与气候学理论和实践经验，尤其需要对所研究地区的一般气候特点与异常情况熟悉。工程人员听取当地气象部门的意见是必要的。

4. 组合暴雨的放大

（1）必要性分析。组合暴雨序列本身不仅延长了实际典型的降雨历时，同时也增加了典型的降雨总量，这在某种意义上说，已经是一种放大，故在对组合暴雨再作气象因子放大时应慎重。组合的暴雨序列是否需要放大？这主要取决于典型暴雨本身的严重性和组合结果的恶劣程度。一般可以从下列 4 个方面进行分析。

1）从组合情况上进行分析。若设计地区实测的大暴雨资料较多，在组合时替换或续接的场次（组合单元）较多，一般可不予放大，否则应予放大。

2）用长短历时雨量比较。特定流域长短历时雨量的比值是反映流域暴雨特征的一个指标。如果组合暴雨过程的长短历时雨量比值比设计流域实测暴雨的长短历时雨量比值大得多，则不符合设计流域暴雨的普遍规律，应考虑对组合暴雨序列中的短历时雨量进行放大。

3）与气象一致区实测最大暴雨比较。将组合序列中雨量最大的组合单元的过程面雨量与气候一致区的邻近流域内相同天气系统造成的同时段最大过程实测面雨量进行比较，如前者小于后者，则应考虑放大。因为在设计历时中，雨量最大的组合单元应是造峰暴雨，如果组合后的造峰暴雨还小于邻近地区实测最大暴雨，那么按此所求得的洪水的洪峰必然小于 PMF 的洪峰。

4）与本流域历史特大暴雨洪水比较。历史特大暴雨洪水一般都较为稀遇，但它还不是 PMP/PMF。如果组合暴雨的总雨量还小于本流域历史特大暴雨的同历时雨量；或者组合暴雨过程产生的洪水还小于本流域历史特大洪水，则必须予以放大。

（2）放大方法。组合暴雨的放大方法与当地暴雨的放大方法相同。具体用何种方法，视流域情况和资料条件而定。对于经分析有必要放大的暴雨组合，如果组合暴雨中的最大组合单元已经属于高效暴雨，则只进行水汽放大，否则也可考虑水汽动力因子联合放大。在联合放大方法的选择上，如果设计流域有较大实测暴雨或特大历史洪水资料，则采用水汽效率放大法；如果设计流域在暴雨期间入流风向和风速较为稳定，其入流指标 VW 与相应降雨量有相关趋势，则采用水汽输送率放大法。

对组合后尚不够严重的组合暴雨进行放大，其放大场次与天数可按以下 3 条原则来确定：

1）对工程防洪最为不利。即放大的时段应是对工程防洪最为不利的时段，一般选用暴雨序列后部的组合单元。

2）放大场次应尽可能少。若只进行水汽放大，且替换的组合单元较少，可放大1场（主暴雨）至2场（主、次暴雨）。若水汽因子和动力因子都进行放大，则宜只放大1场主场暴雨。在组合时段较长的情况下，也可放大2场，但中间必须间隔一定时间，因为特大暴雨不可能在较短的时间内接连发生。

3）放大天数视放大指标持续天数而定。

9.5　由设计暴雨推求设计洪水

求得设计暴雨后，进行流域产流、汇流计算，可求得相应的洪水过程。有关产流、汇流分析计算的原理和方法在第4章中已阐明。本节主要介绍在设计条件如暴雨强度及总量较大、当地雨量、流量资料不足等情况下，计算中应注意的问题。

9.5.1　设计 P_a 的计算

设计暴雨发生时流域的土壤湿润情况是未知的，可能很干（$P_a = 0$），也可能很湿（$P_a = I_m$），所以设计暴雨可与任何 P_a 值（$0 \leqslant P_a \leqslant I_m$）相遭遇，这是属于随机变量的遭遇组合问题。目前生产上常用下述3种方法求设计条件下的土壤含水量，即设计 P_a。

9.5.1.1　取设计 $P_a = I_m$

在湿润地区，当设计标准较高，设计暴雨量较大，P_a 的作用相对较小。由于雨水充沛，土壤经常保持湿润情况，为了安全和简化，可取 $P_a = I_m$。

9.5.1.2　扩展暴雨过程法

在拟定设计暴雨过程中，加长暴雨历时，增加暴雨的统计时段，把核心暴雨前面一段也包括在内。例如，原设计暴雨采用1日、3日、7日3个统计时段，现增长到30日，即增加15日、30日2个统计时段。分别作上述各时段雨量频率曲线，选暴雨核心偏在后面的30日降雨过程作为典型，而后用同频率分段控制缩放得7日以外30日以内的设计暴雨过程（图9-9）。后面7日为原先缩放好的设计暴雨核心部分，是推求设计洪水用的。前面23日的设计暴雨过程用来计算7日设计暴雨发生时的 P_a 值，即设计 P_a。

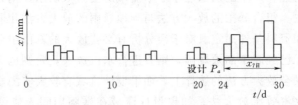

图9-9　30日设计暴雨过程

当然30日设计暴雨过程开始时的 P_a 值（即初始值）如何定仍然是一个问题，不过初始 P_a 值假定不同，对后面的设计 P_a 值影响甚微，因为初始 P_a 值要经过23日的演算，才到设计暴雨核心部分。一般可取初始值 $P_a = \dfrac{1}{2} I_m$ 或 $P_a = I_m$。

9.5.1.3　同频率法

假如设计暴雨历时为 t 日，分别对 t 日暴雨量 x_t 系列和每次暴雨开始时的 P_a 与暴雨量 x_t 之和即 $x_t + P_a$ 系列进行频率计算，从而求得 x_{tp} 和 $(x_t + P_a)_p$，则与设计暴雨相应的设计 P_a 值可由两者之差求得，即

$$P_{ap} = (x_t + P_a)_p - x_{tp} \qquad (9-19)$$

当得出 $P_{ap} > I_m$ 时，则取 $P_{ap} = I_m$。

上述 3 种方法中，扩展暴雨过程法用得较多，$P_{ap} = I_m$ 方法仅适用于湿润地区。在干旱地区包气带不易蓄满，故不宜使用。同频率法在理论上是合理的，但在实用上也存在一些问题，它需要由两条频率曲线的外延部分求差，其误差往往很大，常会出现一些不合理现象，例如设计 P_a 大于 I_m 或设计 P_a 小于零的情况。

9.5.2　产流方案和汇流方案的应用

9.5.2.1　外延问题

设计暴雨属于稀遇的大暴雨，往往超过实测的暴雨很多，在推求设计洪水时，必须外延有关的产流、汇流方案。

湿润地区的产流方案常采用 $x + P_a$ 与 y 形式的相关图，其关系线上部的斜率 $\dfrac{\mathrm{d}y}{\mathrm{d}x} = 1.0$，即相关线为 45°线，外延起来比较方便。干旱地区多采用初损后损法，就需要对有关相关图在外延时必须考虑设计暴雨的雨强因素的影响（图 9-10）。

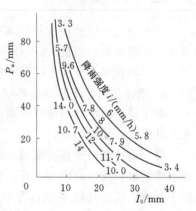

图 9-10　P_a-i-I_0 相关图

目前采用的流域汇流方案都属于线性系统。在实测暴雨范围内应用这些方案作汇流计算时，其误差一般可以控制在容许范围之内，当用于罕见的特大暴雨时，线性假定有可能导致相当大的误差。虽然有些人提出了不少的非线性系统，但由于受到资料所限，这些方案都还未得到充分论证，不为世人所普遍接受。

在工程设计部门，一般注意汇流方案在特大暴雨条件下的适用性，尽量选用实测大洪水资料分析得到的汇流方案，以期与设计条件相近，避免外延过远而扩大误差。不少部门的实践经验说明，用一般常遇洪水分析得出的单位线来推算设计洪水，与由特大洪水资料分析的单位线推流，成果可能相差很大，其差值可达 20% 左右。如果当地缺乏大洪水资料，只好参照有关汇流方案非线性处理的方法作适当修正，这时需要十分慎重和多方论证分析。

9.5.2.2　移用问题

如果设计流域缺乏实测降雨径流资料，无法直接分析产流、汇流方案，就得解决移用问题。

产流方案一般采用分区综合方法，如山东省水文手册上就有适用于不同地区的 14 条次降雨径流相关线，供各个分区查用，汇流方案一般采用单位线的综合成果。

9.5.3　由设计暴雨推求设计洪水算例

1. 任务

某中型水库位于我国南方湿润地区，集水面积为 $341km^2$，流域内下垫面条件较均匀。为了防洪复核，需要推求该水库 $P=2\%$ 的设计洪水。

2. 资料收集

根据计算任务，通过水文年鉴、水文手册以及到当地水文部门调研咨询等途径，收集到以下基础资料，包括：

（1）该流域中心附近单个雨量站的逐年日雨量资料（具体数据从略）。

（2）该流域的暴雨点面关系，通过动点动面的点面关系图，由流域面积 $341km^2$ 查图得暴雨点面折减系数为 0.92。

（3）该流域的 24h 典型暴雨时程分配比例见表 9-7。

表 9-7　　　　　　　　　24h 典型暴雨时程分配比例表

时段序号（$\Delta t=6h$）	1	2	3	4	合计
占最大 1 天的分配百分数/%	11	63	17	9	100

（4）由该流域所在省份的水文手册，查得该流域的蓄水容量 $I_m=100mm$，设计条件下的前期影响雨量 $P_a=78mm$，稳定下渗率 $f_c=1.5mm/h$。

（5）该流域若干场暴雨洪水的同步水文观测资料。

3. 设计暴雨及其时程分配计算

由于该流域单站雨量资料系列较长，而流量资料极其短缺，宜采用暴雨资料来推求设计洪水。步骤如下：

（1）设计暴雨计算。根据本流域洪水涨落快及水库调洪能力不强的特点，确定设计暴雨的最长统计时段为 1 日。采用年最大法选样，通过对单站最大 1 日雨量系列的频率计算，确定其概率分布参数为 $\overline{x}=110mm$，$C_v=0.58$，$C_s=3.5C_v$，求得 $P=2\%$ 的最大 1 日点暴雨量为 296mm，由于点面折算系数为 0.92，则 $P=2\%$ 的最大 1 日设计面暴雨量为 $296\times0.92=272$（mm）。

（2）设计暴雨时程分配。按该地区的暴雨时程分配，求得设计暴雨过程，见表 9-8。

表 9-8　　　　　　　　　设计暴雨时程分配表

时段序号（$\Delta t=6h$）	1	2	3	4	合计
占最大 1 天的分配百分数/%	11	63	17	9	100
设计面暴雨量/mm	29.9	171.3	46.2	24.6	272

4. 设计净雨过程的推求

本流域属于南方湿润地区，选用蓄满产流模式进行产流计算，并利用稳定下渗率进行水源划分。在 $P=2\%$ 的设计暴雨条件下，雨期蒸发可以忽略。根据本流域 $I_m=100mm$，设计条件下 $P_a=78mm$，求得第 1 个时段的损失为 22mm，净雨量为 7.9mm，其余时段的损失为零，设计净雨等于设计暴雨量，见表 9-9。

第一时段的净雨历时 $t_c = 7.9 \times 6/29.9 \approx 1.6$（h），下渗量 $f_c t_c = 1.5 \times 1.6 = 2.4$（mm）；其余时段的净雨历时为 6h，下渗量为 9mm。下渗部分形成地下净雨，各时段的净雨扣除下渗量为地面净雨量。设计净雨过程及水源划分结果见表 9-9。

表 9-9　　　　　　　　　　设计净雨过程表　　　　　　　单位：mm

时段序号（$\Delta t=6h$）	1	2	3	4	合计
设计面暴雨量	29.9	171.3	46.2	24.6	272
设计净雨量	7.9	171.3	46.2	24.6	250
地面净雨量	5.5	162.3	37.2	15.6	220.6
地下净雨量	2.4	9.0	9.0	9.0	29.4

5. 设计洪水过程线的推求

根据实测雨洪资料，分析出本流域大洪水的单位线，见表 9-10 中第（3）栏，地面净雨过程通过单位线推流，得地面径流过程，成果见表 9-10 中第（5）栏。

地下径流过程概化成三角形出流，其总量等于地下净雨量，地下径流的峰值出现在地面径流停止的时刻，地下径流过程的底长为地面径流底长的两倍，则

$$W_g = 0.1 h_g F = 0.1 \times 29.4 \times 341 = 1000 \times 10^4 (\text{m}^3)$$

$$Q_{mg} = 2W_g / T_g = \frac{2 \times 1000 \times 10^4}{13 \times 2 \times 6 \times 3600} = 35.6 (\text{m}^3/\text{s})$$

地下径流过程见表 9-10 第（6）栏。地面径流过程加地下径流过程即得 $P=2\%$ 的设计洪水过程，见表 9-10 中第（7）栏。

表 9-10　　　　　　　　　　设计洪水过程线推算表

时间 /h	净雨深 h /mm	单位线纵坐标 q /(m³/s)	部分流量过程/(m³/s)				地面径流流量过程 Q_s /(m³/s)	地下径流流量过程 Q_g /(m³/s)	洪水流量过程 Q /(m³/s)
			$\frac{h_1}{10}q$	$\frac{h_2}{10}q$	$\frac{h_3}{10}q$	$\frac{h_4}{10}q$			
(1)	(2)	(3)	(4)				(5)	(6)	(7)
0	0	0	0				0	0	0
1	5.5	8.4	4.6	0			4.6	2.7	7.3
2	162.3	49.6	27.3	136	0		163	5.5	169
3	37.2	33.8	18.6	805	31.2	0	855	8.2	863
4	15.6	24.6	13.5	549	185	13.1	761	11	772
5		17.4	9.6	399	126	77.4	612	13.7	626
6		10.8	5.9	282	91.5	52.7	432	16.4	448
7		7.0	3.8	175	64.7	38.4	282	19.2	301
8		4.4	2.4	114	40.2	27.1	184	21.9	206
9		1.8	1.0	71.4	26.6	16.8	116	24.7	141
10		0	0	29.2	16.4	10.9	56.5	27.4	83.9

续表

时间 /h	净雨深 h /mm	单位线纵坐标 q /(m³/s)	部分流量过程/(m³/s)				地面径流流量过程 Q_s /(m³/s)	地下径流流量过程 Q_g /(m³/s)	洪水流量过程 Q /(m³/s)
			$\frac{h_1}{10}q$	$\frac{h_2}{10}q$	$\frac{h_3}{10}q$	$\frac{h_4}{10}q$			
11			0	6.7	6.9	13.6	30.1	43.7
12				0	2.8	2.8	32.9	35.7
13					0	0	35.6	35.6
14							32.9	32.9
15							30.1	30.1
16							27.4	27.4
17							⋮	⋮
18							⋮	⋮
合计	220.6	157.8					3482.5	

9.6 小流域设计洪水的计算

9.6.1 概述

小流域设计洪水计算广泛应用于中、小型水利工程中，如修建农田水利工程的小水库、撇洪沟，渠系上交叉建筑物如涵洞、泄洪闸等，铁路、公路上的小桥涵设计，城市和工矿地区的防洪工程，都必须进行设计洪水计算。与大、中流域相比，小流域设计洪水具有以下 3 方面的特点。

（1）在小流域上修建的工程数量很多，往往缺乏暴雨和流量资料，特别是流量资料。

（2）小型工程一般对洪水的调节能力较小，工程规模主要受洪峰流量控制，因而对设计洪峰流量的要求，高于对设计洪水过程的要求。

（3）小型工程的数量较多，多分布面广，计算方法应力求简便，使广大技术人员易于掌握和应用。

小流域设计洪水计算工作已有 100 多年的历史，计算方法在逐步充实和发展，由简单到复杂，由计算洪峰流量到计算洪水过程。归纳起来，有经验公式法、推理公式法、综合单位线法以及水文模型等方法。本节主要介绍推理公式法和经验公式法。小流域设计洪水中的推理公式法实际上属于由暴雨资料推求设计洪水的途径。

9.6.2 小流域设计暴雨

小流域设计暴雨与其所形成的洪峰流量假定具有相同频率。因小流域缺少实测暴雨系列，故多采用以下步骤推求设计暴雨：按省（自治区、直辖市）水文手册及《暴雨径流查算图表》上的资料计算特定历时的暴雨量；将特定历时的设计雨量通过暴雨公式转化为任一历时的设计雨量。

9.6.2.1　年最大 24h 设计暴雨量计算

小流域一般不考虑暴雨在流域面上的不均匀性，多以流域中心点的雨量代替全流域的设计面雨量。小流域汇流时间短，成峰暴雨历时也短，从几十分钟到几小时，通常小于 1 天。以前自记雨量记录很少，多为 1 日的雨量记录，大多数省（自治区、直辖市）和部门都已绘制 24h 暴雨统计参数等值线图。在这种情况下，应首先查出流域中心点的年最大 24h 降雨量均值 $\overline{x}_{24}$ 及 C_v 值，再由 C_s 与 C_v 之比的分区图查得 C_s/C_v 的值，由 $\overline{x}_{24}$、C_v 及 C_s 即可推出流域中心点的某频率的 24h 设计暴雨量。

随着自记雨量计的增设及观测时段资料的增加，有些省（自治区、直辖市）已将 6h、1h 的雨量系列进行统计，得出短历时的暴雨统计参数等值线图（均值、C_v、C_s），从而可求出 6h 及 1h 的设计频率的雨量值。

9.6.2.2　暴雨公式

1. 暴雨公式形式

前面推求的设计暴雨量为特定历时（24h、6h、1h 等）的设计暴雨，而推求设计洪峰流量时需要给出任一历时的设计平均雨强或雨量。通常用暴雨公式，即暴雨的强度—历时关系将年最大 24h（或 6h 等）设计暴雨转化为所需历时的设计暴雨，目前水利部门多用如下暴雨公式形式。

$$a_{t,p} = \frac{S_p}{t^n} \qquad (9-20)$$

式中：$a_{t,p}$ 为历时为 t，频率为 P 的平均暴雨强度，mm/h；S_p 为 $t=1h$，频率为 P 的平均雨强，俗称雨力，mm/h；n 为暴雨参数或称暴雨递减指数。

或

$$x_{t,p} = S_p t^{1-n} \qquad (9-21)$$

式中：$x_{t,p}$ 为频率为 P，历时为 t 的暴雨量，mm。

2. 暴雨公式参数确定

暴雨参数可通过图解分析法来确定。对式（9-20）两边取对数，在对数格式上，$\lg a_{t,p}$ 与 $\lg t$ 为直线关系，即 $\lg a_{t,p} = \lg S_p - n\lg t$，参数 n 为此直线的斜率，$t=1h$ 的纵坐标读数就是 S_p，如图 9-11 所示。由图可见，在 $t=1h$ 处出现明显的转折点。当 $t \leqslant 1h$ 时，取 $n=n_1$；$t>1h$ 时，则 $n=n_2$。

图 9-11 上的点据是根据分区内有暴雨系列的雨量站资料经分析计算而得到的。首先计算不同历时暴雨系列的频率曲线，读取不同历时各种频率的 $x_{t,p}$，将其除以历时 t，得到 $a_{t,p}$，然后以 $a_{t,p}$ 为纵坐标，t 为横坐标，即可点绘出以频率 P 为参数的 $\lg a_{t,p} - P - \lg t$ 关系线。

暴雨递减指数 n 对各历时的雨量转换成果影响较大，如有实测暴雨资料分析得出能代表本流域暴雨特性的 n 值最好。小流域多无实测暴雨资料，需要利用 n 值反映地区暴雨特征的性质，将本地区由实测资料分析得出的 n（n_1，n_2）值进行地区综合，绘制 n 值分区图，供无资料流域使用。一般水文手册中均有 n 值分区图。

S_p 值可根据各地区的水文手册，查出设计流域的 $\overline{x}_{24}$、C_v、C_s，计算出 $x_{24,p}$，然后由式（9-23）计算得出。如地区水文手册中已有 S_p 等值线图，则可直接查出。

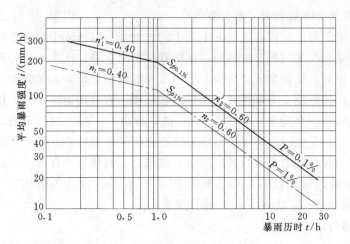

图 9-11　暴雨强度-历时-频率曲线

S_p 及 n 值确定之后，即可用暴雨公式进行不同历时暴雨间的转换。24h 雨量 $x_{24,p}$ 转换为 t h 的雨量 $x_{t,p}$，可以先求 1h 雨量 $x_{1,p}$ （S_p），再由 S_p 转换为 t h 雨量。因

$$x_{24,p}=a_{24,p}\times 24=S_p\times 24^{(1-n_2)} \tag{9-22}$$

则

$$S_p=x_{24,p}\times 24^{(n_2-1)} \tag{9-23}$$

由求得的 S_p 转求 t h 雨量 $x_{t,p}$ 为

当 1h$<t\leqslant$24h 时

$$x_{t,p}=S_pt^{(1-n_2)}=x_{24,p}\times 24^{(n_2-1)}\times t^{(1-n_2)} \tag{9-24}$$

当 $t\leqslant$1h 时

$$x_{t,p}=S_pt^{(1-n_1)}=x_{24,p}\times 24^{(n_2-1)}\times t^{(1-n_1)} \tag{9-25}$$

上述以 1h 处分为两段直线是概括大部分地区 $x_{t,p}$ 与 t 之间的经验关系，未必与各地的暴雨资料拟合很好。如有些地区采用多段折线，也可以分段给出各自不同的转换公式，不必限于上述形式。

设计暴雨过程是进行小流域产汇流计算的基础。小流域暴雨时程分配一般采用最大 3h、6h 及 24h 作同频率控制，各地区水文图集或水文手册均载有设计暴雨分配的典型，可供参考。

9.6.3　设计净雨计算

由暴雨推求洪水过程，一般分为产流和汇流两个阶段。为了与设计洪水计算方法相适应，下面着重介绍利用损失参数 μ 值的地区综合规律计算小流域设计净雨的方法。

损失参数 μ 是指产流历时 t_c 内的平均损失强度。图 9-12 表示 μ 与净雨过程的关系。从图 9-12 可以看出，$i\leqslant\mu$ 时，降雨全部耗于损失，不产生净雨；$i>\mu$ 时，损失按 μ 值进行，超渗部分（图 9-12 中阴影部分）即为净雨量。由此可见，当设计暴

雨和 μ 值确定后，便可求出任一历时的净雨量及平均净雨强度。

为了便于小流域设计洪水计算，各省（自治区、直辖市）水利水文部门在分析大量暴雨洪水资料之后，均提出了决定 μ 值的简便方法。有的部门建立单站 μ 与前期影响雨量 P_a 的关系，有的选用降雨强度 $\bar{i}$ 与一次降雨平均损失率 $\bar{f}$ 建立关系，以及 μ 与 $\bar{f}$ 建立关系，从而运用这些 μ 值作地区综合，可以得出各地区在设计时应取的 μ 值。具体数值可参阅各地区的水文手册。

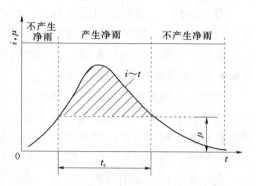

图 9-12 降雨过程与入渗过程示意图

9.6.4 由推理公式推求设计洪水的基本原理

推理公式，英、美称为"合理化方法"（rational method），苏联称为"稳定形势公式"。推理公式法是根据降雨资料推求洪峰流量的最早方法之一，至今已使用 130 多年。

9.6.4.1 推理公式的形式

假定流域产流强度 γ 在时间、空间上都均匀，经过线性汇流推导，可得出所形成洪峰流量的计算公式，见式（9-26）。

$$Q_m = 0.278\gamma F = 0.278(\alpha - \mu)F \qquad (9-26)$$

式中：α 为平均降雨强度，mm/h；μ 为损失强度，mm/h；F 为流域面积，km^2；0.278 为单位换算系数；Q_m 为洪峰流量，m^3/s。

在产流强度时空均匀情况下，流域汇流过程可用图 9-13 表示。

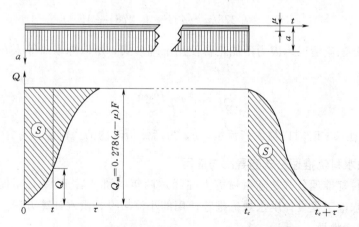

图 9-13 均匀产流条件下流域汇流过程示意图

从图 9-13 可知，当产流历时 $t_c > \tau$（流域汇流时间）时，会形成稳定洪峰段，其洪峰流量 Q_m 由式（9-26）给出。Q_m 仅与流域面积和产流强度有关。式（9-26）很容易用等流时线法导出。

当 $t_c \geqslant \tau$ 时，称为全面汇流情况，此时，可以直接使用式（9-26）推求洪峰流量；当 $t_c < \tau$ 时，称为部分汇流情况，即其洪峰流量只是由部分流域面积的净面形成，此时，不能正常使用推理公式，否则所求洪峰流量将偏大。

9.6.4.2　推理公式的应用

实际上产流强度是随时间、空间变化的，从严格意义上讲，是不能使用推理公式作汇流计算的。但对于小流域设计洪水计算，推理公式法计算简单，且有一定精度，故它是目前水利水电部门最常用的一种小流域汇流计算方法。

对于实际暴雨过程，Q_{mp} 的计算方法如下。

假定所求设计暴雨过程如图 9-14 所示，产流计算采用损失参数 μ 法。

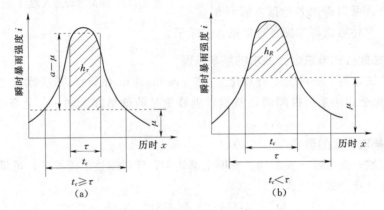

图 9-14　$t_c \geqslant \tau$，$t_c < \tau$ 时参与形成洪峰流量的径流深图

（a）全面汇流情况；（b）部分汇流情况

对于全面汇流情况

$$Q_m = 0.278(a - \mu)F = 0.278\left(\frac{h_\tau}{\tau}\right)F \tag{9-27}$$

对于部分汇流情况，因为不能正常使用推理公式，所以陈家琦等人在作一定假定后，得

$$Q_m = 0.278\left(\frac{h_R}{\tau}\right)F \tag{9-28}$$

式中：h_τ 为连续 τ 时段内最大产流量；h_R 为产流历时内的产流量。

9.6.5　北京水科院推理公式的导出与应用

北京水科院推理公式是陈家琦等人在经过两年的研究后于 1958 年提出的，目前是我国水利水电工程设计洪水规范推荐使用的小流域设计洪水计算方法。

9.6.5.1　公式推导

在此只作简单介绍，详细可参阅文献 [49]。

1. 设计暴雨过程

假定一条各时段同频率的设计暴雨过程，如图 9-15 所示。

这样构造的设计暴雨过程有以下 4 个性质。

（1）相对 $x=x_0$ 而言，暴雨过程线是对称的。

（2）当 $x \to x_0$ 时，瞬时雨强 $i(x_0)$ 为无穷大。

（3）图中阴影部分面积 A 恰好等于时段长为 t 的设计暴雨量 $x_{t,p}$（用暴雨公式计算）。

$$A = x_{t,p} = S_p t^{1-n}$$

（4）$i(x)$ 难于用显式表示。

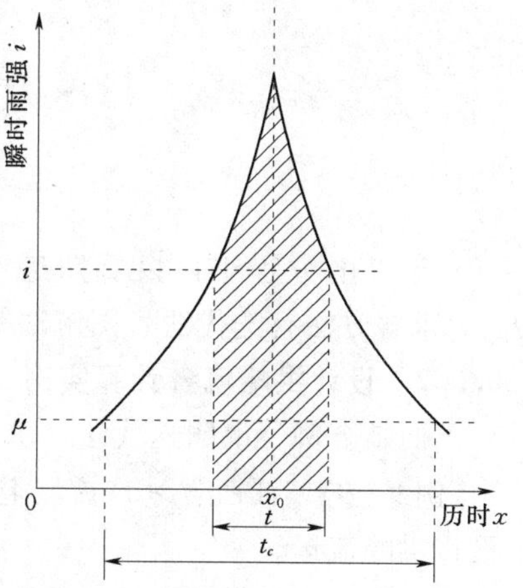

2. 产流历时 t_c 与产流量计算

要根据损失参数 μ 求 t_c，必须首先建立瞬时雨强 i 与 t 的函数关系（从图 9-15 可知它们是一一对应且成反比关系）。根据推导可得

$$i(t) = \frac{\mathrm{d}x_{t,p}}{\mathrm{d}t} = \frac{\mathrm{d}(S_p t^{1-n})}{\mathrm{d}t} = (1-n)S_p t^{-n}$$

$$(9-29)$$

图 9-15　设计暴雨过程示意图

这样只要令 $i(t) = \mu$，所对应的 t 即为 t_c，则

$$t_c = \left[\frac{(1-n)S_p}{\mu}\right]^{\frac{1}{n}} \qquad (9-30)$$

产流量 h_R 的计算公式（时段长为 t_c）为

$$h_R = S_p t_c^{1-n} - \mu t_c = S_p t_c^{1-n} - (1-n)S_p t_c^{-n} t_c = n S_p t_c^{1-n} \qquad (9-31)$$

3. 流域汇流时间 τ 的计算

用推理公式推求设计洪峰流量，τ、t_c 都是必不可少的。τ 采用以下经验公式

$$\tau = 0.278 L / (m J^{1/3} Q_m^{1/4}) \qquad (9-32)$$

式中：L 为流域最远点的流程长度，km；J 为沿最远流程的平均纵比降（以小数计）；m 为汇流参数；Q_m 为洪峰流量，m^3/s。

4. 用推理公式求设计洪峰流量 Q_{mp}

（1）$t_c \geqslant \tau$ 的情况。

$$Q_{mp} = 0.278\left(\frac{h_\tau}{\tau}\right)F = 0.278\left(\frac{x_{\tau,p} - \mu\tau}{\tau}\right)F = 0.278(a_{\tau,p} - \mu)F \qquad (9-33)$$

（2）$t_c < \tau$ 的情况（部分汇流）。

$$h_R = n S_p t_c^{1-n}$$

$$Q_{mp} = 0.278\left(\frac{h_R}{\tau}\right)F = 0.278\left(\frac{n S_p t_c^{1-n}}{\tau}\right)F \qquad (9-34)$$

经过整理，可得北京水科院推理公式

$t_c \geqslant \tau$ 时

$$\left.\begin{array}{l} Q_{mp} = 0.278\left(\dfrac{S_p}{\tau^n} - \mu\right)F \\[3mm] \tau = 0.278\dfrac{L}{m J^{1/3} Q_{mp}^{1/4}} \end{array}\right\} \qquad (9-35)$$

$t_c < \tau$ 时

$$Q_{mp} = 0.278 \left(\frac{nS_p t_c^{1-n}}{\tau} \right) F \left. \right\}$$
$$\tau = 0.278 \frac{L}{mJ^{1/3} Q_{mp}^{1/4}} \quad \right\}$$

(9-36)

对于以上方程组，只要知道 7 个参数：F、L、J、n、S_p、μ、m，便可求出 Q_{mp}。求解方法有迭代法、图解法等。

9.6.5.2 设计洪峰流量计算实例

下面结合例子说明迭代法、求 Q_{mp} 的过程。

【例 9-9】 江西省××流域上需要建小水库 1 座。要求用推理公式计算 $P = 1\%$ 的设计洪峰流量。

解：（1）流域特征参数 F、L、J 的确定。F 为出口断面以上的流域面积，在适当比例尺地形图上勾绘出分水岭后，用求积仪量算。

L 为从出口断面起，沿主河道至分水岭的最长距离，在适当比例尺的地形图上用分规量算。

J 为沿 L 的坡面和河道平均比降，见第 2 章。

本例中，已知流域特征如下。

$$F = 104 \text{km}^2, \quad L = 26 \text{km}, \quad J = 8.75\text{‰}$$

（2）设计暴雨参数 n 和 S_p 的确定。

$$S_p = x_{24,p} \times 24^{n-1} = \eta x_{1d,p} \times 24^{n-1}$$

式中：η 为把 1d 雨量转换为 24h 雨量的系数。

暴雨衰减指数 n 由各省（自治区、直辖市）实测暴雨资料分析定量，查当地水文手册即可获得，一般 n 的数值以定点雨量资料代替面雨量资料，不作修正。

现从江西省水文手册中查得设计流域最大 1 日雨量的参数。

$$\overline{x}_{1d} = 115 \text{mm}, \quad C_{v1d} = 0.42, \quad C_{s1d} = 3.5 C_{v1d}$$

$$n_2 = 0.60, \quad x_{24,p} = 1.1 x_{1d,p}$$

由 C_{s1d} 及 P 查得 $\Phi_p = 3.312$

所以 $S_p = x_{24,p} \times 24^{n_2-1} = 1.1 \times 115 \times (1 + 0.42 \times 3.312) \times 24^{0.60-1} = 84.8 (\text{mm/h})$

（3）设计流域损失参数和汇流参数的确定。可查有关水文手册，本例查得的结果是 $\mu = 3.0 \text{mm/h}$，$m = 0.70$。

（4）用迭代法求设计洪峰流量。假定 $t_c \geqslant \tau$，将有关参数代入全面汇流公式（9-35），得到 Q_{mp} 及 τ 的公式如下：

$$Q_{mp} = 0.278 \times \left(\frac{84.8}{\tau^{0.6}} - 3 \right) \times 104 = \frac{2451.7}{\tau^{0.6}} - 86.7$$

$$\tau = \frac{0.278 \times 26}{0.7 \times 0.00875^{1/3} Q_{mp}^{1/4}} = \frac{50.1}{Q_{mp}^{1/4}}$$

将 τ 的表达式代入 Q_m 式，以消去 τ，得

$$Q_m = 234.2Q_m^{0.15} - 86.7$$

显然 Q_m 不会超过 $(234.2)^{\frac{1}{0.85}} = 613$，即以此作为初值进行迭代计算。结果见表 9-11。于是设计频率为 1% 的设计洪峰流量 $Q_{mp} = 510\text{m}^3/\text{s}$，对应的 $\tau = 10.54\text{h}$。

表 9-11 　　　　　　　　　迭 代 计 算 过 程 表

迭代次序	1	2	3	4
Q_m 初值	613	526	512	510
Q_m	526	512	510	510

（5）产流计算模式检验。由于上述计算是假设 $t_c \geq \tau$ 时的产流模式，有必要检验假定条件是否成立。为此计算产流历时 t_c：

$$t_c = \left[\frac{(1-n_2)S_p}{\mu}\right]^{1/n_2} = \left(\frac{0.4 \times 84.8}{3.0}\right)^{1/0.6} = 57\text{（h）}$$

本例题 $\tau = 10.54\text{h} < t_c = 57\text{h}$，所以假定条件是成立的，适宜采用全面汇流公式计算 Q_m。

9.6.6　小流域设计洪水计算的经验公式法

计算洪峰流量的地区经验公式是根据一个地区各河流的实测洪水和调查洪水资料，找出洪峰流量与流域特征，降雨特性之间的相互关系，建立起来的关系方程式。这些方程都是根据某一地区实测数据制定的，只适用于该地区，所以称为地区经验公式。

影响洪峰流量的因素是多方面的，包括地质地貌特征（植被、土壤、水文地质等）、几何形态特征（集水面积、河长、比降、河槽断面形态等）以及降雨特性。地质地貌特征往往难于定量，在建立经验公式时，一般采用分区的办法加以处理。因此，经验公式的地区性很强。

我国水利、交通、铁道等部门，为了修建水库、桥梁和涵洞，对小流域设计洪峰流量的经验公式进行了大量的分析研究，在理论上和计算方法上都有所创新，在实用上已发挥了一定的作用。但是，此类公式受实测资料限制，缺乏大洪水资料的验证，不易解决外延问题。

9.6.6.1　单因素公式

目前，各地区使用的最简单的经验公式是以流域面积作为影响洪峰流量的主要因素，把其他因素用一个综合系数表示，其形式为

$$Q_{mp} = C_p F^n \tag{9-37}$$

式中：Q_{mp} 为设计洪峰流量，m^3/s；F 为流域面积，km^2；n 为经验指数；C_p 为随地区和频率而变化的综合系数。

在各省（区、市）的水文手册中，有的给出分区的 n、C_p 值，有的给出 C_p 等值线图。

对于给定设计流域，可根据水文手册查出 C_p 及 n 值，并量出流域面积 F，从而

算出 Q_{mp}。

式（9-37）过于简单，较难反映小流域的各种特性，只有在实测资料较多的地区，分区范围不太大，分区暴雨特性和流域特征比较一致时，才能得出符合实际情况的成果。

9.6.6.2 多因素公式

为了反映小流域上形成洪峰的各种特性，目前各地较多地采用多因素经验公式。公式的形式有

$$Q_{mp} = Ch_{24,p}F^n \tag{9-38}$$

$$Q_{mp} = Ch_{24,p}^\alpha f^\gamma F^n \tag{9-39}$$

$$Q_{mp} = Ch_{24,p}^\alpha J^\beta f^\gamma F^n \tag{9-40}$$

式中：f 为流域形状系数，$f = F/L^2$；$h_{24,p}$ 为设计年最大 24h 净雨量，mm；α、β、γ、n 为指数；C 为综合系数。

以上指数、综合系数是通过使用地区实测资料分析得出的。

选用因素的个数以多少为宜，可从两方面考虑。一是能使计算成果提高精度，使公式的使用更符合实际，但所选用的因素必须能通过查勘、测量、等值线图内插等手段加以定量。二是与形成洪峰过程无关的因素不宜随意选用，因素与因素之间关系十分密切的不必都选用，否则无益于提高计算精度，反而增加计算难度。

9.6.7 小流域设计洪水过程

一些中小型水库，能对洪水起一定的调蓄作用，此时即需要设计洪水过程线。通过对有实测资料地区的洪水过程线分析，求得能概括洪水特

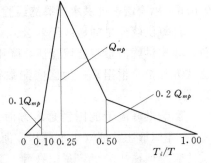

图 9-16 概化洪水过程线

征的平均过程线，图 9-16 是江西省根据全省集水面积在 650km^2 以下的 81 个水文站、1048 次洪水资料分析得出的概化洪水过程线模式，图中 T 为洪水历时，可按式（9-41）计算。

$$T = 9.66\frac{W}{Q_m} \tag{9-41}$$

式（9-41）中 Q_m、W、T 的单位分别为 m^3/s，10^{4}m^3 及 h。应用时规定洪水总量 W 按 24h 设计暴雨所形成的径流深 R（mm）计算。

$$W = 0.1RF(10^4\text{m}^3) \tag{9-42}$$

式中：F 为流域面积，km^2。

由于设计洪峰流量 Q_m 已知，将 Q_m 及 W 代入式（9-41），即可算出 T。然后将各转折点的流量比值 Q_i/Q_m 乘以 Q_m，便得出各转折点的流量值，此即设计洪水过程线。

一般情况下，为了简化还可以用概化三角形作为设计洪水过程线。此外，我国有

些地区水文手册中有典型的无因次洪水过程线,该过程线以 Q_i/Q_m 为纵坐标, T_i/T 为横坐标,称为标准化过程线,使用时用 Q_m 及 T 分别乘以标准化过程线,便得到设计洪水过程线。

习　　题

9-1　已知某测站地面高程 $p_0 = 850\text{hPa}$(相当于 $z_0 = 1500\text{m}$),地面露点 = 20℃,求地面至大气顶层间的可降水量 W。

9-2　已知某雨量站各历时的年最大平均雨强的统计参数见表 9-12,求短历时暴雨公式($P = 1\%$, $P = 10\%$) $a_{t,p} = \dfrac{S_p}{t^n}$ 中的 S_p 值和 n 值。

表 9-12　　　　某雨量站各历时年最大平均雨强的统计参数

历　　时/h	0.5	1	3	6	12	24
平均雨强均值/(mm/h)	62.5	44.9	22.0	14.7	9.3	5.8
C_v	0.35	0.35	0.40	0.40	0.45	0.45
C_s/C_v	3.0	3.0	3.0	3.0	3.0	3.0

9-3　用推理公式法计算 $P = 1\%$ 的设计洪峰流量。

已知条件:①流域面积 $F = 78\text{km}^2$,主河长 $L = 14.6\text{km}$,河道纵比降 $J = 0.026$;②最大 24h 暴雨参数 $\bar{x}_{24} = 110\text{mm}$, $C_v = 0.50$, $C_s = 3.5C_v$,暴雨递减指数 $n = 0.65$;③损失参数 $\mu = 2.0\text{mm/h}$;④汇流参数 $m = 0.218\theta^{0.38}(\theta = L/J^{1/3})$。

在求得 Q_{mp} 和 τ 后,为什么要用产流历时 t_c 来检验?

9-4　已知设计暴雨和产、汇流计算方案,推求 $P = 1\%$ 的设计洪水。

资料及计算步骤如下。

(1)已知平垣站以上流域($F = 992\text{km}^2$)$P = 1\%$ 的最大 24h 设计面雨量为 152mm,其时程分配按 1969 年 7 月 4 日 13 时至 5 日 13 时的实测暴雨进行(表 9-13), Δt 取 3h,可求得设计暴雨过程。

(2)设计净雨计算:本流域位于湿润地区,用同频率法求得设计 $P_a = 82\text{mm}$, $I_m = 100\text{mm}$,稳渗 $f_c = 1.5\text{mm/h}$。由设计暴雨扣损,得地面、地下净雨过程(列表进行)。

(3)设计洪水计算:地面净雨采用大洪水分析得来的单位线(成果见表 9-14)进行地面汇流计算,地下净雨采用三角形过程的地下汇流计算,再加深层基流 40m³/s,叠加得设计洪水过程线(列表进行)。

$$\frac{\sum q \times \Delta t \times 3600}{F} = \frac{918.8 \times 3 \times 3600}{992 \times 10^3} = 10.0(\text{mm})$$

表 9-13　　　　　　典型暴雨面雨量过程

月.日,时	7.4,13—16	16—19	19—22	22—5,1	1—4	4—7	7—10	10—13	合计
面雨量/mm	1.8	5.6	20.4	1.8	44.6	34.0	27.4	7.2	142.8

表 9 - 14　　　　　　　　　　　　**3h10mm 的单位线**

时段数 ($\Delta t = 3\text{h}$)	0	1	2	3	4	5	6	7	8	9	10	11	12	合计
$q/(\text{m}^3/\text{s})$	0	68.9	237	258	184	91.9	44.1	21.1	8.3	2.8	1.8	0.92	0	918.8

第 10 章

排涝水文计算

10.1 概　　述

10.1.1 涝灾的形成

因暴雨产生的地面径流不能及时排除，使得低洼区淹水造成财产损失，或使农田积水超过作物耐淹能力，造成农业减产的灾害，称为涝灾。因地下水位过高或连续阴雨致使土壤过湿而危害作物正常生长造成的灾害，称为渍害。本章重点讨论涝灾。

降雨过量是发生涝灾的主要原因，灾害的严重程度往往与降雨强度、持续时间、一次降雨总量和分布范围有关。我国南方地区的降雨总量大、频次高，汛期容易成涝致灾。北方年雨量虽然小于南方，但雨期比较集中，降雨强度相对较大。因此，北方形成的涝灾程度也是非常严重的。

资源 10-1
国内外内
涝治理
工程

涝灾最易发生在地形平坦的地区，可以分为平原坡地、平原洼地、水网圩区及城市等几类易涝区。

（1）平原坡地。平原坡地主要分布在大江大河中下游的冲积平原或洪积平原，地域广阔、地势平坦，虽有排水系统和一定的排水能力，但在较大降雨情况下，往往因坡面漫流缓慢或洼地积水而形成灾害。属于平原坡地类型的易涝地区，主要是淮河流域的淮北平原，东北地区的松嫩平原、三江平原与辽河平原，海滦河流域的中下游平原，长江流域的江汉平原等，其余零星分布在长江、黄河及太湖流域。

（2）平原洼地。平原洼地主要分布在沿江、河、湖、海周边的低洼地区，其地貌特点接近平原坡地，但因受河、湖或海洋高水位的顶托，丧失自排能力或排水受阻，或排水动力不足而形成灾害。沿江洼地如长江流域的江汉平原，受长江高水位顶托，形成平原洼地；沿湖洼地如洪泽湖上游滨湖地区，自三河闸建成后由湖泊蓄水而形成洼地；沿河洼地如海河流域的清南清北地区，处于两侧洪水河道堤防的包围之中。

资源 10-2
北京"7·21"
特大暴雨
内涝

（3）水网圩区。在江河下游三角洲或滨湖冲积平原、沉积平原，水系多为网状，水位全年或汛期超出耕地地面，因此必须筑圩（垸）防御，并依靠动力排除圩内积水。当排水动力不足或遇超标准降雨时，则形成涝灾，如太湖流域的阳澄淀泖地区，淮河下游的里下河地区，珠江三角洲，长江流域的洞庭湖、鄱阳湖滨湖地区等，均属这一类型。

（4）城市。城市面积远小于天然流域集水面积，一般需划分为若干管道排水片，每个排水片由雨水井收集降雨产生的地面径流。因此，城市雨水井单元集流面积是很小的，地面集流时间在 10min 之内；管道排水片服务面积也不大，一个排水片的汇流时间一般不会超过 1h，加之城市地势平坦、不透水面积大，短历时高强度的暴雨，会在几十分钟造成城市地面严重积水。

10.1.2　排水系统

在平原地区，排水系统是排除地区涝水的主要工程措施，分为农田排水系统和城市排水系统两大类。

农田排水系统的功能是排除农田中的涝水及坡面径流，减少淹水时间和淹水深度，为农作物的正常生长创造一个良好的环境。按排水功能可分为田间排水系统和主干排水系统。田间排水系统包括畦、格田、排水沟等单元，这些排水单元本身具有一定的蓄水容积，在降雨期可以拦蓄适量的雨水，超过大田蓄水能力的涝水通过田间排水系统输送至主干排水系统。主干排水系统的主要功能是收集来自田间排水系统的出流及坡地径流，迅速排至出口。主干排水系统与田间排水系统相对独立，基本单元是排水渠道，根据区域排水要求，还可能具备堤防、泵站、水闸、涵洞等单元。

资源 10-3
城市排水
体制与
选择

城市排水系统的功能是排除城市或村镇涝水，保证道路通畅和居民正常的生活。按排水功能可分为雨水排水系统和河渠排水系统。雨水排水系统主体单元为雨水口、检查井、排水管网、提升泵站、出水口等，主要功能是收集城市地面的雨水，排入河渠排水系统。河渠排水系统的功能及组成与主干排水系统类同，主要功能是收集来自雨水排水系统的出流，迅速排至出口。

在我国平原地带，尤其是沿江、沿河和滨湖地区地势平坦，由于汛期江河水位经常高于地面高程，常圈堤筑圩（也称垸），形成一个封闭的防洪圈。由于常受外部江河高水位顶托，圩内涝水不能自流外排，必须通过泵站强排。因此，圩（垸）是由堤防、水闸、排水泵站组成的独立的排水体系，在遭遇暴雨时的排涝模式为：当圩外河道水位低于圩内水位时，打开水闸将圩内的涝水自排出去；当外河水位高于圩内水位时，关闭水闸，开启排水泵站，依靠动力向圩外河道排除涝水。

10.1.3　排涝标准

排涝标准是排水系统规划设计的主要依据，有两种表达方式：一是以排除某一重现期的暴雨所产生的涝水作为设计标准。如 10 年一遇排涝标准是表示排涝系统在保护区不受灾的前提下，可靠地排除 10 年一遇暴雨所产生的涝水；二是不考虑暴雨的重现期，而以排除某一量级降雨所产生的涝水作为设计标准，如江苏省农田排涝标准采用的是 1 日 200mm 雨量不受涝。比较排涝标准的两种表达方式，第一种方式以暴雨重现期作为排涝标准，频率概念比较明确，易于对各种频率暴雨所产生的涝灾损失进行分析比较，但需要收集众多雨量资料来推求设计暴雨；第二种方式直接以敏感时段的暴雨量为设计标准，比较直观，且不受水文气象资料系列变化的影响，但缺乏明确的涝灾频率的概念。应该注意的是，在确定排涝标准时，系统的排涝时间是非常重要的，排涝时间是指设计条件下排水系统排除涝水所需时间。如 1 日雨量产生的涝水是 2 日排出还是 3 日排出，则是两个不同标准，显然是前者标准高、设计排涝流量大、农田可能的淹水历时短、排涝工程规模和投资高。根据调查统计，我国农村地区的排涝标准一般为 5～20 年暴雨重现期。

城市排水片集水面积小、汇流时间快，城市管道排水标准是按照短历时暴雨重现期作为设计标准的。设计暴雨重现期根据排水片的土地利用性质、地形特点、汇水面积和气象特点等因素确定，一般为 2～5 年。对于重要干道、立交道路的重要部分、重要地区或短期积水即能引起严重损失的地区，可采用较高的设计重现期，一般选用 5～10 年。城市排水系统设计暴雨重现期较低，且一个城市包含有较多排水片，每年会发生多次排水片地面积水状况。由于城市地区设计条件下不允许地面积水，且城市地区河道调蓄能力相对较小、排涝历时短，尽管设计暴雨重现期低，但设计排涝模数远大于农村。

资源 10-4
国内外
城市排水
标准比较

10.2 农业区排涝计算

平原地区河道坡度平缓，流向不定，又经常受人为措施如并河、改道、开挖、疏浚、建闸的影响，破坏了水位和流量资料的一致性，无法直接根据流量资料通过频率计算来推求设计排水流量，通常采用由设计暴雨来推求设计流量的途径。

资源 10-5
治涝标准
SL 723—
2016 简介

10.2.1 设计暴雨计算

设计暴雨计算首先必须选择合适的设计暴雨历时，应根据排涝面积、地面坡度、土地利用条件、暴雨特性及排水系统的调蓄能力等情况决定。以农业为主的排水区，水面率相对较高，沟塘和水田蓄水能力较强，农作物一般具有一定的耐淹能力，涝水可以在大田滞蓄一段时间，设计暴雨历时可以取得长一些，一般以日为单位。根据我国华北平原地区的实测资料分析，对于 $100～500km^2$ 的排水面积，洪峰流量主要由 1 日暴雨形成；$500～5000km^2$ 的排水面积，洪峰流量一般由 3 日暴雨形成。在上述两种情况下，应分别采用 1 日和 3 日作为设计暴雨历时。对于具有滞涝容积的排水系统，则应考虑采用更长历时的暴雨。我国绝大部分地区设计暴雨历时为 1～3 日。

在推求设计暴雨时，当排水面积较小时，可用点雨量代表面雨量；当排水面积较大时，需要采用面雨量计算。设计暴雨具体计算方法见第 9 章。

10.2.2 入河径流计算

在缺乏资料条件下，由设计暴雨推求设计排涝水量时，也可以采用比较简单的降雨径流相关法，具体计算方法及参数可以在当地水文手册上查到。但是，平原区人类活动频繁，土地利用性质多样，水文特性也比较复杂，这种方法比较粗糙，且无法推求入河流量过程。如果水文、气象及农业试验资料比较充分，可将下垫面划分为水面、水田、旱地及非耕地等几种土地利用类别，通过产流、坡面汇流或排水计算，得出河渠的径流量。各种类别土地利用面积上的进入河渠径流量之和即为入河径流总量。

10.2.2.1 水面产流

水面产流采用水量平衡方程计算，即降雨量与蒸发量之差。

$$R = P - E_0 \qquad (10-1)$$

式中：R 为水面产流量，mm；P 为降雨量，mm；E_0 为水面蒸发量，mm。

水面产流量直接进入排水河渠。

10.2.2.2 水田入河流量

设水稻生长的适宜水深范围为 $H_1 \sim H_2$，雨后水田最大允许蓄水深 H_3。在正常情况下，水田引排水的一般方式为：当由于水田蒸散发使蓄水深度 $H < H_1$ 时，水田引水灌溉至 H_2；当降雨期 $H > H_3$ 时，水田以最大排水能力 H_e 为上限排水；当 $H_1 \leqslant H < H_3$ 时，水田不引不排以减少动力消耗。因此，水田引排水量表达为

$$R = \begin{cases} H - H_2 & H < H_1 \\ 0 & H_1 \leqslant H < H_3 \\ H - H_3 & 0 < H - H_3 < H_e \\ H_e & H - H_3 \geqslant H_e \end{cases} \quad (10-2)$$

计算结果 $R > 0$，表示水田排水；$R < 0$，表示水田引水。水田 $t+1$ 日初始水深采用水量平衡方程逐日递推

$$H_{t+1} = H_t + P_t - E_t - I_t - R_t \quad (10-3)$$

式中：I 为水田下渗量，mm；E 为水田蒸散发量，mm。

表 10-1 列出南方某地水稻各生育阶段灌水层深度（$H_1 - H_2 - H_3$）可供参考。

表 10-1   水稻各生育阶段灌水层深度（$H_1 - H_2 - H_3$）   单位：mm

生 育 阶 段	早　　稻	中　　稻	双 季 晚 稻
返　青	10—30—50	10—30—50	20—40—70
分蘖初期	20—50—70	20—50—70	10—30—70
分蘖盛期	20—50—80	30—60—90	10—30—80
拔节孕穗	30—60—90	30—60—120	20—50—90
抽穗开花	10—30—80	10—30—100	10—30—50
乳　熟	10—30—60	10—20—60	10—20—60
黄　熟	10—20	落　干	落　干

水田蒸散发量与水稻生长季节、气象条件、土壤条件、水稻品种等有关。可针对具体地区，分水稻生长季节或分月与水面蒸发值建立相关。

$$E = cE_0 \quad (10-4)$$

在水田产流计算公式中，共有 H_e、H_1、H_2、H_3、I、c 等 6 个参数。其中，H_e 反映了农田的排水能力，其他 5 个参数与当地水文、气象、土壤、水稻品种及生长季节有关。一般以本地农业试验资料为基础，结合实测灌溉和排水资料综合分析确定。

由式（10-2）可知，暴雨期水田产流量是指已经排出水田的水量，直接进入圩内排水河渠。

如果不考虑水田逐日排水过程，也可以采用式（10-5）简单计算水田产流量

$$R = P - E - \Delta H \quad (10-5)$$

式中：E 为水田蒸散发量，mm；ΔH 为水田允许蓄水增量，等于雨后水田最大蓄水深与平均适宜水深之差，mm。

10.2.2.3 旱地及非耕地入河流量

易涝地区多属于湿润地区，根据近年的科学研究和生产实践，可以采用新安江模型推求产流量及入河径流过程。模型参数根据实测水文和气象资料率定，缺乏实测流量资料的地区可以采用地区综合参数。新安江模型已经考虑了坡面汇流计算，模型的输出流量就是入河径流过程。

如果资料条件不足以采用新安江模型进行产流计算，也可以简单地计算旱地产流量

$$R = P - I \qquad\qquad (10-6)$$

式中：I 为次降雨损失，mm，可以由水文手册提供方法的推求。

10.2.3 圩（垸）排涝模数计算

设计排涝模数是设计排涝流量与排水面积的比值。

$$M = \frac{Q}{F} \qquad\qquad (10-7)$$

式中：M 为设计排涝模数，（m³/s）/km²；Q 为设计排涝流量，m³/s；F 为排水面积，km²。

如果已知设计排涝模数，则可得出设计排涝流量，作为设计排水沟渠或排涝泵站的依据，计算公式为

$$Q = MF \qquad\qquad (10-8)$$

排涝模数主要取决于设计条件下的入河流量及圩内沟渠调蓄库容。为了保证圩区沟渠具有一定的调蓄库容以降低排涝动力，在汛期需预降圩内沟渠水位，圩内沟渠调蓄库容等于沟渠水面率与预降水深的乘积。

在以农业为主的排水区，农作物有水稻、旱作物、经济作物等，大部分农作物具有一定的耐淹能力，故暴雨形成的涝水可以在农作物耐淹期限内滞留在农田中。如果允许的耐淹时间为 T 日，则暴雨产生的涝水在 T 日内排出，农作物基本不受灾。农业圩的排涝模数可按 t 日暴雨 T 日排出计算，而沟渠调蓄库容中的涝水可在 T 日后排出，计算公式为

$$M = \frac{R - \alpha \Delta Z}{3.6KT} \qquad\qquad (10-9)$$

式中：M 为设计排涝模数，（m³/s)/km²；R 为 t 日暴雨产生的涝水总量，mm；α 为圩内水面率；ΔZ 为圩内沟渠预降水深，mm；K 为日开机时间，h/d；T 为排涝天数，d。

农作物的受淹时间和淹水深度是有一定的限度的，超过这样的范围，农作物正常的生长就会受到影响，造成减产甚至绝收。在产量不受影响的前提下，农作物允许的受淹时间和淹水深度，称为农作物的耐涝能力或耐淹时间、耐淹深度。一般，对于小麦、棉花、玉米、大豆、甘薯等旱作物，当积水深 10cm 时，允许的淹水时间应不超过 1～3 日。而蔬菜、果树等一些经济作物耐淹时间更短。水稻虽然是喜水好湿作物，大部分生长期内适于生长在一定水层深度的水田里，在耐淹水深范围内数天内，对水稻生影响不大。但如果水田中积水深超过水稻的耐淹能力，同样会造成水稻的减产，

其中以没顶淹水危害最大。除返青外，没顶淹水超过 1 日就会造成减产的现象。因此，在制定农业区排涝标准时，对于旱地设计排涝历时取值为 1～3 日，水田为 3～5日。一般，圩区平均排涝时间不宜大于 3 日，有条件的地区应该适当降低排涝时间。

为了及时腾空圩内调蓄库容，预防下次暴雨，圩内沟渠及农田中滞留的涝水需在一定的时限内全部排出，圩内沟渠恢复到雨前水位，按此要求计算得一定设计标准下的最低排涝模数。

$$M_0 = \frac{R}{3.6 K T_m} \qquad (10-10)$$

式中：M_0 为最小排涝模数，$(m^3/s)/km^2$；T_m 为排涝时限，d。

【例 10-1】　某圩位于湿润地区，地势平坦，汇水面积为 $12km^2$，其中水面占 8%，水田占 48%，其他为旱地及非耕地。排涝标准为 1 日 200mm 暴雨 2 日排出，每日排涝泵站开机时间为 20h。已知水田适宜水深为 30～60mm，雨后最大蓄水深为 120mm，旱地及非耕地设计条件下的降雨损失量按 30mm 计，降雨日的蒸散发量忽略，试推求该圩设计排涝模数。

解：（1）水面产流量按式（10-1）推求。

$$R_1 = 200 \ (mm)$$

（2）水田产流量按式（10-5）推求。

$$R_2 = 200 - (120 - \frac{30+60}{2}) = 125 \ (mm)$$

（3）旱地及非耕地产流量按式（10-6）推求。

$$R_3 = 200 - 30 = 170 \ (mm)$$

（4）总产流量为各类土地产流量的面积权重和。

$$R = 0.08 \times 200 + 0.48 \times 125 + (1-0.08-0.48) \times 170 = 150.8 \ (mm)$$

（5）可调蓄水深按 0.5m 计，按式（10-9）计算得设计排涝模数。

$$M = \frac{150.8 - 0.08 \times 500}{3.6 \times 20 \times 2} = 0.769 \ [(m^3/s)/km^2]$$

10.2.4　区域排涝模数计算

动力排水系统的建设及运行费用较高，如果排水区域地势较高，应尽可能采用自排方式。对于排水面积较大的区域，一般不可能对区域涝水全部采用泵站强排模式，此时，区域排涝干河的规模取决于设计条件下排水区最大涝水流量，不宜采用式（10-9）直接计算区域排涝模数。

影响平原地区最大涝水流量的主要因素有设计暴雨径流深、排水面积、流域形状、地面坡度、地面覆盖、河网密度、排水沟渠特性等。在生产实践中，人们根据实测暴雨径流资料分析，得出排涝模数的经验公式。

$$M = C R^m F^n \qquad (10-11)$$

式中：R 为设计暴雨径流深，mm；F 为排水面积，km^2；C 为综合系数；m 为峰量指数；n 为递减指数。

在式（10-11）中，综合系数 C 反映除设计径流深 R、排水面积 F 以外的其他因素对排涝模数的影响，如地面坡度、地面覆盖、河网密度、排水沟渠特性、流域形状等；峰量指数 m 反映排水流量过程的峰与量的关系；递减指数 n 一般为负值，反映了随着排涝面积的增大而排涝模数减少。

针对式（10-11），各地区选用一些具有实测资料的排水区域进行了大量的统计分析，确定了公式中的各项系数和指数（表 10-2），供排水系统规划设计时参考使用。

表 10-2　　　　　　　　　　排涝模数经验公式地区参数

地　　区		适用范围 /km²	C	m	n	设计暴雨历时 /d
江苏省	苏北平原区	10～100	0.0256	1.0	-0.18	3
		100～600	0.0335	1.0	-0.24	3
		600～6000	0.0490	1.0	-0.3	3
河北省	平原区	30～1000	0.040	0.92	-0.33	3
	平原湖区	<500	0.0135	1.0	-0.201	3
		>500	0.017	1.0	-0.238	3
	黑龙港区	200～1500	0.032	0.92	-0.25	3
		>1500	0.058	0.92	-0.33	3
安徽省	淮北平原区	500～5000	0.026	1.0	-0.25	3
河南省	豫东及沙颍河平原区		0.030	1.0	-0.25	1
山东省	鲁北地区		0.034	1.0	-0.25	—
	沂沭泗流域邳苍地区	100～500	0.017	1.0	-0.25	1
	沂沭泗流域湖西地区	2000～7000	0.031	1.0	-0.25	3
辽宁省	中部平原区	>50	0.0127	0.93	-0.176	3
山西省	太原地区		0.031	0.82	-0.25	

必须指出，式（10-11）将很多因素的影响都综合在 C 值中，造成 C 值的不稳定。一般规律是：暴雨中心位于流域上游，净雨历时长，地面坡度小，流域形状系数小，河网调蓄能力强，则 C 值小；反之则大。因此，应根据流域、水系、降雨特性对 C 值进行适当的修正。

10.3　城市排涝计算

城市地区土地覆盖类型复杂，不透水面积比重较大，在城市排水系统的规划设计中，产流计算一般是采用径流系数法。对于调蓄能力较小的管道排水系统，设计规模受最大流量控制，只需推求设计流量。如果在规划设计中需考虑排水系统的调蓄功能，需要推求设计流量过程线。

资源 10-6
我国城市
内涝防治
现状与
问题分析

10.3.1　设计暴雨计算

10.3.1.1　设计暴雨强度

城市不允许地面积水，雨水必须即时排入河渠，径流汇集时间短。城市雨水排水系统设计暴雨历时取得较短，一般以 min 或 h 为单位，如 5min、10min、30min、45min、60min、120min；城市河渠排水系统具有一定调蓄能力，一般取为 1h、3h、6h、12h、24h 等。

设计雨量计算可以根据第 6 章中推求设计暴雨的方法进行。但在大部分情况下，城市设计雨量计算采用暴雨强度公式，常见的公式形式为

$$q = \frac{167A(1 + C\lg T)}{(t + b)^n} \tag{10-12}$$

式中：q 为设计暴雨平均强度，$l/(s \cdot hm^2)$；T 为设计暴雨重现期，年；t 为设计暴雨历时，min；A、b、C、n 为参数。

10.3.1.2　设计暴雨过程

资源 10-7
城市暴雨
强度公式
研究进展
与述评

在城市排水系统的规划与设计中，有时需考虑排水系统的调蓄功能，如排水系统优化设计、超载状态分析、溢流计算，调节池及河湖设计等，这就需要知道设计暴雨过程，以便推求设计流量过程线。原则上，当已知设计雨量时，可以根据第 9 章提出的由典型暴雨采用同频率缩放方法推求设计暴雨过程。

由于城市排水区域一般是采用暴雨公式推求的设计雨量，此时可以采用瞬时雨强公式推求设计暴雨过程。根据暴雨公式（10-12），令 $a = A(1 + C\lg T)$，可以推导出以雨峰为坐标原点的瞬时雨强公式。

$$I = \begin{cases} \dfrac{a\left[(1-n)t_1/r + b\right]}{(t_1/r + b)^{n+1}} & \text{（雨峰前）} \\[4mm] \dfrac{a\left[(1-n)t_2/(1-r) + b\right]}{\left[t_2/(1-r) + b\right]^{n+1}} & \text{（雨峰后）} \end{cases} \tag{10-13}$$

式中：I 为瞬时雨强，mm/min；t_1、t_2 分别为雨峰前和雨峰后时间，min；r 为雨峰前历时与总降雨历时之比，可采用各次降雨事件的平均值或地区综合值。

由瞬时降雨强度过程线（图 10-1）可转换为时段雨强过程线，得出的暴雨过程的各时段的雨量频率均满足设计频率的要求。

10.3.2　设计流量计算

10.3.2.1　管道设计流量

资源 10-8
芝加哥
雨型

在雨水排水系统设计中，管道尺寸大小是依据设计暴雨条件下通过的最大流量来确定的。通常是采用推理公式推求设计流量。

$$Q_p = \alpha q_\tau F \tag{10-14}$$

式中：Q_p 为计流量，l/s；α 为径流系数；τ 为集流时间，min；q_τ 为设计暴雨强度，$l/s \cdot hm^2$；F 为汇水面积，hm^2。

设计暴雨强度 q_τ 可以采用暴雨公式推求，以排水区域的集流时间 τ 作为设计降雨历时，计算公式为

$$\tau = t_c + t_f \qquad (10-15)$$

式中：t_c 为地面集流时间，min；t_f 为排水管内雨水流行时间，min。

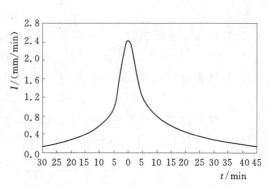

图 10-1 瞬时降雨强度过程线

地面集流时间 t_c 的取值视坡面流距离长短、地形坡度和地面覆盖情况而定，一般可选用 5～10min，也可以采用经验公式估算，如运动波公式

$$t_c = 1.359 L^{0.6} n^{0.6} i^{-0.4} J^{-0.3} \qquad (10-16)$$

式中：L 为坡面流长度，m；n 为地面糙率；i 为设计降雨强度，mm/min；J 为地面平均坡度。

城市各处下垫面差别很大，径流系数也各自不同，应采用按面积加权平均的径流系数，计算公式为

$$\alpha = \sum \alpha_i f_i / F \qquad (10-17)$$

式中：α_i 为对应于面积 f_i 的径流系数。

各种地面覆盖的径流系数，可以查城市排水手册得出，见表 10-3。如果缺乏比较确切的土地利用分类资料，也可以根据区域土地利用特点，采用表 10-4 查算区域径流系数。

表 10-3　　　　　　　　　　　　分类地表径流系数查算表

地面覆盖类型	地表径流系数	地面覆盖类型	地表径流系数
屋面	0.90	干砖及碎石路面	0.40
混凝土和沥青路面	0.90	非铺砌地面	0.30
块石路面	0.60	公园绿地	0.15
级配碎石路面	0.45		

表 10-4　　　　　　　　　　　　区域地表径流系数查算表

区域类型	地表径流系数
建筑稠密的中心区（铺砌面积＞70%）	0.6～0.8
建筑较密的居住区（铺砌面积 50%～70%）	0.5～0.7
建筑较稀的居住区（铺砌面积 30%～50%）	0.4～0.6
建筑很稀的居住区（铺砌面积＜30%）	0.3～0.5

【例 10-2】 已知某市城区某住宅区汇水面积 86hm²，其中屋面和道路面积占 64%，其他为绿地，且地面坡度较大；管道排水系统设计标准为抵御 2 年重现期暴雨，住宅区自上而下管道长度为 1152m，管道平均流速 1.2m/s，试推求该住宅区管道出口设计流量。

解：（1）分析地面集流时间。该住宅区地面坡度较大，地面汇流速度较快，取

$$t_c = 5 \text{min}$$

（2）计算雨水管流时间。管道长度除以平均管流速度

$$t_f = 1152/1.2/60 = 16 \text{（min）}$$

（3）计算排水区集流时间。按式（10-15）计算

$$\tau = 5 + 16 = 21 \text{（min）}$$

（4）推求设计暴雨强度。查得该市暴雨强度公式参数，将 $A = 17.9$，$C = 0.671$，$b = 13.3$，$n = 0.8$，及 $t = 21\text{min}$，$T = 2$ 年代入暴雨强度式（10-12），得

$$q_\tau = \frac{167 \times 17.9 \times (1 + 0.671 \lg 2)}{(21 + 13.3)^{0.8}} = 212.4 [1/(\text{s} \cdot \text{hm}^2)]$$

（5）计算平均径流系数。查表 10-3 得出屋面和道路径流系数为 0.9，绿地径流系数为 0.15，按式（10-17）计算

$$\alpha = 0.9 \times 0.64 + 0.15 \times (1 - 0.64) = 0.63$$

（6）推求设计流量。按式（10-14）计算

$$Q_p = 0.63 \times 212.4 \times 86 = 11508 \text{（1/s）}$$

10.3.2.2　设计流量过程线

在排水系统的优化设计、超载分析、溢流计算、调节池设计、圩区排涝计算中，需推求设计流量过程线。由设计净雨推求设计流量过程线的计算方法有等流时线方法、综合单位线方法、水文水力模型等，但这些方法对资料要求高及计算比较复杂。本节介绍几种比较简单的方法。

1. 概化三角形法

对于一个雨水排水系统，由推理公式可以计算出设计流量 Q_p，可以简单地将设计流量过程线概化为峰高为 Q_p，底宽为 2τ 的等腰三角形。概化三角形法简单易行，但是没有考虑到降雨随时间分布的不均匀性，也不能用于超过 τ 时间的降雨过程。

2. 概化等流时线法

将排水区域划分为汇流时间分别 $1\Delta t$、$2\Delta t$、…、$n\Delta t$ 等流时面积，假定等流时面积随汇流时间是均匀增加的，即 $f_1 = f_2 = \cdots = f_n = F/n$。据此，可以根据等流时线方法，由排水区域的设计净雨过程推求出设计流量过程线。由于这一假定与推理公式的假定是相同的，得出的洪峰流量等于推理公式计算出的设计流量。

3. 三角形单位线法

假定排水区域的单位线为一底宽 $\tau + \Delta t$ 的等腰三角形。取单位净雨强度 $r = 1$（1/s·hm²），则单位线的径流总量为 $\Delta t F$，由此推求出单位线峰高

$$q_m = \frac{2\Delta t}{\tau + \Delta t} F \tag{10-18}$$

按单位线的倍比假定和叠加假定，由排水区域的设计净雨过程可以推求出设计流量过程线，如图 10-2 所示。应该注意的是这一方法得出的洪峰流量并不等于推理公式计算出的设计流量。

10.3.3　城市圩（垸）排涝模数计算

对于城市雨水管道的出流，可以按照管道设计最大流量为上限控制进入河道，得

出河渠排水系统的入流过程线。由于
设计条件下城市不允许地面积水，除
河渠排水系统储蓄部分水量，其余涝
水必须及时排除出圩外。根据入流过
程线，以河渠排水系统调蓄库容为控
制，确定城市圩（垸）的设计排涝流
量 Q_s，推求排涝模数 M。可以采用图
10-3 所示的割平头方法计算推求排涝
模数。

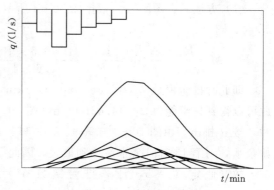

$$M = \frac{W_T - V}{3600 TF} \qquad (10-19)$$

图 10-2 三角形单位线法

式中：M 为排涝模数，$(\text{m}^3/\text{s})/\text{km}^2$；$F$ 为汇水面积，km^2；V 为调蓄库容，m^3；T 为调蓄库容蓄满历时，h；W_T 为在蓄满历时 T 内入流总量，m^3。

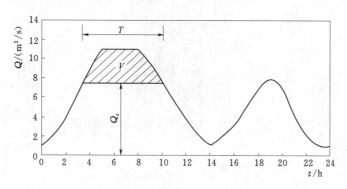

图 10-3 城区排涝模数计算示意图

为了及时腾空调蓄库容，预防下次暴雨洪涝，城市圩内河渠排水系统滞留的涝水
一般需在 24h 内全部排出。

【例 10-3】 某城市圩区 20 年一遇 24h 设计逐时入河径流过程见表 10-5。

表 10-5　　　　　某城市圩区 20 年一遇 24h 设计逐时入河径流过程

时段/h	1	2	3	4	5	6	7	8	9	10	11	12
河道入流 R_i/mm	6.0	1.0	0	0	1.0	0	0	6.0	22.1	22.1	22.1	22.1
时段/h	13	14	15	16	17	18	19	20	21	22	23	24
河道入流 R_i/mm	18.9	10.0	6.0	2.0	1.0	1.0	1.0	2.0	1.0	10.0	3.0	2.0

资源 10-9
河海大学
城市水文
研究成果

如该圩区可调蓄水面率 $k=6\%$、预降水深 $\Delta h=0.5\text{m}$，试计算该城市圩排涝模数。

解： 将式（10-19）右端分子分母同时除以汇水面积 F，可将式（10-19）改为

$$M = \frac{R_T - \Delta H}{3.6 T}$$

式中：M 为排涝模数，$(\text{m}^3/\text{s})/\text{km}^2$；$R_T$ 为在蓄满历时 T 内入流总量，mm；ΔH 为调蓄库容，mm；T 为调蓄库容蓄满历时，h。

（1）方法一：图解法。根据图 10-3 所示的割平头方法，假定调蓄库容蓄满历时 $T=4$，则

$$M = \frac{R_T - \Delta H}{3.6T} = \frac{22.1 \times 4 - 0.5 \times 1000 \times 6\%}{3.6 \times 4} = 4.06[(m^3/s)/km^2]$$

即此时排涝模数 $M=4.06$（m^3/s）/km^2，将（m^3/s）/km^2 换算成 mm/h，由此可以得到排涝能力 $d=14.62mm/h$（图 10-4）。当 $R_i < d$ 时，全部排出；$R_i \geqslant d$ 时，按 d 排出。由图 10-4 知第 9、10、11、12、13 时段，按 d 排出，即第 9 时段开始余水，到第 13 时段余水量达到最大，因此 $T=5$。

故又假定 $T=5$，计算排涝模数 $M=4.29$（m^3/s）/km^2，排涝能力 $d=15.44mm/h$，此时经过 5 个时段余水量达到最大，与假定相符，排涝模数即为所求。

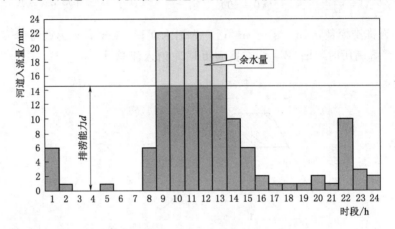

图 10-4　图解法试算

因此，该城市圩排涝模数 $M=4.29$（m^3/s）/km^2。

（2）方法二：表解法。采用表解法计算，给 T 赋一系列值，求得相应的 M_T，见表 10-6。

表 10-6　　　　　　　表解法计算排涝模数

T	R_T /mm	M_T /[（m^3/s）/km^2]	T	R_T /mm	M_T /[（m^3/s）/km^2]
1	22.1	−2.19	13	136.3	2.27
2	44.2	1.97	14	141.3	2.21
3	66.3	3.36	15	147.3	2.17
4	88.4	4.06	16	150.3	2.09
5	107.3	4.29	17	152.3	2.00
6	117.3	4.04	18	152.3	1.89
7	123.3	3.70	19	152.3	1.79
8	129.3	3.45	20	153.3	1.71
9	131.3	3.13	21	153.3	1.63
10	132.3	2.84	22	155.3	1.58
11	133.3	2.61	23	158.3	1.55
12	134.3	2.41	24	160.3	1.51

由表 10-5 得，$T=5$ 时，M 最大，此时 M 即为所求的排涝模数，即该城市圩排涝模数 $M=4.29$（m^3/s）/km^2。

习　　题

10-1　广东省某圩汇水面积为 $8km^2$，其中水面占 $0.9km^2$，水田占 $5.2km^2$。设计雨量为 240mm，按 2 日排出，每日排涝泵站开机时间为 22h。设计条件下雨前水田水深为 40mm，雨后最大蓄水深为 80mm；旱地及非耕地径流系数为 0.75；降雨日的蒸散发量忽略。试推求该圩设计排涝模数。

10-2　已知北京市某住宅区，汇水面积 $64hm^2$，其中屋面和道路面积占 54%，裸土面积占 12%，其他为绿地；管道排水系统设计标准为抵御 2 年重现期暴雨，如果住宅区雨水的管流时间为 25min，地面汇流时间为 6min，试推求该住宅区管道出口设计流量。

10-3　某城市圩，设计逐时入河径流为 2.0mm、9.1mm、18.5mm、12.4mm、7.0mm、2.6mm，河道水面率 6.4%，可调蓄水深 0.5m，试推求排涝模数。

附　录

附录 1

皮尔逊 Ⅲ 型频率曲线的离均系数 值表

P/%\Cs	0.001	0.01	0.1	0.2	0.333	0.5	1	2	3	5	10	20	25	30	40	50	60	70	75	80	85	90	95	97	99	99.9	100
0	4.26	3.72	3.09	2.88	2.71	2.58	2.33	2.05	1.88	1.64	1.28	0.84	0.67	0.52	0.25	0.00	-0.25	-0.52	-0.67	-0.84	-1.04	-1.28	-1.64	-1.88	-2.33	-3.09	-∞
0.1	4.56	3.94	3.23	3.00	2.82	2.67	2.40	2.11	1.92	1.67	1.29	0.84	0.66	0.51	0.24	-0.02	-0.27	-0.53	-0.68	-0.85	-1.04	-1.27	-1.62	-1.84	-2.25	-2.95	-20.0
0.2	4.86	4.16	3.38	3.12	2.92	2.76	2.47	2.16	1.96	1.70	1.30	0.83	0.65	0.50	0.22	-0.03	-0.28	-0.55	-0.69	-0.85	-1.03	-1.26	-1.59	-1.79	-2.18	-2.81	-10.0
0.3	5.16	4.38	3.52	3.24	3.03	2.86	2.54	2.21	2.00	1.73	1.31	0.82	0.64	0.48	0.20	-0.05	-0.30	-0.56	-0.70	-0.85	-1.03	-1.24	-1.55	-1.75	-2.10	-2.67	-6.67
0.4	5.47	4.61	3.67	3.36	3.14	2.95	2.62	2.26	2.04	1.75	1.32	0.82	0.64	0.47	0.19	-0.07	-0.31	-0.57	-0.71	-0.85	-1.03	-1.23	-1.52	-1.70	-2.03	-2.54	-5.00
0.5	5.78	4.83	3.81	3.48	3.25	3.04	2.68	2.31	2.08	1.77	1.32	0.81	0.62	0.46	0.17	-0.08	-0.33	-0.58	-0.71	-0.85	-1.02	-1.22	-1.49	-1.66	-1.96	-2.40	-4.00
0.6	6.09	5.05	3.96	3.60	3.35	3.13	2.75	2.35	2.12	1.80	1.33	0.80	0.61	0.44	0.16	-0.10	-0.34	-0.59	-0.72	-0.85	-1.02	-1.20	-1.45	-1.61	-1.88	-2.27	-3.33
0.7	6.40	5.28	4.10	3.72	3.45	3.22	2.82	2.40	2.15	1.82	1.33	0.79	0.59	0.43	0.14	-0.12	-0.36	-0.60	-0.72	-0.85	-1.01	-1.18	-1.42	-1.57	-1.81	-2.14	-2.86
0.8	6.71	5.50	4.24	3.85	3.55	3.31	2.89	2.45	2.18	1.84	1.34	0.78	0.58	0.41	0.12	-0.13	-0.37	-0.60	-0.73	-0.85	-1.00	-1.17	-1.38	-1.52	-1.74	-2.02	-2.50
0.9	7.02	5.73	4.39	3.97	3.65	3.40	2.96	2.50	2.22	1.86	1.34	0.77	0.57	0.40	0.11	-0.15	-0.38	-0.61	-0.73	-0.85	-0.99	-1.15	-1.35	-1.47	-1.66	-1.90	-2.22
1.0	7.33	5.96	4.53	4.09	3.76	3.49	3.02	2.54	2.25	1.88	1.34	0.76	0.55	0.38	0.09	-0.16	-0.39	-0.62	-0.73	-0.84	-0.98	-1.13	-1.32	-1.42	-1.59	-1.79	-2.00
1.1	7.65	6.18	4.67	4.20	3.86	3.58	3.09	2.58	2.28	1.89	1.34	0.74	0.54	0.36	0.07	-0.18	-0.41	-0.62	-0.74	-0.84	-0.97	-1.10	-1.28	-1.38	-1.52	-1.68	-1.82
1.2	7.97	6.41	4.81	4.32	3.95	3.66	3.15	2.62	2.31	1.91	1.34	0.73	0.52	0.35	0.05	-0.19	-0.42	-0.63	-0.74	-0.84	-0.96	-1.08	-1.24	-1.33	-1.45	-1.58	-1.67
1.3	8.29	6.64	4.95	4.44	4.05	3.74	3.21	2.67	2.34	1.92	1.34	0.72	0.51	0.33	0.04	-0.21	-0.43	-0.63	-0.74	-0.84	-0.95	-1.06	-1.20	-1.28	-1.38	-1.48	-1.54
1.4	8.61	6.87	5.09	4.56	4.15	3.83	3.27	2.71	2.37	1.94	1.33	0.71	0.49	0.31	0.02	-0.22	-0.44	-0.64	-0.73	-0.83	-0.93	-1.04	-1.17	-1.23	-1.32	-1.39	-1.43
1.5	8.93	7.09	5.23	4.68	4.24	3.91	3.33	2.74	2.39	1.95	1.33	0.69	0.47	0.30	0.00	-0.24	-0.45	-0.64	-0.73	-0.82	-0.92	-1.02	-1.13	-1.19	-1.26	-1.31	-1.33
1.6	9.25	7.31	5.37	4.80	4.34	3.99	3.39	2.78	2.42	1.96	1.33	0.68	0.46	0.28	-0.02	-0.25	-0.46	-0.64	-0.73	-0.81	-0.90	-0.99	-1.10	-1.14	-1.20	-1.24	-1.25
1.7	9.57	7.54	5.50	4.91	4.43	4.07	3.44	2.82	2.44	1.97	1.32	0.66	0.44	0.26	-0.03	-0.27	-0.47	-0.64	-0.72	-0.81	-0.89	-0.97	-1.06	-1.10	-1.14	-1.17	-1.18
1.8	9.89	7.76	5.64	5.01	4.52	4.15	3.50	2.85	2.46	1.98	1.32	0.64	0.42	0.24	-0.05	-0.28	-0.48	-0.64	-0.72	-0.80	-0.87	-0.94	-1.02	-1.06	-1.09	-1.11	-1.11
1.9	10.20	7.98	5.77	5.12	4.61	4.23	3.55	2.88	2.49	1.99	1.31	0.63	0.40	0.22	-0.07	-0.29	-0.48	-0.64	-0.71	-0.79	-0.85	-0.92	-0.98	-1.01	-1.04	-1.05	-1.05
2.0	10.51	8.21	5.91	5.22	4.70	4.30	3.61	2.91	2.51	2.00	1.30	0.61	0.39	0.20	-0.08	-0.31	-0.49	-0.64	-0.71	-0.78	-0.84	-0.895	-0.949	-0.970	-0.989	-0.999	-1.000
2.1	10.83	8.43	6.04	5.33	4.79	4.37	3.66	2.93	2.53	2.00	1.29	0.59	0.37	0.19	-0.10	-0.32	-0.49	-0.64	-0.70	-0.76	-0.82	-0.869	-0.914	-0.935	-0.945	-0.952	-0.952
2.2	11.14	8.65	6.17	5.43	4.88	4.44	3.71	2.96	2.55	2.00	1.28	0.57	0.35	0.17	-0.11	-0.33	-0.50	-0.63	-0.69	-0.75	-0.80	-0.844	-0.879	-0.900	-0.905	-0.909	-0.909
2.3	11.45	8.87	6.30	5.53	4.97	4.51	3.76	2.99	2.56	2.00	1.27	0.55	0.33	0.15	-0.13	-0.34	-0.50	-0.62	-0.68	-0.74	-0.78	-0.820	-0.849	-0.865	-0.867	-0.870	-0.870
2.4	11.76	9.08	6.42	5.63	5.05	4.58	3.81	3.02	2.57	2.01	1.26	0.54	0.31	0.13	-0.15	-0.35	-0.51	-0.61	-0.67	-0.72	-0.77	-0.795	-0.820	-0.830	-0.831	-0.833	-0.833
2.5	12.07	9.30	6.55	5.73	5.13	4.65	3.85	3.04	2.59	2.01	1.25	0.52	0.29	0.11	-0.16	-0.36	-0.51	-0.61	-0.66	-0.71	-0.75	-0.772	-0.791	-0.800	-0.800	-0.800	-0.800
2.6	12.38	9.51	6.67	5.82	5.20	4.72	3.89	3.06	2.60	2.01	1.23	0.50	0.27	0.09	-0.17	-0.37	-0.51	-0.60	-0.65	-0.70	-0.73	-0.748	-0.764	-0.769	-0.769	-0.769	-0.769
2.7	12.69	9.72	6.79	5.92	5.28	4.78	3.93	3.09	2.61	2.01	1.22	0.48	0.25	0.08	-0.18	-0.37	-0.51	-0.59	-0.64	-0.68	-0.71	-0.726	-0.736	-0.740	-0.740	-0.741	-0.741
2.8	13.00	9.93	6.91	6.01	5.36	4.84	3.97	3.11	2.62	2.01	1.21	0.46	0.23	0.06	-0.20	-0.38	-0.51	-0.58	-0.63	-0.67	-0.69	-0.702	-0.710	-0.714	-0.714	-0.714	-0.714
2.9	13.31	10.14	7.03	6.10	5.44	4.90	4.01	3.13	2.63	2.01	1.20	0.44	0.21	0.04	-0.21	-0.39	-0.51	-0.57	-0.63	-0.66	-0.67	-0.680	-0.687	-0.690	-0.690	-0.690	-0.690

续表

C_s \ $P/\%$	0.001	0.01	0.1	0.2	0.333	0.5	1	2	3	5	10	20	25	30	40	50	60	70	75	80	85	90	95	97	99	99.9	100
3.0	13.61	10.35	7.15	6.20	5.51	4.96	4.05	3.15	2.64	2.00	1.18	0.42	0.19	0.03	−0.23	−0.39	−0.51	−0.59	−0.62	−0.64	−0.65	−0.658	−0.665	−0.667	−0.667	−0.667	−0.667
3.1	13.92	10.56	7.26	6.30	5.59	5.02	4.08	3.17	2.64	2.00	1.16	0.40	0.17	0.01	−0.24	−0.40	−0.51	−0.58	−0.60	−0.62	−0.63	−0.639	−0.644	−0.645	−0.645	−0.645	−0.645
3.2	14.22	10.77	7.38	6.39	5.66	5.08	4.12	3.19	2.65	2.00	1.14	0.38	0.15	−0.01	−0.25	−0.40	−0.51	−0.57	−0.59	−0.61	−0.62	−0.621	−0.625	−0.625	−0.625	−0.625	−0.625
3.3	14.52	10.97	7.49	6.48	5.74	5.14	4.15	3.21	2.65	1.99	1.12	0.36	0.14	−0.02	−0.26	−0.40	−0.50	−0.56	−0.58	−0.59	−0.60	−0.604	−0.606	−0.606	−0.606	−0.606	−0.606
3.4	14.81	11.17	7.60	6.56	5.80	5.20	4.18	3.22	2.65	1.98	1.11	0.34	0.12	−0.04	−0.27	−0.41	−0.50	−0.55	−0.57	−0.58	−0.58	−0.587	−0.588	−0.588	−0.588	−0.588	−0.588
3.5	15.11	11.37	7.72	6.65	5.86	5.25	4.22	3.23	2.66	1.97	1.09	0.32	0.10	−0.06	−0.28	−0.41	−0.50	−0.54	−0.55	−0.56	−0.56	−0.570	−0.571	−0.571	−0.571	−0.571	−0.571
3.6	15.41	11.57	7.83	6.73	5.93	5.30	4.25	3.24	2.66	1.96	1.08	0.30	0.09	−0.07	−0.28	−0.41	−0.50	−0.53	−0.54	−0.55	−0.552	−0.555	−0.556	−0.556	−0.556	−0.556	−0.556
3.7	15.70	11.77	7.94	6.81	5.99	5.35	4.28	3.25	2.66	1.95	1.06	0.28	0.07	−0.09	−0.29	−0.42	−0.48	−0.52	−0.53	−0.535	−0.537	−0.540	−0.541	−0.541	−0.541	−0.541	−0.541
3.8	16.00	11.97	8.05	6.89	6.05	5.40	4.31	3.26	2.66	1.94	1.04	0.26	0.06	−0.10	−0.30	−0.42	−0.48	−0.51	−0.52	−0.522	−0.524	−0.525	−0.526	−0.526	−0.526	−0.526	−0.526
3.9	16.29	12.16	8.15	6.97	6.11	5.45	4.34	3.27	2.66	1.93	1.02	0.24	0.04	−0.11	−0.30	−0.41	−0.47	−0.50	−0.506	−0.510	−0.511	−0.512	−0.513	−0.513	−0.513	−0.513	−0.513
4.0	16.58	12.36	8.25	7.05	6.18	5.50	4.37	3.28	2.66	1.92	1.00	0.23	0.02	−0.13	−0.31	−0.41	−0.46	−0.49	−0.495	−0.498	−0.499	−0.500	−0.500	−0.500	−0.500	−0.500	−0.500
4.1	16.87	12.55	8.35	7.13	6.24	5.54	4.39	3.28	2.66	1.91	0.98	0.21	0.00	−0.14	−0.32	−0.41	−0.46	−0.48	−0.484	−0.486	−0.487	−0.488	−0.488	−0.488	−0.488	−0.488	−0.488
4.2	17.16	12.74	8.45	7.21	6.30	5.59	4.41	3.29	2.65	1.90	0.96	0.19	−0.02	−0.15	−0.32	−0.41	−0.45	−0.47	−0.473	−0.475	−0.475	−0.476	−0.476	−0.476	−0.476	−0.476	−0.476
4.3	17.44	12.93	8.55	7.29	6.36	5.63	4.44	3.29	2.65	1.88	0.94	0.17	−0.03	−0.16	−0.33	−0.41	−0.44	−0.46	−0.462	−0.464	−0.464	−0.465	−0.465	−0.465	−0.465	−0.465	−0.465
4.4	17.72	13.12	8.65	7.36	6.41	5.68	4.46	3.30	2.65	1.87	0.92	0.16	−0.04	−0.17	−0.33	−0.40	−0.44	−0.45	−0.453	−0.454	−0.454	−0.455	−0.455	−0.455	−0.455	−0.455	−0.455
4.5	18.01	13.30	8.75	7.43	6.46	5.72	4.48	3.30	2.64	1.85	0.90	0.14	−0.05	−0.18	−0.33	−0.40	−0.43	−0.44	−0.444	−0.444	−0.444	−0.444	−0.444	−0.444	−0.444	−0.444	−0.444
4.6	18.29	13.49	8.85	7.50	6.52	5.76	4.50	3.30	2.63	1.84	0.88	0.13	−0.06	−0.18	−0.33	−0.40	−0.42	−0.43	−0.435	−0.435	−0.435	−0.435	−0.435	−0.435	−0.435	−0.435	−0.435
4.7	18.57	13.67	8.95	7.56	6.57	5.80	4.52	3.30	2.62	1.82	0.86	0.11	−0.07	−0.19	−0.32	−0.39	−0.42	−0.42	−0.426	−0.426	−0.426	−0.426	−0.426	−0.426	−0.426	−0.426	−0.426
4.8	18.85	13.85	9.04	7.63	6.63	5.84	4.54	3.30	2.61	1.80	0.84	0.09	−0.08	−0.20	−0.32	−0.39	−0.41	−0.41	−0.417	−0.417	−0.417	−0.417	−0.417	−0.417	−0.417	−0.417	−0.417
4.9	19.13	14.04	9.13	7.70	6.68	5.88	4.55	3.30	2.60	1.78	0.82	0.08	−0.10	−0.21	−0.33	−0.38	−0.40	−0.40	−0.408	−0.408	−0.408	−0.408	−0.408	−0.408	−0.408	−0.408	−0.408
5.0	19.41	14.22	9.22	7.77	6.73	5.92	4.57	3.30	2.60	1.77	0.80	0.06	−0.11	−0.21	−0.33	−0.379	−0.395	−0.399	−0.400	−0.400	−0.400	−0.400	−0.400	−0.400	−0.400	−0.400	−0.400
5.1	19.68	14.40	9.31	7.84	6.78	5.95	4.58	3.30	2.59	1.75	0.78	0.05	−0.12	−0.22	−0.32	−0.374	−0.387	−0.391	−0.392	−0.392	−0.392	−0.392	−0.392	−0.392	−0.392	−0.392	−0.392
5.2	19.95	14.57	9.40	7.90	6.83	5.99	4.59	3.30	2.58	1.73	0.76	0.03	−0.13	−0.22	−0.32	−0.369	−0.380	−0.384	−0.385	−0.385	−0.385	−0.385	−0.385	−0.385	−0.385	−0.385	−0.385
5.3	20.22	14.75	9.49	7.96	6.87	6.02	4.60	3.30	2.57	1.72	0.74	0.02	−0.14	−0.22	−0.32	−0.363	−0.373	−0.376	−0.377	−0.377	−0.377	−0.377	−0.377	−0.377	−0.377	−0.377	−0.377
5.4	20.46	14.92	9.57	8.02	6.91	6.05	4.62	3.29	2.56	1.70	0.72	0.00	−0.14	−0.23	−0.32	−0.358	−0.366	−0.369	−0.370	−0.370	−0.370	−0.370	−0.370	−0.370	−0.370	−0.370	−0.370
5.5	20.76	15.10	9.66	8.08	6.96	6.08	4.63	3.28	2.55	1.68	0.70	−0.01	−0.15	−0.23	−0.32	−0.353	−0.360	−0.363	−0.364	−0.364	−0.364	−0.364	−0.364	−0.364	−0.364	−0.364	−0.364
5.6	21.03	15.27	9.74	8.14	7.00	6.11	4.64	3.28	2.53	1.66	0.67	−0.03	−0.16	−0.24	−0.32	−0.349	−0.355	−0.356	−0.357	−0.357	−0.357	−0.357	−0.357	−0.357	−0.357	−0.357	−0.357
5.7	21.31	15.45	9.82	8.21	7.04	6.14	4.65	3.27	2.52	1.65	0.65	−0.04	−0.17	−0.24	−0.32	−0.344	−0.349	−0.350	−0.351	−0.351	−0.351	−0.351	−0.351	−0.351	−0.351	−0.351	−0.351
5.8	21.58	15.62	9.91	8.27	7.08	6.17	4.67	3.27	2.51	1.63	0.63	−0.05	−0.18	−0.25	−0.32	−0.339	−0.344	−0.345	−0.345	−0.345	−0.345	−0.345	−0.345	−0.345	−0.345	−0.345	−0.345
5.9	21.84	15.78	9.99	8.32	7.12	6.20	4.68	3.26	2.49	1.61	0.61	−0.06	−0.18	−0.25	−0.31	−0.334	−0.338	−0.339	−0.339	−0.339	−0.339	−0.339	−0.339	−0.339	−0.339	−0.339	−0.339
6.0	22.10	15.94	10.07	8.38	7.15	6.23	4.68	3.25	2.48	1.59	0.59	−0.07	−0.19	−0.26	−0.31	−0.329	−0.333	−0.333	−0.333	−0.333	−0.333	−0.333	−0.333	−0.333	−0.333	−0.333	−0.333
6.1	22.37	16.11	10.15	8.43	7.19	6.26	4.69	3.24	2.46	1.57	0.57	−0.08	−0.19	−0.26	−0.31	−0.325	−0.328	−0.328	−0.328	−0.328	−0.328	−0.328	−0.328	−0.328	−0.328	−0.328	−0.328
6.2	22.63	16.28	10.22	8.49	7.23	6.28	4.70	3.23	2.45	1.55	0.55	−0.09	−0.20	−0.26	−0.30	−0.320	−0.322	−0.323	−0.323	−0.323	−0.323	−0.323	−0.323	−0.323	−0.323	−0.323	−0.323
6.3	22.89	16.45	10.30	8.54	7.26	6.30	4.70	3.22	2.43	1.53	0.53	−0.10	−0.20	−0.26	−0.30	−0.315	−0.317	−0.317	−0.317	−0.317	−0.317	−0.317	−0.317	−0.317	−0.317	−0.317	−0.317
6.4	23.15	16.61	10.38	8.60	7.30	6.32	4.71	3.21	2.41	1.51	0.51	−0.11	−0.21	−0.26	−0.30	−0.311	−0.312	−0.313	−0.313	−0.313	−0.313	−0.313	−0.313	−0.313	−0.313	−0.313	−0.313

附录 2 (一)

瞬时单位线 s 曲线查用表

t/K \ n	1.0	1.1	1.2	1.3	1.4	1.5	1.6	1.7	1.8	1.9	2.0	2.1	2.2	2.3	2.4	2.5	2.6	2.7	2.8	2.9	3.0
0	0	0	0	0	0	0	0	0	0	0	0	0	0	0	0	0	0	0	0	0	0
0.1	0.095	0.072	0.054	0.041	0.030	0.022	0.017	0.012	0.009	0.007	0.005	0.003	0.002	0.002	0.001	0.001	0.001	0	0	0	0
0.2	0.181	0.147	0.118	0.095	0.075	0.060	0.047	0.036	0.029	0.022	0.018	0.014	0.010	0.008	0.006	0.004	0.003	0.002	0.002	0.001	0.001
0.3	0.259	0.218	0.182	0.152	0.126	0.104	0.086	0.069	0.057	0.045	0.037	0.030	0.024	0.019	0.015	0.012	0.010	0.007	0.006	0.005	0.004
0.4	0.330	0.285	0.244	0.209	0.178	0.150	0.127	0.107	0.089	0.074	0.061	0.051	0.042	0.034	0.028	0.023	0.019	0.015	0.012	0.010	0.008
0.5	0.393	0.346	0.305	0.266	0.230	0.198	0.171	0.146	0.126	0.106	0.090	0.076	0.065	0.054	0.045	0.037	0.031	0.025	0.022	0.018	0.014
0.6	0.451	0.403	0.360	0.318	0.281	0.237	0.216	0.188	0.164	0.142	0.122	0.104	0.090	0.076	0.065	0.055	0.046	0.039	0.033	0.028	0.023
0.7	0.503	0.456	0.411	0.369	0.331	0.294	0.261	0.231	0.200	0.178	0.156	0.136	0.117	0.101	0.088	0.075	0.065	0.056	0.044	0.039	0.034
0.8	0.551	0.505	0.461	0.418	0.378	0.340	0.306	0.273	0.243	0.216	0.191	0.169	0.149	0.130	0.113	0.098	0.086	0.074	0.064	0.056	0.047
0.9	0.593	0.549	0.505	0.464	0.423	0.385	0.349	0.315	0.285	0.255	0.228	0.202	0.180	0.160	0.141	0.124	0.109	0.096	0.084	0.073	0.063
1.0	0.632	0.589	0.547	0.506	0.466	0.428	0.392	0.356	0.324	0.293	0.264	0.238	0.213	0.190	0.170	0.151	0.134	0.118	0.104	0.092	0.080
1.1	0.667	0.626	0.585	0.545	0.506	0.468	0.431	0.396	0.363	0.331	0.301	0.273	0.247	0.222	0.200	0.179	0.160	0.143	0.127	0.113	0.100
1.2	0.699	0.660	0.621	0.582	0.544	0.506	0.470	0.436	0.400	0.368	0.337	0.308	0.281	0.255	0.231	0.219	0.188	0.169	0.151	0.135	0.121
1.3	0.728	0.691	0.654	0.616	0.579	0.543	0.506	0.471	0.447	0.405	0.373	0.343	0.315	0.288	0.262	0.239	0.216	0.196	0.171	0.159	0.143
1.4	0.753	0.719	0.684	0.648	0.612	0.577	0.541	0.507	0.473	0.440	0.408	0.378	0.348	0.321	0.294	0.269	0.246	0.224	0.203	0.184	0.167
1.5	0.777	0.744	0.711	0.677	0.643	0.608	0.574	0.540	0.507	0.474	0.442	0.411	0.382	0.353	0.326	0.300	0.275	0.252	0.231	0.210	0.191
1.6	0.798	0.768	0.736	0.704	0.671	0.638	0.605	0.572	0.539	0.507	0.475	0.444	0.414	0.385	0.357	0.331	0.305	0.281	0.258	0.237	0.217
1.7	0.817	0.789	0.759	0.729	0.698	0.666	0.634	0.602	0.570	0.538	0.507	0.476	0.446	0.417	0.389	0.361	0.335	0.310	0.287	0.264	0.243
1.8	0.835	0.808	0.781	0.752	0.722	0.692	0.661	0.630	0.599	0.568	0.537	0.507	0.477	0.448	0.419	0.392	0.365	0.330	0.315	0.292	0.269
1.9	0.850	0.826	0.800	0.773	0.745	0.716	0.687	0.657	0.627	0.596	0.566	0.536	0.507	0.478	0.449	0.421	0.395	0.368	0.343	0.319	0.296
2.0	0.865	0.842	0.818	0.792	0.766	0.739	0.710	0.682	0.653	0.623	0.594	0.565	0.536	0.507	0.478	0.451	0.423	0.397	0.372	0.347	0.323

续表

t/K \ n	1.0	1.1	1.2	1.3	1.4	1.5	1.6	1.7	1.8	1.9	2.0	2.1	2.2	2.3	2.4	2.5	2.6	2.7	2.8	2.9	3.0
2.1	0.878	0.856	0.834	0.810	0.785	0.759	0.733	0.706	0.679	0.649	0.620	0.592	0.565	0.535	0.507	0.479	0.452	0.425	0.400	0.375	0.350
2.2	0.890	0.870	0.849	0.826	0.803	0.778	0.753	0.727	0.700	0.673	0.645	0.618	0.590	0.562	0.534	0.507	0.480	0.454	0.427	0.402	0.377
2.3	0.900	0.882	0.862	0.841	0.819	0.796	0.772	0.748	0.722	0.696	0.669	0.642	0.615	0.588	0.560	0.533	0.507	0.480	0.454	0.429	0.404
2.4	0.909	0.895	0.875	0.855	0.835	0.813	0.790	0.767	0.742	0.717	0.692	0.665	0.639	0.613	0.586	0.559	0.533	0.507	0.481	0.455	0.430
2.5	0.918	0.902	0.886	0.868	0.849	0.828	0.807	0.784	0.761	0.737	0.713	0.688	0.662	0.636	0.610	0.584	0.558	0.532	0.506	0.481	0.456
2.6	0.926	0.912	0.896	0.879	0.861	0.842	0.822	0.801	0.779	0.756	0.733	0.708	0.684	0.659	0.634	0.608	0.582	0.557	0.532	0.506	0.482
2.7	0.933	0.920	0.905	0.890	0.873	0.855	0.836	0.816	0.796	0.774	0.751	0.728	0.704	0.680	0.656	0.631	0.606	0.581	0.556	0.531	0.506
2.8	0.939	0.928	0.914	0.899	0.884	0.867	0.849	0.831	0.811	0.790	0.769	0.747	0.724	0.701	0.677	0.653	0.629	0.604	0.579	0.555	0.531
2.9	0.945	0.934	0.922	0.908	0.894	0.878	0.862	0.844	0.825	0.806	0.785	0.764	0.742	0.720	0.697	0.674	0.650	0.626	0.602	0.578	0.554
3.0	0.950	0.940	0.929	0.916	0.903	0.888	0.873	0.856	0.839	0.820	0.801	0.781	0.760	0.738	0.716	0.694	0.671	0.648	0.624	0.600	0.577
3.1	0.955	0.946	0.935	0.924	0.911	0.898	0.883	0.868	0.851	0.834	0.815	0.796	0.776	0.756	0.734	0.713	0.691	0.668	0.645	0.622	0.599
3.2	0.959	0.951	0.941	0.930	0.919	0.906	0.893	0.878	0.863	0.846	0.829	0.811	0.792	0.772	0.752	0.731	0.709	0.688	0.665	0.643	0.620
3.3	0.963	0.955	0.946	0.936	0.926	0.914	0.902	0.888	0.873	0.858	0.841	0.824	0.806	0.787	0.768	0.748	0.727	0.706	0.685	0.663	0.641
3.4	0.967	0.959	0.951	0.942	0.932	0.921	0.910	0.897	0.883	0.869	0.853	0.837	0.820	0.802	0.783	0.764	0.744	0.724	0.703	0.682	0.660
3.5	0.970	0.963	0.956	0.947	0.938	0.928	0.917	0.905	0.892	0.879	0.864	0.849	0.832	0.815	0.798	0.779	0.760	0.741	0.721	0.700	0.679
3.6	0.973	0.967	0.960	0.952	0.944	0.934	0.924	0.913	0.901	0.888	0.874	0.860	0.844	0.828	0.811	0.794	0.776	0.757	0.738	0.718	0.697
3.7	0.975	0.970	0.963	0.956	0.948	0.940	0.930	0.920	0.909	0.897	0.884	0.870	0.856	0.840	0.824	0.807	0.790	0.772	0.753	0.734	0.715
3.8	0.978	0.973	0.967	0.960	0.953	0.945	0.936	0.926	0.916	0.905	0.893	0.880	0.866	0.851	0.836	0.820	0.804	0.786	0.768	0.750	0.731
3.9	0.980	0.975	0.970	0.964	0.957	0.950	0.941	0.932	0.923	0.912	0.901	0.889	0.876	0.862	0.848	0.834	0.817	0.800	0.783	0.765	0.747
4.0	0.982	0.977	0.973	0.967	0.961	0.954	0.946	0.938	0.929	0.919	0.908	0.897	0.885	0.872	0.858	0.844	0.829	0.813	0.796	0.779	0.762
4.2	0.985	0.981	0.977	0.973	0.967	0.962	0.955	0.948	0.940	0.931	0.922	0.912	0.901	0.890	0.877	0.864	0.851	0.837	0.822	0.806	0.790

续表

t/K ＼ n	1.0	1.1	1.2	1.3	1.4	1.5	1.6	1.7	1.8	1.9	2.0	2.1	2.2	2.3	2.4	2.5	2.6	2.7	2.8	2.9	3.0
4.4	0.988	0.985	0.981	0.977	0.973	0.968	0.962	0.956	0.949	0.942	0.934	0.925	0.915	0.905	0.894	0.883	0.870	0.857	0.844	0.830	0.815
4.6	0.990	0.987	0.985	0.981	0.975	0.973	0.968	0.963	0.957	0.951	0.944	0.936	0.928	0.919	0.909	0.899	0.888	0.876	0.864	0.851	0.837
4.8	0.992	0.990	0.987	0.985	0.981	0.978	0.974	0.969	0.964	0.958	0.952	0.946	0.938	0.930	0.922	0.913	0.903	0.892	0.881	0.870	0.857
5.0	0.993	0.992	0.990	0.987	0.984	0.981	0.978	0.974	0.970	0.965	0.960	0.954	0.947	0.940	0.933	0.925	0.916	0.907	0.897	0.886	0.875
5.5	0.996	0.995	0.994	0.992	0.990	0.988	0.986	0.983	0.980	0.977	0.973	0.969	0.965	0.960	0.955	0.949	0.942	0.935	0.928	0.920	0.912
6.0	0.998	0.997	0.996	0.995	0.994	0.993	0.991	0.989	0.987	0.985	0.983	0.980	0.977	0.973	0.969	0.965	0.961	0.956	0.950	0.944	0.938
7.0	0.999	0.999	0.998	0.998	0.998	0.997	0.996	0.996	0.995	0.994	0.993	0.991	0.990	0.988	0.986	0.984	0.982	0.980	0.977	0.974	0.970
8.0	0.999		0.999	0.999	0.999	0.999	0.999	0.998	0.998	0.997	0.997	0.996	0.996	0.995	0.994	0.993	0.992	0.991	0.989	0.988	0.986
9.0						0.999	0.999	0.999	0.999	0.999	0.999	0.998	0.998	0.998	0.997	0.997	0.997	0.996	0.995	0.995	0.994

附录 2（二）   瞬时单位线 S 曲线查用表

t/K ＼ n	3.0	3.1	3.2	3.3	3.4	3.5	3.6	3.7	3.8	3.9	4.0	4.1	4.2	4.3	4.4	4.5	4.6	4.7	4.8	4.9	5.0
0.5	0	0	0	0	0	0	0	0	0	0	0	0	0	0	0	0	0	0	0	0	0
1.0	0.014	0.012	0.010	0.008	0.006	0.005	0.004	0.003	0.003	0.002	0.002	0.001	0.001	0.001	0.001	0.001	0	0	0	0	0
1.1	0.080	0.070	0.061	0.053	0.046	0.040	0.035	0.030	0.026	0.022	0.019	0.016	0.014	0.012	0.010	0.009	0.007	0.006	0.005	0.004	0.004
1.2	0.100	0.088	0.077	0.068	0.060	0.052	0.045	0.040	0.034	0.030	0.026	0.022	0.019	0.016	0.014	0.012	0.010	0.009	0.008	0.006	0.005
1.3	0.121	0.107	0.095	0.084	0.074	0.066	0.058	0.051	0.044	0.039	0.034	0.029	0.026	0.022	0.019	0.017	0.014	0.012	0.011	0.009	0.008
1.4	0.143	0.128	0.114	0.102	0.091	0.081	0.071	0.063	0.056	0.049	0.043	0.038	0.033	0.029	0.025	0.022	0.019	0.017	0.014	0.012	0.011
1.5	0.167	0.150	0.135	0.121	0.109	0.097	0.087	0.077	0.069	0.061	0.054	0.047	0.042	0.037	0.032	0.028	0.025	0.022	0.019	0.016	0.014
1.6	0.191	0.173	0.157	0.142	0.128	0.115	0.103	0.092	0.083	0.074	0.066	0.058	0.052	0.046	0.040	0.036	0.031	0.028	0.024	0.021	0.019
	0.217	0.198	0.180	0.164	0.148	0.134	0.121	0.109	0.098	0.088	0.079	0.070	0.063	0.056	0.050	0.044	0.039	0.035	0.031	0.027	0.024

续表

t/K \ n	3.0	3.1	3.2	3.3	3.4	3.5	3.6	3.7	3.8	3.9	4.0	4.1	4.2	4.3	4.4	4.5	4.6	4.7	4.8	4.9	5.0
1.7	0.243	0.223	0.204	0.186	0.170	0.154	0.140	0.127	0.115	0.103	0.093	0.084	0.075	0.067	0.060	0.054	0.048	0.043	0.038	0.033	0.030
1.8	0.269	0.248	0.228	0.210	0.192	0.175	0.160	0.146	0.132	0.120	0.109	0.098	0.089	0.080	0.072	0.064	0.058	0.051	0.046	0.041	0.036
1.9	0.296	0.274	0.253	0.234	0.215	0.197	0.181	0.166	0.151	0.138	0.125	0.114	0.103	0.093	0.084	0.076	0.068	0.061	0.055	0.049	0.044
2.0	0.323	0.301	0.279	0.258	0.239	0.220	0.203	0.186	0.171	0.156	0.143	0.130	0.119	0.108	0.098	0.089	0.080	0.072	0.065	0.059	0.053
2.1	0.350	0.327	0.305	0.283	0.263	0.244	0.225	0.208	0.191	0.176	0.161	0.148	0.135	0.123	0.112	0.102	0.093	0.084	0.076	0.069	0.062
2.2	0.377	0.354	0.331	0.309	0.287	0.267	0.248	0.230	0.212	0.196	0.181	0.166	0.153	0.140	0.128	0.117	0.107	0.097	0.088	0.080	0.072
2.3	0.404	0.380	0.356	0.334	0.312	0.291	0.271	0.252	0.234	0.217	0.201	0.185	0.171	0.157	0.144	0.132	0.121	0.111	0.101	0.092	0.084
2.4	0.430	0.406	0.382	0.359	0.337	0.316	0.295	0.275	0.256	0.238	0.221	0.205	0.190	0.175	0.161	0.149	0.137	0.125	0.115	0.105	0.096
2.5	0.456	0.432	0.408	0.385	0.362	0.340	0.319	0.299	0.279	0.260	0.242	0.225	0.209	0.194	0.179	0.166	0.153	0.141	0.129	0.119	0.109
2.6	0.482	0.457	0.433	0.410	0.387	0.364	0.343	0.322	0.302	0.283	0.264	0.246	0.229	0.213	0.198	0.183	0.170	0.157	0.145	0.133	0.123
2.7	0.506	0.482	0.458	0.434	0.411	0.389	0.367	0.346	0.325	0.305	0.286	0.268	0.250	0.233	0.217	0.202	0.187	0.174	0.161	0.149	0.137
2.8	0.531	0.506	0.482	0.459	0.436	0.413	0.391	0.369	0.348	0.328	0.308	0.289	0.271	0.253	0.237	0.221	0.206	0.191	0.178	0.165	0.152
2.9	0.554	0.530	0.506	0.483	0.460	0.437	0.414	0.392	0.371	0.350	0.330	0.311	0.292	0.274	0.257	0.240	0.224	0.209	0.195	0.181	0.168
3.0	0.577	0.553	0.530	0.506	0.483	0.460	0.438	0.416	0.394	0.373	0.353	0.333	0.314	0.295	0.277	0.260	0.244	0.228	0.213	0.198	0.185
3.1	0.599	0.576	0.552	0.529	0.506	0.483	0.461	0.439	0.417	0.396	0.375	0.355	0.335	0.316	0.298	0.280	0.263	0.246	0.231	0.216	0.202
3.2	0.620	0.597	0.574	0.552	0.528	0.506	0.484	0.462	0.440	0.418	0.397	0.377	0.357	0.338	0.319	0.301	0.283	0.266	0.250	0.234	0.219
3.3	0.641	0.618	0.596	0.573	0.551	0.528	0.506	0.484	0.462	0.441	0.420	0.399	0.379	0.359	0.340	0.321	0.304	0.286	0.269	0.253	0.237
3.4	0.660	0.638	0.616	0.594	0.572	0.550	0.528	0.506	0.484	0.463	0.442	0.421	0.400	0.380	0.361	0.342	0.324	0.306	0.289	0.272	0.256
3.5	0.679	0.658	0.636	0.615	0.593	0.571	0.549	0.528	0.506	0.485	0.462	0.442	0.422	0.404	0.382	0.363	0.344	0.326	0.308	0.291	0.275
3.6	0.697	0.677	0.656	0.634	0.613	0.592	0.570	0.549	0.527	0.506	0.484	0.464	0.443	0.423	0.403	0.384	0.365	0.346	0.328	0.311	0.293
3.7	0.715	0.695	0.674	0.653	0.633	0.612	0.590	0.569	0.548	0.527	0.506	0.485	0.464	0.444	0.424	0.404	0.385	0.366	0.348	0.330	0.313

续表

t/K \ n	5.0	4.9	4.8	4.7	4.6	4.5	4.4	4.3	4.2	4.1	4.0	3.9	3.8	3.7	3.6	3.5	3.4	3.3	3.2	3.1	3.0
3.8	0.332	0.350	0.368	0.387	0.406	0.425	0.445	0.465	0.485	0.506	0.527	0.547	0.568	0.589	0.610	0.631	0.651	0.672	0.692	0.712	0.731
3.9	0.352	0.370	0.388	0.407	0.426	0.446	0.465	0.485	0.506	0.526	0.548	0.567	0.588	0.609	0.629	0.649	0.670	0.689	0.709	0.728	0.747
4.0	0.371	0.389	0.403	0.427	0.446	0.466	0.486	0.506	0.526	0.546	0.567	0.587	0.607	0.627	0.647	0.667	0.687	0.706	0.725	0.744	0.762
4.2	0.410	0.429	0.448	0.467	0.486	0.506	0.525	0.545	0.565	0.585	0.605	0.624	0.644	0.663	0.682	0.701	0.720	0.738	0.756	0.773	0.790
4.4	0.449	0.468	0.486	0.506	0.525	0.544	0.563	0.582	0.602	0.621	0.641	0.660	0.678	0.697	0.715	0.733	0.750	0.767	0.783	0.799	0.815
4.6	0.487	0.505	0.524	0.543	0.562	0.581	0.600	0.619	0.637	0.656	0.674	0.692	0.710	0.728	0.745	0.761	0.778	0.793	0.809	0.823	0.837
4.8	0.524	0.542	0.560	0.579	0.598	0.616	0.634	0.653	0.671	0.688	0.706	0.723	0.740	0.756	0.772	0.788	0.803	0.817	0.831	0.845	0.857
5.0	0.560	0.578	0.596	0.614	0.632	0.650	0.667	0.683	0.702	0.718	0.735	0.751	0.767	0.782	0.797	0.811	0.825	0.838	0.851	0.864	0.875
5.2	0.594	0.612	0.629	0.647	0.664	0.681	0.698	0.714	0.731	0.746	0.762	0.777	0.792	0.806	0.820	0.833	0.846	0.858	0.870	0.881	0.891
5.4	0.627	0.644	0.661	0.678	0.694	0.710	0.726	0.742	0.757	0.772	0.787	0.801	0.814	0.828	0.840	0.852	0.864	0.875	0.886	0.896	0.905
5.6	0.658	0.674	0.691	0.707	0.722	0.738	0.753	0.768	0.782	0.796	0.809	0.822	0.835	0.847	0.859	0.870	0.880	0.891	0.900	0.909	0.918
5.8	0.687	0.703	0.719	0.734	0.749	0.763	0.777	0.791	0.805	0.818	0.830	0.842	0.854	0.865	0.875	0.885	0.895	0.904	0.913	0.921	0.928
6.0	0.715	0.730	0.745	0.759	0.773	0.787	0.800	0.813	0.825	0.837	0.849	0.860	0.870	0.881	0.890	0.899	0.908	0.916	0.924	0.930	0.938
6.5	0.776	0.789	0.802	0.814	0.826	0.837	0.843	0.859	0.869	0.879	0.888	0.897	0.905	0.913	0.921	0.927	0.935	0.941	0.947	0.952	0.957
7.0	0.827	0.838	0.848	0.859	0.868	0.878	0.887	0.895	0.903	0.911	0.918	0.925	0.932	0.938	0.943	0.949	0.954	0.958	0.963	0.967	0.970
7.5	0.868	0.877	0.886	0.894	0.902	0.911	0.916	0.923	0.929	0.935	0.941	0.946	0.951	0.956	0.960	0.964	0.968	0.971	0.974	0.977	0.980
8.0	0.900	0.908	0.915	0.921	0.927	0.933	0.939	0.944	0.949	0.953	0.958	0.962	0.965	0.969	0.972	0.975	0.978	0.980	0.982	0.984	0.986
9.0	0.945	0.950	0.954	0.958	0.961	0.965	0.968	0.971	0.974	0.976	0.979	0.981	0.983	0.985	0.986	0.988	0.989	0.990	0.991	0.993	0.994
10.0	0.971	0.973	0.976	0.978	0.980	0.982	0.984	0.985	0.987	0.988	0.990	0.991	0.992	0.993	0.994	0.994	0.995	0.996	0.996	0.997	0.997
11.0	0.985	0.986	0.988	0.989	0.990	0.991	0.992	0.993	0.994	0.994	0.995	0.996	0.996	0.997	0.997	0.997	0.998	0.998	0.998	0.999	0.999
12.0	0.992	0.993	0.994	0.994	0.995	0.996	0.996	0.997	0.997	0.997	0.998	0.998	0.998	0.998	0.999	0.999	0.999	0.999	0.999		

附录 2 (三)

瞬时单位线 S 曲线查用表

t/K \ n	5.0	5.1	5.2	5.3	5.4	5.5	5.6	5.7	5.8	5.9	6.0	6.1	6.2	6.3	6.4	6.5	6.6	6.7	6.8	6.9	7.0
0	0	0	0	0	0	0	0	0	0	0	0	0	0	0	0	0	0	0	0	0	0
0.5																					
1.0	0.004	0.003	0.003	0.002	0.002	0.002	0.001	0.001	0.001	0.001	0.001										
1.5	0.019	0.016	0.014	0.012	0.011	0.009	0.008	0.007	0.006	0.005	0.004	0.004	0.003	0.003	0.002	0.002	0.002	0.001	0.001	0.001	0.001
2.0	0.053	0.047	0.042	0.038	0.034	0.030	0.027	0.024	0.021	0.019	0.017	0.015	0.013	0.011	0.010	0.009	0.008	0.007	0.006	0.005	0.004
2.5	0.109	0.100	0.091	0.083	0.076	0.069	0.063	0.057	0.051	0.047	0.042	0.038	0.034	0.031	0.028	0.025	0.022	0.020	0.018	0.016	0.014
3.0	0.185	0.172	0.160	0.148	0.137	0.127	0.117	0.108	0.099	0.091	0.084	0.077	0.071	0.065	0.059	0.054	0.049	0.045	0.041	0.037	0.034
3.2	0.219	0.205	0.192	0.179	0.166	0.155	0.144	0.133	0.123	0.114	0.105	0.098	0.090	0.083	0.076	0.070	0.064	0.059	0.053	0.049	0.045
3.4	0.256	0.240	0.226	0.211	0.198	0.185	0.173	0.161	0.150	0.139	0.129	0.120	0.111	0.103	0.095	0.088	0.081	0.075	0.069	0.063	0.058
3.6	0.294	0.277	0.261	0.246	0.231	0.217	0.204	0.191	0.179	0.167	0.156	0.146	0.135	0.126	0.117	0.109	0.100	0.093	0.086	0.080	0.073
3.8	0.332	0.315	0.298	0.282	0.266	0.251	0.237	0.223	0.210	0.197	0.184	0.173	0.162	0.151	0.141	0.132	0.122	0.114	0.106	0.098	0.091
4.0	0.371	0.353	0.336	0.319	0.303	0.287	0.271	0.256	0.242	0.228	0.215	0.202	0.190	0.178	0.167	0.157	0.146	0.137	0.128	0.119	0.111
4.1	0.391	0.373	0.355	0.338	0.321	0.305	0.289	0.274	0.259	0.244	0.231	0.218	0.205	0.193	0.181	0.170	0.159	0.149	0.139	0.130	0.121
4.2	0.410	0.392	0.374	0.357	0.340	0.323	0.307	0.291	0.276	0.261	0.247	0.233	0.220	0.208	0.195	0.184	0.172	0.162	0.151	0.142	0.133
4.3	0.430	0.411	0.393	0.375	0.358	0.341	0.325	0.309	0.293	0.278	0.263	0.249	0.236	0.223	0.210	0.198	0.186	0.175	0.164	0.154	0.144
4.4	0.449	0.430	0.412	0.394	0.377	0.360	0.343	0.327	0.311	0.295	0.280	0.266	0.251	0.238	0.225	0.212	0.200	0.189	0.177	0.167	0.156
4.5	0.468	0.449	0.431	0.413	0.395	0.378	0.361	0.345	0.328	0.312	0.297	0.282	0.268	0.254	0.240	0.227	0.214	0.203	0.191	0.180	0.169
4.6	0.487	0.469	0.450	0.432	0.414	0.397	0.379	0.363	0.346	0.330	0.314	0.299	0.284	0.270	0.256	0.243	0.229	0.217	0.205	0.193	0.182

续表

t/K \ n	5.0	5.1	5.2	5.3	5.4	5.5	5.6	5.7	5.8	5.9	6.0	6.1	6.2	6.3	6.4	6.5	6.6	6.7	6.8	6.9	7.0
4.7	0.505	0.487	0.469	0.451	0.433	0.415	0.398	0.381	0.364	0.348	0.332	0.316	0.301	0.286	0.272	0.258	0.244	0.232	0.219	0.207	0.195
4.8	0.524	0.505	0.487	0.469	0.451	0.433	0.416	0.399	0.382	0.365	0.349	0.333	0.318	0.303	0.288	0.274	0.260	0.247	0.234	0.221	0.209
4.9	0.542	0.524	0.505	0.487	0.469	0.452	0.434	0.417	0.400	0.383	0.366	0.350	0.335	0.320	0.304	0.290	0.276	0.262	0.249	0.236	0.223
5.0	0.560	0.541	0.523	0.505	0.487	0.470	0.452	0.435	0.418	0.401	0.384	0.368	0.352	0.336	0.321	0.306	0.292	0.278	0.264	0.251	0.238
5.1	0.577	0.559	0.541	0.523	0.505	0.488	0.470	0.453	0.435	0.418	0.402	0.385	0.369	0.353	0.338	0.323	0.308	0.294	0.279	0.266	0.253
5.2	0.594	0.576	0.558	0.541	0.523	0.505	0.488	0.470	0.453	0.436	0.419	0.403	0.386	0.370	0.354	0.339	0.324	0.310	0.295	0.281	0.268
5.3	0.610	0.593	0.575	0.558	0.540	0.523	0.505	0.488	0.471	0.453	0.437	0.420	0.403	0.387	0.371	0.356	0.340	0.326	0.311	0.297	0.283
5.4	0.627	0.609	0.592	0.575	0.557	0.540	0.522	0.505	0.488	0.471	0.454	0.437	0.421	0.404	0.388	0.373	0.357	0.342	0.327	0.313	0.298
5.5	0.642	0.626	0.608	0.591	0.574	0.557	0.539	0.522	0.505	0.488	0.471	0.454	0.438	0.421	0.405	0.389	0.374	0.358	0.343	0.328	0.314
5.6	0.658	0.641	0.624	0.607	0.590	0.573	0.556	0.539	0.522	0.505	0.488	0.471	0.455	0.438	0.422	0.406	0.390	0.375	0.359	0.345	0.330
5.7	0.673	0.656	0.640	0.623	0.606	0.590	0.573	0.556	0.539	0.522	0.505	0.488	0.472	0.455	0.439	0.423	0.407	0.391	0.376	0.361	0.346
5.8	0.687	0.671	0.655	0.639	0.622	0.606	0.589	0.572	0.555	0.538	0.522	0.505	0.488	0.472	0.456	0.439	0.423	0.408	0.392	0.377	0.362
5.9	0.701	0.686	0.670	0.654	0.638	0.621	0.605	0.588	0.571	0.555	0.538	0.522	0.505	0.489	0.472	0.456	0.440	0.424	0.408	0.393	0.378
6.0	0.715	0.700	0.684	0.668	0.652	0.636	0.620	0.604	0.587	0.571	0.554	0.538	0.521	0.505	0.489	0.472	0.456	0.440	0.425	0.409	0.394
6.2	0.741	0.726	0.712	0.696	0.681	0.666	0.650	0.634	0.618	0.602	0.586	0.570	0.553	0.537	0.521	0.505	0.489	0.473	0.457	0.441	0.426
6.4	0.765	0.751	0.737	0.723	0.708	0.693	0.678	0.663	0.648	0.632	0.616	0.600	0.585	0.568	0.553	0.537	0.521	0.505	0.489	0.473	0.458
6.6	0.787	0.774	0.761	0.748	0.734	0.720	0.705	0.690	0.676	0.661	0.645	0.630	0.614	0.597	0.583	0.568	0.552	0.536	0.520	0.505	0.489
6.8	0.808	0.796	0.783	0.771	0.758	0.744	0.730	0.716	0.702	0.688	0.673	0.658	0.643	0.628	0.613	0.597	0.582	0.566	0.551	0.536	0.520

续表

t/K \ n	5.0	5.1	5.2	5.3	5.4	5.5	5.6	5.7	5.8	5.9	6.0	6.1	6.2	6.3	6.4	6.5	6.6	6.7	6.8	6.9	7.0
7.0	0.827	0.816	0.804	0.792	0.780	0.767	0.754	0.741	0.727	0.713	0.699	0.685	0.671	0.656	0.641	0.626	0.611	0.596	0.581	0.566	0.550
7.2	0.844	0.834	0.823	0.812	0.800	0.788	0.776	0.764	0.751	0.738	0.724	0.710	0.697	0.682	0.668	0.654	0.639	0.624	0.610	0.595	0.580
7.4	0.860	0.851	0.841	0.830	0.819	0.808	0.797	0.785	0.773	0.760	0.747	0.734	0.721	0.708	0.694	0.680	0.666	0.652	0.637	0.623	0.608
7.6	0.875	0.866	0.857	0.845	0.837	0.826	0.816	0.805	0.793	0.781	0.769	0.757	0.744	0.732	0.718	0.705	0.691	0.678	0.664	0.650	0.635
7.8	0.888	0.880	0.871	0.862	0.853	0.843	0.833	0.823	0.812	0.801	0.790	0.778	0.766	0.754	0.741	0.729	0.716	0.702	0.689	0.675	0.662
8.0	0.900	0.893	0.885	0.877	0.868	0.859	0.850	0.840	0.830	0.819	0.809	0.798	0.786	0.775	0.763	0.751	0.738	0.725	0.713	0.700	0.687
8.5	0.926	0.920	0.913	0.907	0.899	0.892	0.884	0.876	0.868	0.859	0.850	0.841	0.831	0.821	0.811	0.800	0.790	0.778	0.767	0.755	0.744
9.0	0.945	0.940	0.935	0.930	0.924	0.918	0.912	0.906	0.899	0.892	0.884	0.876	0.869	0.860	0.851	0.842	0.833	0.823	0.814	0.804	0.793
9.5	0.960	0.956	0.952	0.948	0.943	0.938	0.933	0.928	0.923	0.917	0.911	0.905	0.898	0.891	0.884	0.877	0.869	0.861	0.853	0.844	0.835
10.0	0.971	0.968	0.965	0.962	0.958	0.955	0.951	0.946	0.942	0.938	0.933	0.928	0.922	0.917	0.911	0.905	0.898	0.892	0.885	0.877	0.870
11.0	0.985	0.983	0.982	0.979	0.978	0.975	0.973	0.971	0.968	0.965	0.962	0.959	0.956	0.952	0.949	0.945	0.940	0.936	0.931	0.926	0.921
12.0	0.992	0.992	0.991	0.990	0.988	0.987	0.986	0.985	0.983	0.981	0.980	0.978	0.976	0.974	0.971	0.969	0.966	0.963	0.961	0.957	0.954
13.0	0.996	0.995	0.995	0.995	0.994	0.993	0.993	0.992	0.991	0.990	0.989	0.988	0.987	0.986	0.984	0.983	0.981	0.980	0.978	0.976	0.974
14.0	0.998	0.998	0.998	0.997	0.997	0.997	0.996	0.996	0.996	0.995	0.994	0.994	0.993	0.993	0.992	0.991	0.990	0.989	0.988	0.987	0.986
15.0	0.999	0.999	0.999	0.999	0.999	0.998	0.998	0.998	0.998	0.997	0.997	0.997	0.997	0.996	0.996	0.995	0.995	0.994	0.994	0.993	0.992

附录 3　1000hPa 地面到指定高度（高出地面米数）间饱和假绝热大气中的可降水量与 1000hPa 露点函数关系表

1000hPa 温度/℃

高度/m	0	1	2	3	4	5	6	7	8	9	10	11	12	13	14	15	16	17	18	19	20	21	22	23	24	25	26	27	28	29	30
200	1	1	1	1	1	1	1	2	2	2	2	2	2	2	2	2	3	3	3	3	3	4	4	4	4	4	5	5	5	6	6
400	2	2	2	2	2	3	3	3	3	3	4	4	4	4	5	5	5	5	6	6	6	7	7	8	8	9	9	10	10	11	12
600	3	3	3	3	4	4	4	4	5	5	5	6	6	6	7	7	7	8	8	9	10	10	11	11	12	13	14	15	15	16	17
800	3	3	4	4	5	5	5	5	6	6	7	7	8	8	9	9	10	10	11	12	13	13	14	15	16	17	18	19	20	21	22
1000	4	4	4	5	5	6	6	6	7	7	8	9	9	10	10	11	12	13	13	14	15	16	17	18	20	21	22	23	25	26	28
1200	4	5	5	6	6	6	7	8	8	9	9	10	11	11	12	13	14	15	16	17	18	19	20	21	23	24	26	27	29	31	32
1400	5	5	6	6	7	7	8	8	9	10	10	11	12	13	14	15	16	17	18	19	20	22	23	24	26	28	29	31	33	35	37
1600	5	6	6	7	7	8	8	9	10	10	11	12	13	14	15	16	17	19	20	21	23	24	25	27	29	31	32	35	37	39	41
1800	6	6	7	7	8	9	9	10	11	11	12	13	14	15	17	18	19	20	22	23	25	26	28	30	32	34	36	39	41	43	46
2000	6	7	7	8	9	9	10	11	11	12	13	14	16	17	18	19	21	22	24	25	27	29	31	33	35	37	39	42	44	47	50
2200	7	7	8	8	9	10	10	11	12	13	14	15	16	18	19	20	22	24	25	27	29	31	33	35	37	40	42	45	48	51	54
2400	7	8	8	9	9	10	11	12	13	14	15	16	17	19	20	22	23	25	27	29	31	33	35	37	40	43	45	48	51	54	57
2600	7	8	8	9	10	11	11	12	13	14	16	17	18	20	21	23	24	26	29	30	32	35	37	40	43	45	48	51	55	58	61
2800	7	8	9	9	10	11	12	13	14	15	16	18	19	21	22	24	26	27	30	32	34	36	39	42	45	48	51	54	58	61	65
3000	8	9	9	10	11	11	13	14	15	15	17	18	20	21	23	25	27	29	31	33	35	38	41	44	48	50	53	57	61	64	68
3200	8	9	9	10	11	12	13	14	15	16	17	19	20	22	24	26	28	30	32	34	37	40	42	45	50	52	56	59	63	67	71
3400	8	9	9	10	11	12	13	14	15	16	18	19	21	23	24	26	29	31	33	36	38	41	44	47	52	54	58	62	66	70	74
3600	8	9	9	10	11	12	14	14	16	17	18	20	22	24	25	27	29	32	34	37	39	42	45	49	54	56	60	64	68	73	77
3800	8	9	10	11	11	12	14	15	16	17	19	20	22	24	26	28	30	32	35	38	41	44	47	50	56	58	62	66	70	75	80
4000	8	9	10	11	12	13	14	15	16	17	19	20	22	24	26	28	30	33	36	39	42	45	48	52	57	60	64	68	73	78	83
4200	8	9	10	11	12	13	14	15	16	18	19	21	23	25	27	29	31	34	37	40	43	46	49	53	58	61	66	70	75	80	85
4400	8	9	10	11	12	13	14	15	16	18	20	21	23	25	27	29	31	34	37	40	44	47	51	54	60	63	67	72	77	82	87
4600	8	9	10	11	12	13	14	15	17	18	20	21	23	25	27	29	31	35	38	41	44	48	52	56	61	64	69	74	79	84	90
4800	8	9	10	11	12	13	14	16	17	18	20	22	24	26	28	30	32	36	39	42	45	49	53	57	62	65	70	75	81	86	92
5000	8	9	10	11	12	13	14	16	17	18	20	22	24	26	28	30	33	36	39	42	46	50	54	58	63	67	72	77	82	88	94
5200	8	9	10	11	12	13	14	16	17	19	20	22	24	26	28	31	33	37	40	43	47	50	54	59	64	68	73	78	84	90	96
5400	8	9	10	11	12	13	14	16	17	19	20	22	24	26	29	31	34	37	40	44	47	51	54	60	65	69	74	80	86	92	98
5600	8	9	10	11	12	13	14	16	17	19	21	22	24	27	29	31	34	37	40	44	48	52	55	60	66	70	76	81	87	93	100
5800	8	9	10	11	12	13	14	16	17	19	21	22	25	27	29	32	35	38	41	45	48	52	56	61	67	71	77	82	88	95	101
6000	8	9	10	11	12	13	15	16	17	19	21	23	25	27	30	32	35	38	42	45	49	53	57	62	67	72	78	84	90	96	103

续表

1000hPa 温度/℃

高度/m	0	1	2	3	4	5	6	7	8	9	10	11	12	13	14	15	16	17	18	19	20	21	22	23	24	25	26	27	28	29	30
6200	8	9	10	11	12	13	15	16	17	19	21	23	25	27	30	32	35	38	42	45	49	54	58	63	68	73	79	85	91	98	104
6400	8	9	10	11	12	13	15	16	17	19	21	23	25	27	30	32	35	39	42	46	50	54	58	63	68	74	80	86	92	99	106
6600	8	9	10	11	12	13	15	16	18	19	21	23	25	27	30	33	36	39	42	46	50	54	59	64	69	74	80	87	93	100	107
6800	8	9	10	11	12	13	15	16	18	19	21	23	25	27	30	33	36	39	42	46	50	55	60	65	70	75	81	87	94	101	108
7000	8	9	10	11	12	13	15	16	18	19	21	23	25	27	30	33	36	39	43	46	51	55	60	65	71	76	82	88	95	102	110
7200	8	9	10	11	12	14	15	16	18	19	21	23	25	28	30	33	36	39	43	47	51	56	61	66	71	77	83	89	96	103	111
7400	8	9	10	11	12	14	15	16	18	19	21	23	25	28	30	33	36	39	43	47	51	56	61	66	72	77	83	90	97	104	112
7600	8	9	10	11	12	14	15	16	18	19	21	23	25	28	30	33	36	39	43	47	51	56	61	66	72	78	84	90	98	105	113
7800	8	9	10	11	12	14	15	16	18	19	21	23	26	28	30	33	36	40	43	47	52	56	61	67	72	78	85	91	98	106	114
8000	8	9	10	11	12	14	15	16	18	19	21	23	26	28	30	33	36	40	43	47	52	57	62	67	73	78	85	92	99	107	115
8200	8	9	10	11	12	14	15	16	18	19	21	23	26	28	30	33	36	40	43	47	52	57	62	68	73	78	85	92	100	108	115
8400	8	9	10	11	12	14	15	16	18	19	21	23	26	28	30	33	36	40	43	47	52	57	62	68	73	79	86	93	100	108	116
8600	8	9	10	11	12	14	15	16	18	19	21	23	26	28	30	33	36	40	43	47	52	57	62	68	73	79	86	93	101	109	117
8800	8	9	10	11	12	14	15	16	18	19	21	23	26	28	31	33	36	40	44	48	52	57	62	68	74	79	86	94	101	109	118
9000	8	9	10	11	12	14	15	16	18	19	21	23	26	28	31	33	36	40	44	48	52	57	62	68	74	80	87	94	102	110	118
9200	8	9	10	11	12	14	15	16	18	19	21	23	26	28	31	33	36	40	44	48	52	57	63	68	74	80	87	94	102	110	119
9400						14	15	16	18	19	21	23	26	28	31	33	36	40	44	48	52	57	63	68	74	80	87	94	102	111	119
9600						14	15	16	18	19	21	23	26	28	31	33	36	40	44	48	52	57	63	68	74	80	87	94	102	111	120
9800						14	15	16	18	19	21	23	26	28	31	33	37	40	44	48	52	57	63	68	74	80	87	95	103	112	120
10000						14	15	16	18	19	21	23	26	28	31	33	37	40	44	48	52	57	63	68	74	80	88	95	103	113	121
11000												23	26	28	31	33	37	40	44	48	52	57	63	68	74	81	88	96	104	114	122
12000																33	37	40	44	48	52	57	63	68	74	81	88	96	105	114	123
13000																					52	57	63	68	74	81	88	97	105	115	124
14000																					52	57	63	68	74	81	88	97	105	115	124
15000																							63	68	74	81	88	97	106	115	124
16000																										81	89	97	106	115	124
17000																												97	106	115	124

参 考 文 献

［1］ 严义顺. 水文测验学［M］. 北京：水利电力出版社，1987.

［2］ 李世镇，林传真. 水文测验学［M］. 北京：水利电力出版社，1993.

［3］ 张留柱，赵志贡，张法中，等. 水文测验学［M］. 郑州：黄河水利出版社，2003.

［4］ 周忠远，舒大兴. 水文信息采集与处理［M］. 南京：河海大学出版社，2005.

［5］ 谢悦波. 水信息技术［M］. 北京：中国水利水电出版社，2009.

［6］ 中华人民共和国水利部. 水文测验规范［M］. 南京：河海大学出版社，1994.

［7］ 中华人民共和国水利部. ISO标准手册16 明渠水流测量［M］. 北京：中国科学技术出版社，1992.

［8］ 中华人民共和国水利部. SL 219—2013 水环境监测规范［S］. 北京：中国水利水电出版社，2013.

［9］ 中华人民共和国水利部. SL 21—2015 降雨量观测规范［S］. 北京：中国水利水电出版社，2015.

［10］ 中华人民共和国水利部. SL 630—2013 水面蒸发观测规范［S］. 北京：中国水利水电出版社，2013.

［11］ 中华人民共和国水利部. GB/T 50138—2010 水位观测标准［S］. 北京：中国计划出版社，2010.

［12］ 中华人民共和国水利部. SL 59—2015 河流冰情观测规范［S］. 北京：中国水利水电出版社，2015.

［13］ 中华人民共和国水利部. GB 50179—2015 河流流量测验规范［S］. 北京：中国计划出版社，2015.

［14］ 中华人民共和国水利部. SL 20—92 水工建筑物测流规范［S］. 北京：水利电力出版社，1992.

［15］ 中华人民共和国水利部. SL 24—91 堰槽测流规范［S］. 北京：水利电力出版社，1992.

［16］ 中华人民共和国水利部. SL 443—2009 水文缆道测验规范［S］. 北京：中国水利水电出版社，2009.

［17］ 中华人民共和国水利电力部. SD 185—86 动船法测流规范［S］. 北京：水利电力出版社，1987.

［18］ 中华人民共和国水利电力部. SD 174—85 比降—面积法测流规范［S］. 北京：水利电力出版社，1985.

［19］ 中华人民共和国水利部. SL 195—2015 水文巡测规范［S］. 北京：中国水利水电出版社，2015.

［20］ 中华人民共和国水利部. GB/T 50159—2015 河流悬移质泥沙测验规范［S］. 北京：中国计划出版社，2015.

［21］ 水利部长江水利委员会. SL 43—92 河流推移质泥沙及床沙测验规程［S］. 北京：水利电力出版社，1994.

［22］ 水利部黄河水利委员会. SL 42—2010 河流泥沙颗粒分析规程［S］. 北京：中国水利水电出版社，2010.

［23］ 中华人民共和国水利部. SL 58—93 水文普通测量规范［S］. 北京：水利电力出版

社，1994.

[24]　中华人民共和国水利部. SL 257—2017 水道观测规范 [S]. 北京：中国水利水电出版社，2017.

[25]　中华人民共和国水利部. SL/T 183—2005 地下水监测规范 [S]. 北京：中国水利水电出版社，2006.

[26]　中华人民共和国水利部. SL 196—2015 水文调查规范 [S]. 北京：中国水利水电出版社，2015.

[27]　中华人民共和国水利部. SL 247—2012 水文资料整编规范 [S]. 北京：中国水利水电出版社，2012.

[28]　中华人民共和国水利部. GB/T 50095—2014 水文基本术语和符号标准 [S]. 北京：中国计划出版社，2015.

[29]　中华人民共和国水利部. 水文测验国际标准译文集（ISO/TC 113）[M]. 北京：中国水利水电出版社，2005.

[30]　S. E. Rantz, et al. Measurement and Computation of Stream flow. Geological Survey Water-Supply. Washington：United States Government Printing Office，1982.

[31]　R. G. Kazmann. Modern Hydrology. New York. Harper and Row publishers，1965.

[32]　R. K. Linsley, et al. Hydrology for Engineering. New York：McGraw-Hill，1982.

[33]　E. M. Wilson. Engineering Hydrology. 5th ed. Macmillan Education LTD，1990.

[34]　W. Boiten, Hydrometry, A. A. Balkema Publishers，2000.

[35]　詹道江，叶守泽. 工程水文学 [M]. 北京：中国水利水电出版社，2000.

[36]　詹道江，徐向阳，陈元芳. 工程水文学 [M]. 4 版. 北京：中国水利水电出版社，2010.

[37]　马秀峰. 计算水文频率参数的权函数法 [J]. 水文，1984（3）.

[38]　陈元芳. 一种可考虑历史洪水权函数估计方法研究 [J]. 水科学进展，1994.

[39]　丁晶，宋德敦，等. 估计 P-Ⅲ型分布参数估计新方法：概率权重矩法 [J]. 成都科技大学学报，1988（2）.

[40]　陈元芳，沙志贵. 具有历史洪水时 P-Ⅲ型分布线性矩法的研究 [J]. 河海大学学报（自然科学版），2001（4）.

[41]　刘光文. 水文分析与计算 [M]. 北京：水利电力出版社，1989.

[42]　V. Yevjevich. Probability and Statistics in Hydrology. Water Resources Publications，Fort-Collins，Colorado，1972.

[43]　C. T. Haan. Statistical Method in Hydrology. The Iowa State University Press，Ames，Iowa State，1977.

[44]　叶守泽. 水文水利计算 [M]. 北京：水利电力出版社，1995.

[45]　中华人民共和国水利部. SL 278—2002 水利水电工程水文计算规范 [S]. 北京：中国水利水电出版社，2002.

[46]　华家鹏，林芸. 水文辗转相关插补延长研究 [J]. 河海大学学报，2003.

[47]　王国安. 可能最大暴雨和洪水计算原理与方法 [M]. 北京：中国水利水电出版社，1999.

[48]　詹道江，邹进上. 可能最大暴雨与洪水 [M]. 北京：水利电力出版社，1983.

[49]　中华人民共和国水利部、能源部. SL 44—2006 水利水电工程设计洪水计算规范 [S]. 北京：中国水利水电出版社，2006.

[50]　陈家琦，张恭肃. 小流域暴雨洪水计算问题 [M]. 北京：地质出版社，1989.

[51]　National Academy of Science. Safety of Dames，Flood and Earthquake Criteria，1985.

[52]　Hansen E. M. Probable Maximum Precipitation for Design Floods in the United States，U. S. -China Bilateral Symposium on the Analysis of Extraordinary Flood Events，1985.

[53]　徐建新. 灌溉排水新技术 [M]. 北京：中央广播电视大学出版社，2005.

[54]　汪志农. 灌溉排水工程学 [M]. 北京：中国农业出版社，2000.

[55]　詹道江，谢悦波. 古洪水研究 [M]. 北京：中国水利水电出版社，2001.

[56]　中国长江三峡工程开发总公司. 三峡工程水文预报及设计洪水研究：第六卷 [M]. 1994，

433-462.

[57] 梁忠民，钟平安，华家鹏. 水文水利计算 [M]. 2版. 北京：中国水利水电出版社，2006.

[58] 中华人民共和国水利部. GB 50201—2014 防洪标准 [S]. 北京：中国计划出版社，2014.

[59] 丁晶，刘权授. 随机水文学 [M]. 北京：中国水利水电出版社，1997.

[60] 中华人民共和国水利部. GB/T 22482—2008 水文情报预报规范 [S]. 北京：中国标准出版社，2009.

[61] 包为民. 水文预报 [M]. 5版. 北京：中国水利水电出版社，2017.

[62] 刘志强. 水文观测预报技术与标准规范实务手册 [M]. 西宁：宁夏大地音像出版社，2003.

[63] 高成，徐向阳，刘俊. 滨江城市排涝模型 [M]. 北京：中国水利水电出版社，2013.